Dortmunder Beiträge zur Entwicklung und Erforschung des Mathematikunterrichts

Band 15

Herausgegeben von
S. Hußmann,
M. Nührenbörger,
S. Prediger,
C. Selter,
Dortmund, Deutschland

Eines der zentralen Anliegen der Entwicklung und Erforschung des Mathematikunterrichts stellt die Verbindung von konstruktiven Entwicklungsarbeiten und rekonstruktiven empirischen Analysen der Besonderheiten, Voraussetzungen und Strukturen von Lehr- und Lernprozessen dar. Dieses Wechselspiel findet Ausdruck in der sorgsamen Konzeption von mathematischen Aufgabenformaten und Unterrichtsszenarien und der genauen Analyse dadurch initiierter Lernprozesse.

Die Reihe „Dortmunder Beiträge zur Entwicklung und Erforschung des Mathematikunterrichts" trägt dazu bei, ausgewählte Themen und Charakteristika des Lehrens und Lernens von Mathematik – von der Kita bis zur Hochschule – unter theoretisch vielfältigen Perspektiven besser zu verstehen.

Herausgegeben von
Prof. Dr. Stephan Hußmann,
Prof. Dr. Marcus Nührenbörger,
Prof. Dr. Susanne Prediger,
Prof. Dr. Christoph Selter,
Technische Universität Dortmund, Deutschland

Maike Schindler

Auf dem Weg zum Begriff der negativen Zahl

Empirische Studie zur Ordnungsrelation für ganze Zahlen aus inferentieller Perspektive

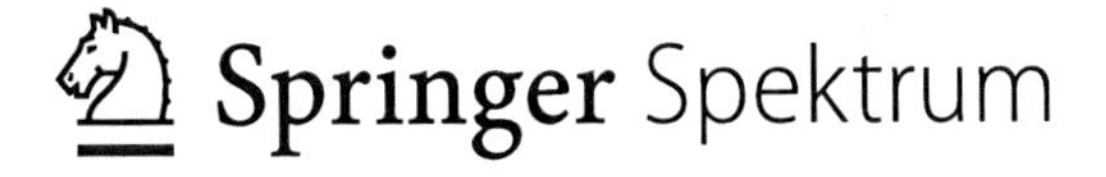

Maike Schindler
Technische Universität Dortmund
Deutschland

Dissertation Technische Universität Dortmund, 2013

Tag der Disputation: 26.06.2013

Erstgutachter: Prof. Dr. Stephan Hußmann
Zweitgutachterin: Prof. Dr. Susanne Prediger

ISBN 978-3-658-04374-2
ISBN 978-3-658-04375-9 (eBook)
DOI 10.1007/978-3-658-04375-9

Die Deutsche Nationalbibliothek verzeichnet diese Publikation in der Deutschen Nationalbibliografie; detaillierte bibliografische Daten sind im Internet über http://dnb.d-nb.de abrufbar.

Springer Spektrum

Gedruckt auf säurefreiem und chlorfrei gebleichtem Papier

Springer Spektrum ist eine Marke von Springer DE. Springer DE ist Teil der Fachverlagsgruppe Springer Science+Business Media.
www.springer-spektrum.de

Geleitwort

Um zu verstehen, wie Schülerinnen und Schüler in Lehr-/Lernarrangements gegebene Situationen deuten und im Sinne eines konstruktiven Verstehensprozesses diese Deutungen in ihre je eigenen Wissens- und Könnensschemata integrieren, ist es bedeutsam, die Konstruktionsprozesse von Wissen mit der fachlichen Strukturierung des Lerngegenstandes in Beziehung zu setzen. Die individuellen Konstruktionsprozesse von Wissen beziehen sich in ihrem Entstehen immer schon auf vorhandene Strukturen – das neue Wissen schließt sich daran an und wird weiterentwickelt. Jeder Konstruktionsprozess legt das Individuum aber auch auf eine bestimmte Art fest, Dinge zu sehen und zukünftige Wissenskonstruktionsprozesse auszugestalten. Die einzelnen Bausteine dieses individuell verfügbaren Wissensnetzes sind Annahmen über die wahrgenommenen Dinge – diese sind gekennzeichnet durch die Art und Weise, auf diese Dinge zu schauen. Verknüpft sind die Annahmen durch eine Rationalität menschlichen Denkens und Handelns, die sich durch eine diskursive Fähigkeit auszeichnet, nämlich die Annahmen begründen und Schlussfolgerungen für das weitere Denken und Handeln benennen zu können. Diese individuellen Annahmen sind leitend bei der Strukturierung der wahrgenommenen Welt: Individuen legen sich gemäß der eigenen Struktur mit jeder Annahme auf bestimmte weitere Annahmen und Sichtweisen fest. Insofern sind diese Fokussierungen und Festlegungen zentrale Aspekte, um Wissenskonstruktionsprozesse zu beschreiben und zu verstehen. Diese genannten theoretischen Grundannahmen sind für die vorliegende Arbeit grundlegend.

Ein zentrales Erkenntnisinteresse der Arbeit von Frau Schindler besteht darin, individuelle Begriffsbildung in ihrem Wechselspiel mit gegebenen Lernsituationen zu verstehen. Im Zentrum dieses Interesses steht – ausgehend von der Betrachtung fachlicher Strukturierungen – das Anliegen, die von Schülern und Schülerinnen vorgenommenen individuellen Strukturierungen der Lernsituationen und ihre Entwicklung nachzuvollziehen. Jenseits dieser Perspektive auf die Lernenden nimmt Frau Schindler die (Re-)Strukturierung des Lerngegenstandes – in diesem Fall die ganzen Zahlen – in den Blick, da der verwendete Theorieansatz dieselbe Sprache für beide Perspektiven verwendet. Als dritte – in diesem Fall – konstruktive Perspektive, ermöglicht die Verknüpfung von Lernendenperspektive und fachlicher Strukturierung es, Hinweise für die Entwicklungsfelder von Lernumgebungen zu ganzen Zahlen zu erschließen, so dass die fachlichen Aspekte näher an die individuellen Erschließungsmöglichkeiten gerückt werden. Dabei steht insbesondere die situative Differenzierung des Lerngegenstandes im Fokus, welche der Strukturierung durch die Lernenden gegenübergestellt und hiermit verglichen werden kann.

Mit diesen Schwerpunktsetzungen widmet sich die Arbeit dem höchst interessanten und relevanten Bereich der Mathematikdidaktik, Grundmuster von

Begriffsbildungsprozessen einer Beschreibung und Analyse zugänglich zu machen. Dabei wird aber nicht nur die Perspektive der Lernenden wahrgenommen, sondern sie wird in ein konstruktives Verhältnis zur fachlichen Strukturierung gesetzt.

In einer qualitativ angelegten Studie nutzt Frau Schindler den genannten Theorierahmen, entwickelt ihn weiter, gibt Einsichten in vielfältige Lernprozesse und zeigt das Potential für die Restrukturierung der Theorie der ganzen Zahlen. Hierbei ist insbesondere das von Frau Schindler entwickelte Analyseschema zu erwähnen, mit dem es gelingt, das komplexe und komplizierte Zusammenspiel von individuellen Zugängen zu den Lernsituationen, der fachlichen Strukturierung dieser Situationen und den situativen Facetten der Lernprozesse in sehr feinen und detaillierten Festlegungsnetzen zu beschreiben. Dabei gibt die Auswahl der Beispiele einen Einblick in den Gewinn, den das Auffinden individueller Zugänge für das Nachvollziehen individueller und subjektiver Sinnkonstruktionen in sich birgt: Wenn beispielsweise Schüler und Schülerinnen innerhalb einer fachlich strukturierten Klasse von Situationen unterschiedliche Herangehensweisen wählen, sich auf Unterschiedliches festlegen und verschiedenartig begründen, so kann anhand der inferentiellen Netze von Festlegungen und Begründungen gezeigt werden, welche systematische und – aus individueller Perspektive – inhaltlich wohlbegründete Vorgehensweise die Schülerinnen und Schüler nutzen. Besonders eindrucksvoll ist das Ergebnis der vorliegenden Arbeit, welches auf einen starken Zusammenhang von individuellen Situationsklassen, Fokussierungen und Urteilen hinweist. So konnte Frau Schindler zeigen, dass Modifikationen von Situationsklassen und Fokussierungen als konstruktive Impulse zu einer nachhaltigen Begriffsbildung beitragen können.

Auf der Ebene des konkreten Lerngegenstandes hat Frau Schindler exemplarisch im Bereich der ganzen Zahlen geforscht. Dabei konnte sie drei Klassen von Situationen identifizieren, die sich zur Analyse von Lernendenvorstellungen als äußerst bedeutsam erwiesen und mit denen ein differenziertes Bild gezeichnet werden konnte, warum beispielsweise Probleme beim Vergleich zweier ganzer Zahlen mit einer Orientierung an verschiedenen Bereichen der Zahlengeraden einhergehen. Die rekonstruierten Begriffsnetze ermöglichen eine Restrukturierung des Gegenstandsbereiches und anschließend auch der entsprechenden Lehr-/Lernumgebungen. Die Ergebnisse von Frau Schindlers Arbeit geben berechtigten Anlass zur Hoffnung, dass auch für andere inhaltliche Bereiche Fokussierungen und Urteilsnetze rekonstruiert werden können, die eine fachliche (Re-)Strukturierung des jeweiligen Gegenstandsbereiches vereinfachen.

Stephan Hußmann

Danksagung

Das Fertigstellen einer Arbeit wie dieser bietet die Chance, inne zu halten und zurück zu blicken auf die vergangenen Jahre, die sehr intensiv, arbeitsreich und zugleich sehr lehrreich waren.

Ich danke Prof. Dr. Stephan Hußmann, der mir in dieser Zeit in der Begleitung meines Projektes stets zur Seite stand. Durch seine außerordentliche Fachkompetenz und sein enormes Interesse und Engagement war er in den letzten Jahren stets ein unterstützender Begleiter. In der produktiven Zusammenarbeit mit ihm sind viele Ideen entstanden und haben sich ausgeschärft. Ich danke ihm für die vielen ausgesprochen durchdachten Denkanstöße, die stets zu einer Weiterentwicklung meines Projektes beigetragen haben. Auch seine Tätigkeit als Forschender und Lehrender war für mich ungemein inspirierend und lehrreich. Auch hierfür danke ich ihm.

Ich danke zudem Prof. Dr. Susanne Prediger, die mir mit ihrem enormen Überblickswissen und ihrem großen Interesse in den letzten Jahren sehr viele gewinnbringende Rückmeldungen und Ratschläge gegeben hat. Ich danke ihr für ihre Hilfsbereitschaft und für ihr großes Engagement im Zusammenhang mit meiner Arbeit.

Darüber hinaus möchte ich mich bei vielen Mitarbeiterinnen und Mitarbeitern am IEEM bedanken: Für die vielen Anregungen und Impulse, die Rückmeldungen und guten Fragen, die meine Arbeit stets begleitet und sie weiter entwickelt haben. Gerade die vielschichtigen und konstruktiven Diskussionen in der Arbeitsgruppe Hußmann/Prediger und im Doktorandenseminar haben dazu beigetragen, meine Arbeit in ihren unterschiedlichen Facetten im Detail zu beleuchten und sie hierdurch auszuschärfen. Ich bedanke mich insbesondere bei Dr. Florian Schacht, Vanessa Richter und Dr. Andrea Schink für die vielen produktiven Gespräche und die inhaltliche und freundschaftliche Unterstützung bei der Anfertigung dieser Arbeit. Daneben bedanke ich mich bei allen Mitarbeiterinnen und Mitarbeitern des IEEM, die mich gerade in der Endphase meiner Promotion auf vielfältige Weise so gut unterstützt, mir geholfen und mich entlastet haben.

Ein besonderer Dank gilt auch Lena Wolters, die mich in den letzten Jahren in verschiedenen Belangen der Datenanalyse ausgesprochen gewissenhaft und tatkräftig unterstützt hat. Schön, dass sie mir zur Seite stand.

An dieser Stelle möchte ich mich zudem bei der an der empirischen Untersuchung beteiligten Schule bedanken: Ein herzlichen Dankeschön gilt der Schulleitung, den beteiligten Lehrerinnen und Lehrern sowie den Schülerinnen und Schülern, die bei diesem Projekt bereitwillig und engagiert mitgemacht haben.

Schließlich möchte ich mich bei meinem privaten Umfeld bedanken: Bei meinen Freunden und bei meiner Familie, die mir in den letzten Jahren zu jeder

Zeit unterstützend und zugleich nachsichtig zur Seite standen. Mein Dank gilt insbesondere meinen lieben Eltern, Eva und Peter Schindler, die mich (nicht nur) in der Zeit meiner Promotion nach Kräften unterstützt haben, die mir immer geholfen haben, wenn ich sie brauchte, und die mir bei allen Vorhaben und Plänen stets zur Seite stehen. Auf sie kann ich immer bauen – dafür danke ich ihnen. Mein größter Dank gilt schließlich meinem Ehemann Flo – dafür, dass er mich in ruhigen wie in turbulenten Zeiten meiner Arbeit unterstützt hat, dass er stets ein großes Interesse für meine Arbeit gezeigt und mir geduldig zugehört hat. Er gibt mir unschätzbar viel Kraft, dadurch dass er immer für mich da ist und dadurch, dass er einfach so ist, wie er ist. Lieber Flo, ich danke dir.

Maike Schindler

Inhaltsverzeichnis

Einleitung

(auf die Frage, welche der symbolisch dargestellten Zahlen 0 und -9 die größere sei)

„Die Neun. Weil die Neun die kann man ja also null eins zwei drei vier fünf sechs sieben acht neun. Und bei der Neun kommt ja erst später und die Null die kommt ja schon ganz am Anfang. Davor gibt es glaub ich gar keine Zahlen. Und deshalb wird die Neun größer sein."

(Nicole, 6. Klasse)

Nicole, eine Schülerin der 6. Klasse einer Gesamtschule in Nordrhein-Westfalen, befindet sich zum Zeitpunkt ihrer Äußerung unmittelbar vor einer Unterrichtsreihe zur Einführung negativer Zahlen. Auf die Frage, ob 0 oder -9 die größere Zahl sei, antwortet sie zunächst „die Neun". Dabei erwähnt sie das negative Zahlzeichen vorerst nicht. Dies könnte vielfältige Gründe haben – bspw. dass die Schülerin das Zahlzeichen zwar ‚mitdenkt', jedoch nicht äußert, weil sie annimmt, dass das Vorliegen einer negativen Zahl für die Interviewerin ohnehin offensichtlich sei, oder z. B. dass sie – in der Aufregung – schlicht vergisst, es auszusprechen. Die sich anschließende Begründung, in der die Schülerin von der Null an bis zur Neun zählt, und sich darauf festlegt, dass die Neun „ja erst später" komme sowie dass die Null „ja schon ganz am Anfang" komme, verweist nicht darauf, dass Nicole sich auf negative Zahlen bezieht. Dass sie in ihrer Äußerung nicht die negativen Zahlen im Sinn zu haben scheint, bestätigt sich in der sich anschließenden Äußerung: Vor der Null „gibt es glaub ich gar keine Zahlen". Ganz sicher scheint sie sich bei diesem Urteil zwar nicht zu sein, jedoch schlussfolgert sie, dass daher die Neun größer sein wird als die Null.

Nicoles Äußerungen, welche an dieser Stelle nicht im Detail analysiert werden sollen (vgl. dazu Kap. 6.1), zeigen Verschiedenes auf. Sie stellen zum einen einen Hinweis darauf dar, dass die Sechstklässlerin in der gegebenen Situation womöglich noch nicht über einen tragfähigen Begriff der negativen Zahl zu verfügen scheint, den sie bei Betrachtung der symbolisch dargestellten Zahlen aktivieren könnte. Daneben zeigen sie auf, dass ein Einblick in die individuellen Begründungen, die Schülerinnen[1] geben, aufschlussreich und lohnenswert sein kann – um hieraus u. a. Erkenntnisse über Lernstände und mögli-

1 In der vorliegenden Arbeit wird für Personengruppen die Form des generischen Femininums gebraucht – bspw. für Schülerinnen. Zugunsten der Lesbarkeit wird auf die Erwähnung sowohl männlicher als auch weiblicher Personen – bspw. Schülerinnen und Schüler – verzichtet. Das generische Femininum bezieht sich, wenn nicht eigens angeführt, stets auf beide Geschlechter.

che Schwierigkeiten der Schülerinnen zu erlangen und ihnen entsprechende, adäquate Unterstützungsmaßnahmen zukommen zu lassen.

Die Antriebskraft der vorliegenden Arbeit besteht darin, einen Beitrag dazu zu leisten, mathematische Lehr- und Lernprozesse perspektivisch zu optimieren. Um Lehr- und Lernprozesse optimal zu gestalten, ist es erforderlich, mögliche Lernvoraussetzungen und Lernprozesse von Schülerinnen zu kennen, um diese nutzen und adäquat mit ihnen umgehen zu können. Die vorliegende Arbeit soll daher dazu beitragen, das Lernen von Schülerinnen zu verstehen. Damit soll sie eine Grundlage für einen Mathematikunterricht legen, in welchem Lernvoraussetzungen der Schülerinnen aufgegriffen werden und in welchem Lernprozesse optimal angeregt und begleitet werden können.

Um einen solchen Mathematikunterricht zu gewährleisten, ist es essentiell, über ein *didaktisches Hintergrundwissen* zu den thematisierten Unterrichtsinhalten zu verfügen: Es ist von Bedeutung, potentielle Hürden im Lernprozess, mögliche Lernvoraussetzungen, denkbare Entwicklungsverläufe und Hilfen für das Überwinden von Schwierigkeiten zu kennen, um hierdurch für möglicherweise auftretende Schwierigkeiten und Lernverläufe sensibilisiert zu sein und im Mathematikunterricht möglichst differenziert darauf eingehen zu können.

Die vorliegende Arbeit verortet sich mit dem genannten Vorhaben in einer Tradition, *individuelle Lernwege* von Schülerinnen anzuerkennen und ernst zu nehmen (vgl. Selter & Spiegel 1997) – mit dem Ziel, das mathematische Lernen bestmöglich zu unterstützen. Dieser mathematikdidaktischen Grundhaltung liegt eine *(sozial-)konstruktivistische Auffassung von Lernen* zugrunde, in der Lernprozesse stets als individuelle Konstruktionsprozesse verstanden werden (vgl. von Glasersfeld 1985, vgl. auch Reinmann-Rothmeier & Mandl 2001), welche sich darüber hinaus in sozialen Situationen, im Austausch mit anderen Personen, ko-konstruktiv vollziehen (vgl. Siebert 2004).

Im Fokus der vorliegenden Arbeit stehen Begriffe, mit denen Schülerinnen ihre Welt strukturieren. Bereits Wittenberg (1963) stellte heraus, dass die Begriffsbildung und das begriffliche Denken einen zentralen Part des Lernens von Mathematik konstituieren. In seinen didaktischen Überlegungen zur Gestaltung des Mathematikunterrichts ging er davon aus, dass Mathematik ein „Denken in Begriffen" sei (Wittenberg 1963, 221). Hußmann (2009, 62) hält darüber hinaus fest: „Mathematik ist ein Denken in und ein Handeln mit Begriffen". Damit werden zudem die Bedeutung des Handelns sowie die Bedeutung von Begriffen für das Handeln hervorgehoben.[2]

Es können im Kontext des Mathematikunterrichts zwei Perspektiven auf mathematische Begriffe eingenommen werden: eine fachliche und eine indivi-

2 Dieser engen Beziehung wird teilweise auch durch die Bezeichnung wie beispielsweise ‚mathematics-in-activity' oder ‚in-action' (vgl. Noss & Hoyles 1996, Vergnaud 1996a) Ausdruck verliehen.

duelle Perspektive. „In der *Mathematik* sind Begriffe entweder Grundbegriffe, über die durch Axiome einiges ausgesagt wird, oder abgeleitete Begriffe, die definiert werden“ (Vollrath & Roth 2012, 232, Hervorh. M. S.). Mathematische Begriffe sind in fachlicher Perspektive durch Definitionen bestimmt, die „das mathematisch Wesentliche“ (ebd., 108) enthalten, und sie bilden die Bausteine der Mathematik (Vollrath 1987). Im Mathematikunterricht wird angestrebt, dass Schülerinnen *individuelle Begriffe* – im Sinne individueller „Vorstellungen“ zu einem fachlichen Begriff (vgl. Vollrath & Roth 2012, 232) – aufbauen, welche aus fachlicher Perspektive tragfähig und angemessen sind. Schülerinnen verfügen stets über solche individuellen Begriffe – bspw. über einen individuellen Zahlbegriff, der aus den Sichtweisen, Handlungsmustern, aus Erfahrungen in der Lebenswelt oder dem Mathematikunterricht u. v. m. erwachsen ist und nicht immer mit dem Begriff aus fachlicher Perspektive übereinstimmen muss.

Im Rahmen dieser Arbeit werden individuelle Begriffe und ihre Entwicklungen in den Blick genommen mit dem Ziel, einen möglichst differenzierten Einblick in die individuellen Sinnkonstruktionen der Schülerinnen zu erhalten. Dabei soll nicht nur deskriptiv beschrieben werden, wodurch individuelle Begriffe und ihre Entwicklungen charakterisiert sind, sondern es soll darüber hinaus betrachtet werden, welche Gründe Schülerinnen für ihre Annahmen haben, wodurch Schwierigkeiten ggf. begründet sind, welches Vorwissen Schülerinnen aktivieren und welche Gründe und Impulse Entwicklungen möglicherweise haben. Damit wird angestrebt, verstehende Theorieelemente (vgl. Prediger 2013) zu generieren. Um einen solchen differenzierten Einblick in die individuellen Begriffe der Schülerinnen zu erhalten, ist es von Bedeutung, die Schülerinnen nach Gründen für ihre Annahmen zu fragen. Auf diese Weise kann untersucht werden, welche Annahmen den Äußerungen der Schülerinnen zugrunde liegen, welches Vorwissen u. U. beteiligt ist und auf welche weiteren Begriffe die Schülerinnen zurückgreifen.

Gerade der individuelle *Begriff der negativen Zahl* und seine Entwicklung erweist sich für die vorliegende Arbeit als besonders interessant. Es handelt sich bei der Zahlbereichserweiterung von natürlichen Zahlen zu ganzen Zahlen um eine bedeutsame Stelle im Lernprozess, die bei Schülerinnen eine Zahlbegriffsentwicklung erfordert. Bei dieser Entwicklung können Schülerinnen u. U. auf vorhandenes Wissen zurück greifen, um sich den Begriff der negativen Zahl in seinen Anfängen zu erschließen: Sie können ihr Vorwissen zu natürlichen Zahlen, zur Zahlengerade u. v. m. nutzen und auch auf außermathematische Erfahrungen – z. B. auf Kontostände, Etagenkennzeichnungen im Aufzug, Torverhältnisse in der Bundesliga-Tabelle oder Temperaturangaben –, in denen negative Zahlen bedeutsam sind, zurück greifen. Hierdurch unterscheidet sich der Begriff der negativen Zahl von vielen anderen Begriffen, wie z. B. dem Begriff der quadratischen Funktion, welche verschiedenartigere Grundlagen und Teilaspekte erfordern, sodass Schülerinnen hierzu nicht ohne Weiteres einen eigenständigen Zugang finden. Gleichzeitig ist die Entwicklung eines Begriffs der negativen Zahl – bspw. die Entwicklung einer einheitlichen Ordnungsrelation – eine Herausforderung für viele Schülerinnen. Der Übergang von den natürlichen Zahlen zu ganzen Zahlen kann – u. a. aufgrund gefestigter Ideen aus der Primarstufe – zu Schwierigkeiten führen (vgl. Winter 1989, Bruno 2001, Malle 2007a): bspw. wenn Schülerinnen annehmen, dass es vor der Null keine Zahlen gebe. Auch das Eingangszitat Nicoles scheint bspw. darauf hinzuweisen, dass Nicole noch nicht damit vertraut ist, dass es Zahlen vor der Null gibt. Der Begriff der negativen Zahl erweist sich darüber hinaus als interessant, da für seine Einführung im Mathematikunterricht – im Gegensatz bspw. zum Bruchzahl- oder Funktionsbegriff – teilweise angenommen wird, eine Einführung müsse bzw. solle *nicht* an lebensweltlichen Kontexten anknüpfen, sondern rein formal erfolgen (vgl. bspw. Freudenthal 1973, 1983). Auch die Annahmen darüber, inwiefern Schülerinnen eine formale Darstellung negativer Zahlen deuten können, tragen zu einer solchen Diskussion bei. Betrachtet man das Eingangszitat Nicoles, so ist zu vermuten, dass diese zum Zeitpunkt des Interviews Zahlen der Form „-9" noch nicht als negative Zahlen deuten kann. Verschiedene Forschungsergebnisse deuten jedoch darauf hin, dass negative Zahlen den Schülerinnen vor einer unterrichtlichen Einführung – auch in ihrer formal-symbolischen Schreibweise – häufig durchaus bereits bekannt sind (vgl. bspw. Malle 1988, Human & Murray 1987, Peled, Mukhopadhyay & Resnick 1989): „Im Allgemeinen kennen Kinder aufgrund ihrer Alltagserfahrung auch schon die Vorzeichensymbole ‚+' und ‚–'" (Malle 2007a, 52). Vom Begriff der negativen Zahl wird vereinzelt sogar angenommen, dieser benötige weniger didaktische und schulische Aufmerksamkeit: „Negative numbers are nowadays considered as a rather simple subject which may be taught even in elementary schools. It apparently contains no difficulties, except for the multiplication of a negative number by a negative" (Fraenkel 1955, 68). Dies geht damit einher, dass es zum Begriff der negativen Zahl – im Vergleich zur Einführung anderer Begriffe – recht wenig Forschung gibt (vgl. Bruno & Martinón 1996, 98, Kishimoto 2005, 317).

Die vorliegende Arbeit soll einen Beitrag dazu zu leisten, den Gegenstandsbereich der negativen Zahlen besser zu verstehen und eine Restrukturierung des Gegenstandsbereichs zu ermöglichen.

Das zentrale Erkenntnisinteresse dieser Arbeit besteht darin, die individuellen Sinnkonstruktionen der Schülerinnen und ihr Wechselspiel mit gegebenen Lernsituationen zu verstehen. Dabei soll untersucht werden, wie Schülerinnen Situationen strukturieren und inwiefern diese individuelle Strukturierung mit einer Strukturierung aus fachlicher Perspektive einhergeht.

Innerhalb dieses Erkenntnisinteresses wird zum einen insbesondere der Frage nachgegangen, über welche *Lernvoraussetzungen zum Begriff der negativen Zahl* Schülerinnen verfügen, auf welche Begriffe und Erfahrungen sie dabei zurück greifen, wie sie begründen und welche potentiellen Hürden und Hindernisse sich für die Lernprozesse im Zusammenhang mit negativen Zahlen ergeben.

Darüber hinaus werden die *Entwicklungen der individuellen Begriffe* in den Blick genommen: Es werden sowohl jene Veränderungen des Begriffs betrachtet, welche sich mittelfristig über eine Unterrichtsreihe hinweg vollziehen, als auch lokale Entwicklungsmomente, die für die Entwicklung des Begriffs der negativen Zahl bedeutsam sind.

Die Erkenntnisse, die der vorliegenden Arbeit entspringen, sollen schließlich für eine Theoriebildung genutzt werden, die deskriptive, verstehende und präskriptive Theorieelemente umfasst (vgl. Prediger 2013) und sie sollen eine Restrukturierung des Gegenstandsbereichs ermöglichen. Damit wird das Ziel verfolgt, einen Beitrag zu mathematikdidaktischer Theoriebildung zu leisten. Die Erkenntnisse sollen ferner nutzbar sein, um das Lernen und Lehren des Begriffs der negativen Zahl zu optimieren und um bspw. Unterrichtsmaterialien und Lernumgebungen adäquat zu gestalten und zu verbessern.

Die vorliegende Arbeit gliedert sich in einen *theoretischen*, einen *methodischen* und einen *empirischen* Teil.

Der theoretische Teil hat die Funktion, einen theoretischen Rahmen aufzuspannen, der als Fundament für eine empirische Untersuchung mit den o. g. Forschungsinteressen dient. In den Kapiteln 1 und 2 wird sukzessiv konzeptualisiert, wie Begriffe, ihre Entwicklung, ihr Gebrauch in Situationen verstanden werden. Dies erfolgt immer unter der Zielperspektive, einen differenzierten Einblick in individuelle Begriffe von Schülerinnen und ihre Entwicklung zu erhalten und insbesondere Gründe für Herangehensweisen offen zu legen. Die Konzeptualisierung dessen, was individuelle Begriffe sind und wie sie sich entwickeln, wird durch Betrachtungen des mathematikdidaktischen Gegenstandsbereichs der negativen Zahlen in Kapitel 3 ergänzt. Diese tragen u. a. dazu bei, fachliche Hintergründe und die Zahlbereichserweiterung zu beleuchten. Daneben wird der aktuelle Forschungsstand zum mathematikdidaktischen Gegenstandsbereich der negativen Zahlen dargelegt, um die Grundlage für eine empirische Untersuchung zu schaffen.

Der theoretische Teil schließt in Kapitel 4 mit einer Präzisierung der Forschungsinteressen in Forschungsfragen ab, die maßgeblich durch die Hintergrundtheorie zu individuellen Begriffen und ihrer Entwicklung sowie durch die beleuchteten Gesichtspunkte des Gegenstandsbereichs beeinflusst und geschärft sind.

Im methodischen Teil wird in Kapitel 5 die Planung der empirischen Untersuchung dargelegt, welche im Zusammenhang mit dieser Arbeit durchgeführt wurde. Es wird insbesondere ein aus den theoretischen Annahmen hervorgebrachtes Analyseschema präsentiert, welches für die Analyse individueller Begriffe, im Speziellen des Begriffs der negativen Zahl, sowie ihrer Entwicklung erarbeitet wurde und für die Analyse im Rahmen dieser Arbeit gebraucht wird.

Der empirische Teil umfasst mit Kapitel 6 sowohl die Darstellung der Analysen, welche den im Hinblick auf das Forschungsinteresse durchgeführten Interviews mit Schülerinnen entspringen, als auch erste Ergebnisse im Hinblick auf die Forschungsinteressen an den individuellen Begriffen und ihren Entwicklungen.

In Kapitel 7 schließt sich eine Zusammenfassung an. In dieser wird zum einen die Untersuchung mit ihren unterschiedlichen Gesichtspunkten – der Auswahl der Hintergrundtheorie, den gegenstandsbezogenen Betrachtungen, der Planung der Untersuchung etc. – in der Rückschau zusammen gefasst und es werden darüber hinaus die Forschungsergebnisse, die im Rahmen der Untersuchung erlangt werden konnten, zusammengetragen, um damit u. a. Rückschlüsse für die Strukturierung des Gegenstandsbereichs – dem dritten Forschungsinteresse dieser Arbeit – zu ziehen. Daneben werden die aus den Analysen gewonnenen Rückschlüsse für den theoretischen Rahmen dieser Arbeit dargestellt.

Die Arbeit mündet in einem kurzen Resümee und Ausblick, in dem die Ergebnisse der vorliegenden Arbeit im Hinblick auf die in der Einleitung aufgeworfenen Forschungsinteressen thematisiert werden und in dem abschließend weitere Perspektiven für die Forschung im Sinne möglicher Anschlussuntersuchungen thematisiert werden.

Theoretischer Teil

Im theoretischen Teil werden die Elemente der Hintergrundtheorie dieser Arbeit dargelegt mit dem Ziel, eine theoretische Basis zu schaffen, auf der eine empirische Untersuchung von individuellen Begriffen, speziell des Begriffs der negativen Zahl aufbauen kann. "*Background theory* is a (mostly) consistent philosophical stance *of* or *about* mathematics education which 'plays an important role in discerning and defining what kind of objects are to be studied, indeed, theoretical constructs act to bring these objects into being' (Mason and Waywood 1996, p. 1058). The background theory can comprise implicit parts that refer to epistemological, ontological or methodological ideas e.g. about the nature and aim of education, the nature of mathematics and the nature of mathematics education" (Bikner-Ahsbahs & Prediger 2010, 485, Hervorh. im Orig.). Für das Anliegen dieser Arbeit, individuelle Begriffe von Schülerinnen zu negativen Zahlen in den Blick zu nehmen, betrifft die Wahl der Hintergrundtheorie die Ontologie mathematischer Objekte und individueller Begriffe, sie betrifft epistemologische Fragestellungen zum Lernen von Begriffen sowie methodologische Fragstellungen hinsichtlich des Erfassens von individuellen Begriffen von Schülerinnen. Neben denjenigen theoretischen Bezugspunkten, welche die theoretischen *Hintergründe* für die vorliegende Arbeit darstellen, werden bestimmte theoretische Aspekte selbst zum Gegenstand der Betrachtung und stellen die Vordergrundtheorie der vorliegenden Arbeit dar. „*Foreground theories* are local theories *in* mathematics education" (ebd.). Hierzu gehört im Rahmen dieser Arbeit bspw. die Theorie zum Gegenstandsbereich der negativen Zahlen. Auch die Theorie zu individuellen Begriffen und ihrer Entwicklung wird an verschiedener Stelle gezielt in den Fokus genommen und damit zur Vordergrundtheorie – wenn bspw. aus den empirischen Ergebnissen Rückschlüsse für den theoretischen Rahmen gezogen werden können.

Für das Ziel, individuelle Begriffe zur negativen Zahl zu analysieren, wird im Rahmen dieser Arbeit ein Analyseschema entwickelt, welches im Wesentlichen aus drei Quellen gespeist wird (vgl. Abb. 0.1). Zunächst wird eine Perspektive auf Begriffe eingenommen, welche wesentlich auf *philosophischen Einflüssen* fußt, aus welchen grundlegende ontologische und epistemologische Annahmen zu Begriffen entwickelt werden. Diese Annahmen werden stets vor dem Hintergrund und dem Anliegen, individuelle Begriffe von Schülerinnen zu analysieren, psychologisch gedeutet. In einem zweiten Teil werden *entwicklungspsychologisch-lerntheoretische sowie mathematikdidaktische Einflüsse* genutzt, um mit einem erweiterten Blick auf individuelle Begriffe und ihre Entwicklung die Hintergrundtheorie weiterzuentwickeln. Aus dieser Perspektive entspringen u. a. wesentliche Annahmen zur Rolle von Situationen für individuelle Begriffe und zur individuellen Begriffsbildung. Es schließt sich eine Erörterung des *mathematikdidaktischen Gegenstandsbereichs der negativen Zahlen* an, die u. a. eine Darstellung des aktuellen Forschungsstandes zur Entwicklung des Begriffs der negativen Zahlen umfasst. Diese drei Aspekte stellen die wesentlichen Bausteine für die Theorie dieser Arbeit sowie für die Entwicklung eines Analyseschemas zur Erfassung des Begriffs der negativen Zahl, seiner Entwicklung und dem Gebrauch in Situationen bereit.

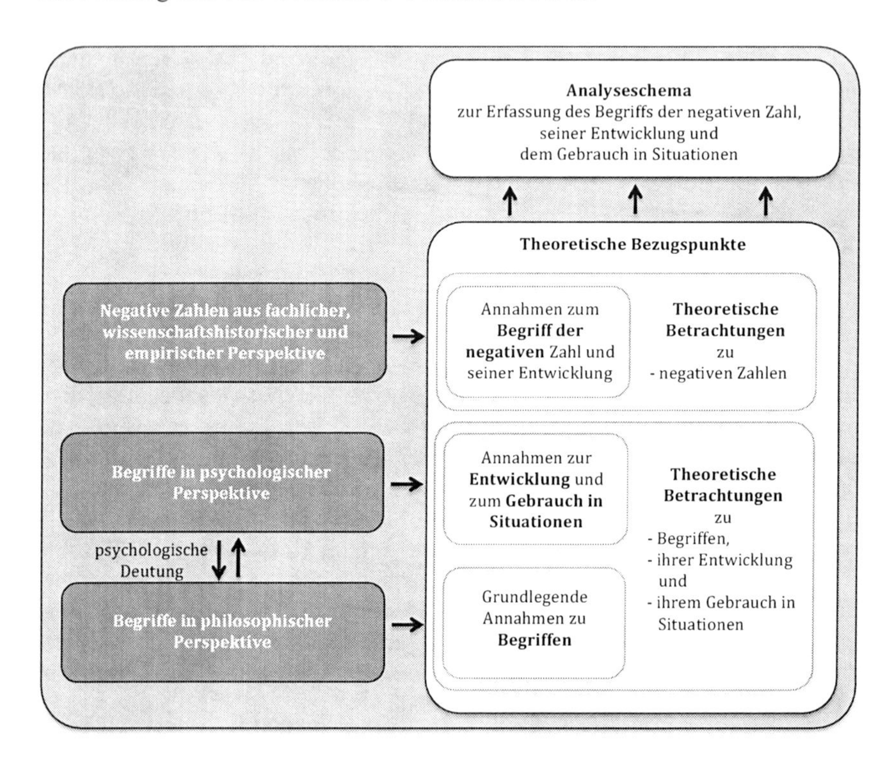

Abbildung 0.1 Theoretische Bausteine der Arbeit

1 Begriffe, Urteile und die Welt – aus philosophischer Perspektive

> „Brandom seems to me the most interesting philosopher now writing. His *Making it Explicit* [Expressive Vernunft] is the philosophy of language that Wittgenstein would have written had Wittgenstein been able to argue with other people and to think systematically. There is a golden threat that runs from the later Wittgenstein through Sellars and Davidson to Brandom, and this line of philosophical thought seems to me the most interesting and profitable one to have emerged in the last fifty years. Brandom's way of bringing together Hegelian historicism with Fregean inferentialism is a breathtaking achievement."
>
> (Rorty in Prado[3] 2003, 229, Einf. M. S.)

Für die Betrachtung und Analyse von Begriffen ist es von wesentlicher Bedeutung, wie der Begriff *Begriff* konzeptualisiert wird und welche theoretischen Hintergründe zugrunde liegen. „Je nach verwendetem Theoriehintergrund unterscheidet sich die Auffassung dessen, was ein ‚Begriff' ist" (Meyer 2010, 51). In der mathematikdidaktischen Forschung und Literatur fallen Konzeptualisierungen des Begriffs *Begriff* je nach theoretischen Hintergründen und Forschungsschwerpunkten unterschiedlich aus. Im Rahmen dieser Arbeit ist daher eine Schwerpunktsetzung in Bezug auf eine Theorie für das Verständnis von Begriffen erforderlich.

Zunächst ist entscheidend, dass es sich bei Begriffen generell um *mehr* als Worte im Sinne von Bezeichnungen handelt. Bereits Wittgenstein stellt fest: „Das Benennen ist eine Vorbereitung zur Beschreibung. Das Benennen ist noch gar kein Zug im Sprachspiel, – so wenig, wie das Aufstellen einer Schachfigur ein Zug im Schachspiel. Man kann sagen: Mit dem Benennen eines Dings ist noch *nichts* getan. Es *hat* auch keinen Namen, außer im Spiel" (Wittgenstein 1967, 39). Auch im mathematikdidaktischen Diskurs wird einhellig herausgestellt, dass Begriffe nicht mit ihren Bezeichnungen gleichzusetzen sind. Diese grundlegende Unterscheidung findet sich bereits bei Winter (1983a, 1983b). Mathematische Begriffe sind mehr als ihre Bezeichnungen, wenngleich sie Bezeichnungen *haben*. Denn „für jeden Begriff existiert ein sprachlicher Ausdruck" (Wiedemann 2006, zit. in Moormann 2009, 2).

Als Begriffe nicht mit ihren Worten gleichzusetzen sind, stellt sich gleichwohl die Frage, welche Eigenschaften es sind, die Begriffe charakterisieren, und vor allem was es heißt, *einen mathematischen Begriff zu verstehen*. Im Folgen-

---

3 Die Formulierung „Rorty in Prado" wurde gewählt, da das Zitat einem von Carlos G. Prado veröffentlichten Interview entspringt, jedoch eine Aussage Rortys innerhalb dieses Interviews widergibt.

den werden die in diesem Zusammenhang bedeutsamen theoretischen Hintergründe dargelegt. Der gewählte theoretische Ansatz zur Betrachtung und Analyse von Begriffen schöpft seine Ideen vor allem aus einer sprachphilosophischen Perspektive. Den größten und bedeutsamsten Einfluss nimmt hierbei die Theorie des *Semantischen Inferentialismus* Robert Brandoms (2000a, 2001a) ein. Einflüsse stammen unter anderem aus der Sprachphilosophie des späten Ludwig Wittgensteins, aus den Ideen Martin Heideggers und dem Pragmatismus Richard Rortys.

Im vorliegenden Kapitel wird aus ausgewählten Elementen (sprach-) philosophischer Theorien ein theoretischer Rahmen entwickelt mit dem Ziel, ein für die Betrachtung von mathematischen Begriffen geeignetes Fundament zu schaffen. Die Darstellung der Inhalte erfolgt nach zwei Prinzipien.

Zum einen folgt sie dem Prinzip *inhaltlicher Strukturierung*. Die Reihenfolge und Strukturierung der Darstellung erfolgt mit der Intention, die Grundannahmen in einer für die Leserin nachvollziehbaren Abfolge zu präsentieren, wobei die Inhalte sich zunehmend miteinander vernetzen und verdichten. Dabei wird zunächst konzeptualisiert, was das *Begriffliche im menschlichen Handeln* konstituiert, bevor eine Wendung zum *Pragmatismus* und schließlich zur *inferentiellen Semantik* genommen werden kann.

Zum anderen folgt die Darstellung dem Prinzip der *Zweckmäßigkeit*. Um einen theoretischen Rahmen aufzuspannen, der bei gegebener Intention der Arbeit eine Basis bietet, werden philosophische Anleihen gemacht, bei denen maßgeblich Gebrauch von den theoretischen Überlegungen Robert Brandoms gemacht wird. Aus diesem Grunde dominieren die Verweise auf Brandoms Überlegungen und die Formulierungen der wesentlichen Thesen orientieren sich an den seinigen. Dass Brandom bei der Entwicklung seiner bemerkenswerten Theorie Anleihen bei verschiedenen philosophischen Strömungen macht, wird bereits im Eingangszitat ersichtlich. Es gelingt ihm in beeindruckender Weise, diese auf eine Art zu gebrauchen und vernetzen, die sie für seine Argumentation fruchtbar macht, sowie seine Gedanken hierauf aufzubauen. Im Rahmen dieser Arbeit stehen diese verschiedenen Hintergründe indes nicht im Zentrum des Interesses und der Betrachtungen. Mit der Intention, zielgerichtet einen geeigneten Theoriehintergrund zu entwickeln, vor dem mathematikdidaktische Analysen ermöglicht werden, erfolgt hier primär eine Orientierung an den philosophischen Ideen Brandoms. Eine ausführliche Erörterung der zugrundeliegenden philosophischen Strömungen ist z. B. in Brandoms Werken »Expressive Vernunft« (Brandom 2000) und »Tales of the Mighty Dead« (Brandom 2002) nachzulesen.

Die Idee, die inferentialistiche Perspektive psychologisch und für die Mathematikdidaktik nutzbar zu machen, wurde in Hußmann und Schacht (2009) sowie Schacht (2012) entwickelt und umgesetzt. Diese diente als maßgebliche

Inspirationsquelle für die vorliegende Arbeit. Hierauf baut die vorliegende Arbeit auf und entwickelt die Gedanken weiter.

1.1 Begriffliches im menschlichen Handeln

Im Eingangszitat handelte Nicole nach der Aufforderung, die größere Zahl zu bestimmen, in der dargestellten Art und Weise. Dass ihr – hier sprachliches – Handeln ein komplexer Prozess ist, der nicht etwa im bloßen Diskriminieren von Reizen besteht, ist offensichtlich. Es stellt sich allerdings die Frage, was ihr Handeln ausmacht, wodurch es gekennzeichnet ist. Der Weg auf der Suche nach der Antwort auf die Fragen, was *Begriffe* sind und was es heißt, über sie zu *verfügen*, beginnt an dieser Stelle: Es ist von Interesse, was es tatsächlich ist, das das menschliche Handeln bestimmt. Um detaillierter zu hinterfragen, was das genuin *menschliche* Handeln charakterisiert, werden zunächst einmal – mit der Intention einer Abgrenzung – Tiere und ihr Verhalten betrachtet. Ein Papagei kann bspw. darauf trainiert sein, immer dann, wenn er sein Futter bekommt, mit dem Satz „Das ist lecker" zu reagieren. Er diskriminiert, indem er auf das Futter im Unterschied zu dem, was kein Futter für ihn darstellt, unterschiedlich reagiert. Es sind zwei Fähigkeiten, die das Handeln des Papageis auszeichnen: Er ist *empfindungsfähig* im Sinne einer Fähigkeit zur Aufnahme von Reizen und *reaktionsfähig* im Sinne einer diskriminierenden Unterscheidung. „*Empfindungsfähigkeit* ist das, was wir mit [...] Tieren, zum Beispiel Katzen, gemeinsam haben: die Fähigkeit, bewußt im Sinne von wach zu sein. Soweit wir wissen, handelt es sich bei der Empfindungsfähigkeit um ein ausschließlich biologisches Phänomen, das wiederum von der bloßen verläßlichen unterscheidenden *Reaktionsfähigkeit* unterschieden werden muß, die wir Empfindungswesen mit Artefakten wie Thermostaten oder Landminen teilen" (Brandom 2001a, 205, Hervorh. M. S., teilw. hervorgeh. im Orig.). Auch ein rostender Nagel ist ‚reaktionsfähig' und kann diskriminieren; durch das Rosten in einer Wasser enthaltenden Umgebung und das Nicht-Rosten in einer Umgebung, die kein Wasser enthält. So ist er ‚in der Lage', zwischen wässrigen und nicht-wässrigen Umgebungen zu unterscheiden.

Menschen sind – im Unterschied zu Tieren und genannten Artefakten – nicht nur *reaktions-* und *empfindungsfähig* und damit nicht auf die „Fähigkeit, diskriminativ auf Umweltstimuli zu reagieren" (Seibt 2000, 596) im Sinne Sellars beschränkt. Was Menschen über das Diskriminieren hinaus auszeichnet, ist das Vermögen, *Erfahrungen* zu sammeln und aus diesem Erfahrungsschatz *verstandesfähig* zu handeln.[4] Das wesentliche Kriterium für die Charakterisie-

4 Dieses Vermögen wird bei Sellars als „Erfahrungsvermögen" (vgl. Sosa 2000) sowie bei Brandom als „Verstandesfähigkeit" (vgl. Brandom 2000a, 2001a) bezeichnet.

rung des Handelns als ‚verstandesfähig' ist der Gebrauch von *Begriffen*. „Das entscheidende Element [des Erfahrungsvermögens] ist nach Sellars die *Begriffsanwendung*" (Sosa 2000, 615, Einf. M. S.), „die verlässliche Disposition, auf [...] Umweltreize differenziert mit der *Anwendung von Begriffen* zu reagieren" (Brandom 2000b, 601). Die Schülerin reagiert nicht nur, sie macht bei ihrem Handeln darüber hinaus Gebrauch von Begriffen und unterscheidet sich genau hierdurch grundlegend von dem Papagei, der „Das ist lecker" sagen kann. Durch den Begriffsgebrauch unterscheiden wir uns als *verstandesfähige* und *vernünftige Wesen* (vgl. Brandom 2001a, 205, Brandom 2000a, 37) essentiell von solchen Wesen, welchen diese Attribute nicht zugeschrieben werden können.

Worin genau ebendieser Unterschied zwischen ‚begriffsanwendenden' und ‚nicht-begriffsanwendenden' Lebewesen liegt, hängt maßgeblich davon ab, welche theoretischen Annahmen zum Wesen und zum Gebrauch von Begriffen zugrunde gelegt werden. Einer philosophischen Linie über Kant (1999) und Brandom (2000a) folgend kann davon ausgegangen werden, dass die *Verantwortlichkeit* des Menschen für das eigene Handeln essentiell für die Kennzeichnung des Begrifflichen ist. „Kant makes a normative turn: a shift from the sort of ontological demarcation Descartes offers of selves as thinking beings, to a deontological demarcation of selves as loci of responsibility. This movement underwrites some of Kant's most characteristic claims. Thus the judgment appears for him as the minimal unit of experience, whereas the tradition he inherits had focused on the term [...] because judgments are the smallest units for which we can take cognitive (justificatory) responsibility" (Brandom 2002, 21).[5] Brandom greift die Idee der Verantwortlichkeit Kants in seiner Theorie auf: Er versteht Verantwortlichkeit für das menschliche Handeln als jenes, was „das Besondere spezifisch begrifflicher Tätigkeit" (Brandom 2000a, 42) ausmacht und damit gleichzeitig auch menschliche Wesen von Tieren unterscheidet. Für die Konzeptualisierung von Verantwortlichkeit stellt das *Treffen von Urteilen* ein elementares Element dar (vgl. auch Brandom 2001a, 208). „Die Urteile sind deswegen grundlegend, weil sie die kleinste Einheit darstellen, für die man auf der kognitiven Seite *Verantwortung* übernehmen kann, ebenso wie Handlungen die entsprechende Einheit der Verantwortung auf der praktischen Seite bilden" (Brandom 2001a, 208). Dem menschlichen Handeln liegen stets Urteile zugrunde. Verstandesfähige Menschen urteilen unentwegt; darüber, dass etwas so ist oder anders – darüber ob die Zahl, die wir sehen, negativ ist oder positiv.

---

5 Die Begriffe ‚*Verantwortlichkeit*' und ‚*Verantwortung*' werden im Folgenden stets in dem Sinne gebraucht, dass Menschen die Konsequenzen und Wirkungen ihres eigenen Handelns tragen müssen, da sie mit ihrem Handeln Position beziehen. In diesem Sinne sind Menschen *verantwortlich* für ihr Handeln und seine Konsequenzen. Die Begriffe *Verantwortlichkeit* bzw. *Verantwortung* beziehen sich in der vorliegenden Arbeit nicht auf eine ethisch-moralische Dimension von Verantwortung.

Durch das Treffen eines Urteils legt die Urteilende sich *normativ* auf genau dieses Urteil fest. Urteile haben propositionalen Gehalt – sie stellen Einheiten dar, die geglaubt werden können oder nicht und die geäußert werden können; oder nicht. „Spezifisch *propositionaler* Gehalt (also Glaubbares) ist [...] durch die pragmatische Eigenschaft der Behauptbarkeit auszuzeichnen" (Brandom 2000a, 240, Hervorh. im Orig.). Gerade die *Behauptbarkeitseigenschaft* ist es, die pragmatisch festlegt, was propositionalen Gehalt hat und was nicht. Das Urteil „Die Zahl ist negativ" ist ein Urteil, da es propositionalen Gehalt hat, da es behauptet werden kann. Die Frage „Warum?" ist hingegen bspw. nicht behauptbar. Sie hat keinen propositionalen Gehalt und stellt kein Urteil dar.

***Urteile** sind die kleinsten Einheiten, für die Menschen als verstandesfähige Wesen Verantwortung übernehmen können. Urteile haben propositionalen Gehalt.*

Für die Betrachtung des menschlichen Handelns und der Verantwortlichkeit als Kriterium von Begrifflichem hat die Diskussion von Urteilen wegweisende Bedeutung. „Für Kant muß also jede Diskussion des [begrifflichen] Gehalts bei den Gehalten von Urteilen anfangen, denn alles andere besitzt nur insofern Gehalt, als es zu den Gehalten von Urteilen beiträgt" (Brandom 2001a, 209, Einf. M. S.). Auch der Bedeutungsgehalt von *Begriffen* lässt sich nicht unabhängig von dem Gehalt der Urteile betrachten, „lassen sich Begriffe [doch] nur als Abstraktionen verstehen anhand der Rolle, die sie beim Urteilen spielen" (vgl. ebd., 208, Einf. M. S.). Da Urteile eine zentrale Rolle für das Begriffliche des Handelns einnehmen, muss allerdings der Frage nachgegangen werden, welche Rolle den *Begriffen* selbst zukommt. Es ist das Potential, als *Prädikat* möglicher Urteile zu fungieren, das einen Begriff zu einem ebensolchen macht (vgl. Brandom 2001a, 208f.). Im Urteil „Minus vier ist eine negative Zahl" dient bspw. der Begriff der negativen Zahl als Prädikat, um über minus Vier zu urteilen, eine Aussage zu machen. Ebenso stellt der Begriff der negativen Zahl im Urteil „Minuszahlen sind negative Zahlen" ein Prädikat dar. „In allen Urteilen, worin das Verhältniß eines Subjects zum Prädicat gedacht wird [...], ist dieses Verhältniß auf zweierlei Art möglich. Entweder das Prädicat *B* gehört zum Subject *A* als etwas, was in diesem Begriffe *A* (versteckter Weise) enthalten ist; oder *B* liegt ganz außer dem Begriff *A*, ob es zwar mit demselben in Verknüpfung steht" (Kant 1999, 69). Die Bedeutung eines Begriffs zu betrachten impliziert, Urteile, in denen er ein Prädikat bilden kann, in den Blick zu nehmen. Aus der Rolle von Begriffen als Prädikate in Urteilen ergibt sich ihre Vernetzung miteinander – denn Begriffe hängen über Urteile, in denen sie ein mögliches Prädikat bilden, mit anderen Begriffen zusammen. Begriffe stehen nie isoliert. Der Begriff des Hammers hängt bspw. durch Urteile wie „Mit dem Hammer kann man Nägel in die Wand schlagen" oder „Der Hammer hat einen Holzstiel" mit den Begriffen des Nagels, der Wand, des Holzstiels zusammen. Es besteht immer ein Zusammenhang zwischen Begriffen über ihre Funktion als Prädikate in Urteilen. Daher „kann es so etwas wie das Verständnis eines einzelnen Begriffs nicht geben: *Einen* Begriff zu verstehen heißt, viele zu verstehen“ (Brandom 2000b, 608, Hervorh. im Orig.).

Es kann festgehalten werden: *Begriffe lassen sich nicht isoliert verstehen. Sie stehen durch Urteile, in denen sie als mögliche Prädikate fungieren, stets in Zusammenhang mit anderen Begriffen.*

Da Urteile kleinste Einheiten der Verantwortung sind, haben sie – unter der Betrachtung der Verantwortlichkeit als wesentliches Kriterium des Begrifflichen – Priorität *vor* Begriffen. Durch den normativen Charakter der *Urteile* – nicht der Begriffe – sind wir verantwortlich für unser Handeln. Diese Sichtweise stellt eine maßgebliche Neuerung Immanuel Kants dar: Während in philosophischen Betrachtungen zuvor *Begriffe* als grundlegende Atome und Urteile als Möglichkeit ihrer Kombination betrachtet wurden, änderte sich dies durch Kants neue Sichtweise (vgl. Brandom 2001a, 208). Der Fokus auf die Verantwortlichkeit, welche unser menschliches, verstandesfähiges Handeln von dem der Tiere unterscheidet, wandelt die Prioritäten – die Urteile stellen die grundlegenden Einheiten der Betrachtung dar und die Funktion der Begriffe besteht in ihrem Potential, hierin Prädikate darzustellen. Urteile haben unter dem Fokus der Verantwortlichkeit *Priorität* vor Begriffen: Sie sind im Hinblick auf die Verantwortlichkeit grundlegender als Begriffe, da Menschen in erster Linie verantwortlich für die Urteile (als kleinste Einheiten der Verantwortlichkeit) sind und sich die Verantwortlichkeit für Begriffe erst aus ihrer Rolle in Urteilen ergibt.

Neben dem *Handeln*, welches durch Urteile als kleinste Einheiten der Verantwortung gekennzeichnet ist, ist auch der *Verstand* in Urteilen strukturiert: Er hat als „das Vermögen der Erkenntnisse“ (Kant 1999, 169, teilw. hervorgeh. im Orig.) die Form von Urteilen und lässt sich in Urteilen betrachten. „Wir können aber alle Handlungen des Verstandes auf Urtheile zurück führen, so daß der *Verstand* überhaupt als ein *Vermögen zu urtheilen* vorgestellt werden kann. Denn er ist […] ein Vermögen zu denken. Denken ist das Erkenntniß durch Begriffe. Begriffe aber beziehen sich als Prädicate möglicher Urtheile auf irgend eine Vorstellung von einem noch unbestimmten Gegenstande. […] Die Functionen des Verstandes können also insgesamt gefunden werden, wenn man die Functionen der Einheit in den Urtheilen vollständig darstellen kann“ (Kant 1999, 134, Hervorh. im Orig.). Wir *handeln* nicht nur durch das Treffen von Urteilen und den Gebrauch von Begriffen als Prädikaten darin, sondern wir *denken* auch in Urteilen und Begriffen. Dabei sind Urteile zunächst im Verstand vorhanden und werden erst in einem zweiten Schritt im Handeln kundgetan (vgl. Kap. 1.2).

1.2 Prioritäten zwischen dem Begrifflichen und der Welt

Schülerinnen nehmen im Mathematikunterricht die gegebenen Dinge (das Objekt mit drei Ecken) wahr und handeln dabei begrifflich, indem sie Urteile fällen (‚Das ist ein Dreieck'). Im Eingangsbeispiel nimmt Nicole wahr, dass sie bei zwei Zahlen die größere bestimmen soll und expliziert das Urteil, dass die Neun größer sei als die Null.

Unterscheiden wir – nach Kant (1999) – zwischen *Sinnlichkeit* als der Fähigkeit, Gegenstände sinnlich zu erfassen, und dem *Verstand*, in dem sinnlich erfasste Gegenstände erkannt und ‚gedacht' werden, so stellt sich bei der Betrachtung des Erkenntnisprozesses die Frage nach der epistemologischen Priorität zwischen den Dingen in der Welt auf der einen und dem Begrifflichen des Menschen auf der anderen Seite. Entweder sind es die Eigenschaften der Dinge, der Umgebung, die der Schülerin die Urteile, die sie denkt, und die Begriffe, die dabei als Prädikate gebraucht werden, ‚auferlegen'. Damit hätte das Erfassen der Dinge und damit die Dinge selbst epistemologische Priorität vor dem Verstand. Oder aber es ist der Verstand als die Urteile und Begriffe, über welche die Schülerin bereits verfügt, die grundlegend für die Urteile sind, welche die Schülerin gebraucht und expliziert. Wenn eine Person beispielsweise klassifizierend urteilt, es handele sich bei einem gegebenen Ding um einen Tisch, so stellt sich die Frage, ob es die Eigenschaften des Dings sind, von dem ausgehend die Person klassifiziert. Damit hätte das in der Welt vorhandene Ding Priorität vor dem Verstand. Oder aber es sind die Urteile und Begriffe der Person, aus denen heraus die Person das genannte Urteil fällt. In diesem Fall bilden die Begriffe, die die Person als eine eigenen, individuellen ‚Rucksack' mit sich trägt, eine ‚Brille' und sind ausschlaggebend dafür, wie die Person urteilt und klassifiziert: Sie klassifizierte den Tisch in diesem Fall deshalb als Tisch, *weil* sie über den Begriff des Tischs verfügte.

Im Anschluss an eine philosophische Linie, welche sich ausgehend von Kant über Sellars, Heidegger und Brandom vollzieht, wird von einer *Priorität des Begrifflichen* beim Handeln in und Strukturieren von Situationen ausgegangen. Während bereits Kant davon ausging, dass das Erfassen von Dingen immer durch unseren Verstand – durch unsere subjektiven Erkenntnisbedingungen (vgl. Gerlach 2011, 13) – geprägt sei, besteht Sellars' Konzeptualisierung des *Wahrnehmungs*begriffs darin, „dass Wahrnehmung [...] als ein Produkt von zwei unterscheidbaren Fähigkeiten aufgefasst wird" (Brandom 2000b, 599) – der Fähigkeit, Umweltreize zuverlässig zu diskriminieren, als erste Komponente, und der Fähigkeit, dabei Begriffe anzuwenden und begrifflich zu klassifizieren, als zweite Komponente. Da hier der Gebrauch von Begriffen als fester *Bestandteil der Wahrnehmung* betrachtet wird, kann davon ausgegangen werden, dass menschliche Wahrnehmung, die uns durch die Verwendung von Begriffen von Tieren und Dingen unterscheidet, ohne einen Hintergrund an Begriffen nicht existierte. Da die Existenz des Begrifflichen notwendige Bedingung für die Wahrnehmung ist, hat das Begriffliche Priorität im Erkenntnisprozess.

Vor allem jedoch Martin Heidegger (1967) ist es, der die epistemologische Priorität des Begrifflichen vor den Dingen in den Blick nimmt und herausarbeitet und damit maßgeblich zur folgenden Argumentation beiträgt:

Betrachtet man die Dinge, die der Schülerin in Situationen vorliegen, und mit denen sie handelt, so sind diese *nicht* bereits ‚an sich' Gegenstände, die sie gebrauchen kann oder auch nur ‚an sich' erkennt. Die Dinge sind für sich zunächst nur in der Welt ‚vorhanden'.[6] Erst in einem Wahrnehmungsprozess werden die Dinge zu Gegenständen, welche die Schülerin beim Handeln gebrauchen kann. Sie stellen hierdurch Gegenstände dar, welche zu bestimmten Zwecken als *‚etwas, um zu ...'* verwendet werden können. Es sind *Netze aus Begriffen*, die durch das Erkennen als *‚etwas, um zu ...'* die Dinge für die Schülerin zu Gegenständen machen. Heidegger (1967, 69) spricht in diesem Zusammenhang von *Zuhandenheit*: Dinge, die der Mensch als Gegenstände gebrauchen und als *‚etwas, um zu ...'* wahrnehmen kann, sind nicht nur in der Welt *vorhanden*, sondern für den Menschen *zuhanden*. Beim Handeln in Situationen nimmt der Mensch das Ding über ein Netz von Begriffen als Gegenstand wahr und kann ihn als solchen behandeln. „The fundamental structure of the *zuhanden* is practically taking or treating something as something" (Brandom 2002, 75f., Hervorh. im Orig.). Bei dem Vorgang, ‚etwas als etwas wahrzunehmen' und zu behandeln, müssen Menschen über das zweite ‚etwas' als Begriff bereits verfügen. Wenn z. B. eine Schülerin über den Begriff der Raute verfügt, so kann sie die Zeichnung einer Raute als eine solche wahrnehmen. Die Schülerin erfasst die Zeichnung durch ein Netz an Begriffen (bspw. Viereck, Raute, Symmetrie, Seiten) als Raute, sie trifft Urteile und kann die Zeichnung als Raute behandeln. Verfügte die Schülerin nicht über einen Begriff der Raute, würde sie die Zeichnung nicht als Raute erkennen und gebrauchen, sondern als etwas anderes – bspw. als Viereck. Das Erkennen eines Dings als Gegenstand erfordert zwar das Vorhandensein des Dings, das Vorhandensein des Dings impliziert jedoch nicht, dass der Mensch dieses Ding als einen bestimmten Gegenstand erkennt (vgl. Heidegger 1967, 73). Ausgangspunkt dieses Vorgangs, ‚etwas als etwas wahrzunehmen' ist immer „etwas schon verstandenes Bedeutsames" (Merker 2009, 139). Jede Schülerin nimmt die Zeichnung – ausgehend von ihrem individuellen ‚Rucksack' von Begriffen und Urteilen – individuell als ‚etwas' wahr, um diese als dieses ‚etwas' zu behandeln.

Begriffe dienen bei diesem Wahrnehmungsprozess, neben der Funktion, welche sie als Prädikate möglicher Urteile haben, als *Kategorien*. Den Gegenstand, den die Schülerin als solchen erfasst, behandelt sie als solchen – bspw. als

6 Inwiefern sie dies wirklich sind und inwiefern dies überprüfbar ist, sei hier zunächst außer Acht gelassen. Diese Fragen werden in Kap. 1.4 weiter verfolgt.

Repräsentation einer Raute. Zugleich ordnet sie den Gegenstand einer Kategorie zu – hier der Kategorie der Raute. „Such practical taking- or treating something as something is, says Brandom, genuinely *classificatory*" (Christensen 2007, 159). Begriffe – das zweite *‚etwas'* in diesen Klassifizierungen – dienen dabei als Ausgangspunkt der Klassifikation. „Will man etwas Einzelnes erkennen oder verstehen, so muß man es in die Nähe von anderem bringen und davon ausgehen, daß es in irgendeiner Hinsicht wie dieses andere ist und somit zu seiner Art gehört" (Brandom 2000a, 147). Das Urteil kann in diesem Prozess indes „als *klassifizierende* Verwendung von Begriffen" (Brandom 2000a, 148, Hervorh. im Orig.) verstanden werden. Die Schülerin urteilt, dass das Ding ein Gegenstand der Kategorie Raute ist. Dieses Urteil ist klassifizierend und der Begriff – und nicht das vorhandene Ding – ist Ausgangspunkt dieser Klassifikation.

1.3 Implizites und Explizites

Wenn Schülerinnen im Mathematikunterricht intentional handeln, so fällen sie Urteile, bspw. dass es sich bei ‚-9' um eine negative Zahl handele. Fällt eine Schülerin dieses Urteil, so ist es sowohl möglich, dass sie es äußert und damit kundtut, als auch dass sie es nicht äußert und es nur ‚denkt'. Für Urteile, welche Schülerinnen fällen, kann unterschieden werden, ob diese *explizit* geäußert werden oder *implizit* verbleiben. Explizit sind solche Urteile, welche die Schülerin *äußert*, wenn sie bspw. sagt „Neun ist größer als die Null". Solange Urteile nicht auf diese Weise dem sozialen Diskurs zur Verfügung gestellt werden, sind sie implizit. „Das, was ausgedrückt wird, tritt in zweierlei Gestalt auf: als das Implizite (lediglich potentiell Ausdrückbares) und als das Explizite (das tatsächlich Ausgedrückte)" (Brandom 2001a, 28). Der Status der Explizitheit von Urteilen hängt wesentlich damit zusammen, ob sie sprachlich expliziert, d. h. geäußert werden.

Urteile, die zunächst implizit vorliegen, können von Schülerinnen expliziert werden. Der Prozess des Explizitmachens eines Urteils „läßt sich in einem pragmatischen Sinne verstehen, insofern etwas, was wir zunächst nur tun können, zu etwas wird, was wir sagen können" (Brandom 2001a, 18f.). Wenn eine Schülerin bspw. bei der Aufgabe, 365 von 514 zu subtrahieren, diese zunächst ‚im Kopf' löst und ausschließlich das Ergebnis nennt, bleiben womöglich viele Urteile implizit. Wird die Schülerin anschließend gebeten, ihr Vorgehen zu erläutern, so erfolgt im Zuge der Erläuterungen wahrscheinlich ein Explizieren verschiedener zuvor implizit gebliebener Urteile. Das Explizieren von Urteilen stellt jedoch mitunter eine Herausforderung dar. „Brandom selber weist darauf hin, wie schwierig es ist, zu sagen, wie man elegant Tango tanzt oder richtig Oper hört oder welches die Regeln sind, die das Sprechen einer Sprache normieren. Trotz des Prinzips der Ausdrückbarkeit müssen diese Regeln weder nachher noch vorher von dem Handelnden selber explizit gemacht werden können"

(Merker 2009, 138). Es ist durchaus denkbar, dass Schülerinnen auch im Kontext des Mathematiklernens bspw. bei der Bearbeitung von Aufgaben Ideen gebrauchen, die sie nicht ohne Weiteres explizieren können. Es liegen z. B. bei der Bearbeitung der Aufgabe, 365 von 514 zu subtrahieren, vermutlich viele Urteile zugrunde, welche Schülerinnen bei der Bitte, ihr Vorgehen zu beschreiben und ‚laut zu denken', nicht immer vollständig explizieren können. Die Gründe hierfür können vielfältig sein: Es ist bspw. denkbar, dass die Schülerin ein unverstandenes Verfahren angewendet hat, es ist ebenso denkbar, dass die Schülerin aufgrund ihrer sprachlichen Ausdrucksfähigkeit oder Reflexionsfähigkeit oder aufgrund situativer Bedingungen nicht dazu in der Lage ist, ihr Vorgehen zu beschreiben, u. v. m.

Es kann festgehalten werden: *Urteile können unterschiedlichen Status bezüglich der Explizitheit einnehmen. Urteile können explizit vorliegen oder implizit verbleiben. Urteile, die sprachlich ausgedrückt sind, sind* ***explizit****. Urteile, die nicht sprachlich ausgedrückt sind, sind* ***implizit****.*

Für ein Explizieren und Explizitsein von Urteilen stellen neben der Sprache auch Gesten eine Möglichkeit dar. Wenn die Schülerin bspw. nicht *sprachlich* äußert, dass -9 größer sei als 0, sondern auf die Aufforderung, die größere Zahl zu bestimmen, ihrem Urteil durch das *Zeigen* auf eine der beiden Zahlen Ausdruck verleiht, so drückt sie es nicht sprachlich, sondern gestisch aus. Wesentlich ist hierfür, dass das Urteil zwar nicht sprachlich ausgedrückt wird, aber sprachlich ausdrück*bar* ist. Auch Urteile, welche die Schülerin mit Gesten ausdrückt, werden hierdurch demnach expliziert. Es ist ebenso möglich, dass die Schülerin durch andere nicht-sprachliche Handlungen – wie das Aufschreiben eines Satzes mithilfe der Schriftsprache – Urteile expliziert.

Es kann weiterhin festgehalten werden: *Urteile können sprachlich und auch durch nicht-sprachliche Handlungen wie Gesten expliziert werden.*

Inwiefern es in forschungsmethodischer Perspektive möglich ist, von den Gesten einer Schülerin auf Urteile zu schließen, wird an anderer Stelle thematisiert (vgl. Kap. 5.5.2).

1.4 Die Welt und ihre Repräsentation

In den bisherigen Ausführungen wurde dargestellt, dass die in der Welt *vorhandenen* Dinge von den von Menschen wahrgenommenen, *‚zuhandenen'* Gegenständen unterschieden werden müssen (vgl. Kap. 1.2).

In Ansätzen, die dem *Repräsentationalismus* zugeordnet werden können, wird davon ausgegangen, dass zwischen dem Verstand des Menschen und der

Welt eine Korrespondenz und damit eine gleichbleibende Beziehung besteht, als Menschen Repräsentationen der Wirklichkeit und der ontologisch existenten Dinge haben (vgl. Rorty 1987). Diese Repräsentationen entsprechen nicht der Wirklichkeit selbst und sind individuell. Der menschliche Verstand bildet durch die Wahrnehmung die Welt ab (wenngleich die Art der Abbildung unbekannt ist). In repräsentationalistischer Perspektive „sind wir Repräsentierende – Erzeuger und Verwender von Repräsentationen – gegenüber einer Welt bloß repräsentierter und repräsentierbarer Dinge. Die für uns charakteristischen Zustände und Akte handeln in einem besonderen Sinne *von* Dingen, sind *über* oder *richten* sich *auf* Dinge. Sie sind Repräsentationen, und das heißt, sie haben einen repräsentativen Gehalt" (Brandom 2000a, 39, Hervorh. im Orig.). Ein repräsentationalistischer Ansatz spielt insofern für die Entwicklung eines theoretischen Rahmens im Rahmen dieser Arbeit eine Rolle, als davon ausgegangen wird, dass Begriffliches, das Zuhandene, stets bei der Wahrnehmung von der Welt und den Dingen bedeutsam ist. Es besteht eine Beziehung zwischen unserem Begrifflichen und den vorhandenen Dingen. Die Unterscheidung zwischen der Welt ‚an sich' und den weltlichen Dingen auf der einen Seite sowie unseren Wahrnehmungen der Welt und der Dinge als Gegenstände, die wir gebrauchen können, auf der anderen Seite, hat prinzipiell große Übereinstimmungen mit den repräsentationalistischen Grundgedanken. Die Annahmen des Repräsentationalismus müssen in epistemologischer Hinsicht jedoch relativiert werden, da in dieser Perspektive einige Fragen ungeklärt bleiben. Unter der repräsentationalistischen Annahme, die menschlichen Wahrnehmungen seien immer Abbilder der Welt, muss bspw. die Frage betrachtet werden, inwiefern unsere Repräsentation der Welt *richtig* ist. „Damit [...] kommt eine Beurteilung der *Richtigkeit* der Repräsentation ins Spiel, die eine spezielle Art der *Verantwortung* oder *Haftung* gegenüber dem, was repräsentiert wird, einschließt" (ebd., Hervorh. im Orig.). Eine wesentliche Schwachstelle des Repräsentationalismus liegt im *Wahrheitsbegriff*. Inwiefern unser Verstand als ‚Spiegel der Natur' (vgl. Rorty 1987, 22) eine Abbildung der Welt liefert und inwiefern diese Repräsentationen der Welt richtig, also ‚wahr' sind, kann nicht beurteilt werden, denn „sogenannte Außenstandpunkte in Bezug auf die Welt sind [...] Fiktionen, d. h. Perspektiven, die wir einnehmen können in Analogie zu Situationen, wo das möglich ist (z. B. Innen- und Außenperspektive eines Hauses)" (Leiss 2009, 185). Durch unseren subjektiven Erkenntnisapparat können wir die Welt in einer ‚tatsächlichen', von der Wahrnehmung unabhängigen Form *nicht* erfassen. Wir können nicht überprüfen wie das, was Personen wahrnehmen und als ‚rot' bezeichnen, ‚in Wirklichkeit' aussieht bzw. ist und ob es für alle Menschen gleich aussieht. Wie die Welt – oder in Rortys Worten: die Natur – wirklich *ist*, darüber vermag der Blick in den Spiegel keine Erkenntnis zu bringen. Aus diesem Grund ist bereits für „Kant die Vorstellung, es gäbe zunächst und unabhängig von uns Dinge und Ereignisse in Raum und Zeit und wir müssten nur über eine Analyse unseres

Erkenntnisapparates herausfinden, was an ihnen wir erkennen könnten, völlig sinnlos" (Gerlach 2011, 13) – denn diese Erkenntnis können wir ohne höheren Standpunkt nicht erlangen. Dies gilt für die Repräsentation der *Dinge* ebenso wie für *Repräsentationen von mathematischen Begriffen*. Wir haben auf Repräsentationen an sich keinen Zugriff. Diese „berechtigte Kritik am traditionellen Repräsentationalismus" (Brandom in Testa 2003, 564, Übers. M. S.) schließt es forschungsmethodisch aus, Repräsentationen mathematischer Begriffe im Denken der Schülerin zu betrachten. Es muss vielmehr eine „Alternative zu dem repräsentationalistischen Paradigma" (ebd.) gefunden werden, die aus einer pragmatischen Grundhaltung heraus empirischen Zugriff auf die betrachteten Begriffe ermöglicht.

1.5 Pragmatismus – Sprachpraxis als Gegenstand der Betrachtung

Bei dem Ziel, das Begriffliche im Handeln von Schülerinnen zu erfassen, sind – aus den oben dargestellten Gründen – nicht implizite Repräsentationen von Schülerinnen, als Abbilder von den Dingen der Welt, der Gegenstand der Betrachtung. Es soll vielmehr das Explizite selbst in den Blick genommen werden: die Sprache wird wesentlicher Gegenstand der Betrachtung. Statt einer repräsentationalistischen wird eine *pragmatische* Grundhaltung eingenommen, die ausgehend von Richard Rorty (1987) im Zuge einer „Renaissance des Pragmatismus" (Bertram 2011, 155, Hervorh. im Orig.) als Neo-Pragmatismus Einzug in die philosophische Diskussion erhielt und mit welcher – aus der epistemologischen Zwickmühle der repräsentationalistischen Perspektive heraus – eine pragmatische Wende vorgenommen wird. Erkenntnis wird nicht unter dem Fokus auf die Repräsentation der Welt im Verstand, „als Genauigkeit der Darstellung" (Rorty 1987, 22) eines Spiegels betrachtet. Es wird vielmehr davon ausgegangen, dass Erkenntnis sich in Situationen vollzieht, in denen wir in Kommunikation und Interaktion mit anderen stehen und dass „Erkenntnis nicht als das Bemühen, die Natur abzubilden, sondern als abhängig von der Gesprächspraxis und von sozialem Umgang" (Rorty 1987, 191) aufgefasst werden sollte. Aus dieser Auffassung zu Erkenntnisprozessen heraus wird die Sprache zum wesentlichen Gegenstand der Betrachtung, da sie die einzige Realität ist, die betrachtet werden kann, weil sie „eines empirischen oder »ontologischen« Fundamentes nicht bedarf" (Rorty 1987, 210). Es ist das *Explizite* selbst, das Gegenstand der Betrachtung ist.

Menschen werden in pragmatischen Ansätzen primär als Teilnehmende in einer *sprachlichen Praxis* betrachtet (vgl. Brandom 2000a, 196). Sie nehmen teil, indem sie Äußerungen treffen und Äußerungen anderer Teilnehmerinnen wahrnehmen. Diese pragmatische Wende hat Auswirkungen auf die Konzeptualisierung des Wahrheitsbegriffs. *Wahrheit* bezieht sich – im Gegensatz zum

Repräsentationalismus – ausschließlich auf jenes, was *sprachlich explizit* wird. „Was nennt man einen Satz? Eine Folge von Lauten; aber nur dann, wenn sie einen Sinn hat, womit nicht gesagt sein soll, daß jede sinnvolle Folge von Lauten ein Satz sei. Und wenn wir einen Satz wahr nennen, meinen wir eigentlich seinen Sinn. *Danach ergibt sich als dasjenige, bei dem das Wahrsein überhaupt in Frage kommen kann, der Sinn des Satzes*" (Frege 1966, 33, Hervorh. M. S.).

Vor dem Hintergrund der Sprachpraxis als betrachtete Realität muss – unter Berücksichtigung der Verantwortung als ausschlaggebendem Aspekt des begrifflichen Handelns des Menschen – der Frage nachgegangen werden, was es heißt, in einer solchen sprachlichen Praxis verstandesfähig und verantwortlich zu handeln. Verantwortlichkeit wird in der sprachlichen Praxis als das *Geben-Können von Gründen* für das eigene Handeln im *Sprachspiel* verstanden (vgl. Brandom 2000a, 260ff.). Neben „der Fähigkeit, verschiedene Arten von Umweltreizen in zuverlässiger Weise durch verschiedene Reaktionsverhalten zu unterscheiden, [...] [ist es die] Fähigkeit, eine Position im Spiel der Erklärung, des Erfragens und Angebens von Gründen einzunehmen" (Brandom 2000b, 599, Einf. M. S.), welche nach Sellars' Grundidee die Wahrnehmung der Menschen ausmacht. Im Folgenden wird zunächst der Begriff des Sprachspiels erläutert, bevor auf das Geben-Können von Gründen genauer eingegangen wird.

1.6 Das Sprachspiel und Züge darin

Mit dem Begriff des *Sprachspiels* – welcher ausgehend vom späten Wittgenstein unter anderem auch von Sellars, Rorty und Brandom aufgegriffen wird – ist die Praxis gemeint, in welcher Teilnehmerinnen einer Sprachgemeinschaft Äußerungen vorbringen. Eine genaue Bestimmung des Begriff des Sprachspiels ist jedoch nicht leicht – zudem auch „Wittgenstein genau dies nicht tut" (Römpp 2010, 95). Eine Annäherung an den Begriff des Sprachspiels als „das Ganze: der Sprache und der Tätigkeiten, mit denen sie verwoben ist" (Wittgenstein 1967, 17) kann über die Idee von Ähnlichkeiten erfolgen: „So wie die Ähnlichkeiten zwischen den Mitgliedern einer Familie jeweils aufgrund von verschiedenen Merkmalen bestehen, so auch die Ähnlichkeiten von Sprachspielen untereinander. [...] Es gibt [...] eine Reihe, ein durchgängiges Band, einen Faden von Ähnlichkeiten, der alle Familienmitglieder bzw. alle Sprachspiele [...] zu verknüpfen erlaubt. Zu einem Sprachspiel gehören ganz wesentlich gesellschaftliche Rahmenbedingungen, die sich nicht im Sprechen erschöpfen, wie z. B. Autoritätsverhältnisse, Verpflichtungen und Verantwortungsverhältnisse. [...] Es sind einfach nicht die grammatischen Regeln für einen sprachlichen Ausdruck, sondern die Gepflogenheiten im Umgang mit dem Ausdruck, die Verhaltensweisen einer Sprachgemeinschaft, die ein Sprachspiel ausmachen" (Newen & Schrenk 2008, 34).

Mit der Verwendung des Wortes *Spiel* für die sprachliche Praxis scheint Wittgenstein – und seine Idee aufgreifend auch Sellars und Brandom – in den Blick zu nehmen, dass es sich bei der Sprache nicht um eine eindeutige Zuordnung von Worten bzw. Sätzen zu bestimmten Sprachpraxen oder bestimmten Bedeutungen handelt (vgl. auch Römpp 2010, 93). Es soll nicht die Sprache selbst, sondern das Spiel der Sprache beschrieben werden. „Das Wort »Sprach*spiel*« soll hier hervorheben, daß das Sprechen der Sprache ein Teil ist einer Tätigkeit, oder einer Lebensform" (Wittgenstein 1967, 24, Hervorh. im Orig.). Wittgenstein vergleicht das Sprachspiel mit dem *Schach*spiel. Über Worte und Sätze könne man nur sprechen „wie von den Figuren des Schachspiels, indem wir Spielregeln für sie angeben, nicht ihre physikalischen Eigenschaften beschreiben. Die Frage »Was ist eigentlich ein Wort?« ist analog der »Was ist eine Schachfigur?«" (Wittgenstein 1967, 66).

Die Bedeutung von Äußerungen zeigt sich in diesem „Sprachspiel [...], in dem Gründe gegeben oder nach Gründen gefragt wird" (Brandom 2001b, 3). Eine Äußerung, die nicht bloß eine sprachliche Reaktion ist, ist als begrifflich charakterisiert, da „sie einen bestimmten Spielzug oder das Einnehmen einer bestimmten Spielposition darstellt – und zwar in einem Spiel, das darin besteht, *Gründe* anzugeben und zu erfragen" (Brandom 2000b, 601, Hervorh. im Orig.). Um Züge in diesem Spiel der Sprache machen zu können, muss die Teilnehmende das, was sie äußert, begründen und mit ihren Äußerungen Gründe geben können. Mit der Fähigkeit, Äußerungen als Gründe zu gebrauchen, ist der Mensch in der Lage, sein Handeln zu legitimieren und Verantwortung zu übernehmen. Um einen Zug im Sprachspiel darzustellen muss „die Reaktion [...] eine Verpflichtung auf einen Inhalt darstellen, der sowohl als Grund dienen oder auch eine Begründung erfordern kann, d. h. einen Inhalt, der die Rolle von Annahmen oder Schlüssen in *Folgerungen* spielen kann" (Brandom 2000b, 601, Hervorh. im Orig.).

1.7 Die Explizierung von Urteilen als Behauptungen im Sprachspiel

Nachdem vorangehend der Begriff des Sprachspiels in den Blick genommen wurde, wird im Folgenden der Fokus auf die *Äußerungen* gerichtet, welche von den Teilnehmenden des Sprachspiels vorgebracht werden. Äußerungen, die als Gründe dienen können und Züge im Sprachspiel darstellen, können als *Behauptungen* bezeichnet werden. „Einen Grund zu liefern heißt immer, eine Behauptung zu machen" (Brandom 2000a, 242). Behauptungen fungieren als Gründe und bedürfen ihrerseits wieder Gründe, um behauptbar zu sein (vgl. Brandom 2001a, 210f.). Sie sind von zentraler Bedeutung für das Sprachspiel, das sich durch die Praxis des Gebens und Forderns von Gründen auszeichnet, und sie sind durch ihr Vorliegen in der sprachlichen Praxis als sprachliche Elemente explizit.

In einem *strengen Pragmatismus* (vgl. Farshim 2002, 39f.), in dem die Sprache als einzige Realität erachtet wird, ist nur jenes Gegenstand der Betrachtung, was sprachlich expliziert vorliegt. Alles, was nicht sprachlich vorliegt, ist implizit, wird nicht betrachtet und als nicht existent aufgefasst. Hieraus wird geschlossen, dass – da sprachlich nicht expliziert – auch keine impliziten Gedanken bei Menschen existieren: „Da es nichts gibt, was ein inneres Wesen besitzt, haben auch die Menschen keines" (Rorty 1994, 59). Rortys Ansatz folgend ist bei der Betrachtung von Sprache nur die Pragmatik von Interesse – Behauptungen werden in ihrer Rolle in der sprachlichen Praxis, in der Interaktion betrachtet. Die Semantik – die Bedeutung der Worte für die Teilnehmenden des Sprachspiels – wird nicht nur nicht betrachtet, sondern es wird darüber hinaus auch verneint, dass es diese geben kann. Einer (sprach-)philosophischen Tradition über Frege, Wittgenstein, Sellars und Brandom folgend wird jedoch zwischen Implizitem und Explizitem unterschieden und auch das Implizite als existent aufgefasst (vgl. auch Kap. 1.3). Es wird davon ausgegangen, „daß zu jedem von uns ein Strom von Episoden gehört, die selbst keine unmittelbaren Erfahrungen sind und zu denen wir privilegierten, jedoch keineswegs unveränderlichen oder unfehlbaren Zugang haben. Diese Episoden können auftreten, ohne daß sie ‚Ausdruck' in offenem Sprachverhalten finden, obwohl Sprachverhalten – in einem wichtigen Sinne – ihr natürliches Ergebnis ist" (Sellars 1999, 80). Das hier bereits angedeutete Explizit-Werden von ‚Episoden' im Sprachspiel wird im Folgenden weiter ausgeführt.

Es wird eine Unterscheidung Gottlob Freges genutzt, um zum einen das Explizit-Werden von Gedanken aufzuzeigen und dabei eine Relation zwischen Urteilen und Behauptungen herzustellen, und um zum anderen aufzuzeigen, inwiefern der Begriff der Wahrheit Bewandtnis für die Betrachtung von Urteilen hat.

> „Wir unterscheiden demnach
> 1. das Fassen des Gedankens — das Denken,
> 2. die Anerkennung der Wahrheit eines Gedankens — das Urteilen,
> 3. die Kundgebung dieses Urteils — das Behaupten." (Frege 1966, 35)

Die Unterscheidung zwischen dem Denken, dem Urteilen und dem Behaupten erläutert Frege mithilfe des Beispiels der Wissenschaft. „Ein Fortschritt in der Wissenschaft geschieht gewöhnlich so, daß zuerst ein Gedanke gefaßt wird, wie er etwa in einer Satzfrage ausgedrückt werden kann, worauf dann nach angestellten Untersuchungen dieser Gedanke zuletzt als wahr anerkannt wird. In der Form des Behauptungssatzes sprechen wir die Anerkennung der Wahrheit aus" (ebd.).

In Freges (1966) Unterscheidung zwischen *Gedanken* und *Urteilen* wird ersichtlich, dass *Wahrheit* sich in seinem Verständnis auf ein individuelles *Für-Wahr-Halten* von Gedanken bezieht. „Ohne damit eine Definition geben zu wollen, nenne ich Gedanken etwas, bei dem überhaupt Wahrheit in Frage kommen kann. Was falsch ist, rechne ich also ebenso zu den Gedanken, wie das, was wahr ist" (Frege 1966, 33). Fragen gehören bspw. auch zu den Gedanken, können jedoch nicht für wahr gehalten werden. Jene Gedanken, denen individuell Wahrheit beigemessen wird, sind Urteile. *Urteile* sind entsprechend Gedanken, die wir für wahr halten, die wir glauben.[7] Diese können in Form von Behauptungen, von Sätzen, im Sprachspiel expliziert werden, womit ‚Wahrheit' in Bezug auf die im Sprachspiel vorgebrachten Sätze beurteilt werden kann (vgl. Kap. 1.5). „Der an sich unsinnliche Gedanke kleidet sich [dabei] in das sinnliche Gewand des Satzes und wird uns damit faßbarer. Wir sagen, der Satz drücke einen Gedanken aus" (Frege 1966, 33, Einf. M. S.). „*Behauptungen* drücken Urteile oder Überzeugungen aus" (Brandom 2001a, 247, Hervorh. M. S.). Urteile sind in Bezug auf ihren Status bezüglich der Explizitheit nicht festgelegt (vgl. Kap. 1.3) – sie können sowohl als implizite *Urteile* als auch als explizite *Behauptungen* vorliegen. Brandom (2000a, 240) folgend kann ein Urteil verstanden werden als das, „was eine Behauptung ausdrückt. Spezifisch *propositionaler* Gehalt (also Glaubbares) ist demnach durch die pragmatische Eigenschaft der Behauptbarkeit auszuzeichnen. Und was durch das Hervorbringen einer behaupteten Performanz geäußert oder niedergeschrieben wird, ist auf diese Weise als Aussage*satz* erkennbar". Dass Urteile propositionalen Gehalt haben, steht mit ihrer Behauptbarkeits*eigenschaft* in Zusammenhang: Urteile haben propositionalen Gehalt, da sie sich behaupten *lassen*. Das Behaupten selbst versteht Brandom als das *Explizieren*, „das Hervorbringen einer behauptenden Performanz" (ebd.) in Form eines Satzes, als Weg vom Impliziten zum Expliziten.

Es kann zusammenfassend festgehalten werden: ***Urteile*** *haben propositionalen Gehalt und werden subjektiv für wahr gehalten. Urteile können sowohl expliziten als auch impliziten Status haben.* ***Behauptungen*** *sind Urteile mit explizitem Status.*

Für den Rahmen der vorliegenden Arbeit steht jedoch weniger die aus den sprachphilosophischen Betrachtungen eingenommene Perspektive der Entäußerung, in der Gedanken in Behauptungen expliziert werden, sondern vielmehr die rekonstruktive Perspektive im Fokus, in der für die Schülerin – ausgehend von

7 Zur Diskussion des Wahrheitsbegriffs, welcher sich in pragmatischen Ansätzen auf die im Sprachspiel hervorgebrachten Sätze bezieht, vergleiche Kapitel 1.9.

den Zügen im Sprachspiel – Urteile rekonstruiert werden (vgl. Analyseschema, Kap. 5.5).

1.8 Verantwortlichkeit im Sprachspiel und das Geben-Können von Gründen

Nachdem vorangehend Behauptungen als jene Urteile mit explizitem Status, welche im Sprachspiel expliziert werden, dargestellt wurden, wird im Folgenden der Gebrauch von Behauptungen als Gründe im Sprachspiel in den Blick genommen.

Im Sprachspiel Gründe geben zu können, heißt für sein Handeln in dem Sinne verantwortlich zu sein, als man weiß ‚was aus was folgt'. Betrachtet man bspw. den Papagei, der auf sein Futter mit dem Ausspruch „Das ist lecker" reagiert, so handelt dieser nicht verstandesfähig, da er – wie oben dargestellt – nicht erfahrungsfähig ist, und keine Begriffe anwendet. Diese Begriffsanwendung zeigt sich in sprachphilosophischer Perspektive genau in der Fähigkeit, Gründe geben, einfordern und beurteilen zu können. Der Papagei könnte den Ausspruch „Das ist lecker" nicht begründen – bspw. damit, dass ihm der süßliche Geschmack besonders gefällt oder weil er jedes Futter lecker findet. Er könnte auch keine Folgerungen daraus ziehen, indem er bspw. äußert, dass er dieses Futter daher lieber fresse als ein anderes. Der Papagei reagiert lediglich auf die Situation, in der er das Futter bekommt – mit einer ‚sprachlichen' Reaktion.

Dass Menschen über die Fähigkeit verfügen, Gründe zu gebrauchen, ist der Kern des philosophischen Ansatzes Robert Brandoms, der einen Pragmatismus mit semantischen Gehalten verbindet. „Die leitende Idee [seines Ansatzes] lautet, daß sich das, was propositional gehaltvoll ist, wesentlich dadurch auszeichnet, daß es sowohl als Prämisse als auch als Konklusion in *Inferenzen* dienen kann" (Brandom 2001a, 210, Einf. M. S.). Der Begriff der *Inferenz* ist wesentlich für diesen sprachphilosophischen Ansatz. Inferenzen meinen das theoretische und praktische Folgern (vgl. Brandom 2000a, 37): „Inferentielle Beziehungen bestehen insbesondere zwischen Gehalten, die explizit als Aussagesätze ausgedrückt werden. Die Prämissen der Inferenzen, und in den wichtigsten Fällen auch die Konklusionen, werden so verstanden, daß sie eine propositionale Form haben" (Brandom 2000a, 155). Beispielsweise könnte für eine Schülerin die Aussage „Die gegebene Zahl hat ein negatives Vorzeichen" als Prämisse für die Konklusion „Die gegebene Zahl ist eine Minuszahl" fungieren. Es besteht eine inferentielle Relation zwischen diesen beiden Aussagesätzen, wenn die Schülerin auf diese Weise praktisch begründet.

In Brandoms sprachphilosophischem Ansatz wird vorwiegend die inferentielle Gliederung zwischen *sprachlich explizierten* Urteilen, den *Behauptungen*, betrachtet. Er dehnt jedoch diese Betrachtung auch „für *nicht*sprachliche Handlungen“ (Brandom 2000a, 343, Hervorh. im Orig.) aus und geht davon aus, dass jene *praktischen* Urteile, deren Gehalt im „Wahr*machen* einer Behauptung“ (ebd.) besteht, den Behauptungen „darin gleichen, daß sie wesentlich inferentiell gegliedert sind. Sie stehen in inferentieller Beziehung untereinander wie auch zu“ (ebd., 344) Behauptungen. Er stellt neben die inferentiellen Relationen im Sinne „intralinguistische[r] Züge“ (ebd., 345, Einf. M. S.) das *Handeln* als Sprachausgangszug und das *Wahrnehmen* als Spracheingangszug. „Zur kausalen Dimension des Handelns aus Gründen [...] gehört das Ausüben verläßlicher unterscheidender responsiver Fähigkeiten auf der *Ausgabe*seite des Spiels des Gebens und Verlangens von Gründen, genau wie bei der Wahrnehmung auf der *Eingabe*seite“ (ebd., 344, Hervorh. im Orig.).

Die Idee der *inferentiellen Gliederung* für sprachliche und praktische Urteile hängt unmittelbar mit der Idee einer *individuellen Verantwortlichkeit* für das eigene Handeln zusammen: Die Teilnehmende eines Sprachspiels ist nicht nur für *jene* Urteile verantwortlich, auf welche sie sich unmittelbar festlegt, sondern legt sich dabei zugleich auf bestimmte *weitere* Urteile fest. So wird die Teilnehmende des Sprachspiels bspw. durch das Äußern des Urteils „Die Zahl ist negativ“ zugleich darauf festgelegt, dass die Zahl im negativen Zahlbereich unter der Null liegt. Es schließt jedoch wiederum andere Behauptungen, wie bspw. das Festlegen auf „Die Zahl ist positiv“ aus. „Wenn man einen Satz auf seine Urteilsliste setzt oder ihn in seine Überzeugungsschachtel legt, so hat das Konsequenzen mit Blick darauf, wie man, vernünftigerweise, handeln, urteilen oder glauben sollte. Wir mögen in der Lage sein, Fälle zu konstruieren, in denen es verständlich ist, Überzeugungen zu unterstellen, die konsequentiell träge und isoliert von ihresgleichen sind: »Ich glaube einfach, daß Kühe bescheuert aussehen, das ist alles. Nichts folgt daraus, und ich bin nicht verpflichtet, aufgrund dieser Überzeugung in irgendeiner speziellen Weise zu handeln.« Es wäre aber nicht intelligibel, würden wir davon ausgehen, alle unsere Überzeugungen seien so beschaffen. Wenn ich Sätze auf meine Liste setze oder in meine Schachtel lege und dies niemals Folgen mit Blick darauf hat, was sonst noch dorthin gehört, dann sollten wir die Liste nicht als eine verstehen, die aus allen meinen Urteilen besteht bzw. die Schachtel nicht als die Schachtel aller meiner Überzeugungen betrachten. Denn in diesem Fall würde uns das Wissen darüber, zu welchen Zügen jemand bereit war, nichts weiter über diese Person sagen“ (Brandom 2001a, 247). Um ein Urteil und seinen Gehalt „zu verstehen, muß man zumindest einige seiner Konsequenzen verstehen. Man muß wissen, auf was (auf welche weiteren Züge) man sich durch das Erheben dieses Anspruches festlegen würde“ (ebd., 248). Das menschliche Handeln hat insofern *normativen Charakter*, da ihm Urteile, die normativ getroffen werden und für die insofern Verantwortung übernommen wird, zugrunde liegen.

Es kann festgehalten werden: *Die Verantwortlichkeit im Sprachspiel ist wesentlich durch eine inferentielle Gliederung der sprachlich und praktisch explizierten Urteile charakterisiert. Die* ***inferentielle Gliederung*** *von Urteilen zeigt sich in praktischer Perspektive darin, dass sie begründet werden können und dass sie als Gründe dienen können. Urteile können als Prämissen und Konklusionen in Inferenzen dienen.*

1.9 Begriffliche Gehalte und die Rolle der Logik

Die Idee der Inferenz ist – neben ihrer Bedeutung für das Verständnis individueller Verantwortlichkeit im Sprachspiel – für die Konzeptualisierung des *begrifflichen Gehalts* essentiell, die im Folgenden sukzessiv dargestellt wird.

„Auf der Seite der propositional gehaltvollen *Sprechakte*, allen voran der Behauptung [...], schlägt sich die wesentliche inferentielle Gliederung des Propositionalen in der Tatsache nieder, daß das Spiel des Gebens und Verlangens von *Gründen* das Herzstück der spezifisch *sprachlichen* Praxis ist. Um einen Grund zu liefern, muß man einen Anspruch [...] geltend machen bzw. eine Behauptung aufstellen, und dabei handelt es sich wiederum um einen Sprechakt, für den Gründe eingefordert werden können. Ansprüche bzw. Behauptungen dienen als Gründe und bedürfen ihrerseits der Begründung oder Rechtfertigung. Sie verdanken ihre Gehalte teilweise der Rolle, die sie in einem Netzwerk von Inferenzen spielen“ (Brandom 2001a, 210f., Hervorh. im Orig.). Wenn verstandesfähige Lebewesen auf ein Ereignis mit einer Behauptung reagieren, dann sind sie in der Lage, das Ereignis in ein Netz von inferentiellen Relationen zu integrieren – ihnen wird ein Ort in diesem inferentiellen Netzwerk zugewiesen (vgl. Brandom 2001a, 211). Mit der Äußerung tätigen sie „einen Zug im Spiel des Gebens und Verlangens von Gründen [...] – einen Zug, der andere Züge rechtfertigen kann, der durch wieder andere Züge gerechtfertigt werden kann und der nochmals andere Züge verunmöglicht bzw. ausschließt“ (ebd.). Auch wenn nicht-verstandesfähige Lebewesen oder Artefakte u. U. die gleichen „responsiven Dispositionen ausüben können [wie Menschen], fehlt es [...] [ihnen] dennoch an den zugehörigen Begriffen, und zwar genau deshalb, weil es ihnen an der praktischen Beherrschung der inferentiellen Gliederung fehlt, in der das Begrcifen eines begrifflichen Gehalts besteht“ (ebd., Einf. M. S.). Begriffliche Gehalte haben nicht nur etwas mit inferentiellen Relationen *zu tun*, sondern es wird davon ausgegangen, „daß begriffliche Gehalte inferentielle Rollen *sind*“ (Brandom 2001a, 80, Hervorh. M. S.). Diese Inferenzen müssen jedoch nicht formal richtig im Sinne einer logischen Gültigkeit sein (Brandom 2000a, 210): Denn das Sprachspiel, in dem sich verstandesfähige Menschen als Teilnehmende bewegen, ist durch die „für die Alltagssprache typischen, lockeren logischen Beziehungen aus[ge]zeichnet, die im philosophischen Jargon unter den Überschriften ‚Vagheit' und ‚Offenheit' rangieren“ (Sellars 1999, 81,

Einf. M. S.). Es sind im Sprachspiel eben nicht die „grundlegenden logischen Operatoren von Konjunktion, Disjunktion, Negation und Quantifikation [...] [und] vor allem des subjunktiven Konditionals“ (ebd., Einf. M. S.), welche Inferenzen kennzeichnen. Inferenzen, die in unserer Alltagssprache genutzt werden, oder die die Schülerin im Mathematikunterricht artikuliert, sind zumeist nicht logische Schlüsse und sie sind darüber hinaus auch oftmals nicht durch logisches Vokabular kenntlich gemacht. Sie müssen dennoch nicht ‚falsch' sein. Um die ‚Richtigkeit' von Inferenzen zu beurteilen, ist eine Unterscheidung *materialer Inferenzen* von *logischen Inferenzen* notwendig (vgl. Brandom 2000a, 163ff., Brandom 2001a, 76ff.). „Jene Inferenzen, deren Korrektheiten die begrifflichen Gehalte ihrer Prämissen und Konklusionen bestimmen, lassen sich [...] als *materiale* Inferenzen bezeichnen. Beispiele dafür bilden die Inferenzen »Pittburgh liegt westlich von Princeton« auf »Princeton liegt östlich von Pittsburgh« und von »Jetzt ist ein Blitz zu sehen« auf »Bald wird ein Donner zu hören sein«. Es sind die Gehalte der Begriffe *westlich* und *östlich*, die die erste Inferenz zu einer richtigen machen, und die Gehalte der Begriffe »Blitz« und »Donner« sowie der Zeitbegriffe, aufgrund deren es sich bei der zweiten Inferenz um eine angemessene handelt. Die Billigung dieser Inferenzen ist Teil des Begreifens oder Beherrschens dieser Begriffe, ganz unabhängig von irgendeiner spezifisch *logischen* Kompetenz“ (Brandom 2001a, 76, Hervorh. im Orig.). Es darf nicht davon ausgegangen werden, dass eine inferentielle Gliederung gleichsam auch eine logische sei. Denn ohne die *Gehalte* der Worte östlich und westlich zu kennen, kann die Wahrheit der Inferenz ‚Pittburgh liegt westlich von Princeton' auf ‚Princeton liegt östlich von Pittsburgh' nicht beurteilt werden – die Güte im Sinne der Richtigkeit dieser Inferenz kann durch die Betrachtung logischen Vokabulars allein nicht erschlossen werden. Während in einem „Dogma des Formalismus“ (Brandom 2000a, 163, Hervorh. im Orig.) oftmals die „logische Kraft von Gründen auf formal gültige Inferenzen“ (Brandom 2001a, 76) beschränkt wird, ist dem philosophischen Ansatz Robert Brandoms folgend nicht jenes richtig, was formal gültig ist, sondern das, was *begründet* werden kann. „Zu denjenigen Inferenzen, die für [...] [begriffliche] Gehalte ausschlaggebend sind, [müssen] generell solche Inferenzen gehören [...], die in irgendeinem Sinne *material richtig* sind, und nicht einfach nur solche, die *formal gültig* sind“ (Brandom 2001a, 80, Einf. M. S., Hervorh. im Orig.).

Über jene Inferenzen, die in einer sprachlichen Praxis als *material richtig* anerkannt werden, wird der *begriffliche Gehalt* bestimmt (Brandom 2001a, 80, Brandom 2000a, 210): „Ausdrücke bedeuten das, was sie bedeuten, dadurch, daß sie in der Praxis so, wie es geschieht, gebraucht werden“ (Brandom 2000a, 210). Der Verzicht auf logisches Vokabular ermöglicht es, begriffliche Gehalte über Inferenzen zu definieren, ohne dabei zirkulär zu werden: Denn es „wird die formalistische Sicht des Folgerns zurückgewiesen, für die die Korrektheit einer Inferenz nur in Begriffen einer formallogischen Gültigkeit verständlich ist. [...]

Wenn [aber] die Bedeutung dessen, was es heißt, eine Inferenz richtig im relevanten Sinn zu nennen, *ohne logische Begriffe* erklärt werden kann [...], dann muß es nicht zirkulär sein, wenn solche inferentiellen Richtigkeiten bei der Ausarbeitung eines Begriffs des begrifflichen Gehalts herangezogen werden“ (Brandom 2000a, 211, Hervorh. M. S.). Für die Bestimmung begrifflicher Gehalte sind dabei nicht nur jene Inferenzen bedeutsam, die explizit werden, sondern darüber hinaus auch jene, die potentiell möglich und dabei richtig wären (vgl. Newen & Schrenk 2008, 162).

An dieser Stelle ist es erforderlich, auf die Unterscheidung zweier einnehmbarer *Blickwinkel* auf begriffliche Gehalte und auf Inferenzen zu verweisen, welche für den Rahmen dieser Arbeit essentiell ist. Betrachtet man noch einmal das Beispiel der Schülerin Nicole, die schließt: Weil es vor der Null keine Zahlen gibt, ist die Neun größer. Diese Inferenz ist für die Schülerin in ihrer *individuellen Perspektive* richtig, was sich darin äußert, *dass* sie auf diese Weise begründet. Die Richtigkeit von Inferenzen kann – ebenso wie auch die Wahrheit von Urteilen – in einer solchen *individuellen* Perspektive betrachtet werden. Daneben kann eine *intersubjektive* Perspektive eingenommen werden: Die *diskursive Praxis* ist es, in der letztlich beurteilt und festgelegt wird, welche Inferenzen materiale Richtigkeit aufweisen und welche Behauptungen akzeptabel sind. Sie stellt eine Referenz dar, welche die sozialen Normen für die Beurteilung der Richtigkeit von Inferenzen liefert. „Die Regeln und Normen der gesamten Sprechergemeinschaft entscheiden darüber, zu welchen Schlussfolgerungen welche Sätze berechtigen, und nicht die Kompetenz des Einzelnen“ (Newen & Schrenk 2008, 164). Nicole hält die Annahme, dass es vor der Null keine Zahlen gebe, in ihrer individuellen Perspektive für wahr. Diese Behauptung ist jedoch aus einer intersubjektiven Perspektive heraus betrachtet nicht wahr, da es zum geteilten mathematischen Wissen gehört, dass es ebenso Zahlen *vor* der Null wie *nach* der Null gibt.

Es kann festgehalten werden: ***Begriffliche Gehalte*** *bestehen in inferentiellen Rollen. Die inferentiellen Relationen, die den begrifflichen Gehalt bestimmen, müssen nicht formal gültig, jedoch* ***material richtig*** *sein. Der soziale Diskurs stellt in einer* ***intersubjektiven Perspektive*** *die Referenz dar, vor deren Hintergrund die materiale Richtigkeit von Inferenzen sowie auch die Wahrheit von Behauptungen beurteilt werden. Daneben können Behauptungen und Inferenzen aus* ***individueller Perspektive*** *für richtig gehalten werden.*

Diese Konzeptualisierung *begrifflicher Gehalte* ist zentral für Brandoms sprachphilosophische Theorie des ‚semantischen Inferentialismus'. Betrachtet man rückblickend die sprachphilosophischen Ideen bis hierhin, so wird über die Betrachtung der Verantwortlichkeit für das Handeln im Sprachspiel sowie den zentralen Begriff der Inferenz ein pragmatischer Ansatz auf der einen Seite mit der Betrachtung semantischer Gehalte auf der anderen Seite in Beziehung gesetzt und verknüpft. Die philosophische Ausrichtung wird daher von Brandom selbst als ‚Inferentielle Semantik' oder auch als ‚Inferentialistische Semantik' (Deines & Liptow 2007, 61) oder als ‚semantischer Inferentialismus' (Bertram 2011, 172) bezeichnet.

1.10 Festlegungen, Berechtigungen und inferentielle Relationen in der diskursiven Praxis

Das Sprachspiel ist der Dreh- und Angelpunkt der diskursiven Praxis. In dieser Praxis verlangen Teilnehmende nach Gründen, andere Teilnehmende geben diese und stellen sie damit dem Diskurs zur Verfügung. Durch ein Einbringen von Gründen in das Sprachspiel wird die Basis dafür geschaffen, dass die Teilnehmenden des Sprachspiels die Gründe beurteilen. „Die diskursive Praxis [ist] implizit *normativ* [...]; sie schließt wesentlich Beurteilungen von Zügen als richtig oder unrichtig, angemessen oder unangemessen ein. Die Etablierung dieser Richtigkeiten durch praktische Beurteilungen seitens der an der Praxis Beteiligten ist die eigentliche Quelle der Bedeutungen der Laute und Zeichen, die sie hervorbringen, und der anderen Dinge, die sie tun" (Brandom 2000a, 242f., Einf. M. S., Hervorh. im Orig.). Legt sich Nicole bspw. darauf fest, dass minus neun größer ist als null, so kann die am Sprachspiel teilnehmende Interviewerin Gründe hierfür einfordern. Es stellt insoweit einen Unterschied dar, ob eine Behauptung in Form eines Selbstgesprächs in einem Kontext, der frei von sozialen Praktiken ist, geäußert wird, oder ob diese in einem Sprachspiel kundgetan wird. „In einem interpersonalen Kontext [sollte das Geben und Verlangen von Gründen] verstanden werden [...] als ein Aspekt einer wesentlich *sozialen* Kommunikationspraxis" (Brandom 2000a, 241, Einf. M. S., Hervorh. im Orig.). In der diskursiven Praxis lassen sich Behauptungen und das Geben-Können von Gründen nicht getrennt voneinander betrachten, denn „einen Grund zu liefern heißt immer eine Behauptung zu machen" (Brandom 2000a, 242) und das Behaupten kann immer das Einfordern von Gründen für diese Behauptung nach sich ziehen.

Behauptungen, die in der diskursiven Praxis als Zug im Sprachspiel geäußert werden, haben bezüglich ihres Wahrheitsanspruchs stets *deontischen Status*: Mit der Äußerung eines Urteils als Behauptung in einem Sprachspiel legt die Äußernde sich auf diese Behauptung fest und „festgelegt zu sein, ist [...] ein *deontischer* Status" (Brandom 2000a, 243). Der Gedanke einer Verknüpfung des sozialen Status einer Äußerung mit ihrem deontischen bzw. normativen Status wurde bereits von Hegel gefasst, von Wittgenstein aufgegriffen und zur wesentlichen Idee in Brandoms semantischen Inferentialismus (vgl. Brandom in Testa 2003, 556). Wenn eine Teilnehmende eines Sprachspiels sich auf eine Behauptung festlegt, sind zugleich die anderen Teilnehmenden des Sprachspiels aufgrund des Zur-Verfügung-Stellens der Behauptung durch die Äußernde autorisiert, ihr diese Festlegung zuzuweisen (vgl. Brandom 2000a, 247). Die Behauptung hat den deontischen Status einer *Festlegung* durch das *Eingehen* der Festlegung durch die Äußernde und das *Zuweisen* durch andere Teilnehmerinnen des Sprachspiels (vgl. Brandom 2000a, 299). Festlegungen existieren nur durch das Vorhandensein einer sozialen Kommunikationspraxis verstandesfähiger Menschen. „Festlegungen gibt es erst, seit die Menschen einander als festgelegt behandeln; sie gehören nicht zur natürlichen Ausstattung der Welt. Sie sind vielmehr soziale Status, die dadurch instituiert werden, daß Individuen sie sich gegenseitig zuerkennen oder sie anerkennen. Als rein natürlicher Vorgang ist das Unterschreiben eines Vertrags nichts anderes als eine Handbewegung und ein Aufbringen von Tinte auf Papier. Eine Festlegung ist er nur wegen der Signifikanz, die diesem Akt von denen beigelegt wird, die die Festlegung zuerkennen oder anerkennen; von denen, die diesen Akt so betrachten oder behandeln, daß er die Unterzeichner auf diverse weitere Akte festlegt“ (Brandom 2000a, 245).

***Festlegungen** sind Urteile, die in einer diskursiven Praxis als Behauptungen explizit sind und deontischen Status haben. Wir können Festlegungen selbst **eingehen** und anderen **zuweisen**.*

Wenn eine Teilnehmende der diskursiven Praxis eine Festlegung eingeht, so zieht dies Konsequenzen für sie nach sich: Sie verpflichtet sich mit dem Festlegen nicht nur auf die spezifisch vorgebrachte Festlegung, sondern gleichsam auf weitere Festlegungen – ebenso wie das Treffen eines Urteils die Urteilende auf weitere Urteile festlegt (vgl. Kap. 1.1). „Warum muß das so sein? Weil ein Zug, der ein behauptender sein will, nicht leer sein darf. Er muß einen Unterschied machen und Konsequenzen dahingehend nach sich ziehen, was sonst noch [...] zu tun angebracht ist“ (Brandom 2001a, 247). Eine solche Verpflichtung zu weiteren Festlegungen im Sprachspiel kann metaphorisch mit dem Spielen eines Punkte-Spiels beschrieben werden:

„Angenommen, wir verfügten über eine Menge von Jetons [...] derart, daß das Hervorziehen oder Ausspielen eines von diesen die soziale Signifikanz des Vollführens eines Behauptungszuges in dem Spiel besitzen würde. Wir können solche Spielsteine ›Sätze‹ nennen. Es muß dann für jeden Spieler zu jeder Zeit einen Weg geben, Sätze in zwei Klassen einzuteilen, indem er irgendwie diejenigen auszeichnet, die er geneigt ist oder sonstwie bereit ist zu behaupten (vielleicht nach geeigneter Veranlassung). Diese Spielsteine, die dadurch auseinandergehalten werden, daß sie das Erkennungszeichen des Spielers tragen, auf seiner Liste stehen oder sich in seiner Schachtel befinden, konstituieren seinen Spielstand, sein Punktekonto. Indem man einen neuen Spielstein ausspielt, indem man also eine Behauptung aufstellt, ändert man sein eigenes Punktekonto

[...] Damit solch ein Spiel oder eine solche Menge von Spielpraktiken als eine Menge von Praktiken zu erkennen ist, zu der Behauptungen gehören, muß gelten, daß das Ausspielen eines Spielsteins oder das ihn anderweitig seinem Punktekonto Hinzufügen einen Spieler darauf *festlegen* können, andere Spielsteine auszuspielen oder sie seinem Konto hinzuzufügen. Wenn man behauptet »Das Stoffmuster ist rot«, so *sollte* man seinem Konto ebenfalls die Behauptung »Das Stoffmuster ist farbig« gutschreiben. Indem man den einen Zug macht, *verpflichtet* man sich auf die Bereitschaft, den anderen gleichfalls zu machen. Damit soll nicht gesagt werden, daß alle Spieler *tatsächlich* die Disposition *haben*, die sie *haben sollten*. Es kann schon sein, daß man nicht so handelt, wie man eigentlich festgelegt oder verpflichtet ist zu handeln; man kann, zumindest in besonderen Fällen, diese Art von Spielregel brechen oder an ihrer Befolgung scheitern, ohne dadurch aus der Gemeinschaft des Behauptungsspiels ausgeschlossen zu werden. Dennoch, so behaupte ich, müssen Behauptungsspiele solche Regeln besitzen: Regeln der *konsequentiellen Festlegung*" (Brandom 2001a, 246, Hervorh. im Orig.). Diese „Vererbung einer Festlegung, [in der] [...] man auf eine Behauptung als Folge der Festlegung auf eine andere festgelegt ist [...] wird *festlegende* [...] inferentielle Relation genannt" (Brandom 2000a, 255, Einf. M. S., Hervorh. im Orig.). Dass es sich bei Brandoms sprachphilosophischer Theorie im Hinblick auf die *Regeln der konsequentiellen Festlegung* um eine idealisierende Beschreibung der Praxis handelt, ist selbstredend: Brandom selbst deutet im aufgeführten Zitat bereits an, dass Teilnehmerinnen des Sprachspiels die Regeln „brechen" können. Für den Kontext dieser Arbeit, in dem das individuelle Handeln von *Schülerinnen* in Situationen betrachtet wird, ist ebenfalls davon auszugehen, dass Schülerinnen – bewusst oder unbewusst – mit den Regeln brechen und in diesem Sinne bei Äußerungen die Konsequenzen, auf die sie sich festlegen, nicht im Sinn haben oder diese auch bewusst nicht tragen möchten. Gerade ein solches ‚Nicht-Konsequentielles-Festlegen' ist für den Kontext dieser Arbeit von besonderem Interesse: Werden Widersprüche zwischen Festlegungen mit ihren Implikationen und weiteren Festlegungen ersichtlich, können sich hinter solchen Diskontinuitäten u. U. Verständnisschwierigkeiten, sich vollziehende Lernprozesse o.ä. verbergen (vgl. Kap. 1.11).

Neben den deontischen Status des Festlegens muss ein weiterer Status gestellt werden: der Status des *Berechtigens*. „Die Teilnehmer am Spiel des Gebens und Verlangens von Gründen müssen bei den Festlegungen einer Sprecherin eine besondere Unterklasse auszeichnen, die aus den Festlegungen besteht, zu denen sie *berechtigt* ist. [...] Gründe für eine Behauptung zu liefern heißt, andere Behauptungen auf den Tisch zu legen, die einen Grund dazu *ermächtigen* oder *berechtigen*, die sie *rechtfertigen*. Gründe für eine Behauptung zu fordern heißt, nach ihrer Rechtfertigung zu fragen, danach, was einen zu dieser Festlegung berechtigt. Eine solche Praxis setzt eine Unterscheidung zwischen behauptenden Festlegungen, zu denen man berechtigt ist, und behauptenden

Festlegungen, zu denen man nicht berechtigt ist, voraus. Praktiken des Lieferns von Gründen läßt sich nur Sinn abgewinnen, wenn es fraglich sein kann, ob die Praxisteilnehmer zu ihren Festlegungen berechtigt sind oder nicht" (Brandom 2001a, 249f., Hervorh. im Orig.). In der hier beschriebenen *berechtigenden Dimension* der inferentiellen Relation (vgl. Brandom 2001a, 255f.) richtet sich bei Festlegungen, die Teilnehmende im Sprachspiel eingehen, der Blick auf ihre ,inferentiellen Vorgänger': Es wird betrachtet, ob Festlegungen inferentielle Vorgänger aufweisen und von den Teilnehmenden im Sprachspiel begründet werden können.

Eine Behauptung kann im Sprachspiel nicht nur den deontischen Status einer Festlegung selbst einnehmen, sondern auch den ,inferentiellen Vorgänger' von anderen Festlegungen konstituieren. Um *Gehalt* in Form einer Rolle im Netz inferentieller Beziehungen aufzuweisen, muss eine Behauptung diese beiden deontischen Status einnehmen können. „Die behauptbaren Gehalte, die von Aussagesätzen ausgedrückt werden, [...] müssen [...] [in zwei] normativen Dimensionen inferentiell gegliedert sein. Sie müssen, sozusagen stromabwärts, inferentielle *Konsequenzen* haben, wobei sich die Festlegung auf diese Konsequenzen infolge der Festlegung auf den ursprünglichen Gehalt ergibt. Und sie müssen, stromaufwärts betrachtet, inferentielle *Vorgänger* haben, also Beziehungen zu Gehalten, die als Prämissen fungieren können, von denen die Berechtigung zum ursprünglichen Gehalt geerbt werden kann" (Brandom 2001a, 250, Einf. M. S., Hervorh. im Orig.). Urteile, die im Sprachspiel explizit werden, müssen sowohl eine berechtigende Funktion als *Prämisse* für weitere Festlegungen als auch die Funktion der Konklusion als berechtigte Festlegung einnehmen können (vgl. Abb. 1.1). Diese Doppelrolle macht den Gehalt einer Behauptung „zu einem spezifisch propositionalen (= behauptbaren und damit glaubbaren) Gehalt" (Brandom 2000a, 263).

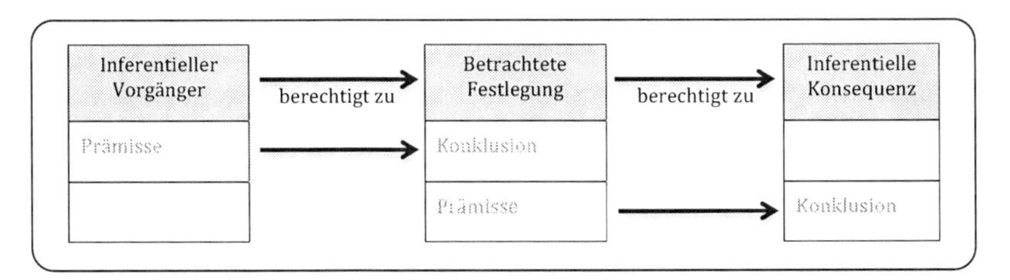

Abbildung 1.1 Inferentielle Gliederung begrifflicher Gehalte

Teilnehmende eines Sprachspiels bringen Festlegungen als Berechtigungen für andere Festlegungen nach dem Kriterium der *materialen Richtigkeit* vor. Eine Inferenz wird dadurch konstituiert, dass die Äußernde etwas für einen geeigneten und richtigen Grund für eine andere Festlegung hält. Sie bringt den Grund vor, mit dem Ziel, eine Festlegung zu berechtigen. Dabei trägt sie *Verantwortung* für ihr Handeln und für den Zug im Sprachspiel. Die Sprecherin verleiht sich die Autorität, etwas zu behaupten, durch eine Rechtfertigung mit einer anderen Behauptung (vgl. Brandom 2000a, 265). Es handelt sich um eine *materiale Berechtigung* in Form einer ‚gehalt-gestützten Autorität' (vgl. ebd.). Neben der gehalt-gestützten Autorität existiert eine weitere Form der berechtigenden Stützung von Festlegungen: Die Sprecherin berechtigt ihre Festlegung hierbei über die Berufung auf eine andere Person – im Speziellen auf eine Festlegung einer anderen Person im Sprachspiel. Die Schülerin Nicole, die sich darauf festlegt, dass es vor der Null keine Zahlen gebe, könnte bspw. als Grund hierfür angeben, dies habe ihr ihre Grundschullehrerin so gesagt. Diese ‚personengestützte Autorität' (vgl. ebd.) ist wesentlich *sozial gegliedert.* Festlegungen einer anderen Person werden dabei von der Sprecherin als Festlegungen ‚übernommen' und können im Weiteren als Berechtigungen gebraucht werden kann.

Im Sprachspiel, in dem Züge gemacht und damit Behauptungen vorgebracht werden, hat jede vorgebrachte Behauptung das Potential, von anderen Teilnehmenden des Sprachspiels als material richtiger Grund für die *eigenen* Behauptungen anerkannt und in der Konsequenz ‚übernommen' zu werden. Gerade in einer solchen ‚Übernahme' von Behauptungen besteht die *kommunikative Funktion der Behauptungen.* „Die *kommunikative* Funktion von Behauptungen besteht darin, anderen, die sie hören, die Wiederholung der Behauptung zu gestatten. Die Signifikanz dieser Lizenz besteht darin, daß denen, die sich auf sie verlassen und die ursprüngliche Behauptung wiederholen, eine bestimmte Möglichkeit eingeräumt wird, ihrer Verantwortung nachzukommen, ihre Berechtigung nachzuweisen. Sie können sich auf die Genehmigung oder Autorität des Behauptenden berufen und damit alle Forderungen nach einem Berechtigungsnachweis auf den abwälzen, der die Behauptung ins Spiel gebracht hat. Die Autorität einer Behauptung enthält das Angebot, die Rechtfertigungsprüfung ihrer Wiederholung durch andere zu übernehmen. Daß die Behauptung von A die soziale Signifikanz hat, B zur Wiederholung zu autorisieren, besteht darin, daß es angebracht ist, daß B die Verantwortung dafür, die Berechtigung zu der Behauptung nachzuweisen, auf A verschiebt. B kann dieser Verpflichtung nachkommen, indem er sich auf die Autorität von A beruft, auf die sich zu verlassen sich B das Recht nahm. Der Schwarze Peter wird A zugeschoben" (Brandom 2000a, 263f., Hervorh. im Orig.).

Die ‚Übernahme' einer Festlegung von anderen Teilnehmenden des Sprachspiels bedarf der Autorität der Festlegung. Unter der Annahme, die Grundschullehrerin hätte im Beispiel von Nicole wirklich die Behauptung, dass es vor der Null keine Zahlen gebe, als Zug im Sprachspiel getätigt und Nicole hätte diese Festlegung übernommen, bestünde ein möglicher Grund für die Übernahme von Festlegungen darin, dass die Lehrerin als Person eine solche Autorität darstellt, dass die Schülerin die Festlegungen nicht anzweifelt und einfach übernimmt. Wenn die Lehrerin über eine solche Autorität aus Sicht der Schülerin Nicole jedoch *nicht* verfügt, ist für das Übernehmen von Festlegungen notwendig, dass die Schülerin diese Festlegung berechtigen kann: Sei es, dass die Schülerin selbst die Berechtigung für die Festlegung geben kann oder dass sie eine solche Berechtigung von anderen Teilnehmerinnen des Sprachspiels einfordert.

Auch im Kontext des Mathematikunterrichts ist es denkbar (und natürlich in gewisser Weise auch intendiert), dass Schülerinnen sich Festlegungen anderer Personen – bspw. der Lehrerinnen – zu eigen machen. Jedoch müssen – wie bereits bei der Betrachtung konsequentieller Festlegungen in Kapitel 1.10 – die Gedanken, die Brandoms sprachphilosophische Theorie entspringen, für den Kontext der vorliegenden Arbeit relativiert werden: Es muss davon ausgegangen werden, dass in der Unterrichtspraxis eine bei Brandom als idealtypisch beschriebene Kultur des Diskurses in dieser Form nur sehr eingeschränkt vorzufinden ist. Insbesondere handelt es sich bei einer möglichen Übernahme von Festlegungen vielfach nicht um *bewusste* Prozesse der Schülerinnen. Zudem haben stets Haltungen und Einstellungen der Schülerinnen, soziale Rollen u.v.m Einfluss auf die diskursive Praxis und ein ‚Übernehmen' auf Festlegungen. Inwiefern eine bei Brandom beschriebene ‚Übernahme' von Festlegungen in der Unterrichtspraxis erfolgt, wodurch eine solche ggf. charakterisiert ist etc., müsste für den Mathematikunterricht eingehender untersucht werden, um hierzu belastbare Aussagen treffen zu können. Dennoch ist denkbar, dass Schülerinnen – nicht notwendig bewusst – Festlegungen von Mitschülerinnen übernehmen. In diesem Fall ist das Aneignen einer Festlegung womöglich durch eine berechtigende Stütze der Mitschülerin begleitet oder die Mitschülerin stellt an sich eine Referenz dar, ‚weil sie immer recht hat' oder ‚weil sie besonders schlau ist' und an der Berechtigung ihrer Festlegungen nicht gezweifelt wird. Brandom (2000a, 268, Einf. M. S., Hervorh. im Orig.) geht davon aus, dass „wenn einem Sprecher eine Festlegung zugewiesen wird, [...] [ihm] häufig auch die Berechtigung zu ihr blind zugewiesen [wird]. Dieser [...] Status ist weder dauerhaft noch unerschütterbar, die Berechtigung zu einer behauptenden Festlegung kann angefochten werden. Wenn sie *angebrachterweise* angefochten wird (wenn der Zweifel *berechtigt* ist), hat das zur Folge, daß die inferentielle und kommunikative Autorität der korrespondierenden Behauptung (ihre Fähigkeit, Berechtigung weiterzugeben) annuliert wird, es sei denn, ihr Vertreter kann die Festlegung durch" das Aufzeigen von Gründen und ‚Berechtigungsketten' nachweisen. Dass das Zu-Eigen-Machen häufig ohne das Einfordern möglicher Berechtigungen des ursprünglich Äußernden erfolgt, ist – nach Brandom – durch fehlende Widersprüche zwischen Festlegungen begründet. „Man kann dann eine Behauptung nur anfechten, indem man eine mit ihr unvereinbare Behauptung aufstellt" (ebd.).

Unabhängig davon, ob Nicole sich im konstruierten Beispiel diese Festlegung mit oder ohne die Angabe von Gründen durch die Lehrerin angeeignet hätte – sie äußert diese im Interview als eigene Festlegung. Durch den Verweis auf die Lehrerin würde sie jedoch die Verantwortung an die Lehrerin abgeben, der sie – in Brandoms Worten – ‚den Schwarzen Peter' zuspielt. Es handelt bei der Referenz auf die Lehrerin um eine „*kommunikative Strategie*, nach der sich ein Sprecher auf das behauptende Bekunden einer Festlegung gleichen Inhalts durch einen anderen Sprecher beruft" (Brandom 2000a, 266, Hervorh. M. S.).

Es kann festgehalten werden: *Behauptungen können zwei verschiedene deontische Status haben: den der Festlegung und den der Berechtigung. Eine* ***festlegende inferentielle Relation*** *besteht zwischen einer Festlegung, die man eingeht und den Festlegungen, zu denen man sich verpflichtet, wenn man diese Festlegung eingeht – ihre inferentiellen Folgen. Eine* ***berechtigende inferentielle Relation*** *besteht zwischen einer Festlegung, die man eingeht, und ihren inferentiellen Vorgängern: Sie betrifft das Geben-Können von Gründen für eine Festlegung – das Angeben inferentieller Vorgänger. Die kommunikative Funktion von Behauptungen im Sprachspiel besteht darin, dass diese von anderen Teilnehmenden des Sprachspiels übernommen werden können.*

1.11 Kompatibilitäten und Festlegungsstrukturen

Neben der bisher dargelegten Form der inferentiellen Relation, in der Behauptungen in den Rollen als Prämisse und Konklusion fungieren bzw. den deontischen Status als Berechtigung und Festlegung besitzen, gibt es eine weitere Form der inferentiellen Beziehung zwischen Festlegungen, welche im Folgenden genauer betrachtet wird.

Bei der Charakterisierung der deontischen Status der Berechtigung und Festlegung ist es möglich und in traditionellen Ansätzen auch üblich, diese beiden Status jeweils mithilfe des anderen Status zu definieren (vgl. Brandom 2000a, 244). Es ist in gewissem Rahmen durchaus sinnvoll, „sich vorzustellen als festgelegt zu sein, etwas zu tun, als nicht berechtigt zu sein, es nicht zu tun" (ebd.). Eine solche gegenseitige Abhängigkeit betrifft jedoch die formale Logik und gebraucht den Begriff der Negation. In den theoretischen Annahmen dieser Arbeit werden inferentielle Relationen – in Anlehnung an Brandoms inferentielle Semantik – hingegen nicht als formale, sondern vielmehr als *materiale* Inferenzen konzeptualisiert. Daher ist auch bei dem Gebrauch einer Negation nicht eine solche im Sinne einer formalen Logik, sondern vielmehr eine Negation von *materialer* Natur vonnöten – es muss „ein materialer Begriff der Negation, oder besser: der Unvereinbarkeit greifbar werden. Zwei Behauptungen sind inkompatibel, wenn die Festlegung auf die eine die Berechtigung zu der anderen ausschließt" (Brandom 2000a, 244). Der soziale Diskurs stellt – ebenso wie für die

Wahrheit von Festlegungen und von Inferenzen (vgl. Kap. 1.9) – in einer *intersubjektiven Perspektive* die Referenz dar, vor deren Hintergrund die Inkompatibilität von Festlegungen beurteilt wird. Daneben kann die Inkompatibilität zwischen zwei Festlegungen auch aus *individueller Perspektive* betrachtet werden. Wenn eine Teilnehmende am Sprachspiel zum Beispiel äußerte: „Das ist ein Hund“ und sich – bezogen auf das gleiche Tier – zugleich darauf festlegte: „Das ist eine Katze“, so wären die beiden Festlegungen womöglich aus individueller Perspektive kompatibel zueinander – aus intersubjektiver Perspektive der diskursiven Praxis wären sie jedoch *material inkompatibel*. Der entscheidende Vorteil der Betrachtung der *materialen* Inkompatibilitäten liegt darin, dass diese Inkompatibilitäten der logischen Analyse nicht zugängig wären. Die Äußernde der Festlegung „Das ist ein Hund“ könnte gleichzeitig behaupten „Er bellt“ oder „Es ist ein schönes Tier“. Diese Festlegungen wären in individueller Perspektive der Äußernden material kompatibel zueinander und könnten bspw. auch als Prämissen und Konklusionen füreinander gebraucht werden. Darüber hinaus wären diese Festlegungen auch aus *intersubjektiver* Perspektive *material kompatibel* miteinander.

Betrachtet man Nicoles Äußerungen im Eingangszitat unter besonderer Berücksichtigung dessen, ob diese Festlegungen aus intersubjektiver Perspektive kompatibel sind, so wären bspw. die zwei Festlegungen (a) „die Null die kommt ja schon ganz am Anfang“ und (b) „bei der Neun kommt ja erst später“ miteinander *kompatibel*. Würde sie sich hingegen statt auf (b) darauf festlegen, dass (c) die minus Neun vor der Null komme, so wäre dies aus intersubjektiver Perspektive *inkompatibel* zu der Festlegung (a), da es aus dieser Perspektive in materialer Hinsicht nicht vereinbar ist, dass die Null am Anfang steht und zugleich Zahlen vor ihr kommen.

Es kann festgehalten werden: *Zwei Festlegungen sind material inkompatibel zueinander, wenn das Eingehen der einen Festlegung die Berechtigung zu der anderen Festlegung ausschließt. Der soziale Diskurs stellt in intersubjektiver Perspektive die Referenz für die Beurteilung der Inkompatibilität dar. Daneben kann Inkompatibilität auch in individueller Perspektive betrachtet werden.*

Inkompatibilitäten und auch Kompatibilitäten, die nach Brandom auch als ‚Inklusionsbeziehungen’ erachtet werden können, gliedern unsere inferentiellen Netze von Behauptungen. „Denn wir können mit jedem Satz die Menge aller Sätze in Verbindung bringen, die mit ihm inkompatibel sind, und zwar gemäß den Regeln des jeweiligen Behauptungsspiels des Gebens und Verlangens von Gründen, in dem der Satz eine Rolle spielt. Inklusionsbeziehungen unter diesen Mengen entsprechen dann inferentiellen Beziehungen unter den Sätzen. Das bedeutet: Der Gehalt des Anspruchs, der durch die behauptende Äußerung »Das Stoffmuster ist zinnoberrot« ausgedrückt wird, hat den Gehalt des behauptend geäußerten Anspruchs »Das Stoffmuster ist rot« im Schlepptau, weil alles, was mit Rotsein inkompatibel ist, auch mit Zinnoberrotsein inkompatibel ist" (Brandom 2001a, 251).

Neben jenen berechtigenden Inferenzen, die das praktische Begründen betreffen, stellt die Betrachtung von Inkompatibilitäten und Kompatibilitäten eine „eigene Variante einer inferentiellen Relation" (Brandom 2000a, 251) dar. Festlegungen stehen sowohl über berechtigende inferentielle Relationen als auch über die inferentiellen Relationen der Kompatibilität und der Inkompatibilität in Zusammenhang zueinander.

Festlegungen, die im Sprachspiel eingegangen werden, spannen Netze auf, die durch inferentielle Relationen gegliedert sind.

Festlegungsstrukturen *sind Strukturen aus Festlegungen, die durch inferentielle Relationen – in Form von berechtigenden Inferenzen sowie durch Kompatibilitäten und Inkompatibilitäten – zwischen Festlegungen gegliedert sind.*

1.12 Begriffe im Sinne von inferentiellen Netzen

Ein zentrales Anliegen dieses Kapitels bestand darin, den Fragen nachzugehen, was Begriffe sind und was es bedeutet, Begriffe zu verstehen. *Begriffliche Gehalte* bestehen aus dem Blickwinkel der inferentiellen Semantik in inferentiellen Relationen zwischen Behauptungen und auch *Begriffe* selbst werden anhand ihrer Rolle beim Urteilen in der Sprachpraxis verstanden: „Das Verwenden eines Begriffes ist anhand des Vorbringens einer Behauptung oder des Ausdrückens einer Überzeugung zu verstehen. Der Begriff *Begriff* ist unabhängig von der Möglichkeit einer solchen Verwendung beim *Urteilen* nicht verstehbar" (Brandom 2001a, 209, Hervorh. im Orig.). Durch die inferentielle Gliederung von im Sprachspiel vorgebrachten Festlegungen, bei denen eine Festlegung jeweils „einen Knoten im Netz der inferentiellen Beziehungen einnimmt" (Brandom 2000b, 601), stehen Begriffe über inferentielle Relationen (und zudem freilich auch über Urteile, in denen sie Prädikate darstellen) immer in Beziehung zu anderen Begriffen (vgl. ebd., 608): Auch Begriffe sind gewissermaßen inferentiell gegliedert, sie „sind durch [...] Gründe miteinander verkettet" (Brandom 2001b, 3).

Es kann festgehalten werden: *Einen Begriff zu verstehen zeigt sich im verständigen und richtigen Gebrauch von inferentiellen Zügen (dem Geben und Nehmen von Gründen) in einer diskursiven Sprachpraxis. So entsteht ein inferentiell gegliedertes Netz von Festlegungen, das sind die in der Sprachpraxis explizierten Urteile, in denen die Begriffe als Prädikate fungieren. Auf diese Weise gründet sich das Verständnis eines Begriffes auf dem Verständnis vieler Begriffe.*

Der Gehalt von Begriffen findet insofern in zwei Perspektiven Ausdruck:

Zum einen zeigt sich der Gehalt von Begriffen in einer korrekt gegliederten inferentiellen Festlegungsstruktur. „Zum Verstehen eines Begriffs gehört das Beherrschen der Richtigkeiten inferentieller Züge, die ihn mit vielen anderen Begriffen verknüpfen: mit denen, deren Anwendbarkeit aus der Anwendbarkeit des fraglichen Begriffs folgt, mit denen aus deren Anwendbarkeit die Anwendbarkeit des Zielbegriffs folgt, mit denen, deren Anwendbarkeit ausschließt oder ausgeschlossen wird“ (Brandom 2000a, 152f.). Die Beurteilung des Gehalts von Begriffen wird in diesem Blickwinkel über die Betrachtung der Festlegungsstruktur aus intersubjektiver Perspektive vorgenommen.

Zum anderen zeigt sich der Gehalt von Begriffen in ihrem Gebrauch als Prädikate im Sinne von Kategorien (vgl. Kap. 1.1), in denen Begriffe dazu dienen, Festlegungen im Sprachspiel vorbringen zu können. Der Gehalt von Begriffen zeigt sich in dieser Perspektive – in Anlehnung an eine der wesentlichen Ideen Hegels – holistisch in den *Rollen* der Begriffe beim Begründen (vgl. Brandom in Testa 2003, 557); die Bedeutung von Begriffen konstituiert sich durch ihre Rollen in Festlegungen, im inferentiellen Netzwerk (vgl. Brandom 2001b, 3). Der Gehalt eines Begriffs wird in diesem Blickwinkel über die vielfältige Verwendung des Begriffs im Sinne einer Kategorie in verschiedenen Festlegungen beurteilt.

2 Begriffe im Kontext des Mathematiklernens – aus (entwicklungs-) psychologischer Perspektive

„Mathematical concepts are rooted in situations and problems."
(Vergnaud 1988, 142)

Im vorangehenden Kapitel wurde dargelegt, worin vor dem Hintergrund der philosophischen Perspektive des semantischen Inferentialismus das Verstehen eines Begriffs besteht, und zwar im Verfügen über im Sprachspiel explizierte Festlegungsstrukturen. Im vorliegenden Kapitel wird der Zugang durch einen noch stärker (entwicklungs-) psychologischen Blickwinkel erweitert. Es sind im Wesentlichen drei Gesichtspunkte, die den Theoriehintergrund dieser Arbeit ergänzen bzw. modifizieren:

Zum einen wird das Ziel verfolgt, ausgehend von dem inferentiellen Zugang eine psychologische Perspektive auf die Entwicklung und Verwendung von Begriffen einzunehmen. Denn um individuelle und geteilte Begriffsentwicklung zu verstehen, bedarf es einer psychologischen Perspektive. Es steht nicht das Sprachspiel *selbst*, sondern die individuellen Begriffe von Schülerinnen im Fokus dieser Arbeit; diese werden über die im Sprachspiel explizierten Festlegungen und Inferenzen betrachtet. Die inferentialistische Perspektive wird adaptiert und unter psychologischem Blickwinkel gedeutet und weiterentwickelt, sodass sie zur Analyse von individuellen Begriffen im Denken und Handeln von Schülerinnen in Situationen dienen kann (vgl. Kap. 2.1).

Daneben wird das Ziel verfolgt, die Bedeutung von Situationen für individuelle Begriffe und ihre Entwicklung zu beleuchten. Es wird – ausgehend von einer mathematikdidaktisch und psychologisch gespeisten Perspektive auf das Begriffslernen, in der *Situationen* große Bedeutung beigemessen wird (vgl. Vergnaud 1996b, 218) – dargelegt, welche Bedeutung die Begriffe der *Situation* und der *Klasse von Situationen* für die Betrachtung individueller Begriffe und deren Entwicklung haben (vgl. Kap. 2.3).

Darüber hinaus wird das Ziel verfolgt, insbesondere die *Entwicklung* von Begriffen als die Entwicklung von Urteilen, Festlegungen und inferentiellen Relationen zu beleuchten. Ausgehend von entwicklungspsychologischen und mathematik-didaktischen Theorien wird dargelegt, wie individuelle Begriffe sich sowohl in kurzfristiger als auch in mittelfristiger Perspektive fortentwickeln können und welche Prozesse bei dieser Entwicklung von Bedeutung sind. Diese Gesichtspunkte sind in Kapitel 2.2 sowie in Kapitel 2.3 in Zusammenhang mit der Betrachtung von Situationen und Klassen von Situationen dargestellt.

Schließlich wird in Kapitel 2.4 u. a. diskutiert, was es heißt, über einen mathematischen Begriff zu verfügen.

Um den o. g. Zielen nachzugehen, wird maßgeblich die *Theorie der begrifflichen Felder*[8] von Gérard Vergnaud genutzt und adaptiert. Diese Theorie ist anschlussfähig an die bisherigen Annahmen dieser Arbeit und setzt die o. g. Anliegen in Bezug zueinander.[9] Im Folgenden wird zunächst die Grundidee der Theorie der begrifflichen Felder dargelegt, bevor ihre Anschlussfähigkeit an den inferentiellen Zugang skizziert wird.

Die Theorie der begrifflichen Felder

Bevor die der Theorie der begrifflichen Felder entspringenden Ideen für den theoretischen Rahmen dieser Arbeit adaptiert und hierin integriert werden, erfolgt zunächst eine Darstellung der wesentlichen Elemente der Theorie der begrifflichen Felder, welche für die vorliegende Arbeit von Bedeutung sind. Dazu werden im Folgenden zunächst das *Anliegen* und die *Ziele* der Theorie der begrifflichen Felder aufgeführt, bevor die Begriffe des *begrifflichen Feldes*, des *Schemas*, der *Operationalen Invarianten*, insbesondere der *Begriffe- und Theoreme-in-Aktion* wie auch des *Begriffs* skizziert werden. Diese Darstellung soll dazu dienen, in die Theorie der begrifflichen Felder *einzuführen* – eine *eingehendere* Auseinandersetzung mit den Ideen und den Begriffen Vergnauds und eine entsprechende Ausschärfung erfolgt in den sich anschließenden (Teil-) Kapiteln.

Eines der grundlegenden ***Anliegen***, welches Vergnaud mit seiner Theorie verfolgt, besteht darin, das Lehren und Lernen – auch und vor allem im Fach Mathematik – weiter zu entwickeln. Dabei nimmt er einen im Wesentlichen konstruktivistischen Blickwinkel auf das Lernen ein: „Teachers cannot just ignore the fact that students' conceptions are shaped by situations in ordinary life and by their initial understanding of new relationships. They must deal with this fact and know more about it. It is an absolute necessity for them to know what primitive conceptions look like, what errors and misunderstandings may follow, how these conceptions may change into wider and more sophisticated ones, through which situations, which explanations, which steps. It is essential for teachers to be aware that they cannot solve the problem of teaching by using more definitions, however good they may be; students' conceptions can change

---

8 Vergnaud nennt seine Theorie in seinen Publikationen ‚*La théorie des champs conceptuels'* (Vergnaud 1996b) bzw. ‚*The theory of conceptual fields'* (Vergnaud 1996a) bzw. ‚*La teoría de los campos conceptuales'* (Vergnaud 2009a). Diese wird im Rahmen dieser Arbeit – in die deutsche Sprache übersetzt – als „Die Theorie der begrifflichen Felder" bezeichnet. Im Rahmen dieser Arbeit werden ebenso die Zitate aus dem Französischen und Spanischen zum Zwecke einer leichten Lesbarkeit der Arbeit in die deutsche Sprache übersetzt.

9 vgl. dazu Abschnitt ‚Anschlussfähigkeit an den semantischen Inferentialismus', s. u.

only if they conflict with situations they fail to handle. So it is essential for teachers to envisage and master the set of situations likely to oblige and help students to accommodate their views and procedures to new relationships [...] and new types of data [...]. This is the only way to make students analyse things more deeply and revise or widen their conceptions" (Vergnaud 1982a, 33). Die hier dargestellten Anliegen verfolgt Vergnaud durch die Entwicklung seiner Theorie. Dabei verfolgt er das ***Ziel***, mit seiner Theorie einen theoretischen Hintergrund für die Betrachtung ‚kognitiver Kompetenzen' sowie auch deren Entwicklung zu schaffen: „The theory of conceptual fields aims to provide, with a few concepts and a few principles, a fruitful and comprehensive framework for studying complex cognitive competences and activities, and their development through experience and learning" (Vergnaud 1996a, 219). Seine Theorie entwickelt er für die Betrachtung der kognitiven Entwicklung verschiedener Gegenstandsbereiche: „Die erste Frage, an die sich die Theorie der begrifflichen Felder richtet, ist die der kognitiven Entwicklung des Kindes und des Jugendlichen, welche sich sowohl im schulischen Lernen als auch im Alltag ereignet" (Vergnaud 2009a, 15, Übers. M. S.). Dazu zählt Vergnaud unter anderem jene Lernprozesse beim *Mathematik*lernen, z. B. in den Gegenstandsbereichen der Symmetrie, der additiven Strukturen oder der elementaren Algebra, oder auch z. B. jene Lernprozesse beim Lernen in Naturwissenschaften (vgl. Vergnaud 2009a).

Die kognitive Entwicklung, die in der Theorie der begrifflichen Felder in den Blick genommen wird, wird dabei verstanden „as a network of conceptual fields being developed over a long period of time" (Vergnaud 1996a, 225): „It [...] [is] fruitful for education to consider a synthesis of psychogenesis and learning. One way to construct such a synthesis is to consider that knowledge is organized in 'conceptual fields,' the mastery of which develops over a long period of time through *experience*, *maturation*, and *learning*. By conceptual field, I mean an informal and heterogeneous set of problems, situations, concepts, relationships, structures, contents, and operations of thought, connected to one another and likely to be interwoven during the process of acquisition" (Vergnaud 1982b, 39f., Einf. M.S, Hervorh. im Orig.). Das Betrachten von '***begrifflichen Feldern***', in welchen Wissen organisiert ist und welche sich im Lernprozess ausbilden, ist zentrales – und aus diesem Grunde auch namensgebendes – Element von Vergnauds Theorie.

Wesentlich für den Umgang mit Situationen und für die Lernprozesse, in denen sich begriffliche Felder ausbilden, sind ***Schemata***: „Schemes are at the heart of cognition, and at the heart of the assimilation-accommodation process" (Vergnaud 1997, 27). Für eine Annäherung an die Idee des Schemas kann das Beispiel des Zählens betrachtet werden: „Counting a set is a scheme, a functional and organized sequence of rule-governed actions, a dynamic totality whose efficiency requires both sensori-motor skills and cognitive competences: cardinal, exhaustion, no re-petition. […] Many different schemes are involved in the solving of the different subclasses of additive and subtractive problems: they consist either of finding the adequate operation and the adequate data, or using a counting procedure that simulates the structure of the problem, or transforming adequately the structure of a problem into another one" (Vergnaud 1987, 47f.). Schemata ermöglichen es den Lernenden, mit verschiedenen Situationen umzugehen (Vergnaud 1996a, 222). Während Schemata für bestimmte Klassen von Situationen gelten und von den Schülerinnen in diesen Klassen von Situationen herangezogen werden, sind sie gleichzeitig das Herzstück von Adaptationsprozessen (vgl. Vergnaud 1996c, 118): Schemata können an die Gegebenheiten neuer Situationen angepasst werden.

Für den Gebrauch von Schemata in Situationen sind vor allem ***Operationale Invarianten*** von Bedeutung: „Operational invariants [help] to categorize information and infer from it […] relevant goals and behavior" (Vergnaud 1996c, 114, Einf. M. S.). *Operationale Invarianten,* über welche die Schülerin verfügt, sind ausschlaggebend dafür, erstens, welche Aspekte in Situationen von der Schülerin erfasst und ausgewählt werden, d. h. auf welche Aspekte fokussiert wird, und zweitens, wie mit diesen Informationen umgegangen wird (vgl. Vergnaud 1996a, 237). „Operational invariants [...] constitute the core of an individual's conceptual or preconceptual representation of the world, however implicit these invariants may be" (Vergnaud 1996a, 224). Sie helfen der Schülerin, mit Situationen umzugehen (vgl. Vergnaud 1997, 6), und betreffen maßgeblich den Gebrauch von Schemata und von Begriffen in Situationen. Die operationalen Invarianten bestehen aus zwei zu unterscheidenden Arten: den ***Begriffen-in-Aktion*** und den ***Theoremen-in-Aktion***. Die Begriffe-in-Aktion haben die Funktion, in Situationen die gegeben Informationen auszuwählen, aufzunehmen und zu kategorisieren (Vergnaud 1996a, 237): „*Concepts-in-action* are categories (objects, properties, relationships, transformations, processes, etc.) that enable the subject to cut the real world into distinct elements and aspects, and pick up the most adequate selection of information according to the situation and scheme involved" (ebd., 225, Hervorh. im Orig.). Theoreme-in-Aktion haben die Funktion, mögliche Schlüsse aus den gegebenen Informationen zu ziehen, mit den Informationen umzugehen (ebd., 237): „A *theorem-in-action* is a proposition that is held to be true by the individual subject for a certain range of the situation variables" (ebd., 225, Hervorh. im Orig.). Während Theoreme-in-Aktion wahr oder falsch sein können, sind Begriffe-in-Aktion lediglich mehr oder weniger relevant (ebd.).

Der Idee der Operationalen Invarianten kommt dabei in Vergnauds Theorie eine besondere Bedeutung zu: Denn gerade im „Vorhandensein von *Invarianten*" (Piaget in Bringuier 2004, 75, Hervorh. M. S.), wie Vergnaud sie mit den *Operationalen Invarianten* beschreibt, liegt „das psychologische Kennzeichen" (ebd.) von kognitiven Strukturen. Invarianten gewährleisten das situationsübergreifende Bestehen kognitiver Strukturen: „Invarianz bedeutet Erhaltung" (ebd.). Im invarianten Gebrauch sieht Vergnaud eines der wesentlichen Charakteristika *Operationaler Invarianten*. Sie „lenken auf der Seite des Individuums das Wiedererkennen der einschlägigen Elemente der Situation" (Moreira 2009, 33, Übers. M. S.) und gewährleisten, dass Schülerinnen kognitive Strukturen in unterschiedlichen Situationen aktivieren und gebrauchen können. Es wird davon ausgegangen, dass sowohl Begriffe-in-Aktion als auch Theoreme-in-Aktion invariant über Situationen hinweg sein können und dass gerade in dieser Eigenschaft ihr Nutzen und ihr Charakter liegt.

Neben ihrer Bedeutung für Schemata sind Operationale Invarianten auch für die Konzeptualisierung von ***Begriffen*** von Bedeutung. Letztere soll im Folgenden kurz dargestellt werden. Vergnaud (1996a, 1996b, 1997) betrachtet einen Begriff als ein Tripel aus drei Mengen:[10]

S: „Die Menge der Situationen, die den Begriff brauchbar und bedeutsam machen" (Vergaud 1997, 6). Die Menge der Situationen bezeichnet er auch als „die Referenz" (Vergnaud 1996b, 212).

I: „Die Menge der operationalen Invarianten, die von den Einzelnen gebraucht werden können, um mit diesen Situationen umzugehen" (Vergnaud 1997, 6), die auch in Schemata enthalten sind (vgl. Vergnaud 1996a, 238) und die Vergnaud auch „das Bezeichnete" nennt (Vergnaud 1996b, 212).

S: „Die Menge der sprachlichen und nicht-sprachlichen Formen, die es erlauben, den Begriff, seine Eigenschaften, die Situationen und die Vorgehensweisen symbolisch darzustellen" (Vergnaud 1996b, 212, Einf. M. S.). Zu ihnen gehören gemäß Vergnaud u. a. die Sprache, symbolische Repräsentationen, Gesten, grafische Darstellungen, Diagramme, Graphen, Algebra (vgl. Vergnaud 1996a, 238; 1997, 6) und er nennt diese auch „das Bezeichnende" (Vergnaud 1996b, 212).

Vergnaud geht davon aus, dass das Verstehen eines (mathematischen) Begriffs gerade im Verfügen über diese drei Mengen (der Situationen, der Operationalen Invarianten und der symbolischen Repräsentanten) besteht, dass weiterhin für die Analyse individueller Begriffe diese drei Aspekte immer berücksichtigt werden müssen und er betont, dass nicht nur die Operationalen Invarianten, sondern ebenso auch die Situationen und symbolischen Repräsentanten Bestandteile individueller Begriffe sind. Neben Situationen und Operationalen Invarianten als Elemente eines Begriffs stellt er als damit als weiteren Teil, der

10 Die Zitate sind an dieser Stelle zum Zwecke der Lesbarkeit *allesamt* (auch aus dem Englischen) ins Deutsche übersetzt, da sie im Original in verschiedenen Sprachen erfolgen.

Begriffe konstituiert, die Menge der *symbolischen Repräsentanten*. Dies ist anschlussfähig an viele mathematikdidaktische Theorien: David Tall (2004) misst den symbolischen Darstellungsformen für mathematische Begriffe sogar eine derartige Bedeutung bei, dass er diesen eine eigene „Welt" zuschreibt: „the world of symbols that we use for calculation and manipulation in arithmetic, algebra, calculus and so on. These begin with actions (such as pointing and counting) that are encapsulated as concepts by using symbol[s] that allow us to switch effortlessly from processes to do mathematics to concepts to think about" (Tall 2004, 285, teilw. hervorgeh. im Orig.). Der Umgang mit symbolischen Darstellungsformen hat gerade deshalb eine solche Bedeutung für mathematische Begriffe, als diese nicht an sich darstellbar sind und externe Repräsentationen zu ihrer Darstellung erfordern. Der Gebrauch von Symbolen – „the powerful use of symbolism in mathematics" (Watson & Tall 2002, 369) – ist ebenso wie weitere Darstellungsformen in Form von Skizzen, Darstellungen an der Zahlengeraden, schriftsprachlichen Darstellungen etc. gerade für *mathematische* Begriffe essentiell.

Was die Theorie der begrifflichen Felder darüber hinaus auszeichnet, ist ihr Anliegen, nicht nur entwicklungspsychologische Aspekte bereitzustellen, sondern darüber hinaus auch das Lernen *bestimmter Gegenstandsbereiche* zu betrachten (vgl. Vergnaud 2009a, 15). Vergnaud gibt verschiedene Beispiele der begrifflichen Felder, die sich auf bestimmte Wissensinhalte beziehen. Er nennt u. a. die Beispiele der Arithmetik (z. B. Vergnaud 1985, 1996c), insbesondere des Zählens (z. B. Vergnaud 1992, 1996c), der additiven Strukturen (z. B. Vergnaud 1982b, 1992, 1996c, 1997) und der multiplikativen Strukturen (z. B. Vergnaud 1988, 1992, 1996a, 1997), sowie darüber hinaus die Brüche und rationalen Zahlen (z. B. Vergnaud 1983, 1988), die elementare Algebra (z. B. Vergnaud 1992, 1996c, 1997), die Proportionalität (z. B. Vergnaud 1998a), das Volumen (z. B. Vergnaud 1983) und die Symmetrie (z. B. Vergnaud 1997). Daneben führt er auch Beispiele aus anderen Disziplinen an, wie bspw. das Textverständnis (z. B. Vergnaud 1996c), verschiedene Beispiele aus der Physik, aus der Biologie, sowie die Moralerziehung, Geschichte, Geographie, Musik (vgl. Vergnaud 1996c, 1996b). Die Theorie wurde entwickelt, um auch speziell das Lernen *mathematischer Inhalte* betrachten und strukturieren zu können. In verschiedenen Untersuchungen (vgl. z. B. Escudero, Moreira & Caballero 2009, Flores, Caballero & Moreira 2008, Lin & Yang 2002, Krey & Moreira 2009) zeigte sich, dass die Theorie der begrifflichen Felder einen theoretischen Rahmen bereithält, der sich für eine Beschreibung und Analyse der Entwicklung beim mathematischen und naturwissenschaftlichen Lernen, insbesondere der Entwicklung von Begriffen, eignet.

Um einen ersten Einblick in die Theorie der begrifflichen Felder zu geben, wurden bis hierher – u. a. mit *begrifflichen Feldern*, *Schemata*, *Operationalen Invarianten*, und *Begriffen* – wesentliche Ideen und Begrifflichkeiten Vergnauds eingeführt. Im Folgenden werden diese Ideen sukzessiv aufgegriffen und für den theoretischen Rahmen dieser Arbeit adaptiert. Im Zuge dessen werden die Ideen noch eingehender beleuchtet und ausdifferenziert.

Anschlussfähigkeit an den semantischen Inferentialismus

Die Hintergrundtheorie dieser Arbeit wird in Anlehnung an die Ideen Vergnauds weiterentwickelt. Im Gegensatz zu Brandoms inferentieller Semantik ist die Theorie der begrifflichen Felder jedoch keine philosophische, sondern eine vielmehr mathematikdidaktische, welche entwicklungspsychologisch-lerntheoretische Bezüge herstellt (vgl. Vergnaud 1982b, 39). Sie wird im Rahmen dieser Arbeit maßgeblich gebraucht, um die inferentielle Perspektive für die Analyse mathematischer Lernprozesse nutzbar zu machen. Dass eine Verbindung der Theorien Brandoms und Vergnauds möglich ist, wurde bereits in Hußmann und Schacht (2009) und Schacht (2012) herausgearbeitet. Die Verknüpfung dieser beiden Perspektiven wird im vorliegenden Kapitel dargelegt, indem die Ideen Vergnauds sukzessiv in die im vorangehenden Kapitel erläuterten theoretischen Annahmen integriert werden. An dieser Stelle werden vorab einige Gesichtspunkte skizziert, die eine Vereinbarkeit der theoretischen Ansätze veranschaulichen.

Die Theorie Vergnauds entspringt der französischen Schule der Mathematikdidaktik, in der das Handeln von Schülerinnen als wesentliches Moment im Aufbau mathematischen Wissens erachtet wird. Wissen von Schülerinnen wird immer als ‚en-acte' bzw. ‚in-action' betrachtet, ist immer mit dem Handeln der Schülerinnen verbunden, und es lässt sich nach den Annahmen der französischen Schule nicht vom Denken der Schülerinnen trennen: „The French school of mathematical didactics stresses the essential interrelationship of action and conceptualisation together with the centrality of the problem" (Noss & Hoyles 1996, 19). In diese ordnet sich Vergnauds Theorie der begrifflichen Felder ein: „Vergnaud [...] has gone so far as to define the meaning of a mathematical concept as in part derived from the set of problems to which it provides a means of solution" (ebd.). Vergnaud hebt in seiner Theorie das *Handeln* der Schülerinnen *in Situationen* als zentral für die Bildung mathematischer Begriffe hervor: Dies stellt einen viablen Anknüpfungspunkt an die Überlegungen aus inferentialistischer Perspektive dar. Denn obwohl in inferentieller Perspektive vorrangig die Sprechakte selbst – und weniger die nicht-sprachlichen Handlungen – im Fokus des Interesses stehen, sind beide theoretischen Ansätze darauf ausgerichtet, das Begriffliche im Handeln in einer situativen Praxis zu betrachten.

Ein weiterer wesentlicher Aspekt, der die Theorie der begrifflichen Felder mit den bisherigen Überlegungen verbindet, liegt in den *Strukturen*, in denen nach Vergnaud Wissen bzw. Begriffe existieren. Er betont, dass Begriffe nie isoliert stehen, sondern immer in Netzen strukturiert sind und hebt u. a. die

Bedeutung von *Theoremen-in-Aktion* als Propositionen bzw. Aussagen, die individuell für wahr gehalten werden, hervor (vgl. Vergnaud 1996a, 225). Diese sind in gewisser Hinsicht anschlussfähig an Urteile bzw. Behauptungen im inferentiellen Zugang (vgl. Kap. 2.1.2). Diese und weitere Anknüpfungspunkte werden im weiteren Verlauf des Kapitels an entsprechender Stelle dargestellt.

Dass Anknüpfungspunkte zwischen der entwicklungspsychologischen Lerntheorie Vergnauds und der inferentiellen Semantik existieren, steht in Zusammenhang mit ihren teils gemeinsamen philosophischen Anleihen. Mit dem Zugang, sowohl das Denken als auch das Handeln in Urteilen zu betrachten, nimmt *Brandom* in seiner Theorie eine wesentliche Idee *Kants* auf. Auch *Vergnaud* bezieht sich auf Kant, indem er die Idee des Schemas von Piaget aufgreift, welche dieser wiederum von Kant übernommen hatte (vgl. Vergnaud 1992, 301). Kants Entwicklung eines Schema-Begriffs geht mit Annahmen über Urteile und Begriffe einher – wird das Schema doch als „Function der Urtheilskraft" (Kant 1999, 305) bzw. „Bedingung der Urtheilskraft" (ebd.) betrachtet; die Annahmen, die Kant über Urteile trifft, haben Einfluss auf den Schema-Begriff bei Piaget und auch bei Vergnaud. Vergnaud selbst führt seine erkenntnistheoretischen Anleihen – im Gegensatz zu den psychologischen – nicht umfänglich aus; sie sind jedoch in vielen Aspekten seiner Theorie erkennbar (z. B. „Die Gliederung dieser Prozesse ist begrifflich, und nicht logisch" (Vergnaud 2009a, 16, Übers. M. S.).).

2.1 Inferentielle Netze

Im Folgenden wird die Hintergrundtheorie dieser Arbeit, im Speziellen das Konzept der Festlegungsstrukturen, unter psychologischem Blickwinkel weiterentwickelt. In diesem Zusammenhang bietet vor allem das Konzept der *operationalen Invarianten* (s. o.) als wesentlicher Pfeiler der Theorie der begrifflichen Felder (vgl. Vergnaud 1996b, 207) eine geeignete Basis zur Erweiterung der inferentialistischen Annahmen. „Operational invariants underlying behaviour are the essential source of concepts" (Vergnaud 1997, 13).

In der Theorie der begrifflichen Felder tragen die operationalen Invarianten gezielt den Zusatz Begriffe- bzw. Theoreme-*in-Aktion*, da „weder ein Begriff-in-Aktion ganz genau ein Begriff ist, noch ein Theorem-in-Aktion ein Theorem. In der Wissenschaft sind Begriffe und Theoreme explizit und man kann über ihre Relevanz und Wahrheit diskutieren. Dies ist nicht notwendigerweise der Fall für operationale Invarianten. Explizite Begriffe und Theoreme stellen nur den sichtbaren Teil des Eisbergs der Begriffsbildung dar: ohne den verborgenen Teil, der durch die operationalen Invarianten konstituiert ist, wäre dieser sichtbare Teil nichts" (Vergnaud 1996b, 211, Übers. M. S.). In den Annahmen über die verschiedenen Status bzgl. der Explizitheit, die operationale Invarianten einnehmen können, lassen sich *Parallelen* zu den Annahmen Brandoms ziehen.

Während Brandom (Brandom 2001a, 28) festhält: „Das, was ausgedrückt wird, tritt in zweierlei Gestalt auf: als das Implizite (lediglich potentiell Ausdrückbares) und als das Explizite (das tatsächlich Ausgedrückte)" (vgl. Kap. 1.3), stellt Vergnaud (Vergnaud 1988, 141) dar: „Students' knowledge may be explicit, in the sense that they can express it in a symbolic form (natural language, [...] etc.). Their knowledge may also be implicit, in the sense that they can use it in action, by choosing adequate operations, without being able to express the reasons for this adequacy". Operationale Invarianten in Form von Begriffen-in-Aktion und Theoremen-in-Aktion können – genau wie Urteile – sowohl den Status der Implizitheit als auch der Explizitheit haben (vgl. Zazkis & Liljedahl 2002, 100). Sie sind hinsichtlich ihres Status bzgl. der Explizitheit nicht festgelegt: „Theorems-in-action are ‚held to be true propositions', even though they may be totally implicit, partially true, or even false" (Vergnaud 1997, 14). Vergnaud gibt ihnen aufgrund der Annahme, dass sie vorwiegend implizit bleiben, die Bezeichnung Theoreme- und Begriffe-*in-Aktion* (Vergnaud 1992, 302) und geht davon aus, dass Operationale Invarianten ihren Status ändern, wenn sie expliziert werden: "The cognitive status of operational invariants is not the same when they are expressed: they are more easily identified and they are somehow shared by the community. They become cultural" (Vergnaud 1996c, 118). Sie werden der Diskussion zur Verfügung gestellt (vgl. Vergnaud 1998b, 231, vgl. auch Moreira 2002, 12). In sprachphilosophischer Perspektive wird entsprechend davon ausgegangen, dass Urteile in Form von Behauptungen expliziert werden, welche in der sozialen Sprachpraxis einen deontischen Status einnehmen. Vergnaud stellt darüber hinaus – ebenso wie Brandom (vgl. Kap. 1.3) – fest, dass das Explizieren schwierig sei, merkt aber aus lerntheoretischer Perspektive an, dass es für den Lernprozess lohnens- und erstrebenswert sei, denn „explicit concepts and theorems enable students to objectify their knowledge and discuss its appropriateness and validity" (Vergnaud 1997, 28).

Auch wenn sich hinsichtlich der Betrachtungen der Explizitheit von Urteilen und Operationalen Invarianten die aufgeführten Parallelen zwischen den Annahmen Brandoms und Vergnauds ziehen lassen, so steht in den beiden theoretischen Blickwinkeln Unterschiedliches im Zentrum der Betrachtungen: Während in sprachphilosophischer Perspektive ein Fokus auf die Sprachpraxis und die in ihr vorgebrachten, expliziten Festlegungen liegt, betrachtet Vergnaud die Operationalen Invarianten, welche in explizierter Form lediglich die *‚Spitze des Eisbergs'* (vgl. Vergnaud 1996b, 211, Moreira 2002, 12) darstellen und ebenso implizit sein können.

Mit der Sichtweise Vergnauds wandelt sich die Perspektive, die im Rahmen dieser Arbeit auf individuelle Begriffe eingenommen wird: In Anlehnung an Vergnauds Idee der Operationalen Invarianten werden *inferentielle Netze* in den Blick genommen, die – im Unterschied zu Festlegungsstrukturen – nicht nur aus *explizierten* Festlegungen und Inferenzen bestehen, sondern auch aus jenem großen Teil des Eisbergs, der *nicht* sichtbar ist: den Urteilen unabhängig von ihrem Status der Explizitheit. Damit wird der Begriff der Festlegungsstrukturen modifiziert und an eine psychologisch orientierte Sichtweise adaptiert. Sprachspiele stellen dabei die epistemologische Basis dar, da die in ihnen vorgebrachten Festlegungen und inferentiellen Relationen für eine Analyse der Strukturen von Urteilen von Schülerinnen grundlegend sind.

Während aus inferentieller Perspektive *Festlegungsstrukturen* als Strukturen aus Festlegungen und Inferenzen im Blickpunkt standen (vgl. Kap. 1.11), stehen im Folgenden *inferentielle Netze* im Fokus der Betrachtung:

***Inferentielle Netze** von Schülerinnen sind individuelle Strukturen aus Urteilen, die durch inferentielle Relationen zwischen Urteilen gegliedert sind. Das Verständnis eines **Begriffs** zeigt sich in den individuell verfügbaren inferentiellen Netzen.*

Im Folgenden wird der theoretische Rahmen in Anlehnung daran ausdifferenziert.

2.2 Die Entwicklung inferentieller Netze – in lokaler Perspektive

Nachdem vorangehend das Verständnis eines Begriffs als das Verfügen über inferentielle Netze konzeptualisiert wurde, wird nachfolgend der Begriff ‚*Begriffsbildung*' bestimmt. Da die Begriffsbildung wesentlich die Entwicklung von Begriffen betrifft, sind hierfür die getroffenen Annahmen zum Verständnis eines Begriffs grundlegend. Da das Verständnis eines Begriffs als das Verfügen über inferentielle Netze dargestellt wurde, wird in Anlehnung an Schacht (2012, 43) festgehalten:

***Begriffsbildung** lässt sich beschreiben als die Entwicklung der inferentiellen Netze, in denen der Begriff eine Rolle spielt.*

Die Festlegung Schachts, Begriffsbildung *sei* jene Entwicklung der inferentiellen Netze (vgl. ebd.) wird in der vorliegenden Arbeit relativiert, da nicht ausgeschlossen werden kann, dass über die Entwicklung von inferentiellen Netzen hinaus weitere Aspekte beim Begriffsbildungsprozess Einfluss nehmen, oder dass es auch weitere Elemente gibt, die sich im Zuge eines Begriffsbildungsprozesses entwickeln – wie etwa eine Fähigkeit, Darstellungsformen zu wechseln (vgl. Duval 2006, 107).

Im Folgenden wird Begriffsbildung zunächst in lokaler Perspektive – als Entwicklung einzelner Elemente inferentieller Netze – theoretisch beleuchtet. Eine Entwicklung in globaler Perspektive, welche Auswirkungen auf die Gesamtstruktur inferentieller Netze hat, wird in Kapitel 2.3 im Zusammenhang mit Situationen und Klassen von Situationen in den Blick genommen.

Es wurde bereits dargelegt, inwiefern sich auch in inferentieller Perspektive Festlegungsstrukturen verändern, wenn eine Schülerin eine Festlegung einer anderen Teilnehmerin des Sprachspiels übernimmt (vgl. Kap. 1.10). Dabei wurden die durch die Teilnehmende des Sprachspiels vorgebrachten Festlegungen metaphorisch mit Punkten eines individuellen *Punktekontos* verglichen, welches aus jenen Festlegungen besteht, auf welche eine Teilnehmerin des Sprachspiels sich festzulegen bereit ist. Wenn Teilnehmende des Sprachspiels Behauptungen aufstellen, so ‚erhöhen' sie zum einen ihr eigenes Punktekonto im Sinne der vorgebrachten Behauptungen – zum anderen ermöglicht die kommunikative Funktion dieses Behauptens es anderen Teilnehmenden des Sprachspiels, die vorgebrachten Behauptungen zu übernehmen, sodass diese auch *ihre* Punktekonten ändern können (vgl. Kap. 1.10). Betrachtet man vor diesem Hintergrund das individuelle inferentielle Netz der Schülerin, die eine Festlegung ‚übernimmt' (unter der Prämisse, dieses Urteil sei vorher noch nicht Element ihres inferentiellen Netzes gewesen), so legt sich die Schülerin dann auf eine Behauptung fest, auf welche sie sich zuvor nicht festgelegt hatte. Es hat sich durch die Hinzunahme eine Änderung in Form einer Entwicklung des inferentiellen Netzes vollzogen.

Neben einer Hinzunahme eines Urteils, welches durch soziale Praktiken angestoßen wird, ist ebenso das *Verwerfen* eines Urteils auf der Grundlage des Sprachspiels denkbar. Würde eine Partnerin Nicole bspw. sagen: „Das ist falsch!", so würde Nicole ihrer Festlegung u. U. nicht mehr für wahr halten und das Urteil gegebenenfalls verwerfen. Es sind verschiedene Entwicklungen, welche durch Interaktionen in sozialen Praktiken angestoßen werden, vorstellbar: Hierzu zählt die Hinzunahme, das Verwerfen und auch die Modifikation i. S. einer Änderung einer einzelnen Festlegung. Auch sind ebensolche Prozesse für inferentielle Relationen denkbar. So kann eine in der Interaktion verlautbarte Inferenz übernommen werden; ebenso ist das Verwerfen und Modifizieren von Inferenzen möglich – wenn die Schülerin bspw. durch eine Mitschülerin direkte Rückmeldung dazu erhält, dass ihre Inferenz „falsch" oder „kein Grund" sei. Dass solche Rückmeldungen eine Modifikation oder Verwerfung nicht zur Folge haben *müssen*, ist selbstredend.

Es handelt sich bei den genannten Veränderungen um lokale Entwicklungen, die in der Regel Teile des inferentiellen Netzes der Schülerin betreffen. Daher werden sie als ‚lokal' bezeichnet. Für diese Entwicklungen inferentieller Netze sind als Impulse jedoch nicht nur Anregungen durch Interaktionspartner denkbar. Es ist auch vorstellbar, dass bestimmte Aspekte der Situationen, bestimmte Darstellungen o.a. einen Impuls für die lokale Entwicklung von inferentiellen Netzen darstellen können (vgl. Zazkis & Liljedahl 2002, 97).

Es wird zudem davon ausgegangen, dass Urteile sich über einen wiederholten Gebrauch zunehmend *konsolidieren* und damit einhergehend ihre Reichweite – in Bezug auf die Situationen, in denen sie gebraucht werden können, – ausdehnen können. Während die Schülerin sich bei der Festlegung „Minus fünf ist unter der Null" zunächst eventuell nur auf die vorliegende Zahl bezieht und die Schülerin keine oder nur eine vage Idee davon hat, dass dies für andere Zahlen mit einem voranstehenden Minuszeichen ebenso gilt, ist es denkbar, dass ein dahinterliegendes Urteil sich über den wiederholten Gebrauch in unterschiedlichen Situationen konsolidiert. Eine Konsolidierung und ein wiederholter Gebrauch stehen dabei im Wechselspiel.

Es kann festgehalten werden: *Eine lokale* ***Entwicklung*** *inferentieller Netze umfasst u. a. die Hinzunahme, die Modifikation oder das Verwerfen von Urteilen und inferentiellen Relationen. Über einen wiederholten Gebrauch* ***konsolidieren*** *sich zudem Urteile und dehnen ihre Reichweite aus.*

Für den theoretischen Rahmen dieser Arbeit ist es von Interesse, die aufgeführten lokalen Entwicklungen inferentieller Netze auf der Grundlage empirischer Erkenntnisse eingehender zu charakterisieren. Es ist insbesondere interessant, ob die genannten Arten von Entwicklungen sich empirisch bestätigen und inwiefern sich weitere Arten zeigen.

2.3 Situationen, Klassen von Situationen und ihre Entwicklung

In den folgenden Ausführungen erfolgt u. a. eine Konzeptualisierung des Begriffs der Situation, welcher von wesentlicher Bedeutung für individuelle Begriffe und ihre Entwicklung ist. Daneben wird die Entwicklung individueller inferentieller Netze thematisiert, die in engem Wechselspiel mit dem Handeln in Situationen steht. Aufgrund des Zusammenhangs von Situationen, Klassen von Situationen, dem Gebrauch und der Entwicklung von Begriffen, werden diese im vorliegenden Kapitel vernetzt dargestellt.

2.3.1 Situationen, inferentielle Netze und die Bedeutung von Fokussierungen

Die Hervorhebung von Situationen in der Theorie der begrifflichen Felder ist eines der wesentlichen Kennzeichen ihrer psychologischen Ausrichtung, da in psychologischen Ansätzen traditionell „die kognitiven Prozesse und die Antworten des Subjekts [...] [als] Funktion der Situationen, mit denen es konfrontiert ist" (Moreira 2009, 31, Übers. & Einf. M. S.), aufgefasst werden. „In a way, situations serve as triggers in generating and promoting cognitive development“ (Zazkis & Liljedahl 2002, 97). Dabei wird die *Begriffsbildung* als „the heart of cognitive development“ (Vergnaud 1996c, 118) aufgefasst. Schülerinnen handeln in Situationen immer vor dem Hintergrund der inferentiellen Netze, über die sie verfügen.

Für eine Konzeptualisierung des Begriffs der Situation ist es vorteilhaft, Situationen in vergleichsweise kleinen Einheiten zu betrachten, um inferentielle Netze im Detail analysieren zu können: „Der Begriff der Situation hat hier nicht die Bedeutung einer didaktischen Situation, sondern vielmehr der Aufgabe, sodass die ganze komplexe Situation als eine Kombination von Aufgaben analysiert werden kann, bei denen es wichtig ist, die jeweilige Beschaffenheit und Schwierigkeit zu kennen“ (Vergnaud 1996b, 213, Übers. M. S.). Da es bei komplexeren Situationen möglich ist, diese als eine Kombination von Aufgaben zu betrachten und analysieren (vgl. auch Moreira 2009, 31), scheint das Bearbeiten *einer Aufgabe* als betrachtete Situation auch zur Analyse von inferentiellen Netzen eine sinnvolle Einheit darzustellen. Wenn die Schülerin bspw. die Aufgabe (-6)+(-10) erhält und berechnet, befindet sie sich in der *Situation*, ebendiese Aufgabe zu bearbeiten.

Wenn die Schülerin sich in einer solchen Situation befindet, so aktiviert sie inferentielle Netze, über die sie verfügt. Das Verfügen über inferentielle Netze hat im Sinne von *Zu*handenem Priorität vor der *vor*handenen Situation (vgl. Kap. 1.2). Die Schülerin fokussiert – ausgehend von ihren inferentiellen Netzen – auf bestimmte Aspekte der Situation, z. B. auf das Minuszeichen der Zahl. Für die Betrachtung des Prozesses der Aktivierung von inferentiellen Netzen und der gleichzeitigen Fokussierung auf bestimmte Aspekte der Situation ist die Idee der Begriffe-in-Aktion Vergnauds gewinnbringend, welche im Rahmen dieser Arbeit adaptiert wird. „*Concepts-in-action* are categories (objects, properties, relationships, transformations, processes, etc.) that enable the subject to cut the real world into distinct elements and aspects, and pick up the most adequate selection of information according to the situation and scheme involved" (Vergnaud 1996a, 225, Hervorh. im. Orig.). Diese Idee Vergnauds wird für den theoretischen Rahmen dieser Arbeit aufgegriffen und – vor dem Hintergrund des inferentiellen Ansatzes, insbesondere seiner Annahmen zu Begriffen als Kategorien und einer Priorität des Zuhandenen vor dem Vorhandenen im Wahrnehmungsprozess (Kap. 1.2) – als das *Fokussieren* auf bestimmte Aspekte von Situationen interpretiert: Für ein solches Fokussieren kann all jenes dienen, was die Schülerin als Kategorie nutzen kann, um in einer Situation einen Fokus auf bestimmte Aspekte zu setzen. Dies können – wie bereits Freudenthal (1983, 28) in ähnlicher Weise darstellt – mathematische Begriffe, Strukturen und Ideen sein, die dazu dienen, die Phänomene der lebensweltlichen als auch der mathematischen Welt zu strukturieren. Es muss sich jedoch nicht zwangsläufig um mathematische Begriffe in fachlicher Hinsicht handeln: Es kann sich bspw. auch um Kategorien handeln, welche lebensweltlichen Erfahrungen (bspw. Temperaturvergleichen) entspringen und welche die Wahrnehmung und den Umgang mit Informationen maßgeblich leiten. Auch Eigenschaften oder Zusammenhänge können als Fokussierungen dienen. In dem Eingangszitat scheint für Nicole z. B. die *Ordnung* der natürlichen Zahlen eine Kategorie zu sein, die ihr hilft, um auf bestimmte Aspekte der Situation zu fokussieren – also gewissermaßen eine *Eigenschaft* der natürlichen Zahlen. Auch die Darstellung an der Zahlengeraden wäre als Kategorie denkbar, oder das Konzept der Subtraktion, auf welches sie zurück greift, um ihre Begründungen abzusichern. Durch den Gebrauch solcher Kategorien konzentriert sich die Lernende auf bestimmte Aspekte der Situation, während sie andere vernachlässigt bzw. ausblendet. Nur durch das Setzen solcher Fokussierungen gelingt es Menschen, in Situationen handlungsfähig zu sein; würde ein Setzen von Schwerpunkten nicht vorgenommen oder würde es nicht gelingen, so wären Menschen mit der Flut an Informationen schlichtweg überfordert. Wie bereits im Zusammenhang mit den Ausführungen zur klassifikatorischen Verwendung von Begriffen erwähnt wurde (vgl. Kap. 1.2), gilt auch für Fokussierungen eine Priorität des Begrifflichen vor den vorliegenden Dingen: Für die Strukturierung von Situationen gebrauchen Menschen Fokussierungen, über welche sie in Form von potentiellen Kategorien als Zuhandenes bereits verfügen.

Die Idee der Fokussierungen, welche von Vergnauds Idee der Begriffe-in-Aktion ausgeht, wird in den theoretischen Rahmen dieser Arbeit integriert.

***Fokussierungen** sind Kategorien in Form von individuellen Ideen bzw. Konzepten (von Eigenschaften, Darstellungen, mathematischen Begriffen etc.), mit denen Situationen individuell strukturiert werden.*

Während Nicole in der vorliegenden Situation eine Fokussierung auf die Ordnung der natürlichen Zahlen vorzunehmen scheint, könnte eine andere Schülerin eine andere Fokussierung, bspw. auf das negative Vorzeichen oder eine Darstellung an der Zahlengeraden, vornehmen. Ebenso wie Begriffe-in-Aktion können auch Fokussierungen, die von Schülerinnen gebraucht werden, nicht als richtig oder falsch beurteilt werden – es ist vielmehr von Bedeutung, ob es angemessen ist, diese Fokusse in der vorliegenden Situation zu setzen (vgl. Vergnaud 1996a, 225), ob sie Relevanz für die Situation haben. Die Funktion von Fokussierungen liegt, ebenso wie jene der Begriffe-in-Aktion, darin „to provide ways of picking up, selecting, and categorizing relevant information" (Vergnaud 1996a, 237) bzw. „to categorize and select information" (Vergnaud 1998b, 229). Wenn Schülerinnen sich in einer gegebenen Situation – implizit oder explizit, bewusst oder unbewusst – dafür entscheiden, eine Kategorie zu nutzen, so urteilen sie gleichzeitig, dass diese Kategorie in der gegebenen Situation nutzbar ist. Sie legen sich auf diese Fokussierungen fest. Jedes Aktivieren einer Kategorie in Form einer Fokussierung ist gleichzeitig auch ein Urteilen über die Angemessenheit des Fokus. Wenn Nicole die Ordnung der natürlichen Zahlen als Fokussierung in der gegebenen Situation, bei den Zahlen null und minus neun die größere zu bestimmen, als Kategorie nutzt, so geht damit ein implizites Urteil einher, dass die Ordnung der natürlichen Zahlen in dieser gegebenen Situation weiterhilft.

Daneben wird ersichtlich, dass die Konzeptualisierung von *Theoremen-in-Aktion* bei Vergnaud Parallelen zum Verständnis von Urteilen im theoretischen Rahmen dieser Arbeit aufweist. Diese sind auf die bereits aufgeführten gemeinsamen philosophischen Anleihen zurück zu führen. Betrachtet man die Charakterisierung "A *theorem-in-action* is a proposition that is held to be true by the individual subject for a certain range of the situation variables" (Vergnaud 1996a, 225, Hervorh. im Orig.), so fällt auf, dass diese große Ähnlichkeit zu Urteilen, die individuell für wahr gehalten werden, hat. Theoreme-in-Aktion haben die Funktion „to make possible inferences and calculations on the ground of the information available" (Vergnaud 1996a, 237): Auch dies ist anschlussfähig an den theoretischen Rahmen dieser Arbeit. Wesentliche Eigenschaft der Theoreme-in-Aktion ist, dass sie – aus intersubjektiver Perspektive betrachtet – sowohl richtig oder falsch sein können, dass sie jedoch – ebenso wie Urteile (vgl. Kap. 1.7) – von der Schülerin individuell für wahr gehalten werden (Vergnaud 1996a, 225). Betrachtet man darüber hinaus die (logische) Beziehung zwischen Begriffen- und Theoremen-in-Aktion in der Theorie der begrifflichen Felder, so wird eine gewisse Parallelität zu der Beziehung zwischen Urteilen und Begriffen, welche im Rahmen dieser Arbeit dargestellt wurde, ersichtlich. Während jedoch in philosophischer Perspektive die logische Beziehung zwischen Begriffen und Urteilen vielfach thematisiert wird und im Rahmen dieser Arbeit entsprechend behandelt wurde (vgl. Kap. 1.1, 1.2), wird in der Theorie der begrifflichen Felder die logische Beziehung zwischen Begriffen- und Theoremen-in-Aktion nicht im Detail ausgeführt. Dennoch wird diese an einzelnen Stellen angedeutet – bspw. hält Vergnaud (Vergnaud 1996a, 225f., Einf. M. S.) fest: „Concepts-in-action can be involved in theorems[-in-action] as predicates or arguments".

Ebenso wie in der Theorie der begrifflichen Felder eine Beziehung zwischen Begriffen- und Theoremen-in-Aktion angenommen wird, wird im Theorierahmen dieser Arbeit von einem engen Zusammenhang von Fokussierungen und Urteilen ausgegangen. Fokussiert Nicole in einer Situation auf die Ordnung der natürlichen Zahlen, so geht dies mit Urteilen über natürliche Zahlen und deren Ordnung einher. Wenn in einer Situation geurteilt wird, so sind dabei – explizit oder implizit – immer Fokussierungen bedeutsam, mit der die Schülerin die Informationen selektiert und Schwerpunkte setzt.

Es kann festgehalten werden: *Das Urteilen in Situationen geht stets mit dem Setzen von Fokussierungen einher. Urteile erfolgen immer in Zusammenhang mit vorgenommenen Fokussierungen.*

Abgesehen von einer Relevanz für das Handeln in Situationen haben Fokussierungen auch Signifikanz für die *inferentiellen Netze* der Schülerin. Neben Urteilen und inferentiellen Relationen können auch *Fokussierungen*, welche jeweils in Zusammenhang mit Urteilen stehen, als Elemente von inferentiellen Netzen betrachtet werden, welche unter anderem die Aktivierung der inferentiellen Netze in Situationen gewährleisten. Es ist davon auszugehen, dass Fokussierungen in inferentiellen Netzen jeweils mit mehreren Urteilen in Zusammenhang stehen, da sie das Potential haben, verschiedene Urteile zu stützen.

Die Begriffsbestimmung von *inferentiellen Netzen* wird um *Fokussierungen* erweitert:

Inferentielle Netze *von Schülerinnen sind Strukturen aus Urteilen, die durch inferentielle Relationen zwischen Urteilen sowie zugrundeliegende Fokussierungen gegliedert sind.*

Zusammenfassend kann festgehalten werden, dass Vergnauds Idee der Operationalen Invarianten eine gewinnbringende Ergänzung für den theoretischen Rahmen dieser Arbeit bietet. Es erfolgt eine Verzahnung der inferentiellen und der kognitiv-psychologischen Perspektive:

Die Ideen und Gesichtspunkte, die dem inferentiellen Zugang entspringen, stellen dabei die Grundsteine des Theorierahmens dieser Arbeit dar. Hierzu gehörte die maßgebliche Idee, begriffliche Gehalte über inferentielle Relationen im Spiel des Gebens und Verlangens von Gründen aufzufassen (vgl. Kap. 1). Auch die im Zusammenhang mit dem inferentiellen Zugang betrachten Gesichtspunkte des *sozialen Diskurses* sowie der Unterscheidung verschiedener *deontischer Status von Behauptungen* (Kap. 1.10), sowie bspw. die Gesichtspunkte der *kommunikativen Funktion des Behauptens* (ebd.), der *materialen Kompatibilitäten und Inkompatibilitäten* (Kap. 1.11), sowie der Unterscheidung zwischen *individueller und intersubjektiver Richtigkeit und Wahrheit* (Kap. 1.9, 1.11) etc. stellen Grundlagen dar, in denen die Stärke des inferentiellen Zugangs liegt.

Eine kognitiv-psychologische Perspektive – allem voran die Theorie der begrifflichen Felder – hält u. a. mit der Hervorhebung von *Situationen* und mit der Betrachtung des *Wechselspiels zwischen Urteilen und Situationen* verschiedene Aspekte bereit, welche eine Bereicherung des gewählten Zugangs darstellen. Diese Aspekte der Theorie der begrifflichen Felder halten Einzug in den Theorierahmen dieser Arbeit, indem sie stets vor dem Hintergrund des inferentiellen Zugangs gedeutet werden. Auch die Idee der *Begriffe-in-Aktion* wird aufgegriffen und – vor dem Hintergrund der Betrachtung von Begriffen als Kategorien (Kap. 1.2) und der Priorität des Zuhandenen vor dem Vorhandenen (ebd.) – in Form von *Fokussierungen* interpretiert und u. a. in der Begriffsbestimmung von inferentiellen Netzen berücksichtigt.

2.3.2 Gemeinsamkeiten von Situationen und Klassen von Situationen

> „Knowledge emerges from problems to be solved and situations to be mastered."
>
> (Vergnaud 1982a, 31)

Wissen von Schülerinnen sowie seine Entwicklung stehen stets im Wechselspiel mit den Situationen, in denen Schülerinnen sich befinden. Wissen wird dabei nicht nur in einzelnen, sondern in verschiedenen Situationen gebraucht und gewissermaßen zwischen Situationen ‚übertragen'. Im Folgenden werden das Erkennen von Gemeinsamkeiten zwischen Situationen, der situationsübergreifende Gebrauch von inferentiellen Netzen und das damit zusammenhängende Ausbilden von Klassen von Situationen theoretisch beleuchtet.

Betrachtet man die lerntheoretischen und mathematikdidaktischen Theorien, welche sich mit dem Übertragen von Wissen zwischen Situationen befassen, so lassen sich nach Frade, Winbourne und Braga (2009) zwei theoretische Perspektiven auf das Lernen unterscheiden, die schon lange diskutiert werden. Frade et al. (2009, 14, Hervorh. M. S.) fassen zusammen: „It is suggested by some researchers [...] that those choosing a strongly *cognitive perspective* on learning see knowledge as something relatively stable, generalizable to different situations and characterized by personal attributes in the sense that, once acquired, the subject carries it from one place to another [...] [whereas] *situated learning perspectives* offer an interpretation of knowledge that is radically different: a representation of knowledge as activity, as something that is shared or distributed by persons; something that emerges between persons, the environments in which they are inserted, and in developing activities. From these perspectives it is not that cognitive structures are not considered, but they cannot be detached or abstracted from learning contexts" (ebd., 14, Einf. & Hervorh. M. S.). Auch wenn eine solche Unterscheidung und Gegenüberstellung zweier theoretischer Gegenpole stark vereinfachend ist, soll sie im Folgenden einem Überblick über die aktuelle Diskussion dienen. Die beiden Perspektiven werden daher nachfolgend skizziert, indem sie mit aktuellen mathematikdidaktischen Theorien in Beziehung gebracht und damit verdeutlicht werden.

Den „situated learning perspectives" können heute die Perspektive der *Situated Cognition* (Brown, Collins & Duguid 1989) oder des *Situierten Lernens* (Greeno, Moore & Smith 1993) zugeordnet werden. In diesen steht das Handeln der Schülerinnen in gegebenen Situationen und in sozialen Praktiken im Zentrum der Betrachtungen. Die Hervorhebung des *Handelns* in Situationen ist essentiell für das Verständnis von Wissen. „Knowledge – perhaps better called *knowing* – is not an invariant property of an individual, something that he or she has in any situation. Instead, knowing is a property that is relative to situations, an ability to interact with things and other people in various ways" (Greeno et al. 1993, 99, Hervorh. im Orig.). Wissen ist in dieser Perspektive immer *situationsgebunden*: „Knowledge is situated, being in part a product of the activity, context, and culture in which it is developed and used" (Brown, Collins & Duguid 1989, 32). Greeno, Moore und Smith (1993) betrachten den Gebrauch von Wissen über Situationen hinweg als *Transfer* von Handlungswissen von einer in eine andere Situation – und stehen damit an dieser Stelle stellvertretend für viele Autoren aus dem Bereich der Situated Cognition. „The question of transfer, then, is to understand how learning to participate in an activity in one situation can influence [...] one's ability to participate in another activity in a different situation. The answer must lie [among others] in the nature of the situations" (Greeno et al. 1993, 100, Einf. M. S.). Es wird davon ausgegangen, dass Wissen an Situationen gebunden ist und dass ausgehend von diesen Situationen ein Transfer des Wissens in andere Situationen erfolgen kann. Auch wenn unterschiedliche theoretische Ansätze bei der Konzeptualisierung des Begriffs Transfer unterschiedliche Schwerpunkte setzen, „[as] every conceptualization of transfer reflects its own time and the concept of learning related to it" (Tuomi-Gröhn & Engeström 2003, 33, Einf. M. S.), so wird Transfer im Allgemeinen verstanden als „the degree to which a behavior will be repeated in a new situation" (Dettermann 1993, 4). Der Einfluss dieser Perspektive auf die Konzeptualisierung eines situationsübergreifenden Gebrauchs inferentieller Netze wird am Ende dieses Abschnitts dargelegt.

Daneben kann eine Perspektive ausgemacht werden, welche bei Frade et al. (2009) als „cognitive perspective" bezeichnet wird. Hierzu können auch jene Theorien gezählt werden, in welchen davon ausgegangen wird, dass Wissen in gewissem Maße situationsinvariant sei und dass sich im Laufe des Lernprozesses ein *Dekontextualisierungsprozess* vollziehe: „[a] process of progressive decontextualization through which the mathematics are extracted from the problem's situation" (Rojano 2002, 154, teilw. hervorgeh. im Orig.). Zwar wird auch in Theorien, die dieser Perspektive zugeordnet werden können, angenommen, dass Wissen teilweise in konkreten Situationen und durch das Handeln in Situationen entsteht – es wird jedoch davon ausgegangen, dass sich der Lernprozess durch eine zunehmende *Dekontextualisierung* auszeichnet. Dies wird häufig als *Abstraktion* bezeichnet.[11] Die Annahmen zur Dekontextualisierung haben ihre Wurzeln u. a. in Jean Piagets Theorie zur Abstraktion, welche in Vergnauds Theorie der begrifflichen Felder als Piagets „Erbe" (Vergnaud 1996c) aufgegrif-

---

11 Dies ist bspw. bei Hershkowitz, Schwarz und Dreyfus (2001) beschrieben.

fen werden. Aufgrund der Anschlussfähigkeit an die im Rahmen dieser Arbeit dargestellten Annahmen zu Begriffen hat diese Perspektive große Bewandtnis für die theoretischen Annahmen zum situationsübergreifenden Gebrauch inferentieller Netze.

Um im Folgenden das Erkennen von Gemeinsamkeiten von Situationen aus dieser Perspektive zu thematisieren, wird zunächst ein kurzer Einblick in die Konzeptualisierung von *Abstraktion* gegeben. Der Begriff der Abstraktion, welcher schon seit jeher – bei Platon und Aristoteles beginnend – in der Philosophie und auch in der Psychologie von Bedeutung ist, wird außer- und innerhalb der mathematikdidaktischen Theorie und Forschung sehr unterschiedlich konzeptualisiert. Bei der Betrachtung der Versuche, Abstraktion für das Lernen mathematischer Begriffe zu interpretieren lässt sich abschließend feststellen: „We are still far from a comprehensive theoretical answer to the challenge of mathematical abstraction in mathematics education" (Boero 2002, 138). Es gibt auch heute viele verschiedene mathematikdidaktische Theorien, die sich mit dem Abstraktionsprozess beschäftigen und die – bedingt durch unterschiedliche theoretische Bezugspunkte – unterschiedliche Ausrichtungen haben. Ein Wegbereiter für den Begriff der Abstraktion in seiner als klassisch bezeichneten Ausrichtung (vgl. u. a. van Oers 2001, Hershkowitz, Schwarz & Dreyfus 2001, Noss & Hoyles 1996) war Jean Piaget (u. a. 1972, 1973, 1975, 1976, 1977), der davon ausging, dass „jede neue Erkenntnis [...] eine Abstraktion voraus [setzt]" (Piaget 1975, 87, Einf. M. S.), und der zwischen *empirischer Abstraktion (abstraction empirique)* und *reflektierender Abstraktion (abstraction réfléchissante)* unterschied. Dieser Begriff der Abstraktion wird im Folgenden skizziert, da er für den Rahmen dieser Arbeit besondere Relevanz hat, als die Ideen Vergnauds im Wesentlichen auf der Idee Piagets zur empirischen Abstraktion (u. a. 1975, 1977) aufbauen und Vergnaud (1996c) diese bewusst aufgreift und adaptiert (vgl. dazu Zazkis & Liljedahl 2002).

Unter *empirischer Abstraktion* versteht Piaget jenen Abstraktionsprozess, der das Auffinden von Gemeinsamkeiten von verschiedenen Objekten betrifft. „'Abstrahieren' bedeutet zunächst soviel wie eine sinnlich wahrnehmbare Eigenschaft oder einen Aspekt aus einem Gesamtzusammenhang isolieren. Abstrahieren wir den Farbton eines Blattes, so erhalten wir sein individuelles Grün zurück. Um zum Begriff ‚grün' zu gelangen, bedarf es eines zweiten Schrittes: Der Verallgemeinerung – der Begriff ‚grün' steht für eine ganze Klasse von Farbtönen, die an den verschiedensten Gegenständen auftreten. Isolierung und Verallgemeinerung sind also die beiden Schritte derjenigen Abstraktion, die zur Bildung empirischer Begriffe führt" (Kesselring 1999, 85). In Piagets Verständnis steht der empirischen Abstraktion als Organisation externer Erfahrungen entsprechend die *reflektierende Abstraktion* als Organisation interner Erfahrungen gegenüber. „Die «reflektierende Abstraktion» hingegen betrifft [...] alle kognitiven Aktivitäten des Subjekts (Schemata oder Handlungskoordinationen,

Operationen, Strukturen etc.), [welche darauf ausgerichtet sind] [...] gewisse Merkmale herauszulösen und sie für andere Zwecke zu gebrauchen (neue Adaptationen, neue Probleme etc.)“ (Piaget 1977, 6, Übers. & Einf. M. S.). Diese beiden Arten der Abstraktion stehen in engem Zusammenhang und im Wechselspiel miteinander (vgl. Minnameier 2000, 68).

An dieser Stelle werden zunächst die Idee der *empirischen Abstraktion* sowie ihre mathematikdidaktische Interpretation betrachtet[12]. Wegweisend ist Skemps (1986) Idee der ‚similarity recognition', mit welcher er vor allem kognitive Strukturen in den Blick nimmt. „Abstracting is an activity by which we become aware of similarities [...] among our experiences. Classifying means collecting together our experiences on the basis of these similarities. An abstraction is some kind of lasting mental change, the result of abstracting, which enables us to recognize new experiences as having the similarities of an already formed class“ (Skemp 1986, 21, teilw. hervorgeh. im Orig.). Auch Zazkis und Liljedahl (2002) setzen an der Idee der 'similarity recognition' an – wie ebenfalls Mitchelmore und White (2004), welche die Idee des Auffindens von Gemeinsamkeiten als zentralen Aspekt in ihrem Ansatz aufgreifen: "Hence, a characteristic of the learning of fundamental mathematical ideas is *similarity recognition*. The similarity is not in terms of superficial appearances but in underlying structure [...]. To get below the surface often requires a new viewpoint [...]. There is a leap forward when students regognise such a similarity: As students relate together situations which were previously conceived as disconnected, they become able to do things they were not able to do before. More than that, they form new ideas [...] and are incapable of reverting to their previous state of innocence. In a sense, these new ideas *embody* the similarties recognized. [...] This process of similarity recognition followed by embodiment of the similarity in a new idea is an *empirical abstraction* process" (Mitchelmore & White 2004, 332, Hervorh. im Orig.). Sie verstehen unter (empirischer) Abstraktion zwei Teilprozesse, die im Erkennen dessen, dass es eine Gemeinsamkeit gibt, sowie in der Verkörperung der Gemeinsamkeit in einer neuen Idee bestehen. Für das Erkennen von Gemeinsamkeiten zwischen Situationen sind Invarianten zentral: Sie sind der Teil des Begrifflichen, durch den Situationen miteinander in Beziehung stehen: Situationen werden über inferentielle Netze miteinander verbunden (vgl. Vergnaud 1988, 145) und bilden zusammen Klassen von Situationen (Zazkis & Liljedahl 2002). „Jede Klasse von Situationen erfordert, um behandelt zu werden, bestimmte Denkoperationen, die im Detail analysiert werden müssen. Diese Denkoperationen basieren immer auf dem Wiedererkennen von Invarianten, sei es dass es sich um das Entnehmen einer Eigenschaft, einer Relation oder einer Menge von Relationen handelt [...], sei es dass es sich

12 Die Idee der reflektierenden Abstraktion wird in Kapitel 2.4.2 aufgegriffen.

darum handelt, ein wahres, nicht notwendigerweise explizites Theorem anzuwenden" (Vergnaud 1985, 248, Übers. M. S.). Invarianten gewährleisten das situationsübergreifende Bestehen kognitiver Strukturen. „Invarianz bedeutet Erhaltung" (Piaget in Bringuier 2004, 75). Im invarianten Gebrauch sieht Vergnaud eines der wesentlichen Charakteristika *Operationaler Invarianten* (vgl. Kap. 2, ‚Die Theorie der begrifflichen Felder').

Inferentielle Netze, über welche Schülerinnen verfügen, sind daher nicht auf einzelne Situationen beschränkt, sondern haben einen größeren Gültigkeitsbereich für Klassen von Situationen: Die Schülerin Nicole könnte beispielsweise in den Situationen, bei -9 und -2 und bei -10 und -3 die größere Zahl zu bestimmen, auf gleiche Weise vorgehen und sie so – nicht notwendig bewusst – *einer* Klasse von Situationen zuordnen.

Klassen von Situationen können sowohl aus *individueller*, als auch aus *fachlicher* Perspektive identifiziert werden. Für die Thematik dieser Arbeit – die Ordnungsrelation für ganze Zahlen – ist aus fachlicher Perspektive z. B. die Klasse, eine positive und eine negative Zahl zu vergleichen (vgl. Kap. 3.1.5), bedeutsam. Zu dieser Klasse von Situationen gehören bspw. Situationen, bei -10 und 5 die größere Zahl zu bestimmen, oder bei -6 und 6 die größere Zahl zu bestimmen usw. Aus individueller Perspektive der Schülerin können dieselben Klassen von Situationen identifiziert werden, es kann aber auch sein, dass es zu anderen Klassenbildungen kommt. Hierfür ist maßgeblich, welche Situationen die Schülerin als zusammengehörig erachtet. Gerade die Betrachtung dieser individuellen Klassenbildungen ist für die Analyse individueller Begriffe von besonderer Bedeutung (vgl. auch Kap. 3.1.5).

Es kann festgehalten werden: *Individuelle inferentielle Netze haben Relevanz für* ***Klassen von Situationen****. Klassen von Situationen können sowohl aus individueller Schülerinnenperspektive als auch aus fachlicher Perspektive betrachtet werden.*

Für den Rahmen dieser Arbeit erscheint es gewinnbringend, in den Blick zu nehmen, inwiefern Fokussierungen, Urteile und Inferenzen invariant über verschiedene Situationen hinweg gebraucht werden, um hiermit u. a. auf die Klassen der Situationen der Schülerin zu schließen. Für die Entwicklung eines Analyseschemas zur Analyse inferentieller Netze von Schülerinnen ist es sinnvoll, zwischen konkreten und situations*bezogenen Festlegungen* sowie situations*invarianten Festlegungen* zu unterscheiden.

Situationsinvariante Festlegungen *sind solche Festlegungen, deren Gehalt über die gegebene Situation hinaus für eine Klasse von Situationen Gültigkeit hat.*

Legt sich die Schülerin bei der Beschreibung der Zahl -5 bspw. darauf fest dass „Minuszahlen unter der Null“ sind, so ist dies eine situationsinvariante Festlegung, als sie offenbar generell für negative Zahlen angenommen wird und die Aussage nicht auf die spezifisch vorliegende Zahl beschränkt ist. Es kann angenommen werden, dass die Schülerin diese Festlegung auch situationsübergreifend in anderen Situationen, bspw. für die Zahl -10, gebrauchen könnte. Würde die Schülerin hingegen äußern, „Minus fünf ist unter der Null“, so wäre es insofern eine situationsbezogene Festlegung, da sie sich auf die spezifisch vorliegende Situation bezöge. Entsprechend kann festgehalten werden:

Situationsbezogene Festlegungen *sind solche Festlegungen, deren Gehalt sich auf die Gegebenheiten der vorliegenden Situation bezieht.*[13]

Die Unterscheidung, ob Festlegungen sich lediglich auf *eine* vorliegende Situation oder eine ganze Situationsklasse beziehen, ist natürlich insofern vereinfachend, als sie eine Dichtotomie vorgibt, die tatsächlich nicht besteht: Es muss vielmehr davon ausgegangen werden, dass Festlegungen unterschiedlich großen Gültigkeitsbereich haben, dass dieser sich zudem graduell erweitern kann, und dass die Klassen von Situationen sich entsprechend ausdehnen können. Für den Rahmen dieser Arbeit und für die Entwicklung eines Analyseschemas ist jedoch eine dichotome Unterscheidung zwischen situationsinvarianten und situationsbezogenen Festlegungen gewinnbringend (vgl. Kap. 5.5.2).

Abschließend muss für die zuletzt beschriebene Perspektive, in welcher der Abstraktionsprozess oftmals als Prozess einer fortschreitenden Dekontextualisierung aufgefasst wird (vgl. Hershkowitz et al. 2001), eine wesentliche Kritik ergänzt werden, welche bei einer solchen Darstellung nicht ungeachtet gelassen werden darf. Gerade die Annahme einer *fortschreitenden Dekontextualisierung* ist dabei Gegenstand der Diskussion. „Abstraction had gained a bad reputation (in some circles) because of the criticisms expressed by the situated cognition movement” (Mitchelmore & White 2007, 1). Der wesentliche Kritikpunkt besteht darin, dass die zunehmende Dekontextualisierung mit einem Verlust von Bedeutungen einherginge und das mathematische Denken von seinen Ursprüngen trenne (vgl. Confrey & Costa 1996). "It is a problem of meaning. Where can meaning reside in a decontextualised world? If meanings reside only within the world of real objects, then mathematical abstraction involves mapping meaning from one world to another, meaningless, world [...]. If meaning has to be generated from within mathematical discourse without recourse to real referents, is this not inevitably impossible for most learners? We have reached an educational impasse" (Noss & Hoyles 1996, 21f.). Unter der Prämisse, dass die Bedeu-

13 Zur Methodik des Rekonstruierens situationsinvarianter und situationsbezogener Festlegungen vgl. Kapitel 5.4.

tung mathematischer Inhalte sich durch ihre Bedeutung in der Welt konstituiert, führt eine Loslösung vom Kontext auch zu einer Entkoppelung von Bedeutungen und zu „increasingly poorer concepts" (van Oers 2001, 283). „Starting from an assumption that conceives of context as constitutive of meaning, it becomes clear that the notion of 'decontextualization' is a poor concept that provides little explanation for the developmental process toward meaningful abstract thinking" (van Oers 1998, 135). Für den theoretischen Rahmen dieser Arbeit wird dieser Kritikpunkt aufgegriffen und für die Konzeptualisierung eines situationsübergreifenden Gebrauchs inferentieller Netze berücksichtigt. Damit finden zudem Grundideen der als „situated learning" bezeichneten Perspektive Berücksichtigung: Es wird angenommen, dass Urteile und Inferenzen aus Erfahrungen in spezifischen Situationen entstehen. Es wird darüber hinaus angenommen, dass inferentielle Netze sich *insofern* von spezifischen Situationen lösen bzw. überkontextuell werden können, als sie für *Klassen* von Situationen verwendet werden können: Die Schülerin ist zunehmend in der Lage, die inferentiellen Netze invariant in Klassen von Situationen zu gebrauchen. Es handelt sich dabei jedoch eher um einen Prozess der ‚*Re*-kontextualisierung' als um eine ‚*De*-kontextualisierung' (vgl. van Oers 2001, 282f.).

Es kann festgehalten werden: *Inferentielle Netze können insofern* ***invariant*** *werden, als sie von der Schülerin über verschiedene Situationen hinweg gebraucht werden können.*

2.3.3 Assimilation und Akkommodation im Zusammenhang mit individuellen Klassen von Situationen

> „When faced with a new situation [...] [students] use knowledge which has been shaped by their experience with simpler and more familiar situations and try to adapt it to this new situation."
>
> (Vergnaud 1988, 141, Einf. M. S.)

Neben einer Entwicklung inferentieller Netze in *lokaler* Perspektive, die in Kapitel 2.2 thematisiert wurde, kann eine solche Entwicklung auch in *globaler Perspektive* betrachtet werden. Im Folgenden werden hierfür speziell Adaptationsprozesse in den Blick genommen. In Anlehnung an die Idee Jean Piagets (1975, 1976) geht Vergnaud in der Theorie der begrifflichen Felder davon aus, dass bei der Konfrontation mit Situationen kognitive *Adaptationsprozesse* – in Form von Assimilations- und Akkommodationsprozessen – eine Rolle spielen (vgl. Vergnaud 1996b, 202) und dass diese Prozesse zentral für die Entwicklung von Begriffen sind. „Knowledge results from adaptation[.] This is probably the most fundamental idea Piaget has put forward" (Vergnaud 1996c, 112, Einf. M. S.). Vergnaud (1996b), Zazkis und Liljedahl (2002) und Moreira (2009) zeigen auf, dass und inwiefern die Theorie zu Assimilations- und Akkommodationsprozessen für die Theorie der begrifflichen Felder und im Speziellen für Begriffe- und Theoreme-in-Aktion nutzbar und gewinnbringend ist. Auch für die Theorie der inferentiellen Netze ist die Theorie der Adaptationsprozesse fruchtbar, um Entwicklungen in globaler Perspektive zu beschreiben.

Piaget (1975, 1976) geht in seiner Äquilibrationstheorie davon aus, dass der Mensch im Erkenntnisprozess immer bestrebt ist, ein kognitives Gleichgewicht zwischen den kognitiven Strukturen, über welche er verfügt, und den Situationen, in denen er handelt, zu wahren. Für die Erhaltung dieses Gleichgewichts – d. h. für den Äquilibrationsprozess (vgl. Piaget in Bringuier 2004, 78, Piaget 1976, 11) – sind zwei kognitive Prozesse verantwortlich: die Assimilation und die Akkommodation (vgl. Piaget 1975, 105). Die Ideen Piagets zu Äquilibrationsprozessen werden im Folgenden unmittelbar auf inferentielle Netze und ihre Entwicklung bezogen dargestellt.

Die Schülerin handelt in Situationen stets vor dem Hintergrund der inferentiellen Netze, welche sie für Klassen von Situationen entwickelt hat. In Anlehnung an die Ideen Vergnauds dazu, dass Lernende Schemata für Klassen von Situationen entwickeln, werden im Rahmen dieser Arbeit inferentielle Netze betrachtet, welche Schülerinnen für Klassen von Situationen entwickeln. Wenn eine Schülerin mit einer neuen Situation konfrontiert ist, so kann es sein, dass sie diese in eine bereits verfügbare Klasse von Situationen integrieren kann: Dabei wird diese Situation in das inferentielle Netz der Schülerin eingebunden, ohne dass dieses umstrukturiert wird – es handelt es sich um eine *Assimilation*. „Jeder beliebige Stimulus wird in innere Strukturen eingebaut" (Piaget in Bringuier 2004, 76). Der Assimilation steht der Prozess der *Akkommodation* gegenüber, der in einer Anpassung der Klassen von Situationen und der für diese Klassen entwickelten inferentiellen Netze an neue Situationen besteht (vgl. ebd.). Wenn neue Situationen nicht ohne weiteres von der Schülerin in eine Klasse von Situationen integriert werden können, so muss diese modifiziert werden; es handelt sich um eine „Akkommodation dieser Aktionsschemata an die Gegenstände" (Piaget 1976, 16) und eine damit einhergehende Akkommodation der individuellen Klassen von Situationen. Beide Prozesse – die Assimilation und die Akkommodation – wirken für eine Adaptation i. S. eines Gleichgewichts zwischen ihnen (vgl. Piaget in Bringuier 2004, 77) stets zusammen und vollziehen sich nicht isoliert. Ein Assimilationsprozess erfolgt stets in Zusammenhang mit einem Akkommodationsprozess und umgekehrt (vgl. Piaget in Bringuier 2004, 76f.). Neben diesen zwei Arten von Adaptationsprozessen, in denen entweder eine gegebene Situation in bestehende Klassen und die inferentiellen Netze integriert wird oder eine Klasse mit dem entsprechenden inferentiellen Netz an eine neue Situation angepasst wird, werden von Piaget (1975, 105) und darauf aufbauend von Zazkis und Liljedahl (2002) das Vereinigen und das

Aufteilen von Klassen von Situationen in den Blick genommen.[14] Zazkis und Liljedahl (2002), die sich unmittelbar auf die Theorie der begrifflichen Felder beziehen, gehen davon aus, dass ein *Akkommodationsprozess* statt findet, wenn die Schülerin erkennt, dass sie in einer Situation nicht die gleichen operationalen Invarianten gebrauchen kann, wie in einer anderen Situation. "Identifying differences between [...] two classes of situations [...] results in the realization that the same theorem-in-action cannot be used for both" (Zazkis & Liljedahl 2002, 113). Die Schülerin erkennt, dass sie verschiedene Klassen von Situationen unterscheiden muss und sich die Notwendigkeit ergibt, unterschiedliche Fokussierungen zu wählen und – damit einhergehend – verschiedene Urteile zu gebrauchen. Entsprechend verstehen sie den Prozess des ‚identifying similarities' im Sinne eines *Assimilationsprozesses* als "identifying invariant structure in a certain class of situations" (Zazkis & Liljedahl 2002, 114). Die Schülerin erkennt die strukturelle Gemeinsamkeit von Situationen, was mit einem Gebrauch gleicher Fokussierungen und entsprechender Urteile einhergeht. Der Prozess des ‚identifying similarities' findet insbesondere statt, wenn die Schülerin zwei Situationen zunächst mit unterschiedlichen inferentiellen Netzen handhabt und dann erkennt, dass diese einer einzigen Klasse von Situationen zuzuordnen sind. Zazkis und Liljedahl (2002, 115) sprechen in diesem Fall vom "unifying the structure of the two classes of situations".

Es kann zusammenfassend festgehalten werden: *Beim Handeln in Situationen können Schülerinnen neue Situationen in vorhandene Klassen von Situationen mit den hierfür entwickelten inferentiellen Netzen* ***assimilieren.*** *Daneben ist es möglich, dass sie vorhandene Situationsklassen und die dafür entwickelten inferentiellen Netze an neue Situationen* ***akkommodieren****. Eine Entwicklung inferentieller Netze kann sich zudem im Zuge einer* ***Aufspaltung*** *einer Klasse von Situationen in mehrere Klassen von Situationen vollziehen. Es ist ebenso möglich, dass inferentielle Netze sich im Zuge einer* ***Vereinigung*** *von mehreren Klassen von Situationen zu einer Klasse von Situationen weiter entwickeln.*

14 Piaget bezeichnet diese als ‚reziproke Assimilation' bzw. ‚reziproke Akkommodation': „Der Ausgleich zwischen zwei oder mehreren Untersystemen [beruht] auf einem Spiel von Assimilationen und Akkommodationen, die jeweils zueinander reziprok sind. Die reziproke Assimilation der Untersysteme hat dann zur Folge, daß sie zwar nicht miteinander identifiziert werden, daß aber ihre gemeinsamen Mechanismen oder die Entsprechungen aufgedeckt werden, während die reziproke Akkommodation dazu führt, daß ihre Unterschiede erkannt werden" (Piaget 1975, 105, Einf. M. S.).

2.4 Inferentielle Netze, Schemata, Begriffe und ihre Entwicklung

Im Folgenden werden die in Vergnauds Theorie zentralen Begriffe des *Schemas* und des *Begriffs* aufgegriffen und auf der Grundlage der zuvor dargestellten theoretischen Ausführungen interpretiert. Damit erfolgt zugleich ein Abschluss dieses Kapitels zu Begriffen aus vorwiegend entwicklungs- bzw. lernpsychologischer und zugleich mathematikdidaktischer Perspektive.

2.4.1 Inferentielle Netze und Schemata

Einer der wesentlichen Begriffe der Theorie der begrifflichen Felder ist der des *Schemas* (vgl. bspw. Vergnaud 1985, 1996c, 2009b). Dieser bietet eine geeignete Ergänzung zur Idee der inferentiellen Netze.

Die Idee des Schemas wurde bereits zu Beginn des zweiten Kapitels skizziert, um in die Theorie der begrifflichen Felder einzuführen. Dabei wurde u. a. das Beispiel des Zählschemas Vergnauds erwähnt, welches u. a. sensomotorische und kognitive Aspekte, wie die Eins-zu-Eins-Zuordnung, umfasst. Wesentlich ist, dass Schemata es der Schülerin ermöglichen, mit Situationen umzugehen, in denen sie sich befindet. Es wird davon ausgegangen, dass Schülerinnen vorliegende Situationen dadurch 'in den Griff' bekommen, dass sie Schemata anwenden, welche sie für diese Art von Situationen – für Klassen von Situationen – aufgebaut haben oder für relevant halten. "A scheme is the invariant organization of behaviour for a certain class of situations" (Vergnaud 1997, 12). Der schriftliche Subtraktionsalgorithmus ist bspw. ein Schema, das in Situationen aktiviert werden kann.

Wesentlich für Schemata ist nach Vergnaud, dass mit einem Schema ein bestimmtes *Ziel* verfolgt wird und dass es aus *Regeln*, aus regelgeleiteten Handlungen besteht (s. u.). Daneben wird es durch *Operationale Invarianten* gespeist und kann an die Spezifität jeweils vorliegender Situationen *angepasst* werden (vgl. Vergnaud 2007, 17ff.).

Im Hinblick auf die Theorie der inferentiellen Netze handelt es sich bei Schemata um einen Ausschnitt inferentieller Netze in Form bestimmter Fokussierungen und Urteile, welche – zusammen mit dem Befolgen bestimmter Regeln – genutzt werden, um ein bestimmtes Ziel zu verfolgen. Im Unterschied zu inferentiellen Netzen im Allgemeinen sind bei Schemata regelgeleitete Handlungen dominierend, welche angeben, *was wie* (nach welcher Regel) getan werden muss. Der schriftliche Subtraktionsalgorithmus ist ein Beispiel für ein solches Schema: Er ist geprägt von Regeln, die angeben, *was* in welcher Reihenfolge *wie* getan werden muss – vom Anordnen der Zahlen ‚untereinander' über die Art, wie subtrahiert bzw. ergänzt wird, welche Ziffern an welcher Stelle notiert werden etc. Bei den von Vergnaud angeführten ‚Regeln' handelt es sich bspw. auch um „wenn ..., dann ..."-Verknüpfungen, mit denen Urteile miteinander verkettet werden (vgl. Vergnaud 2007, 19; Moreira 2009, 33): Ein Beispiel – bezogen auf den Subtraktionsalgorithmus – wäre ‚*Wenn* die untere Ziffer größer ist als die obere, *dann* muss die obere Ziffer gestrichen und durch die um 10 erhöhte Zahl ersetzt werden ...'. Es handelt sich dabei mitunter nicht um eine *inferentielle* Gliederung der Urteile, sondern um eine „konditionale" Gliederung (Vergnaud 2007, 19) – bspw. der Form ‚Wenn A vorliegt, dann ergibt sich B'. Diese Gliederung ist nicht durch eine Begründung der Schülerin gekennzeichnet, sondern wird in Form einer ‚Regel' befolgt.

Die Betrachtung von Schemata bietet – neben inferentiellen Netzen – den Vorteil, dass damit vor allem *regelgeleitete Handlungen* von Schülerinnen gezielt in den Blick genommen werden können, wie bspw. in Algorithmen oder in anderen routinierten Abläufen. Daher wird – obwohl im Rahmen dieser Arbeit inferentielle Netze im Fokus stehen – die Idee des Schemas Vergnauds aufgegriffen.

Es kann festgehalten werden: *Individuelle* ***Schemata*** *bestehen u. a. aus Zielen, Fokussierungen, Urteilen und Regeln. Sie leiten das Handeln von Schülerinnen in Situationen und gelten für Klassen von Situationen. Sie sind insofern invariant; sie werden jedoch stets an die Gegebenheiten von einzelnen Situationen adaptiert.*

2.4.2 Das Verfügen über mathematische Begriffe

> „Wie kommt es zur Bildung von (wissenschaftlichen) Begriffen? Offenbar ist dies kein spontaner Vorgang, der sich so ohne weiteres in der lebenspraktischen Auseinandersetzung mit der Umwelt ereignet. Begriffe werden in Lernprozessen erworben. Aber dies geschieht offenbar auch nicht zwangsläufig. [...] Wie die wirklich unübersehbaren Mißerfolge des Mathematikunterrichts aller Levels belegen, werden Begriffe – im Gegensatz zur naiven Meinung vieler Lehrer, besonders Hochschullehrer – eben nicht durch Belehrung erworben. [...] Die Bildung von Begriffen muß das lernende Subjekt vielmehr selbst aktiv vornehmen, der Schüler muß den Begriff selbständig (nach)-erschaffen. Unentbehrlich ist dabei freilich ein entsprechend gestalteter Unterricht, der zum Beobachten, Fragen, Nachdenken, Entwerfen, ..., kurz zum kreativen Verhalten ermuntert."
>
> (Winter 1983a, 99)

Im Folgenden soll abschließend der Frage nachgegangen werden, was es heißt, *über einen mathematischen Begriff zu verfügen*. Zwar wurde bereits dargestellt, dass sich das Verständnis eines Begriffs über inferentielle Netze zeigt (vgl. Kap. 2.1), jedoch stellt sich die Frage, über welche inferentiellen Netze Schülerinnen bspw. verfügen müssen, um über den Begriff der negativen Zahl zu verfügen. Es muss – auch unter mathematikdidaktischer Perspektive – ausgeschärft werden, wie sich das Verfügen über einen Begriff fassen lässt.

Für die Fragestellung, was es heißt, über einen mathematischen Begriff zu verfügen, ist das Konstrukt der *begrifflichen Felder* gewinnbringend. Während Brandom betont, dass man mehrere Begriffe haben müsse, um überhaupt welche haben zu können und diese daher nie allein stünden (vgl. Brandom 2000a, 152f.), geht auch Vergnaud davon aus, dass Wissen in *begrifflichen Feldern*, in einer Menge miteinander verwobener Begriffe bestehe (Vergnaud 1982b, 39f.). Begriffliche Felder lassen sich auf zwei verschiedene Weisen konstruieren – zum einen als eine Menge von Begriffen, zum anderen als eine Menge von Situationen: "A *conceptual field* is a set of situations, the mastering of which requires several interconnected concepts. It is at the same time a set of concepts, with different properties, the meaning of which is drawn from this variety of situations" (Vergnaud 1996a, 225, Hervorh. im Orig.).

Das Verfügen über einen mathematischen Begriff kann sich vor dem Hintergrund dieser Annahmen nicht darauf beschränken, über inferentielle Relationen und Festlegungen zu verfügen, in denen der Begriff selbst ein Prädikat bildet. Es müssen darüber hinaus auch jene Urteile und Inferenzen berücksichtigt werden, welche nicht nur diesen Begriff selbst, sondern auch damit verwobene Begriffe als Prädikate enthalten. Vergnaud hat vor diesem Hintergrund *begriffliche Felder* herausgearbeitet, für die er dargelegt hat, welche Begriffe und Situationen darin miteinander verflochten sind. Als Beispiel sei hier das Feld der *additiven Strukturen* dargestellt, da es für den mathematischen Inhalt dieser Arbeit von besonderem Interesse ist: „The conceptual field of additive structures is [...] a set of interconnected concepts: cardinal, measure, order, part, whole, state, transformation, relationship, combination, inversion, abscissa, difference, and, of course, addition, subtraction, natural number, and directed number" (Vergnaud 1996a, 228, teilw. hervorgeh. im Orig.). Welche Begriffe es sind, die zu einem begrifflichen Feld gehören, kann über die Menge von Situationen erörtert werden, die für den Begriff bedeutsam ist. Die Menge der Situationen, die es zu bewältigen gilt, um über einen Begriff zu verfügen, legt Vergnaud aus fachlicher Perspektive präskriptiv fest: Das begriffliche Feld der additiven Strukturen bezeichnet er bspw. als die Menge der Situationen, die aus sechs verschiedenen Beziehungen zwischen Zahlen (Teil-Teil-Ganzes-Beziehung, Status-Transformation-Status-Beziehung etc., vgl. Vergnaud 1982b, 40ff.) sowie einer erheblichen Anzahl von Situationen bestehe (Vergnaud 1996a, 226). Diejenigen Begriffe, die zur Bewerkstelligung dieser Situationen herangezogen werden können, gehören nach Vergnaud zum begrifflichen Feld der additiven Strukturen.

Die Idee, Begriffe über die ihnen fest zugeordnete Menge von Situationen zu analysieren, wird für den theoretischen Rahmen dieser Arbeit aufgegriffen. Auch das Verfügen über einen mathematischen Begriff – wie bspw. des Begriffs der negativen Zahl – kann über die Fähigkeit, präskriptiv festgelegte Klassen von Situationen handhaben zu können, bestimmt werden. Ein Handhaben-Können zeigt sich gerade im Verfügen über inferentielle Netze, die aus intersubjektiver Perspektive *tragfähig* sind. Das Verfügen über den Begriff der negativen Zahl geht bspw. u. a. mit der Fähigkeit einher, die Klassen von Situationen, ganze Zahlen zu ordnen, zu addieren, zu subtrahieren, zu multiplizieren und zu dividieren handhaben zu können. Die inferentiellen Netze, die eine Schülerin in diesen Situationen aktiviert und gebraucht, betreffen ihren individuellen Begriff der negativen Zahl.

Es kann festgehalten werden: *Das* ***Verfügen über einen mathematischen Begriff*** *besteht in der Fähigkeit, jene Klassen von Situationen handhaben zu können, welche ihm aus fachlicher Perspektive präskriptiv zugeordnet werden.*

3 Zum Begriff der negativen Zahl

In den vorangehenden Kapiteln wurde ein theoretischer Hintergrund für eine Analyse von individuellen Begriffen von Schülerinnen dargestellt. Dieser ist nicht an spezifische mathematische Gegenstandsbereiche gebunden, er wird im Rahmen dieser Arbeit jedoch für einen bestimmten mathematischen Gegenstandsbereich gebraucht. Das Forschungsinteresse besteht darin, inferentielle Netze im Zusammenhang mit dem *Begriff der negativen Zahl* zu analysieren. Im vorliegenden Kapitel erfolgt daher eine Aufarbeitung des Forschungsstandes zum Gegenstandsbereich der negativen bzw. der ganzen Zahlen, welche eine Voraussetzung für eine Formulierung von Forschungsfragen darstellt, die sich an dieses Kapitel anschließt. Sie stellt zudem die Basis für die Entwicklung eines Analyseschemas dar, da einige der spezifischen Elemente des Gegenstandsbereichs (beispielsweise die Fokussierungsebenen des Zahlbegriffs, vgl. Kap. 3.1.6) für eine Analyse der inferentiellen Netze von Bedeutung sind.

Das Kapitel gliedert sich in zwei Teile. In einem ersten Teil wird der Gegenstandsbereich aus verschiedenen Blickwinkeln aufgearbeitet (Kap. 3.1). Zunächst wird die Entstehung negativer Zahlen aus wissenschaftshistorischer Perspektive skizziert und aus fachlich-mathematischem Blickwinkel – im Sinne einer Einbettung der Halbgruppe der natürlichen Zahlen in die Gruppe der ganzen Zahlen – betrachtet (Kap. 3.1.1). Darüber hinaus wird die Zahlbereichserweiterung thematisiert, die sich im Mathematikunterricht im Zusammenhang mit der Einführung negativer Zahlen vollzieht (Kap 3.1.2). Es erfolgt zudem eine Darstellung des aktuellen Forschungsstandes zum mathematikdidaktischen Gegenstandsbereich der negativen Zahlen (Kap. 3.1.3), aus dem das Forschungsinteresse dieser Arbeit erwächst, welches die *Ordnungsrelation* für ganze Zahlen betrifft. Diese wird in Kapitel 3.1.4 aufgegriffen, an welches sich eine Klassifikation der verschiedenen in diesem Zusammenhang relevanten Klassen von Situationen anschließt (Kap. 3.1.5). Es folgt eine Diskussion der für den Begriff der negativen Zahl bedeutsamen Zahlaspekte und Darstellungsformen (Kap. 3.1.6). Dabei wird insbesondere die Rolle von Kontexten thematisiert (ebd.).

In einem zweiten Teil wird die *Gestaltung von Lernprozessen* im Zusammenhang mit der Zahlbereichserweiterung zu ganzen Zahlen thematisiert (Kap. 3.2.). Es werden zunächst insbesondere Kontexte und Modelle thematisiert (Kap. 3.2.1 und 3.2.2) und schließlich eine Lernumgebung dargestellt, die im Rahmen der Untersuchung dieser Arbeit genutzt wird (Kap. 3.2.3).

3.1 Negative Zahlen als Gegenstandsbereich

Kinder machen im Laufe ihrer Grundschulzeit zahlreiche Erfahrungen im Zusammenhang mit natürlichen Zahlen – in ihrer Lebenswelt und im Mathematikunterricht. Während im Mathematikunterricht der Grundschule *Zahlenraumerweiterungen* sukzessiv größer werdender Zahlenräume angestrebt werden (ZR20, ZR100, ZR1000, ZR 1Million, vgl. Krauthausen & Scherer 2007, 8), werden in der Sekundarstufe verschiedene Zahl*bereichs*erweiterungen bedeutsam (vgl. Malle 2007b, Hefendehl-Hebeker & Prediger 2006). Hierzu gehört auch das Kennen-Lernen negativer Zahlen als „die Entstehung der negativen Zahlen aus den positiven Zahlen" (Malle 2007b, 8). Der Zahlbegriff, über den Schülerinnen verfügen, unterliegt dabei Veränderungen und das inferentielle Netz, das Schülerinnen zu natürlichen, „normalen" Zahlen aufgebaut haben, wird modifiziert.

Neben natürlichen Zahlen, die Schülerinnen bereits aus dem Mathematikunterricht kennen, spielen auch negative Zahlen in verschiedener Hinsicht eine Rolle für Schülerinnen. Auf der einen Seite sind negative Zahlen in der *Lebenswelt* der Schülerinnen von Bedeutung und treten bspw. bei Temperaturvergleichen mit Minusgraden, bei Zeitnahmen in Skirennen oder bei Kontoständen in Erscheinung. Viele Schülerinnen kennen offenbar das negative Vorzeichen bereits aus ihrer Lebenswelt (Malle 1988, 261). „Children have also contact with everyday problems that involve integers such as inverting rotations and compensating gains and losses in games. This may, to some extent, justify that students have previous formal contacts with integers" (Borba 1995, 228). Inwiefern Schülerinnen aus ihrer Lebenswelt bereits über einen Begriff der negativen Zahl in Form entsprechender Fokussierungen, Urteile und Inferenzen verfügen, wird im Rahmen der Untersuchung dieser Arbeit in den Blick genommen.

Neben einer lebensweltlich-kontextuellen Relevanz sind negative Zahlen auch für verschiedene weiterführende mathematische Gegenstandsbereiche wichtig – bspw. für die *Algebra*. „It is in the transitional process from arithmetic to algebra that the analysis of students' construction of negative numbers becomes meaningful. During this stage students are faced with equations and problems having negative numbers as coefficients, constants or solutions" (Gallardo 2002, 189). Für das Lösen von algebraischen Gleichungen haben negative Zahlen wesentliche Bedeutung (Rojano & Martínez 2009, 235). Dass negative Zahlen offenbar für das Verfügen über "algebraische Techniken" eine Gelenkstelle darstellen, darauf weisen auch die Schwierigkeiten hin, die Schülerinnen in diesem Zuge aufzuweisen scheinen: „One reason why students still struggle with algebra concepts is they have difficulty understanding and working with negative numbers" (Bofferding 2010, 703). Es kommt offenbar zu einer Zunahme an Fehlern, sobald negative Zahlen beim Lösen von Gleichungen erforderlich sind, die weit über das zu erwartende Maß hinaus gehen (Vlassis 2004). Daneben sind negative Zahlen für diverse weitere Themenbereiche bedeutsam (vgl. bspw. Bruno & Cabrera 2006).

3.1.1 Wissenschaftshistorische und fachliche Perspektive auf negative Zahlen

In wissenschaftshistorischer Perspektive steht die Entwicklung negativer Zahlen eng mit dem Lösen von Gleichungen in Zusammenhang. Zwar scheinen negative Zahlen bspw. bereits im zweiten Jahrhundert vor Christus im alten China in einer frühen Form gebraucht worden zu sein (Mukhopadhyay, Resnick & Schauble 1990, 281), jedoch wurde im mathematischen Diskurs Europas über 1000 Jahre lang mit einer Konzeptualisierung und Definition von negativen Zahlen gerungen (vgl. Pierson-Bishop, Lamb, Philipp, Schapelle & Whitacre 2010, 696). „Negative number is believed to be the typical mathematical concept that underwent troubles for 1500 years“ (Woo 2007, 82). „Negative numbers appeared both as concrete numbers and as formal mathematical constructs. Both manifestations provoked cognitive conflicts in mathematicians for centuries“ (Streefland 1993, 531). In der historischen Entwicklung waren negative Zahlen lange Zeit nicht anerkannt worden, da sie nicht aus empirischen Sachverhalten ableitbar sind: “Negative numbers [...] were rejected and described as ‘fictitious’ (Jerome Cardan, 16th century), ‘absurd’ (Michael Stifel, 16th century), and ‘false because they claim to represent numbers less that nothing’ (Rene Descartes, 17th century)” (Pierson Bishop et al. 2010, 696). Negative Zahlen fanden daher nur sehr zögerlich – im Zuge der Bemühungen bspw. Fermats oder Descartes im 17. Jahrhundert – Akzeptanz (ebd., 696). Sie erhielten als *eigenständige Objekte* schließlich erst im Rahmen des Lösens von Gleichungen der Form x+a=b (mit den ganzen Zahlen a und b) im Laufe des 19. Jahrhunderts Anerkennung in der fachwissenschaftlichen Diskussion (vgl. Janvier 1985), als Hankel sie in formaler Form einführte und damit das Definitionsproblem löste (vgl. Bruno 2001, 415, Streefland 1993, 531). Dabei hatte der Formalismus bei der Entstehung der negativen Zahlen – wie bei vielen Zahlbereichserweiterungen (Malle 1988, 309) – Vorrang vor der Akzeptanz der ‚neuen' Zahlen. Sfard (1991) beschreibt den sich vollziehenden Prozess der Entwicklung des Zahlbegriffs unter historischer Perspektive in drei Phasen: Während in einer ersten vorbegrifflichen Phase Operationen mit den bereits bekannten Zahlen durchgeführt wurden, entstand in einer zweiten langen, durch das Operieren mit den Zahlen geprägten Phase zunächst die *Idee* einer neuen Art von Zahl, die den Ausgangspunkt für eine Erweiterung des Zahlbegriffs darstellte. In einer dritten, strukturellen Phase entwickelte sich diese Idee einer neuen Art von Zahl zu einem „ausgereiften mathematischen Objekt“ – es erfolgte eine anerkannte Erweiterung des Zahlbegriffs. Für die negativen Zahlen vollzog sich dies abschließend erst durch Hankel im 19. Jahrhundert. „In today's mathematics, integer is defined as computational number that makes up the consistent formal system satisfying the arithmetic rules accepted as axioms” (Woo 2007, 82). Die Berechnung von Differenzen für Gleichungen der Form x+a=b, wie Hankel sie bereits vornahm, stellt die Grundlage für die Definition der ganzen Zahlen über die natürlichen Zahlen dar. Diese erfolgt über die Einbettung einer *regulären Halbgruppe* in eine *kommutative Gruppe*: „Jede kommutative reguläre Halbgruppe $< A, +>$ läßt sich so in eine kommutative Gruppe $< B, +>$ einbetten, daß jedes α aus B Differenz von Elementen a, b aus A ist: $\alpha = a - b$. $< B, +>$ ist die *Differenzgruppe* von $< A, +>$“ (Oberschelp 1972, 61f., Hervorh. im Orig.). Die ganzen Zahlen werden über die natürlichen Zahlen definiert: Jedes Element der kommutativen Gruppe der ganzen Zahlen ist die Differenz aus zwei Elementen der Halbgruppe der natürlichen Zahlen:

“$< Z, +>$ sei die Differenzengruppe von $< N, +>$. Die Menge $\mathbb{Z}$ ihrer Elemente ist die Menge der *ganzen Zahlen.*” (Oberschelp 1972, 62, Hervorh. im Orig.)

Zwar besitzen sowohl $< Z, +>$ als auch $< N, +>$ die Gruppeneigenschaft, mit 0 ein neutrales Element zu haben – was $< Z, +>$ *im Gegensatz* zur Halbgruppe $< N, +>$ jedoch als *Gruppe* ausmacht, ist, dass bezüglich der Addition für jedes α aus $< Z, +>$ ein *Inverses* existiert: -3 zu 3, -(-15) zu -15.

Die natürlichen Zahlen und die negativen ganzen Zahlen bilden zusammen die ganzen Zahlen, wobei die natürlichen Zahlen in Gegenüberstellung zu den negativen ganzen Zahlen auch als *positive ganze Zahlen* bezeichnet werden. *Positive ganze Zahlen* werden in der Form a, +a oder (+a) notiert, *negative ganze Zahlen* in Deutschland in der Regel als -a oder (-a) (vgl. Fischer 1958, 57; Messerle 1975, 75).[15]

3.1.2 Zahlbereichserweiterungen im Zusammenhang mit negativen Zahlen

> „In der Geschichte der Mathematik wurden bekanntlich immer wieder Zahlbereiche erweitert. Die Entstehung neuer Zahlen war jedoch in allen Fällen ein langwieriger, mit vielen Hürden gespickter Prozess. Bis die neuen Zahlen fertig waren, hat es meist viele Jahrhunderte gedauert, wobei ziemlich verschlungene Wege und oft auch Sackgassen beschritten wurden. In Anbetracht dieser Schwierigkeiten wäre es ziemlich naiv zu glauben, dass unsere Schülerinnen und Schüler Zahlbereichserweiterungen schnell und problemlos vollziehen können.“
>
> (Malle 2007b, 4)

Für Schülerinnen bedeutet eine Zahlbereichserweiterung um die negativen ganzen Zahlen zugleich eine „Erweiterung des bisherigen *Zahlbegriffs*“ (Fischer 1958, 55, Hervorhebung M. S.). Diese Erweiterung geht mit vielen Herausforde-

---

15 Vergleiche auch DIN 1333, Abschnitt 3.2.1 (in DIN Deutsches Institut für Normung e.V. (2009, 441)). In anderen Ländern werden negative Zahlen in anderer Form, bspw. in der Form ^{-}a (USA, vgl. Drooyan & Hadel 1973) notiert.

rungen und Hürden einher, die eine „gewandelte Zahlvorstellung" (Hefendehl-Hebeker & Prediger 2006, 1) erforderlich machen.

Es gibt verschiedene mögliche Wege der Zahlbereichserweiterungen von den natürlichen Zahlen bis schließlich zu den reellen Zahlen (vgl. Abb. 3.1).

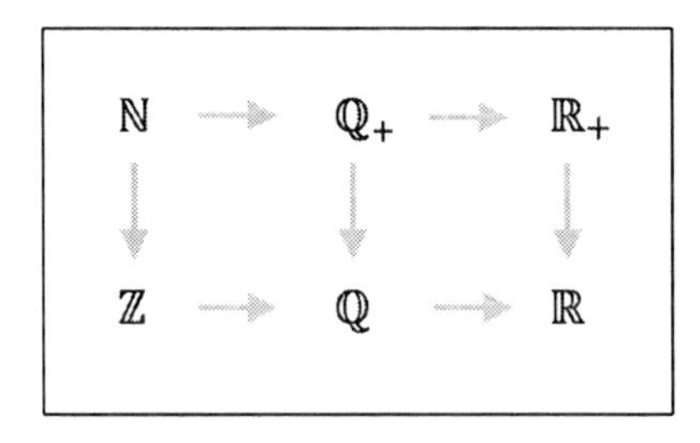

Abbildung 3.1 Mögliche Wege der Zahlbereichserweiterung (vgl. Bruno 1997, 2001, Bruno & Martinón 1999)

Für Zahlbereichserweiterungen, in denen *negative Zahlen* erstmalig in Erscheinung treten, ergeben sich drei mögliche Stellen im Lernprozess: von $\mathbb{N}$ zu $\mathbb{Z}$, von $\mathbb{Q}_+$ zu $\mathbb{Q}$ als auch von $\mathbb{R}_+$ zu $\mathbb{R}$. Diese drei möglichen Wege sind hinsichtlich ihrer mathematischen Struktur deutlich verschieden (vgl. Padberg, Danckwerts & Stein 2010, 155) und werden im mathematikdidaktischen Diskurs aufgrund ihrer unterschiedlichen Chancen und Schwachstellen diskutiert (vgl. dazu bspw. Padberg, Danckwerts & Stein 2010, 155f., Bruno 2001, 418). Ein erstrebenswertes Ziel des Mathematikunterrichts besteht darin, eine *zusammenhängende Zahlbegriffsentwicklung* zu ermöglichen, in welcher die Beziehungen der Zahlbereiche von den Schülerinnen erkannt werden (vgl. Bruno 2001, 1997). Auch für die Realisierung einer Zahlbegriffsentwicklung im Hinblick auf *negative Zahlen* gilt es, eine Zusammenhangslosigkeit zu vermeiden: Ein vielfach im Unterrichtsgang gewählter Pfad, der zunächst von $\mathbb{N}$ zu $\mathbb{Q}_+$, dann nochmals von $\mathbb{N}$ zu $\mathbb{Z}$ und anschließend von $\mathbb{Q}_+$ sowie von $\mathbb{Z}$ zu $\mathbb{Q}$ gelangt, birgt die Gefahr, dass Schülerinnen ihren Zahlbegriff nicht *kontinuierlich* weiterentwickeln und dabei nicht ihr Vorwissen in vollem Umfang aktivieren und restrukturieren können (vgl. Bruno 2001, 417). Die Einführung „negativer Zahlen und ihrer Operationen kann nicht unverbunden zum Vorwissen der Schülerinnen und Schüler über die Zahlen erfolgen, und auch nicht von dem, was sie sich von da an aneignen werden" (Bruno 2009, 88, Übers. M. S., vgl. auch Bofferding 2010).

Die Zahlbereichserweiterung um negative Zahlen stellt dabei auch deshalb eine *besondere Herausforderung* für Schülerinnen dar, da Schülerinnen in ihrer Grundschulzeit teilweise Ideen entwickeln, die nicht oder nur bedingt für negative Zahlen übertragbar sind; wie etwa, dass es vor der Null keine Zahlen gebe, dass für die Kleiner-Relation die Mächtigkeit von Mengen von Bedeutung ist oder dass ein Minuszeichen immer eine Subtraktion bedeute (Winter 1989, Bruno 2001, Malle 2007a). Darüber hinaus stellt es – wie auch in der historischen Entwicklung (vgl. Kap. 3.1.1) – eine Herausforderung für Schülerinnen dar, dass negative Zahlen – im Gegensatz bspw. zu natürlichen Zahlen – nicht aus empirischen Sachverhalten ableitbar sind (vgl. Malle 1988, 302). „Non-positive integers are not representable concretely as manipulable objects" (Davidson 1987, 431). Auch heute ist die Annahme, dass es sich um ‚fiktive' Zahlen (vgl. Vlassis 2004, 471) handele, in Zusammenhang mit der fehlenden physischen Wahrnehmbarkeit noch immer von Belang.

3.1.3 Forschungsstand und Forschungsinteresse

Voranstehend wurde dargestellt, dass eine Zahlbereichserweiterung um negative Zahlen aufgrund einer mangelnden physischen Zugänglichkeit negativer Zahlen besonders herausfordernd zu sein scheint. Dem gegenüber steht die recht verbreitete Annahme, negative Zahlen stellten keine besondere Herausforderung für Schülerinnen dar: „Negative numbers are nowadays considered as a rather simple subject which may be taught even in elementary schools. It apparently contains no difficulties, except for the multiplication of a negative number by a negative" (Fraenkel 1955, 68). Dieses Paradoxon ist Ausgangspunkt für den sich anschließenden Einblick in den Forschungsstand zur Einführung der negativen Zahlen und der damit verbundenen Begriffsentwicklung.

Das Lehren und Lernen negativer Zahlen stand über Jahre hinweg im Vergleich zu anderen Themengebieten wie rationalen Zahlen oder funktionalen Zusammenhängen weniger im Fokus mathematikdidaktischer Aufmerksamkeit. Es wurden weniger Publikationen veröffentlicht als zu anderen mathematikdidaktischen Gegenstandsbereichen (vgl. Bruno & Martinón 1996, 98) – "integers have scarcely been dealt with in recent literature" (Carrera de Souza, Mometti, Scavazza & Ribeiro Baldino 1995, 232). Kishimoto (2005, 317) hält zusammenfassend fest: „The previous researches [...] have been not enough to show why students have misconception about negative numbers".

Trotz einer jüngst zunehmenden Forschung im Zusammenhang mit dem Gegenstandsbereich der negativen Zahlen (vgl. z. B. Pierson-Bishop et al. 2010, Bofferding 2010, Stephan & Akyuz 2012, Rezat 2012, Schindler & Hußmann 2012) gibt es nach wie vor diesbezüglich Forschungslücken, mit denen sich die mathematikdidaktische Forschung auseinander setzen sollte, um die bisherigen fragmentarischen Erkenntnisse zu vernetzen und zu strukturieren. Weitere wissenschaftliche Erkenntnisse müssen dazu beitragen, den mathematikdidaktischen Gegenstandsbereich der negativen Zahlen und die Begriffsbildung bei Schülerinnen Stück für Stück zu systematisieren, mit dem Ziel, schließlich curriculare Vorschläge und Begründungen zu liefern (vgl. auch Bruno 2001, 424), sowie tragfähige Lernumgebungen für Schülerinnen zu entwickeln, welche eine gezielte Aufmerksamkeit und Unterstützung bei möglichen Schwierigkeiten bereithalten. Dies ist vor dem Hintergrund erforderlich, dass einige Schülerinnen – entgegen der eingangs angeführten Annahme Fraenkels – *erhebliche* Schwierigkeiten im Zusammenhang mit negativen Zahlen zu haben scheinen. Einige Untersuchungen liefern Erkenntnisse zu überraschend schwachen Leistungen einiger Schülerinnen (Peled 1991, 163), es zeigt sich mitunter eine große Leistungsheterogenität der Schülerinnen (Bruno, Martinón & Velázquez 2001, 83), und es stellte sich zudem heraus, dass die Schülerinnen einer Untersuchung von Bruno und Cabrera (2005) im Lernprozess langsamer waren, als es für negative Zahlen vorgesehen war (ebd., 39). „The low success rates [...] point to deeply-rooted and widely-held misconceptions, and cannot be the result of carelessness“ (Murray 1985, 152). “Negative numbers are often viewed as unsolvable mysteries by many students” (Mukhopadhyay 1997, 35).

Innerhalb des Themenfeldes der negativen Zahlen gibt es verschiedene *inhaltliche Teilbereiche* mit unterschiedlich ausdifferenzierten empirischen Erkenntnissen.

Der Teilbereich, der im Zusammenhang mit negativen Zahlen am eingehendsten untersucht wurde, betrifft die *Addition und Subtraktion* ganzer Zahlen (vgl. Bruno et al. 2001, 83). Hierzu wurden verschiedene empirische Studien durchgeführt, die Einblicke in Lösungsraten und v. a. auch in eine recht große Bandbreite von Fehlertypen liefern (bspw. Human & Murray 1987, Murray 1985, Tatsuoka 1983, Peled 1991, Bofferding 2010, Mukhopadhyay 1997, Bruno & Martinón 1997, Gallardo & Hernández 2007, Gallardo 2003).

In anderen Teilbereichen besteht ein – im Vergleich zur Addition und Subtraktion – erhöhter Forschungsbedarf (vgl. Bruno 2001). Hierzu gehören zum einen *tragfähige* und *wirkungsvolle Einführungen* der negativen Zahlen (Bruno 2001, 425). Es stellen sich bspw. Fragen nach möglichen *Modellen* zur Einführung negativer Zahlen, sowie nach geeigneten *Kontexten* (vgl. Kap. 3.2.1 und 3.2.2). Um eine tragfähige Einführung zu gewährleisten, müssen darüber hinaus Erkenntnisse hinsichtlich jener inhaltlicher Teilbereiche erlangt werden, welche den Beginn mit negativen Zahlen betreffen und welche damit eine Basis für den weiteren Lernprozess darstellen: Zur *Ordnungsrelation*, die vielfach zu Beginn der Behandlung negativer Zahlen thematisiert wird, gibt es bislang bspw. wenige wissenschaftliche Erkenntnisse, die dazu beitragen, die individuellen Sinnkonstruktionen der Schülerinnen im Detail zu verstehen. In diesem Zusammenhang sind die Fragen nach dem aktivierten Vorwissen der Schülerinnen, nach möglichen Schwierigkeiten und deren Ursachen sowie deren Überwindung von Bedeutung. Zum anderen sind Studien erforderlich, die insbesondere eine tragfähige Einführung der *Multiplikation* und *Division*, sowie darüber hinaus den Gebrauch negativer Zahlen in *weiterführenden mathematischen Inhaltsbereichen* betreffen (vgl. ebd.).

Im Rahmen dieser Arbeit erfolgt eine Schwerpunktsetzung auf den ersten Kontakt der Schülerinnen mit negativen Zahlen, im Speziellen auf die Ordnungsrelation, um einen ersten Schritt zur systematischen Aufarbeitung der vorliegenden Forschungslücken zu machen und damit eine Basis für ein Verständnis der Lernprozesse im Zusammenhang mit der Einführung negativer Zahlen zu schaffen. Neben einer Analyse der *Lernstände* vor einer unterrichtlichen Behandlung negativer Zahlen werden auch die *Entwicklungen* in den Blick genommen – sowohl in Form von Entwicklungsmomenten in kurzfristiger und lokaler Perspektive, als auch in Form von Veränderungen bzgl. der Ordnungsrelation über eine Unterrichtsreihe hinweg.

3.1.4 Die Ordnungsrelation im Zusammenhang mit negativen Zahlen

Für eine im Zuge einer Zahlbereichserweiterung von den natürlichen Zahlen auf die ganzen Zahlen angestrebte Erweiterung des Verständnisses der bekannten Rechenoperationen[16] ist grundlegend, dass Schülerinnen lernen, sich im neuen Zahlbereich zu orientieren. Hierzu gehört auch, dass Schülerinnen über eine tragfähige Ordnungsrelation verfügen: Ob die Subtraktion bspw. immer verkleinert oder auch vergrößernd wirken kann, kann nur dann beurteilt werden, wenn die Schülerinnen wissen, wann etwas kleiner oder größer ist. Die Ordnungsrelation ist diesbezüglich bei der Zahlbereichserweiterung grundlegend und ist daher im Unterrichtsgang in der Regel chronologisch vorgelagert.[17]

Eine solche aus fachlicher Perspektive tragfähige Ordnungsrelation, die durch die Konstruktion von $< Z, +>$ als Differenzgruppe von $< N, +>$ (s. o.) ebenso wie für die natürlichen auch für ganze Zahlen gilt, kann als „$n \leq m \Leftrightarrow \exists k\ (k \epsilon \mathbb{N} \wedge n + k = m)$“ (Oberschelp 1972, 62) festgehalten werden. Diese gilt kontinuierlich für natürliche und auch für negative ganze Zahlen. Insbesondere gilt: „Aus a<b folgt -b<-a“ (Müller 1972, 29).

Die Entwicklung einer Ordnungsrelation für ganze Zahlen, welche sowohl die bekannten natürlichen, als auch die ‚neuen' negativen ganzen Zahlen umfasst, stellt vor dem Hintergrund der Erfahrungen der Kinder aus dem Grundschulunterricht jedoch eine Herausforderung dar:

Natürlichen Zahlen kommen im Grundschulunterricht unterschiedliche Bedeutungen zu. Sie stehen z. B. für einen Platz in der Zahlwortreihe oder für die Mächtigkeit einer Menge. Diese beiden Blickwinkel hängen zusammen, denn „die beim korrekten Zählen zuletzt genannte Zahl gibt [...] die Anzahl der

---

16 Als *Rechenoperationen* werden die für die Primarstufe relevanten Grundrechenarten (der Addition, Subtraktion, Multiplikation und Division) bezeichnet (vgl. Krauthausen & Scherer 2007, 24)

17 vgl. hierzu auch Malle (1989), der bzgl. einer Einführung negativer Zahlen das „Zählen und Ordnen“ dem „Rechnen“ vorordnet.

Menge an“ (Oberschelp 1972, 181). Werden natürliche Zahlen als *Zählzahlen* interpretiert, so wird vom *Ordinalzahlaspekt* natürlicher Zahlen gesprochen (vgl. Padberg & Benz 2011, 14), während man im Falle der Beschreibung von *Anzahlen* vom *Kardinalzahlaspekt* spricht (vgl. ebd.).

Haben die Schülerinnen im Grundschulunterricht einen *Vergleich* von Zahlen vorwiegend unter der Fokussierung der *Kardinalität* i. S. des Kardinalzahlaspekts vorgenommen, so ist dies im Zuge der Zahlbereichserweiterung um negative Zahlen kaum fortführbar: Zwar existieren Ansätze, in denen negative Zahlen als Mengen aus ‚negativen Plättchen' aufgefasst werden (bspw. Flores 2008, Dirks 1984), jedoch ist auch dies kaum anschlussfähig an die gängigen, den Kindern bekannten Veranschaulichungen. Die Tatsache, dass in diesem Zuge die Menge ‚vier negative Plättchen', kleiner ist als die Menge ‚drei negative Plättchen', ist für Schülerinnen nur schwer nachvollziehbar. Die Fokussierung auf Kardinalzahlen scheint wenig geeignet, eine Anschlussfähigkeit zwischen der Ordnungsrelation der natürlichen Zahlen und jener der ganzen Zahlen zu begünstigen. „Erst der bewußte Übergang von Mächtigkeitssituationen zu Vergleichssituationen kann zu Sinngebung führen“ (Winter 1989, 23).

Aber auch der Vergleich von Zahlen mit dem Fokus ihrer Ordnung ist für Schülerinnen nicht selbsterklärend und stellt eine potentielle Hürde dar: „Beim Zählen beginnen schon die Probleme“ (Winter 1989, 22). Schülerinnen zählen für *natürliche Zahlen* von der Null (bzw. 1) aus. Sie wissen: „a kommt vor b, bzw. a ist kleiner als b, genau dann, wenn beim Zählen von 0 aus zuerst ‚a' und dann ‚b' aufgezählt (genannt) werden. Wird aber beim Vergleichen von 0 aus nach unten/links gezählt [...], so wird gerade die umgekehrte Sicht zugemutet: a kommt vor b bzw. a ist kleiner als b genau dann, wenn beim Zählen von 0 aus zuerst ‚b' und dann ‚a' aufgezählt (genannt) werden. Solange das Zählen in dieser Weise auf den Nullpunkt zentriert ist, solange muß die Ordnung der negativen Zahlen widernatürliche Züge tragen“ (Winter 1989, 23). In der Perspektive der Schülerinnen kann es vielmehr sinnvoll sein, eine Ordnung vorzunehmen, die sich an den Beträgen der Zahlen orientiert. Gleiches gilt für eine Anordnung der aufgeschriebenen Zahlenreihe bzw. für die Anordnung der Zahlen an der Zahlengeraden. Wenn Schülerinnen von der Null ausgehend annehmen, dass die Zahl, die weiter von der Null entfernt ist, die größere Zahl ist, wird von einem ‚divided number line model' (Peled et al. 1989, Mukhopadhyay 1997), dem *Modell einer geteilten Zahlengerade,* gesprochen. Schülerinnen betrachten dabei die beiden Teile der Zahlengerade – rechts und links von der Null – insofern getrennt voneinander, als hier umgekehrte Ordnungsrelationen gelten. Maßgeblich für ein Modell der geteilten Zahlengerade sind Bewegungen ab der Null und bis zur Null (Peled et al. 1989).

Es wird davon ausgegangen, dass Schülerinnen diese geteilte Ordnungsrelation überwinden müssen, um ein ‚continuous number line model' (Peled et al. 1989, Mukhopadhyay 1997), d. h. ein *Modell einer einheitlichen Zahlengerade*, zu erlangen. „Erst die Vorstellung, das Vorwärts-Zählen durchgehend von unten/links nach oben/rechts zu betreiben, bringt es wieder mit der Ordnung in Einklang" (Winter 1989, 23). Im Rahmen dieser Arbeit wird angenommen, dass es sinnvoll und notwendig ist, dass Schülerinnen *beide* möglichen Ordnungsrelationen kennen lernen und situationsadäquat einsetzen können. Bei einer einheitlichen Ordnungsrelation scheint – im Unterschied zur geteilten – nicht die Entfernung von der Null als wesentliche Fokussierung handlungsleitend, sondern vielmehr die *Lage an der Zahlengerade* in Zusammenhang mit einer Ordnungsrelation der Form „Je weiter rechts, desto größer" oder „Je weiter oben, desto größer".

Peled et al. (1989) untersuchten die Ordnungsrelation für ganze Zahlen bei je sechs Schülerinnen der ersten, dritten, fünften, siebten und neunten Klasse, wobei eine unterrichtliche Einführung bei den Schülerinnen der siebten und neunten Klasse bereits erfolgt war. Die Schülerinnen erhielten einen schriftlichen Test zum Vorwissen zu negativen Zahlen, in dem u. a. die Aufgabe bearbeitet wurde, bei -4 und -6 die größere Zahl zu bestimmen. Es stellte sich heraus, dass ein Erstklässler, etwa die Hälfte der Drittklässlerinnen und „fast alle" Fünftklässlerinnen aus ihrem Vorwissen heraus die -4 als größere der beiden Zahlen bestimmen konnten (vgl. ebd., 107). Von den Schülerinnen, bei denen eine Einführung negativer Zahlen erfolgt war, konnten fast alle die Aufgaben des Tests lösen, bei den Neuntklässlerinnen waren es alle Schülerinnen. Es zeigte sich darüber hinaus, dass „einige" Erst- und Drittklässlerinnen anscheinend noch keine Vorstellung davon hatten, dass es negative Zahlen vor der Null gibt, ein Erstklässler wusste jedoch bereits, dass es negative Zahlen vor der Null gibt, und die meisten Dritt- und alle Fünftklässler gingen von einer einheitlichen Ordnungsrelation aus (ebd.).

Widjaja, Stacey & Steinle (2011) untersuchten die Ordnung ganzer Zahlen, indem sie in einer empirischen Studie erhoben, wie Lehramtsstudierende der Primarstufe negative Dezimalzahlen an der Zahlengerade anordnen. Sie kommen zu dem Schluss, dass dies für den Großteil der Studierenden eine Herausforderung darstellt. Ursachen sind zum einen in Schwierigkeiten im Umgang mit positiven Dezimalzahlen, zum anderen jedoch auch in Schwierigkeiten im Umgang mit negativen ganzen Zahlen zu finden (ebd., 90). Es zeigte sich bspw., dass ein Student die Zahlengerade in zwei Zahlenstrahle unterteilte, wobei beide die gleiche Orientierung hatten – eine „separate negative number ray misconception" (ebd., 86f., vgl. Abb. 3.2).

Eine von Thomaidis und Tzanakis (2007) durchgeführte Untersuchung bei 16-jährigen Schülerinnen beinhaltete unter anderem die Frage: „If *a,b,c,* are thre negative integers, which is the smallest integer that can be added to *a,b,c* so that all of them become positive?" (ebd., 171, Hervorh. im Orig.) Hiermit wurde die Ordnungsrelation, speziell auch im Hinblick auf die Lage der Zahlen an der Zahlengerade, beleuchtet. „We expected that it would help to exhibit more clearly students' visualization of the ordering of numbers" (ebd. ,172). Im Rahmen dieser Studie bestätigten sich die bekannten Befunde, dass Schülerinnen für negative Zahlen teilweise eine Ordnungsrelation gemäß der Beträge vornehmen. „Students conceive negative numbers' ordering in a way similar to history [...] namely, the greatest number is that which is the greatest ‚when considered without its sign'" (ebd., 177).

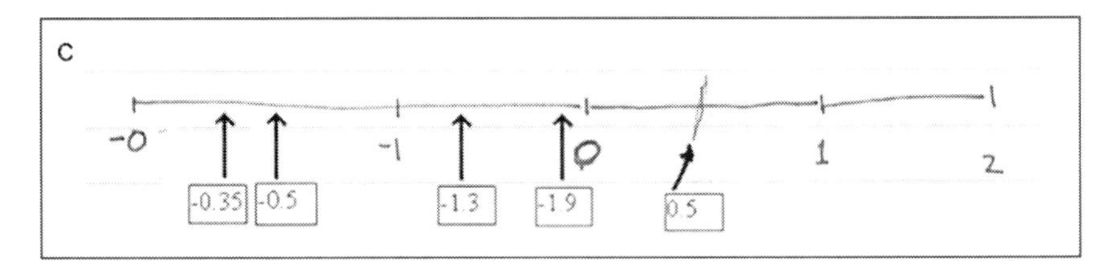

Abbildung 3.2 Separate Zahlenstrahle (Widjaja et al. 2011, 87)

Eine weitere Studie, die u. a. die Ordnungsrelation ganzer Zahlen betrifft, wurde von Bruno und Cabrera (2005) durchgeführt. Diese ist aufgrund ihrer Ausrichtung auf die von den Schülerinnen aktivierten Darstellungsformen und Zahlaspekte in Kapitel 3.1.6 dargestellt.

Betrachtet man die vorhanden Untersuchungen zur Ordnungsrelation für ganze Zahlen, so wird ersichtlich, dass die Ergebnisse sehr heterogen sind: Während Peled et al. (1989) aufzeigten, dass Schülerinnen durchaus bereits vor einer unterrichtlichen Einführung über eine einheitliche Ordnungsrelation verfügen, beobachteten bspw. Widjaja et al. (2011), dass sogar einige Studierende noch Unsicherheiten in diesem Zusammenhang zu haben scheinen. Diese unterschiedlichen Ergebnisse sind womöglich auf unterschiedliche Rahmenbedingungen der Untersuchungen, unterschiedliche Aufgabenstellungen etc. zurück zu führen. Es zeigt jedoch auf, dass eine eingehendere Untersuchung der Ordnungsrelation für ganze Zahlen sinnvoll ist, um die individuellen Sinnkonstruktionen und Herangehensweisen von Schülerinnen noch besser einschätzen und verstehen zu können.

Nachdem voranstehend das Gegenstandsbereich der ganzen Zahlen im Hinblick auf das Forschungsinteresse dieser Arbeit eingegrenzt und erläutert wurde, können im Folgenden die Forschungsfragen der vorliegenden Arbeit diesbezüglich ausgeschärft werden. Im Rahmen dieser Arbeit soll der Frage nachgegangen werden, welche Fokussierungen und Urteile bei den Schülerinnen im Zusammenhang mit der Ordnung ganzer Zahlen maßgeblich sind. Es ist dabei von besonderem Interesse, auf welche Fokussierungen, Urteile und auf welche berechtigenden Inferenzen die Schülerinnen *ohne* eine zuvor erfolgte unterrichtliche Behandlung *aus ihrem Vorwissen heraus* zurück greifen. Auf diese Weise wird u. a. eine Betrachtung dessen möglich, inwiefern die Ordnungsrelation einen Gegenstandsteilbereich darstellt, dem besondere didaktische Aufmerksamkeit gewidmet werden sollte. Dieses Forschungsinteresse ist in Forschungsfrage 1b festgehalten.

(1b) Welche *Fokussierungen*, *Urteile* und berechtigenden *Inferenzen* sind für die inferentiellen Netze der Schülerinnen im Zusammenhang mit der Ordnung ganzer Zahlen zentral?

Ein weiteres Erkenntnisinteresse dieser Arbeit besteht darin, mögliche Hindernisse und Hürden für den Lernprozess ausfindig zu machen. Ein Auffinden solcher potentieller Hürden ist in mehrfacher Hinsicht sinnvoll und aus mathematikdidaktischer Sicht unverzichtbar: Zum einen kann diagnostiziert werden, an welchen Stellen Schülerinnen individuelle Schwierigkeiten haben, damit jeweils adäquate Unterstützungsmaßnahmen ausgewählt werden können (vgl. Bruno & Martinón 1996, 104). „Understanding misconceptions is important because it provides clues for targeting instruction better to learners' needs" (Widjaja et al. 2011, 91). Zum anderen ist es aus einem Erkenntnisinteresse bezogen auf den Gegenstandsbereich der negativen Zahlen bspw. von Bedeutung, welche Arten von potentiellen Hürden und Schwierigkeiten vor und nach einer unterrichtlichen Behandlung negativer Zahlen bestehen. Es können Rückschlüsse im Sinne einer fachlichen Restrukturierung gezogen werden.

Um Schwierigkeiten und potentielle Hürden ausfindig zu machen, ist es bedeutsam, die Tragfähigkeit der individuellen inferentiellen Netze in den Blick zu nehmen. Dieses Erkenntnisinteresse wird in Forschungsfrage 1f aufgegriffen.

(1f) Inwiefern sind die inferentiellen Netze der Schülerinnen im Zusammenhang mit der Ordnung ganzer Zahlen aus fachlicher Perspektive tragfähig? Wo liegen Hindernisse?

Neben dem Aufspüren der Fokussierungen, Urteile und Inferenzen vor einer unterrichtlichen Behandlung ist von Interesse, inwiefern sich diese über eine unterrichtliche Behandlung hinweg ändern, ob beispielsweise nach einer unterrichtlichen Behandlung negativer Zahlen andere Fokussierungen handlungsleitend sind oder die fachliche Tragfähigkeit ausgedehnt wird. Dieses Forschungsinteresse betrifft die Veränderung inferentieller Netze zwischen den Zeitpunkten *vor* und *nach* einer Unterrichtsreihe und ist in Forschungsfrage 2b festgehalten.

(2b) Inwiefern verändern sich die inferentiellen Netze zum Begriff der negativen Zahl *global über eine Unterrichtsreihe hinweg* bzw. inwiefern bleiben sie stabil?

Lokale Entwicklungsmomente und ihre Impulse im Sinne einer Überwindung von Schwierigkeiten bzw. Hürden werden in Forschungsfrage 2a aufgegriffen.

(2a) Welche Begriffsbildungsprozesse im Sinne *lokaler Entwicklungsmomente* vollziehen sich in kurzfristiger Perspektive?

3.1.5 Klassen von Situationen in Zusammenhang mit dem Größenvergleich ganzer Zahlen

Im Zusammenhang mit der Ordnungsrelation der natürlichen Zahlen stehen für Grundschulkinder primär zwei Tätigkeiten: Das *Vergleichen* und das *Ordnen* natürlicher Zahlen (vgl. MSJK 2008, 61, Padberg & Benz 2011, 44). Beide Tätigkeiten betreffen die *Ordnungsrelation* und stehen in Beziehung zueinander: Beim *Vergleichen* zweier oder mehrerer Zahlen treffen Schülerinnen Aussagen über die Größe der Zahlen in Zusammenhang mit den mathematischen Relationen ‚kleiner als', ‚größer als' und ‚gleich' (vgl. ebd.). Beim *Ordnen* bringen Schülerinnen die Zahlen in eine Reihenfolge – bspw. durch ein Anordnen am Zahlenstrahl oder beim Legen in die richtige Reihenfolge. Für das Ordnen der Zahlen können u. a. „über die [den Schülerinnen bekannte] Vorgänger- und Nachfolger-Relation Aussagen über die Beziehungen zwischen einzelnen Zahlen in der Zahlwortreihenfolge getroffen werden" (Padberg & Benz 2011, 46, Einf. M. S.). Die Fähigkeit, zwei oder mehr Zahlen hinsichtlich ihrer Größe *vergleichen* zu können, ist eine Voraussetzung dafür, sie in eine richtige Reihenfolge zu *ordnen*.

Im Rahmen dieser Arbeit wird ein Verfügen über den Begriff der negativen Zahl unter Fokussierung der Ordnungsrelation in den Blick genommen. Es wird im Speziellen untersucht, inwiefern die Schülerinnen jene Klassen von Situationen handhaben können, welche den *Vergleich zweier ganzer Zahlen* betreffen.

Aus *fachlicher Perspektive* können folgende Klassen von Situationen für den Vergleich zweier ganzer Zahlen identifiziert und voneinander unterschieden werden:

Zwei positive Zahlen vergleichen

In dieser Klasse von Situationen wird bei zwei positiven Zahlen ($a, b \in \mathbb{N}$) der Form 4 und 7 bzw. der Form +4 und +7 die größere Zahl bestimmt. Bei dieser Klasse handelt es sich um jene Klasse, welche Schülerinnen bereits von den natürlichen Zahlen bekannt ist.

Eine positive und eine negative ganze Zahl vergleichen

In dieser Klasse von Situationen wird bei einer positiven und einer negativen Zahl ($a, b \in \mathbb{Z}$, $a>0$, $b<0$) der Form 4 und -7 bzw. +4 und -7 die größere Zahl bestimmt. Gemäß der Ordnungsrelation für ganze Zahlen ist jede positive Zahl größer als eine negative Zahl. Auch die Klassen von Situationen, bei zwei Zahlen ($a, b \in \mathbb{Z}, a>0, b<0$ mit $|a|=|b|$) der Form 4 und -4 bzw. +4 und -4 die größere Zahl zu bestimmen, können dieser Klasse von Situationen untergeordnet werden. Aufgrund der gleichen Beträge der negativen und der positiven Zahl sind sie Spezialfälle dieser Klasse von Situationen.

Zwei negative Zahlen vergleichen

Für die Klasse von Situationen, in denen bei zwei negativen Zahlen ($a, b \in \mathbb{Z}$, $a<0, b<0$) der Form -4 und -7 die größere und kleinere Zahl bestimmt werden sollen, gilt, dass diejenige Zahl *größer* ist, deren Gegenzahl bzw. Inverses im Bereich der natürlichen Zahlen *kleiner* ist (vgl. Müller 1972, 29). Alle Situationen, in denen zwei negative Zahlen verglichen werden, gehören zu dieser Klasse von Situationen.

Null und eine positive Zahl vergleichen

Für die Klasse von Situationen, bei einer positiven Zahl ($a \in \mathbb{N}$) der Form 4 oder +4 und 0 die größere Zahl zu bestimmen, gilt vor dem Hintergrund der Ordnungsrelation für ganze Zahlen, dass jede positive Zahl größer als 0 ist. Da die Null den Schülerinnen bereits im Grundschulunterricht in verschiedenen Zusammenhängen begegnet – bspw. als Kardinalzahl oder beim Rückwärtszählen (Padberg & Benz 2011, 48ff.) –, sind sie durchaus mit dieser Klasse von Situationen vertraut.

Null und eine negative Zahl vergleichen

Aus fachlicher Perspektive ist zuletzt die Klasse von Situationen zu nennen, bei der bei einer negativen Zahl ($a \in \mathbb{Z}, a<0$) der Form -4 und 0 die größere Zahl bestimmt wird. Gemäß der Ordnungsrelation für ganze Zahlen ist jede negative Zahl kleiner als 0. Zu dieser Klasse gehören alle Situationen, in denen eine negative Zahl mit der Null verglichen wird.

Ein Erkenntnisinteresse dieser Arbeit besteht darin, die *inferentiellen Netze*, welche die Schülerinnen in diesen Klassen von Situationen aktivieren und gebrauchen, zu analysieren (s. o.). Im Rahmen der vorliegenden Arbeit besteht ein wesentliches Erkenntnisinteresse darin, zu untersuchen, welche Klassen von Situationen die Schülerinnen in ihrer *individuellen Perspektive* unterscheiden und inwiefern diese mit den aus fachlicher Perspektive präskriptiv bestimmten Klassen übereinstimmen. Für diese Klassen wird u. a. untersucht, welche Fokussierungen, Urteile etc. maßgeblich sind und inwiefern diese aus fachlicher Perspektive betrachtet tragfähig sind (vgl. Forschungsfragen 1b, 1f, s. o.). Das Forschungsinteresse an den individuellen Klassen von Situationen ist in Forschungsfrage 1a aufgegriffen.

(1a) Welche *Klassen von Situationen* unterscheiden die Schülerinnen im Zusammenhang mit der Ordnung ganzer Zahlen?

Neben der Frage danach, inwiefern die inferentiellen Netze, die Schülerinnen für die jeweiligen individuellen Klassen von Situationen aktivieren und gebrauchen, aus fachlicher Perspektive richtig und damit *tragfähig* sind (vgl. Forschungsfrage 1f, s. o.), soll der Frage nachgegangen werden, ob die inferentiellen Netze aus fachlicher Perspektive konsistent sind: ob die Urteile der Schülerinnen aus intersubjektivem Blickwinkel *kompatibel* zueinander sind oder ob Inkonsistenzen bestehen, die von der Schülerin u. U. selbst nicht erkannt werden. Dieses Erkenntnisinteresse ist in Forschungsfrage 1e festgehalten.

(1e) Inwiefern weisen die inferentiellen Netze der Schülerinnen für die Klassen von Situationen eine inferentielle Gliederung im Sinne einer *Kompatibilität* auf? Gibt es Inkompatibilitäten?

3.1.6 Fokussierungsebenen im Zusammenhang mit dem Begriff der negativen Zahl

Im Folgenden werden verschiedene Aspekte dargestellt, die in der fachdidaktischen Literatur als Gelenkstellen für den Aufbau eines Begriffs der negativen Zahl und als konstitutiv für jenes Wissen, welches die unterschiedlichen Zahlbereiche umfasst und sie in Beziehung zueinander setzt, erachtet werden (vgl. Bruno 1997). Diese Aspekte betreffen sowohl *Dar*stellungen als auch *Vor*stellungen des numerischen Wissens. „We use the term numerical knowledge to refer to the concepts, procedures, representations, algorithms und uses connected with the notion of number" (Bruno & Martinón 1999, 790). Im Rahmen dieser Arbeit wird davon ausgegangen, dass zwei Dimensionen für eine Entwicklung des Begriffs der negativen Zahlen von besonderer Bedeutung sind:

Die erste Dimension betrifft die *Darstellungsformen* negativer Zahlen. Es scheint für die Entwicklung eines Begriffs der negativen Zahl lohnenswert, in Anlehnung an Bruno und Martinón (1999) und Bruno (1997) zu unterscheiden, ob negative Zahlen formal-symbolisch (bspw. als „-5" oder „minus drei") oder kontextuell (bspw. „drei Euro Schulden") dargestellt werden bzw. sind.

Die zweite Dimension betrifft die *Zahlaspekte*: Peled (1991) folgend ist es gewinnbringend und sinnvoll, im Zusammenhang mit der Entwicklung eines Begriffs der negativen Zahl zwischen einem kardinalen und einem ordinalen Zugang zu unterscheiden – ob negative Zahlen bspw. durch Plättchen oder an der Zahlengerade repräsentiert werden.

Aufgrund der Relevanz der genannten Aspekte (kontextuell/formal-symbolisch, ordinal/kardinal) wird im Rahmen dieser Arbeit davon ausgegangen, dass diese für die individuellen Sinnkonstruktionen von Schülerinnen und für ihre Herangehensweisen in Situationen bedeutsam sind. Es wird im Speziellen angenommen, dass diese Aspekte für die Kategorien, die Schülerinnen in Form von Ideen und Konzepten aktivieren, wesentlich sind: Entsprechend stehen die *Fokussierungen*, die Schülerinnen vornehmen, mit den genannten Aspekten in Zusammenhang. Es wird angenommen, dass die individuellen Fokussierungen der Schülerinnen i.d.R. einem dieser vier Aspekte zugeordnet werden können, die im Folgenden als *Fokussierungsebenen* bezeichnet werden. Fokussierungen sind stets in Fokussierungsebenen verortet und auch Festlegungen und Urteile stehen über ihre Fokussierungen mit den Fokussierungsebenen und den Aspekten des numerischen Wissens in Zusammenhang.

Dass eine solche Kategorisierung von Fokussierungsebenen nicht alle denkbaren Fokussierungen abdecken kann, die im Zusammenhang mit der Ordnungsrelation für ganze Zahlen möglicherweise explizit werden *könnten*, ist selbstredend (Bruno & Martinón 1999, 790). Im Folgenden werden diese vier Fokussierungsebenen erläutert, indem die zwei Dimensionen (der Darstellungsformen und der Zahlaspekte) erläutert werden.

3.1.6.1 Die Dimension der Darstellungsformen

Dass negative Zahlen keine empirische Entsprechung haben, hat zur Folge, dass für das Lehren und Lernen negativer Zahlen externe Repräsentationen, wie etwa die Zahlengerade, von immenser Bedeutung sind. Dies gilt für negative Zahlen im Speziellen und für mathematischen Begriffe im Allgemeinen. Mathematische Begriffe haben – im Vergleich zu Alltagsbegriffen – eine Besonderheit: Betrachtet man Begriffe als Klassifikationen (vgl. Kap. 1.2), so gibt es bei *Alltagsbegriffen* einzelne Exemplare, die wir zu dieser Klasse zählen. Der Stuhl, auf dem wir sitzen, gehört für uns zur Klasse der Stühle, da wir auf ihm sitzen können, da er vier Beine und eine Lehne hat o.ä. Mit diesen einzelnen Exemplaren einer Klasse können wir handeln und dabei überprüfen, ob ein Ding zur Klasse der Stühle gehört. Eine Besonderheit *mathematischer Begriffe* ist, dass sie hingegen keine empirischen Dinge sind: Es gibt keine Exemplare der Klasse, die wir anfassen oder physisch wahrnehmen können. Dies unterscheidet mathematische Begriffe nicht nur von Alltagsbegriffen, sondern auch von Begriffen in anderen Wissenschaftsdisziplinen: „We do not have any perceptive or instrumental access to mathematical objects, even the most elementary [...]. The only way of gaining access to them is using signs, words or symbols, expressions or drawings. But, at the same time, mathematical objects must not be confused with the used semiotic representations. This conflicting requirement makes the specific core of mathematical knowledge. And it begins early with numbers which do not have to be identified with digits and the used numeral systems (binary, decimal)" (Duval 2000, 61, teilw. hervorgeh. im Orig.). Selbst wenn die Schülerin eine gezeichnete Raute betrachtet, handelt es sich dabei nicht um ein Exemplar der Klasse von Rauten, sondern um die *Repräsentation* eines Exemplars. Die Raute selbst ist nicht zeichen- oder anfassbar. Mathematische Begriffe existieren nicht in einer Form, die direkt wahrnehmbar ist. Dies gilt auch für den Begriff der negativen Zahl. „Unlike material objects, however, [...] mathematical constructs are totally inaccessible to our senses – they can only be seen by our minds eyes. Indeed, even when we draw a function or write down a number, we are very careful to emphasize that the sign on the paper is but one among many possible representations of some abstract entity, which by itself can be neither seen nor touched" (Sfard 1991, 3, teilw. hervorgeh. im Orig.).

Mathematische Begriffe sind immer an Darstellungen gebunden und durch Darstellungen erhalten Schülerinnen einen Zugang zu Begriffen. „The crucial problem of mathematics comprehension for learners, at each stage of the curriculum, arises from the cognitive conflict between these two opposite requirements: *how can they distinguish the represented object from the semiotic representation used if they cannot get access to the mathematical object apart from the semiotic representations?*" (Duval 2006, 107, Hervorh. im Orig.) In diesem Zusammenhang sind *Darstellungsformen* bedeutsam, die für mathematische Begriffe unterschieden werden (vgl. bspw. Bruner 1974, Duval 2000), und die auch als „Register" bezeichnet werden (vgl. Duval 2001): „Zahlsysteme, geometrische Figuren, algebraische und symbolische Notationen, graphische Darstellungssysteme, wie Polarkoordinaten oder kartesische Koordinaten und die Sprache, all dies sind semiotische Repräsentationen, die in der Mathematik benutzt werden, und die von Duval als *Register* bezeichnet werden. Kennzeichnend für ein Register sind die Möglichkeiten, zu dem Register erkennbare Darstellungen zu bilden und diese innerhalb des Registers umzuformen" (Laakmann 2013, 34f., Hervorh. M. S.).

Für den Konflikt, der sich aus der fehlenden physischen Wahrnehmbarkeit mathematischer Begriffe und der notwendigen Unterscheidung zwischen Darstellungen und Begriffen ergibt, sind gerade die Wechsel zwischen unterschiedlichen Darstellungsformen essentiell: „Changing representation register is the threshold of mathematical comprehension for learners at each stage of the curriculum" (Duval 2006, 128, vgl. auch ebd., 107). Die Fähigkeit, Darstellungsformen zu wechseln, ist für den Lernprozess von Schülerinnen und auch für die Entwicklung individueller Begriffe essentiell. Nur durch den Wechsel von Darstellungsformen können sich individuelle mathematische Begriffe entfalten und entwickeln.

Auch für die Entwicklung eines individuellen *Begriffs der negativen Zahl* sind Darstellungsformen sowie die Wechsel zwischen ihnen bedeutsam. Es können – in Anlehnung an Bruno (1997), Bruno und Martinón (1999) – zwei Darstellungsformen identifiziert werden, die für die Entwicklung eines individuellen *Begriffs der negativen Zahl* bedeutsam sind und die gewissermaßen ein Gegenpaar bilden: Die *kontextuelle* und die *formal-symbolische Darstellungsform*. Im Rahmen dieser Arbeit wird angenommen, dass Fokussierungen, die von Schülerinnen im Zusammenhang mit negativen Zahlen vorgenommen werden, diese beiden Darstellungsformen betreffen können. Dies wird im Folgenden dargestellt und erläutert.

Fokussierungen auf ***kontextueller Fokussierungsebene*** beziehen sich auf lebensweltliche Kontexte, welche „the uses and applications of numbers" (Bruno & Martinón 1999, 790) darstellen.[18] Fokussierungen auf die Höhe unter dem Meeresspiegel oder auf Temperaturvergleiche werden bspw. dieser Fokussierungsebene zugeordnet, da hierbei lebensweltliche Kontexte die handlungsleitenden Ausgangspunkte darstellen. Kontextuelle Bezüge sind für die individuellen Begriffe der Schülerinnen essentiell: „Wenn wir auf die kontextuelle Dimension in der Lehre der negativen Zahlen verzichten, würden wir diese ohne die Bedeutungen verlassen, die sie wirklich im realen Leben haben" (Bruno 1997, 16, Übers. M. S.). Verschiedene empirische Untersuchungen zeigen, dass ein Umgang mit negativen Zahlen – bezogen auf die Addition und Subtraktion – *mit kontextuellen Bezug* vielen Schülerinnen leichter fällt, als in formal-symbolischer Darstellungsform (Mukhopadhyay et al. 1990, Borba 1995).

Die ***formal-symbolische Fokussierungsebene*** betrifft zwei Aspekte. Zum einen bezieht sie sich auf semiotische Zeichen, auf die „Schreibweisen der Zahlen" (Bruno 1997, 6, Übers. M. S.) im Sinne einer „symbolic representation" (Vergnaud 1982b, 53). Wenn Schülerinnen Zahlen, im Speziellen negative Zahlen betrachten, so können sie bspw. auf das *negative Vorzeichen* fokussieren. Diese Fokussierung wäre der formal-symbolischen Fokussierungsebene zuzuordnen. Darüber hinaus betrifft diese Fokussierungsebene „mathematische Strukturen" (Bruno 2009, 88, Übers. M. S.), darunter bspw. „Rechenregeln" (ebd.). Wenn Schülerinnen bspw. auf die Subtraktion oder den schriftlichen Subtraktionsalgorithmus fokussieren, so haben diese Fokussierungen ebenso einen formal-symbolischen Bezug. Alle in diesem Zusammenhang erfolgenden Fokussierungen beziehen sich auf mathematische Strukturen – sie sind nicht kontextuell. Empirische Befunde deuten auf Schwierigkeiten der Schülerinnen in Zusammenhang mit formal-symbolischen Schreibweisen hin: Zwar handelt es sich dabei um Untersuchungsergebnisse, welche hinsichtlich der *Addition und Subtraktion* ganzer Zahlen erlangt wurden, jedoch weisen diese auf übergreifende Schwierigkeiten hin, welche u. U. auch für die Thematik der vorliegenden Arbeit von Bedeutung sein können: Es wurde festgestellt, dass – auch wenn Schülerinnen Additions- und Subtraktionsaufgaben mit Leichtigkeit ‚im Kopf' lösen – das Notieren der Aufgaben eine Herausforderung für viele Schülerinnen darstellt (Bruno 2009, 100f.). „When children solve a problem, they often make the calculations first and write the symbolic representation, whatever it is, afterwards" (Vergnaud 1982b, 53). Schülerinnen schreiben teilweise "5–" anstelle von "–5" (Malle 1988, 271), vergessen beim Notieren von Additionsaufgaben

18 Zur Begriffsbestimmung von *Kontexten* und zu ihrem Gebrauch im Zusammenhang mit der Behandlung negativer Zahlen im Mathematikunterricht vgl. Kapitel 3.2.1.

negative Zahlzeichen oder scheinen diese nach Belieben zu setzen (Malle 1988, 290).

Im Zusammenhang mit der Betrachtung der formal-symbolischen Fokussierungsebene negativer Zahlen wird den unterschiedlichen Deutungsmöglichkeiten des Minuszeichens in der mathematikdidaktischen Forschung und Diskussion recht große Aufmerksamkeit gewidmet. Wesentlich für eine Zahlbegriffsentwicklung ist, dass Schülerinnen lernen, das Minuszeichen nicht länger ausschließlich als *Operations-* bzw. *Rechenzeichen (‚operating sign')*, sondern auch als *Zahl-* bzw. *Vorzeichen (‚predicative sign')* zu interpretieren (Vlassis 2004, 471). „When coming to understand negative numbers, students must develop an integrated understanding that the minus sign performs several roles, which then leads to an overall understanding of 'negativity'" (Beatty 2010, 219). Ausgehend von einer Unterscheidung Carrahers (1990) werden vielfach *drei Bedeutungen des Minuszeichens* unterschieden (vgl. Borba 1995, Vlassis 2004, 2008, Bofferding 2010, Beatty 2010), welche im Folgenden skizziert werden. In seiner ersten Bedeutung, die den Schülerinnen bereits aus dem Zusammenhang mit natürlichen Zahlen bekannt ist, steht das Minuszeichen für eine Subtraktion und ist *Operationszeichen*. Dies wird als *‚binary function'* des Minuszeichens bezeichnet, da das Minuszeichen in diesem Fall eine zweistellige Operation anzeigt. Das Minuszeichen kann in diesem Zusammenhang von Schülerinnen als Wegnehmen, Ergänzen oder als Differenzbestimmung gedeutet werden (vgl. Vlassis 2008, 561). Im Zusammenhang mit der Zahlbereichserweiterung um negative Zahlen und im Hinblick auf eine eher algebraische Betrachtung müssen diese Deutungen um die nachfolgend dargestellten Deutungen erweitert werden (ebd.). Im Zusammenhang mit negativen Zahlen lernen Schülerinnen, das Minuszeichen auch als *Zahlzeichen* im Sinne eines Vorzeichens zu deuten, womit dem Minuszeichen eine neue Funktion zukommt: „The *unary function* makes a number negative and corresponds to the sign as ‚predicate' (Glaeser, 1981). The minus sign in this context is to be considered as a ‚structural signifier'" (Vlasssis 2004, 472, Hervorh. im Orig.). Das Minuszeichen ist damit ein Kennzeichen der negativen Zahlen. Darüber hinaus wird dem Minuszeichen eine dritte Bedeutung beigemessen, in der es zwar auch eine Operation anzeigt, jedoch nicht die Subtraktion, sondern die *Inversion*, d. h. die Gegenzahlbildung. „In this third function, the minus sign is also regarded as an operational signifier, but with a different function. This time, it consists of the action of *taking the opposite of a number* or of a sum, as for example with the first minus sign in –(–3)=" (Vlassis 2008, 561f., Hervorh. im Orig.).

Für die Entwicklung eines individuellen Begriffs der negativen Zahl sind sowohl kontextuelle als auch formal-symbolische Bezüge essentiell. Sie bilden gewissermaßen ein Gegensatzpaar: Fokussierungen, welche Schülerinnen – bewusst oder unbewusst – wählen, können eindeutig einer der beiden Fokussierungsebenen zugeordnet werden. Die Fokussierungen auf Temperaturveränderungen, auf die Höhe über dem Meeresspiegel, auf den Gefrierpunkt können bspw. der *kontextuellen* Fokussierungsebene zugeordnet werden, während die Fokussierungen auf das Minuszeichen, die Subtraktion, die Addition, die Reihenfolge der Zahlen in der Zahlwortreihe der *formal-symbolischen* Fokussierungsebene zugeordnet werden können. Beide Fokussierungsebenen sind für die Entwicklung eines Begriffs der negativen Zahl bedeutsam; daneben ist auch ihr *Wechsel* wesentlich. Bruno und Martinón (1999, 790) vermerken, dass ein solcher Wechsel „natürlich" ebenso von Bedeutung sei wie die Fokussierungsebenen selbst (vgl. auch Bruno 1997, 6). Dies ist anschlussfähig an die Annahmen Duvals. Die beiden Fokussierungsebenen und ihr Wechsel sind graphisch in Abbildung 3.3 dargestellt.

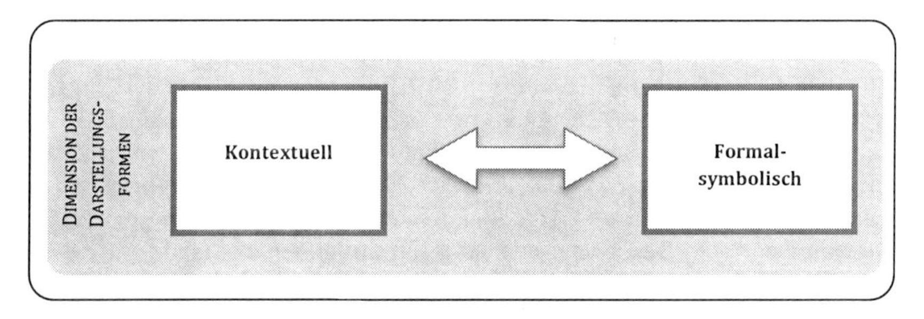

Abbildung 3.3 Dimension der Darstellungsformen

3.1.6.2 Dimension der Zahlaspekte

Neben kontextuellen und formal-symbolischen Darstellungsformen werden in der fachdidaktischen Literatur verschiedene *Zahlaspekte* als bedeutsam für die Entwicklung des Begriffs der negativen Zahl erachtet: Dies sind im Speziellen der *ordinale* und der *kardinale* Zahlaspekt (vgl. Peled 1991). Beide Zahlaspekte stehen in engem Zusammenhang mit der kontextuellen Darstellungsform, als kontextuelle Darstellungen vielfach kardinale oder ordinale Gesichtspunkte beinhalten: Bspw. steht der Kontext ‚Lage über bzw. unter dem Meeresspiegel' bzw. ‚Höhenmeter' in engem Zusammenhang mit einem ordinalen Bezug zur senkrechten Zahlengeraden. Der Kontext ‚Guthaben-und-Schulden' steht vielfach in Zusammenhang mit dem kardinalen Zahlaspekt, da Guthaben und Schulden je als Quantitäten aufgefasst werden können. Trotz dieser engen Zusammenhänge ist die Betrachtung dieser beiden Zahlaspekte als eine *Dimensionen* individueller Begriffe der negativen Zahl gewinnbringend, da auch diese Dimension – neben der Dimension der Darstellungsformen – für individuelle Begriffe und ihre Entwicklung bedeutsam ist und unterschiedliche Einflüsse haben kann (s. u.).

Fokussierungen auf ***kardinaler Fokussierungsebene*** beziehen sich auf Zahlen in ihrer Mengendarstellung, als „quantitative dimension“ (Peled 1991, 146). Für negative Zahlen ist diese Fokussierungsebene zwar weniger relevant als für natürliche Zahlen, jedoch ist – im Zuge dessen, dass inferentielle Netze zu natürlichen und negativen Zahlen eng miteinander sind, und dass der kardinale Zahlaspekt für natürliche Zahlen bedeutsam ist (vgl. Kap. 3.1.4) – im Zusammenhang mit der Ordnung negativer Zahlen davon auszugehen, dass Fokussierungen und entsprechende Urteile auch kardinale Bezüge haben können. Fokussierungen, die bei Zahlvergleichen die Anzahlen von Objekten in den Blick nehmen, betreffen bspw. die kardinale Fokussierungsebene. Es gibt verschiedene Untersuchungen, die darauf hinweisen, dass eine Mengenbetrachtung für Schülerinnen im Zusammenhang mit negativen ganzen Zahlen von Bedeutung zu sein scheint (vgl. bspw. Peled 1991).

Fokussierungen auf ***ordinaler Fokussierungsebene*** betreffen die Anordnung der Zahlen (vgl. Kap. 3.1.4). Dabei ist auch die Zahlengerade von Bedeutung.[19] Es wird davon ausgegangen, dass neben der Fokussierung auf die Zahlengerade selbst auch Fokussierungen *in Zusammenhang* mit der Zahlengerade relevant sind – bspw. die Entfernung von der Null an der Zahlengeraden. Neben der Zahlengerade werden auch Fokussierungen, die das *Zählen* oder eine *ordinalen Anordnung der Zahlenreihe* betreffen, der ordinalen Fokussierungsebene zugeordnet: Wenn die Schülerin bspw. die Zahlen *-4 -3 -2 -1 0 1 ...* notiert und ihre Lage in Augenschein nimmt, so wird die Fokussierung auf die Lage der Zahlen der ordinalen Fokussierungsebene zugeordnet. Die graphische Darstellung an der ***Zahlengerade*** wurde in Bezug auf negative bzw. ganze Zahlen vielfach untersucht (bspw. in Bruno & Cabrera 2006, Malle 1988, Bruno & Martinón 1996). Schülerinnen scheinen oftmals über lückenhaftes Vorwissen zum Umgang mit dem Zahlenstrahl im Zusammenhang mit natürlichen Zahlen zu verfügen, welches entscheidenden Einfluss auf die Fähigkeiten der Schülerinnen zu haben scheint, die Addition und Subtraktion *ganzer Zahlen* an der Zahlengeraden darzustellen (Bruno & Cabrera 2005, 40). „Diese geringe Vertrautheit mit den Repräsentationen der positiven Zahlen auf der Zahlengerade beeinflusst die Repräsentationen der negativen Zahlen evident“ (Bruno 2001, 421, Übers. M. S.). Allerdings scheinen Schülerinnen bereits zu Beginn der Behandlung negativer Zahlen oftmals über ‚Richtungsschemata’ zu verfügen, die für den Umgang mit der Zahlengeraden fruchtbar gemacht werden können (vgl. Malle 1988, 267ff.): „Die Tatsache, daß die Schüler die gestellten Aufgaben intuitiv meist sofort beantworten konnten, aber fast außerstande waren, sie schematisch zu visualisieren, weist darauf hin, daß sie bereits ‚abstrakte’ Schemata zur Lösung solcher Aufgaben besaßen, die aber vermutlich nicht in visuel-

19 Zum Gebrauch der Zahlengerade als Modell für das Lehren und Lernen von negativen Zahlen vgl. Kap. 3.2.2.

ler Form gespeichert sind. [...] Es war [...] auffallend, daß die Schüler häufig mit Richtungen argumentierten, wobei sie ‚Richtung' nicht nur im geometrischen, sondern durchaus in einem allgemeineren (metaphorischen) Sinn verstanden und auch auf nichtgeometrische Situationen anwandten wie etwa auf die Zeit oder auf Kontostände. Sie besaßen also ein ‚allgemeines Richtungsschema'" (Malle 1988, 267). Viele Schülerinnen scheinen kaum auf eine Darstellung an der Zahlengeraden zurück zu greifen (vgl. Bruno 2001, 421, Bruno & Cabrera 2005, 40) und – gerade in Bezug auf die Darstellung der Addition und Subtraktion an der Zahlengeraden – teilweise über Schwierigkeiten zu verfügen (vgl. Bruno & Cabrera 2006, 126, Bruno & Cabrera 2005, 37f.). *Nach* der Einführung der negativen Zahlen unter Zuhilfenahme der Zahlengerade haben die Schülerinnen allerdings kaum noch Schwierigkeiten bei der Lösung von Aufgaben im Zusammenhang mit der Zahlengeraden – ganz im Gegensatz zum Umgang mit der formal-symbolischen Darstellung (Bruno & Martinón 1997, 257).

Es kann – in Anlehnung an Peled (1991) und Bruno und Martinón (1999) – angenommen werden, dass ordinale und kardinale Fokussierungsebenen für die individuellen Begriffe der negativen Zahl der Schülerinnen ebenso von Bedeutung sind, wie kontextuelle und formal-symbolische.

3.1.6.3 Die zwei Dimensionen der Fokussierungen

Im Rahmen dieser Arbeit wird davon ausgegangen, dass die Fokussierungen, die Schülerinnen im Zusammenhang mit dem Größenvergleich zweier ganzer Zahlen eingehen, einem der vorangehend dargestellten Aspekte (ordinal, kardinal, kontextuell, formal-symbolisch) – und entsprechend der Dimension der Darstellungsformen oder der Zahlaspekte – entspringen. Daneben scheint die Betrachtung dessen, inwiefern die Fokussierungsebenen gewechselt werden bzw. inwiefern beim Vergleichen von Zahlen auf verschiedene Fokussierungsebenen zurück gegriffen wird, interessante Erkenntnisse bereit zu halten. Ein solcher Wechsel der Fokussierungsebenen kann von der Schülerin bewusst und intentional oder aber unbewusst erfolgen. Wenn eine Schülerin bspw. Zahlen der Form „-7" betrachtet und erklärt, dass -7 sieben Euro Schulden sind, so findet – bewusst oder unbewusst – ein Wechsel der Fokussierungsebene statt. Ebenso wäre es, wenn die Schülerin zum Lösen der Aufgabe -10+6 diese an der Zahlengerade zeichnen würde. Ein Wechsel ist zwischen allen vier Fokussierungsebenen möglich.

Über die Analyse der Fokussierungsebenen können auch die Festlegungen und Urteile von Schülerinnen hinsichtlich der aktivierten Fokussierungsebenen betrachtet werden: Dabei können Festlegungen und Urteile – durch ihren Bezug zu verschiedenen Fokussierungen – mit mehreren Fokussierungsebenen in Beziehung stehen. Der Einfluss der unterschiedlichen Fokussierungsebenen für ganze inferentielle Netze kann über Fokussierungen, Festlegungen und Urteile betrachtet werden.

Es ist abschließend festzuhalten: *Fokussierungen im Zusammenhang mit dem Begriff der negativen Zahl stehen in der Regel in Zusammenhang mit einer von vier* ***Fokussierungsebenen*** *(kontextuell, formal-symbolisch, kardinal, ordinal).*

Die vier für die Entwicklung eines Begriffs der negativen Zahl relevanten Fokussierungsebenen, die entsprechenden Dimensionen sowie der Wechsel zwischen den Fokussierungsebenen sind in Abbildung 3.4 visualisiert.

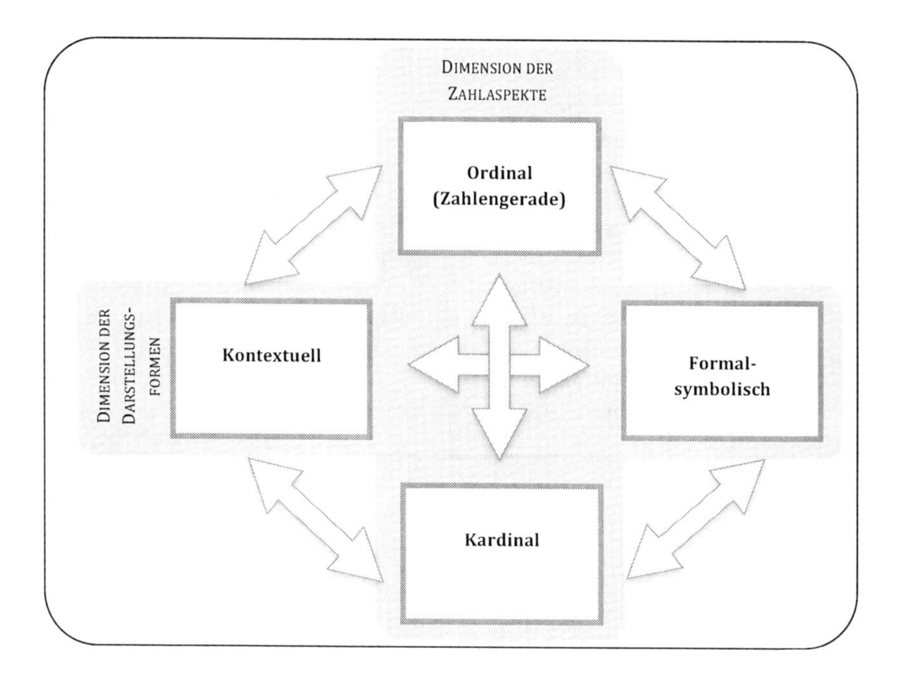

Abbildung 3.4 Fokussierungsebenen

In einer Studie von Bruno und Cabrera (2005) wurden die aktivierten Fokussierungsebenen (bzw. Dimensionen) speziell für die Ordnungsrelation für ganze Zahlen untersucht. Es ergaben sich interessante Einblicke hinsichtlich der aktivierten Ebenen und deren Wechsel speziell im Zusammenhang mit der Ordnungsrelation für ganze Zahlen. Diese werden im Folgenden aufgrund ihrer Relevanz für diese Arbeit dargestellt. Bruno und Cabrera (2005) untersuchten, wie Schülerinnen der 2. Klasse der Sekundarschule im Alter von 13 bis 14 Jahren ganze Zahlen ordnen. Die Schülerinnen erhielten bspw. die Aufgabe, die formal-symbolisch dargestellten Zahlen -4, -9, -6, 8, 1, -7 an der Zahlengeraden darzustellen. Sie kommen zu folgender Erkenntnis: „Im Hinblick auf die Ordnung der negativen Zahlen analysieren wir die Dimensionen, welche die Schüler nutzen, wenn die Zahlen sich ihnen in der abstrakten Dimension präsentieren, und auch wie sie die Ordnung der Zahlen begründen, wenn sie sie auf der Zahlengeraden darstellen. Für das Ordnen von abstrakten Zahlen beobachten wir drei Typen von Strategien: die Zahlengerade nutzen, die Zeichen der Zahlen betrachten oder einen Kontext nutzen. Von den drei Strategien liefert die Zahlengerade die besten Ergebnisse“ (Bruno & Cabrera 2005, 38f., Übers. M. S.). Bruno und Cabrera finden damit drei verschiedene Vorgehensweisen von Schülerinnen: Um formal-symbolisch dargestellte ganze Zahlen zu ordnen, nutzten einige Schülerinnen die Vorgehensweise *„die Zahlengerade gebrauchen“* mit ordinalem Bezug. Einige der Schülerinnen nutzten die Vorgehensweise der Form *„Vorzeichen betrachten“*, in der sie in der formal-symbolischen Darstellungsform verblieben, während andere Schülerinnen bei der Vorgehensweise *„Kontext gebrauchen“* kontextuelle Bezüge nutzten. Dies deutet darauf hin, dass Schülerinnen insbesondere auch bei Tätigkeiten, welche die Ordnungsrelation ganzer Zahlen betreffen, die Fokussierungsebenen zu wechseln scheinen. Interessant wären Erkenntnisse dazu, wie Schülerinnen ihr Ordnen begründen, welche Urteile zur Ordnungsrelation zugrunde liegen, insbesondere ob Berechtigungen mit Fokussierungen auf anderen Dimensionen einhergehen. Es ist anzunehmen, dass mithilfe des inferentiellen Analyseschemas dieser Arbeit weitere Erkenntnisse hierzu erlangt werden können. Der Bedeutung, die den Fokussierungsebenen im Zusammenhang mit den inferentiellen Netzen der Schülerinnen zukommt, wird im Rahmen der Forschungsfrage 1c Rechnung getragen.

(1c) Welche *Fokussierungsebenen* sind für die inferentiellen Netze der Schülerinnen im Zusammenhang mit der Ordnung ganzer Zahlen in welcher Weise bedeutsam?

Die Forschungsfrage 1c beinhaltet die verschiedenen Fokussierungsebenen ebenso wie die Wechsel, die von den Schülerinnen vorgenommen werden. Wesentlich ist das Erkenntnisinteresse daran, welche Fokussierungsebenen die Schülerin zum Größenvergleich ganzer Zahlen aus sich heraus nutzen. Die exponierte Stellung, welche der kontextuellen Fokussierungsebene für den Begriff der negativen Zahl zugewiesen wird (s. o.), findet in einer gesonderten Forschungsfrage Ausdruck.

(1d) Welche Rolle haben *Kontexte* für die inferentiellen Netze der Schülerinnen im Zusammenhang mit der Ordnung ganzer Zahlen?

3.2 Zugänge zum Begriff der negativen Zahl

Die Einführung der negativen Zahlen im Mathematikunterricht ist eine Thematik, über die wenig Einigkeit herrscht: In der internationalen mathematikdidaktischen Diskussion wird und wurde darüber debattiert, welche Kontexte, welche Modelle und welche Spiele sich zur Einführung negativer Zahlen eignen, und darüber hinaus auch darüber, *ob* eine kontextuell orientierte Einführung erfolgen sollte.

Im Folgenden erfolgt zunächst eine Skizzierung des Begriffs Kontext, an die sich eine Diskussion verschiedener Kontexte hinsichtlich ihrer Eignung zur Einführung der negativen Zahlen anschließt (Kap. 3.2.1). Es folgt eine Diskussion unterschiedlicher ‚Modelle' (vgl. dazu Kap. 3.2.2), die als Hilfe zur Einführung negativer Zahlen genutzt werden können, bevor eine Darstellung der im Rahmen der vorliegenden Untersuchung genutzten Lernumgebung erfolgt (Kap. 3.2.3).

3.2.1 Kontexte für die Einführung negativer Zahlen

Für das Lernen und das Ausbilden individueller Begriffe sind die Kontexte, in denen gelernt wird und in denen Begriffe sich entwickeln, von maßgeblicher Bedeutung. Bereits Freudenthal (1968) stellte fest, dass Kontexte für das Lernen mathematischer Inhalte bedeutsam sind – und stellte sich die Frage, wie mathematische Inhalte vermittelt werden müssen, um zu ermöglichen, dass Schülerinnen Mathematik in verschiedenen Kontexten anwenden und gebrauchen können: „Though it might look different, I am still busy with the question *why* mathematics has to be taught so as to be useful, after we had agreed that it *is* useful and that students are expected to use it. There are two extreme attitudes: to teach mathematics with no other relation to its use than the hope that students will be able to apply it whenever they need to. If anything, this hope has proved idle. The huge majority of students are not able to apply their mathematical classroom experiences, neither in the physics or chemistry school laboratory nor in the most trivial situations of daily life. The opposite attitude would be to teach useful mathematics. It has not been tried too often, and you understand that this is not what I mean when speaking about mathematics being taught to be useful. The disadvantage of useful mathematics is that it may prove useful as long as the context does not change, and not a bit longer, and this is just the contrary of what true mathematics should be. Indeed it is the marvellous power of mathematics to eliminate the context, and to put the remainder into a mathematical form in which it can be used time and again" (Freudenthal 1968, 5, Hervorh. im Orig.).

Um die Rolle von Kontexten für das Lernen und das Entwickeln individueller Begriffe genauer auszuführen, wird im Folgenden zunächst der Begriff

Kontext skizziert (Kap. 3.2.1.1), bevor Kontexte im Zusammenhang mit einer Einführung negativer Zahlen diskutiert werden (Kap. 3.2.1.2).

3.2.1.1 Kontexte – eine Begriffsbestimmung

In der mathematikdidaktischen und lerntheoretischen Literatur werden die Termini *Situation* und *Kontext* zumeist ohne präzise Begriffsbestimmungen und Abgrenzung voneinander gebraucht. Da neben Situationen, welche bereits in Kapitel 2.3 charakterisiert wurden, auch *Kontexte* für die Begriffsbildung und die Entwicklung von inferentiellen Netzen bedeutsam sind, ist es erforderlich, diesen Begriff ebenfalls zu bestimmen und vom Begriff der Situation abzugrenzen. „It is true that in the human sciences domain it is very difficult to give ‚definitions' in the same, strict sense [as in mathematics]. In most cases, definitions are reduced to some evocative words that suggest a meaning, and then the context provides the full meaning. But I think that within the same theoretical construction (theory), or the presentation of a theory, a crucial term must have a rather precise meaning [...] and keep it" (Boero 2002, 134, Einf. M.S).

In Anlehnung an Wedege (1999, 206f.) und van den Heuvel-Panhuizen (2005, 2) können für mathematikdidaktische Betrachtungen zwei Perspektiven auf Kontexte unterschieden werden. In der ersten Perspektive werden Kontexte im Sinne der *Umgebung*, in der Lernprozesse sich vollziehen, verstanden. „In [...] [this] fundamental meaning, which has to do with historical, social, psychological etc. matters and relations, researcher[s] in mathematics education speak of a context for learning, using and knowing mathematics (school, everyday life, place of work etc.), or context of mathematics education (educational system, educational policies etc.)" (Wedege 1999, 207, Einf. M. S.). In dieser Perspektive werden die situationalen Bedingungen der Lernsituationen und auch die interpersonale Dimension des Lernens in den Blick genommen (vgl. van den Heuvel-Panhuizen 2005, 2). In einer zweiten Perspektive beziehen sich Kontexte auf die *Aufgaben*, welche Schülerinnen bearbeiten, – im Sinne einer „characteristic of a task presented to the students: referring either to the words and pictures that help the students to understand the task, or concerning the situation or event in which the task is situated" (ebd., teilw. hervorgeh. im Orig.). Diese Art von Kontext ist bspw. auch gemeint, wenn in Lehrplänen von lebensweltlichen oder authentischen Kontexten die Rede ist (vgl. Wedege 1999, 206). Um die beiden Perspektiven auf Kontexte zu unterscheiden, kann ein Beispiel betrachtet werden: Wenn Schülerinnen bspw. bei zwei Telefontarifen den ‚günstigeren' ermitteln, und dies einmal im Mathematikunterricht und zum anderen in der Niederlassung einer Mobilfunkgesellschaft tun, so ist in beiden Fällen der *Aufgabenkontext* der gleiche, der *Umgebungskontext* jedoch ein anderer.

Im Rahmen dieser Arbeit werden Kontexte in Form von *Aufgabenkontexten* in den Blick genommen. Die Verwendung des Begriffs ‚Kontext' im Rahmen dieser Arbeit bezieht sich – soweit nicht anderweitig vermerkt – stets auf den *Aufgabenkontext* der Aufgaben. In Anlehnung an die Vertreter der Realistic Mathematics Education (RME) werden im Rahmen dieser Arbeit Aufgabenkontexte nicht ausschließlich auf *lebensweltliche* Kontexte reduziert: „Within this approach to mathematics education, 'realistic' means that the context of the problems is imaginable for the students. However, it must be acknowledged that the name Realistic Mathematics Education is somewhat confusing in this respect. This all has to do with the Dutch verb zich REALISE-ren that means to imagine. This implies that it is not authenticity as such, but the emphasis on making something real in your mind that gave RME its name. For the problems presented to the students, this means that the context can be one from the real world, but this is not always necessary. The fantasy world of fairy tales and even the formal world of mathematics can provide suitable contexts for a problem, as long as they are real in the students' minds and they can experience them as real for themselves“ (van den Heuvel-Panhuizen 2005, 2, teilw. hervorgeh. im Orig.). Entsprechend werden Kontextaufgaben in der RME verstanden als Aufgaben, die echte, authentische Problemstellungen enthalten: „In RME context problems [...] are defined as problems of which the problem situation is experientially real to the student. Under this definition, a pure mathematical problem can be a context problem too. Provided that the mathematics involved offers a context, that is to say, is experientially real for the student“ (Gravemeijer & Doorman 1999, 111). In Anlehnung an dieses Verständnis von Kontextproblemen begrenzt sich das Verständnis von Kontexten im Rahmen dieser Arbeit nicht auf lebensweltliche Kontexte, sondern umfasst darüber hinaus bspw. auch innermathematische, authentische Kontexte.

Im Rahmen dieser Arbeit werden – Vergnaud folgend – *Situationen* in Anlehnung an die Aufgaben, welche Schülerinnen bearbeiten, bestimmt (vgl. Kap. 2.3.1). Kontexte beziehen sich – i. S. von Aufgabenkontexten – unmittelbar auf diese Aufgaben bzw. Situationen. Die Charakterisierung von Situationen und Kontexten, welche im Rahmen dieser Arbeit vorgenommen wird, ist anschlussfähig an eine Unterscheidung von Leuders, Hußmann, Barzel und Prediger (2011), welche in ihren Ausführungen explizit sowohl den Begriff der *Situation* und den des *Kontextes* verwenden.

„Ein sinnstiftender (inner- oder außermathematischer) Kontext stellt einen authentischen Rahmen für die Lernsituation dar; auf ihn kann während der Erarbeitung immer wieder zurückgegriffen werden. Der Kontext stellt damit einen unmittelbar eingängigen Anker und ‚roten Faden' für die Lernenden dar“ (ebd., 8). Kontexte werden als thematische Rahmung einer Unterrichtssequenz – als Art „Ausschnitt einer inner- oder außermathematischen Welt“ (ebd., 4) – verstanden und stellen damit – im Sinne von *Aufgabenkontexten* – Einbettungen der Aufgaben von Unterrichtssequenzen dar. Dass Leuders et al. (2011) Kontexte als Rahmung für Lernsituationen auffassen, ist mit den Annahmen, welche im Rahmen dieser Arbeit zu Situationen getroffen wurden, vereinbar und wird in den theoretischen Rahmen dieser Arbeit einbezogen. Situationen, die im Rahmen dieser Arbeit in Anlehnung an Bearbeitungen von Aufgaben konzeptualisiert werden (Kap. 2.3.1), sind ein Strukturierungselement von Kontexten.

Es kann – in Anlehnung an Wedege (1999), van den Heuvel-Panhuizen (2005) und an Leuders et al. (2011, 4) – festgehalten werden: *In der vorliegenden Arbeit werden **Kontexte** in ihrem Verständnis als **Aufgabenkontexte** in den Blick genommen: Ein Aufgabenkontext ist jenes Charakteristikum einer Aufgabe, das den Zusammenhang, das Ereignis oder die lebensweltliche Situation betrifft, in welche die Aufgabe eingebettet ist. Aufgabenkontexte sind damit Ausschnitte außer- und innermathematischer Welten, die sich als Charakteristikum unmittelbar auf Aufgaben beziehen und zugleich bei der Gestaltung von Lernprozessen ein langfristiges Lernen über verschiedene Situationen hinweg ermöglichen.*

Leuders et al. (2011) formulieren daneben Kriterien, die Kontexte idealerweise erfüllen sollten: Kontexte sollten die Kriterien des *Lebensweltbezugs*, der *Authentizität* und das Kriterium der *Reichhaltigkeit* erfüllen, indem sie u. a. „problemhaltig und offen genug [sind], um Lernende zum reichhaltigen Fragen und Erkunden anzuregen" (Leuders et al. 2011, 4, Einf. M. S.). Für die Gestaltung von Lernprozessen gilt es folglich, Kontexte zu finden, die nicht nur für einzelne Aufgaben zur Verfügung stehen, sondern das Potential haben, Lernprozesse zu begleiten und tragfähig für ganze Unterrichtsreihen zu sein. „Ein Kontext ist [...] dann am glaubwürdigsten, wenn er nicht nur für eine einzelne Aufgabe herangezogen wird, sondern wenn er tragfähig genug ist, um langfristige Lernprozesse über mehrere Tage oder Wochen daran entlang organisieren" (ebd., 4).

3.2.1.2 Spezifische Kontexte für die Einführung negativer Zahlen

Die genannten Kriterien des *Lebensweltbezugs*, der *Authentizität* und der *Reichhaltigkeit* gelten insbesondere auch für Kontexte zur Entwicklung individueller Begriffe der negativen Zahl. Im Hinblick auf den Gegenstandsbereich der negativen Zahlen sollte ein Kontext bspw. nach Möglichkeit dem Anspruch genügen „tragfähig für alle Rechenoperationen mit ganzen Zahlen zu sein" (Schindler & Hußmann 2012, 745), um Diskontinuitäten zu vermeiden. In Bezug auf die Einführung negativer Zahlen wird und wurde jedoch – neben diesen Qualitätskriterien für Kontexte – an verschiedener Stelle diskutiert, inwieweit diese überhaupt kontextuell erfolgen sollte und ob ein algebraischer Zugang zu negativen Zahlen geeigneter ist.

Argumente für eine *algebraische Einführung* bestehen u. a. darin, dass diese eher der wissenschaftshistorischen Genese des Begriffs der negativen Zahl entspricht und dass negative Zahlen die Möglichkeit eines ersten formalen Kontaktes mit mathematischen Inhalten bereithalten. „Freudenthal (1973, 1983), pointing out that integer is the first formal mathematics students meet, requires teaching them through inductive extrapolation and the formal approach faithful to the essence of negative numbers, instead of the concrete models whose consistency is damaged. He believed that, only with the formal approaches, students could understand the formality of negative numbers and have a new standpoint towards the mathematical thinking and the mysterious forms, as the mathematicians did" (Woo 2007, 83). Auf der anderen Seite wird jedoch eine *kontextuelle Anbindung* des Begriffs der negativen Zahl nahe gelegt, da es für eine Entwicklung des individuellen Begriffs der negativen Zahl – ebenso für mathematische Begriffe im Allgemeinen – bedeutsam ist, dass dieser auf der Lebenswelt fußt und dort verankert ist (Bruno 2001, 421): Hierfür sprechen die gleichen Argumente wie für die kontextuelle Einführung mathematischer Begriffe im Allgemeinen. Eine kontextuelle Einführung scheint darüber hinaus sinnvoll, um Diskontinuitäten bei der Bildung eines Zahlbegriffs zu vermeiden, da Schülerinnen bspw. den Begriff der natürlichen Zahl oder den Bruchzahlbegriff auch im Kontext kennen lernen und dort verankern. Dass eine kontextuelle Behandlung negativer Zahlen sinnvoll und gewinnbringend ist, darauf deuten Ergebnisse einer Studie von Borba (1995) hin: Hierin konnte aufgezeigt werden, dass es qualitative Unterschiede in den Vorgehensweisen der in dieser Studie untersuchten Schülerinnen zu geben scheint, die sich dadurch unterscheiden, ob Schülerinnen negative Zahlen formal oder kontextuell kennen lernen: In dieser Studie, in der beide Wege der Einführung mit zwei Gruppen von Schülerinnen erprobt wurden, zeigten zwar beide Gruppen signifikante Leistungsanstiege zwischen Pre- und Posttest in Additions- und Subtraktionsaufgaben. Während die Schülerinnen der Gruppe mit einer formalen Einführung mittels verschiedener prozeduraler Vorgehensweisen – und teilweise „falschen" Regeln – zu richtigen Ergebnissen gelangten, konnten die Schülerinnen der anderen Gruppe darüber hinaus *Erklärungen* für ihr Vorgehen anführen (ebd., 331). Die Schülerinnen dieser Studie schienen bei einer kontextuellen Einführung eher dazu in der Lage, begründet und mit einer größeren Sicherheit vorzugehen. Dies deutet auf einen Vorzug eines kontextuellen Zugangs hin. Die Schülerinnen, bei denen ein kontextueller Zugang erfolgt war, zeigten jedoch teilweise noch Unsicherheiten im Zusammenhang mit der Subtraktion. Borba (1995, 231) schlussfolgert, dass für die Gruppe, welche eine kontextuelle Einführung erhalten hatte, vermutlich *mehr Lernzeit* für Erfahrungen mit der Subtraktion erforderlich sei.

Die Vorzüge eines kontextuellen Zugangs belegen auch Mukhopadhyay et al. (1990, 287): „This study [...] finds that people show a superior ability to use and understand mathematical ideas when the relevant concepts and operations are introduced in a contextualized, familiar social situation". Ebenso, wie es für Begriffe und ihre Entwicklung im Allgemeinen vielfach bedeutsam ist, dass diese Erfahrungen in Kontexten entspringen, scheint es auch für die Entwicklung eines individuellen Begriffs der *negativen Zahl* bedeutsam, dass dieser in bestimmten Kontexten verankert ist und hieraus initiiert wird (vgl. Bell 1986, 1993).

Wenn ein Zugang zu negativen Zahlen *kontextuell* erfolgt, werden dabei die Rechenoperationen zumeist in lebensweltlichen Kontexten gedeutet, ebenso wie eine Interpretation der Rechenoperationen auch im Zusammenhang mit natürlichen Zahlen erfolgt. Solche Deutungen im Zusammenhang mit negativen Zahlen sind jedoch komplexer als für natürliche Zahlen: Während sie zwar bspw. für die Addition oftmals noch tragfähig sind, scheitern sie teilweise bereits an einer sinnvollen Interpretation der Subtraktion, für die eine gewisse Gedanken-„Akrobatik" erforderlich ist (Janvier 1985, 136). Für die Multiplikation sind die kontextuellen Modelle dann überdies oftmals völlig unzureichend (vgl. Carrera de Souza et al. 1995, 232). Daher wird im Zusammenhang mit einer kontextuellen Einführung negativer Zahlen wiederkehrend diskutiert, dass ein solcher Zugang – gerade im Hinblick auf die Rechenoperationen wie die Multiplikation – meist gekünstelt und nicht aus der Lebenswelt abgeleitet, sondern ihr gewissermaßen ‚übergestülpt' sei (vgl. Schwarz, Kohn & Resnick 1993/1994). Auch Fischbein (1987) führt an, es gebe kein intuitives Modell, das gleichzeitig auch alle Eigenschaften der negativen Zahlen bereithalte. „He therefore concludes that the topic of negative number should be taught only when the students are ready to cope with intramathematical justifications. In our terms, then, he recommends that the teacher avoid any attempt to give 'out of school' meaning to negative numbers" (Linchevski & Williams 1999, 134). Der Einwand Fischbeins, es gebe bislang kein konsistentes kontextuelles Modell, muss ernst genommen werden. Jedoch handelt es sich in diesem Zusammenhang bei den negativen Zahlen nicht um einen Einzelfall: Für andere Gegenstandsbereiche, wie bspw. für die Bruchzahlen, gilt ebenso, dass es kein Kontext gibt, welcher für den *gesamten* Lehrgang tragfähig ist und dabei alle möglichen Vorstellungen optimal unterstützt. Anstatt die Vorzüge einer kontextuellen und algebraischen Einführung gegeneinander aufzuwiegen, sollte ein Lehrgang zur Einführung negativer Zahlen sowohl kontextuelle als auch algebraische Aspekte beinhalten: „We believe that we have shown that at least we can avoid introducing integers and the operations of addition and subtraction purely algebraically from the beginning. Further we argue that even if a purely formal algebraic treatment of all the operations should come later, the early treatment of the concept and the operations through models is desirable, because they facilitate intuition" (Linchevski & Williams 1999, 143f.). Begriffsbildung kann sich demnach nicht auf ein Lernen in Kontexten *beschränken*. Im Gegenteil: Erfahrungen aus der Lebenswelt können und sollten zwar „als Ausgangspunkte für das Verständnis der ganzen Zahlen genutzt werden, allerdings hängt ein vollständiges Verständnis von der Fähigkeit ab, das Invariante aus den Situationen zu abstrahieren" (Bruno & Martinón 1996, 105, Übers. M. S., vgl. Kap. 2.2.4). Bereits Freudenthal (1968, 5) merkt an, dass die Kraft der Mathematik gerade darin besteht, dass sie nicht in einzelnen Kontexten verhaftet ist, sondern über Kontexte hinweg immer wieder gebraucht werden kann. Dies ist anschlussfähig an die Annahmen u. a. Piagets und Vergnauds, die davon ausgehen, dass eine Situationsinvarianz und das Erkennen von Invarianten zentral für das mathematische Lernen sind, als sie das situationsübergreifende Bestehen kognitiver Strukturen gewährleisten (vgl. Kap. 2.3.2). Nicht die Phänomene einzelner Kontexte, sondern die zugrunde liegenden Strukturen der Kontexte müssen schließlich erfasst werden. Schülerinnen müssen erkennen, dass in unterschiedlichen Kontexten ähnliche Fokussierungen, Urteile und Inferenzen gebraucht werden können. Das Erkennen, dass bspw. die Lage unter dem Meeresspiegel strukturelle Ähnlichkeit zu Temperaturen unter dem Gefrierpunkt hat, ist ein wichtiger Schritt für eine Begriffsentwicklung, die nicht am einzelnen Kontext verhaftet bleibt. In einer Studie von Bruno und Martinón (1999) zeigte sich, dass ein situationsübergreifender Gebrauch nicht ohne weiteres von den Schülerinnen vorgenommen wird, dass vielmehr unterschiedliche Kontexte verschiedene Strategien nahe legen. „However, the environment does have some influence with regard to the solution strategy: problems with the same structure and unknown are solved with different strategies according to the environment" (Bruno & Martinón 1999, 802). Dass die Kontexte, in denen Begriffe entwickelt werden, unterschiedlichen Einfluss auf individuelle mathematische Begriffe und ihre Entwicklung haben, ist unlängst im mathematikdidaktischen Diskurs bekannt. „Numerous research projects have confirmed how important it is that students make sense of the situation that is at hand in a problem, and how contexts can contribute to this sense making" (van den Heuvel-Panhuizen 2005, 6). Dabei ist ein Übertragen des Wissens in andere Kontexte, das Auffinden von Invarianten (s. o.) nicht immer einfach: „It is also a common assumption that once mathematical ideas are understood, the recognition of them in fresh contexts does not present any great difficulty. In fact, structural knowledge tends to be tied to the context in which it is learned and is not easily transferred" (Bell 1993, 12). Der Einfluss, den Kontexte bei einem Zugang zu einem neuen Themengebiet und für die Entwicklung individueller Begriffe haben, ist nicht zu unterschätzen.

Es wird davon ausgegangen, dass Kontexte dementsprechend auch unterschiedlichen Einfluss auf die Entwicklung individueller Begriffe *der negativen Zahl* haben. Dies konnte empirisch bestätigt werden: Es konnte z. B. gezeigt werden, dass ein Rückgriff auf die *Dimensionen* des Zahlbegriffs (vgl. Kap. 3.1.6) und im Speziellen der Gebrauch der Zahlengerade entscheidend durch die Art des Kontexts beeinflusst sind (Bruno 2009, Bruno 1997). Dabei bestätigte sich, dass bspw. in den Kontexten *Guthaben-und-Schulden* und *Chronologie* – entsprechend der Nähe zur kardinalen Dimension – die Zahlengerade weniger verwendet wird als im Kontext *Autostraße*, welcher eine deutliche Nähe zur ordinalen Dimension aufweist (Bruno 1997, 13)[20]. Vor dem Hintergrund dieser kontextuellen Unterschiede ist einem anzustrebenden kontextübergreifenden Gebrauch inferentieller Netze – sowie der Kombination von Kontexten mit geeigneten ‚Modellen' (vgl. dazu Kap. 3.2.2) – große Bedeutung beizumessen. Es sind viele Erfahrungen und eine Reflexion der strukturellen Gesichtspunkte der kontextualisierten Situationen mit den Schülerinnen notwendig, damit die kontextuellen Situationen als Referenz dienen können, um auch ein sinnstiftendes Handeln mit formal-symbolischen Darstellungen zu ermöglichen (Bruno & Martinón 1996, 106).

In der mathematikdidaktischen Diskussion gibt es eine Vielzahl von Kontexten, die für die Einführung negativer Zahlen in Erwägung gezogen und teilweise untersucht wurden. Hierzu gehören die *Höhe über dem Meeresspiegel (z. B. Bruno 1997)*, *Temperaturen (z. B. Bruno et al. 2001, Winter 1989)*, *Chronologie (z. B. Bruno et al. 2001)*, *Guthaben-und-Schulden (z. B. Bruno 1997)* bzw. *Kontostände (z. B. Winter 1989)*, *Pegelstände (z. B. Bruno et al. 2001, Winter 1989)*, *Leistungsvergleiche beim Sport (z. B. Winter 1989)*, *Etagenkennzeichnungen (z. B. Winter 1989)* bzw. *Aufzug (z. B. Bruno 1997)*, *Versäumnisse (Winter 1989)*, *Frost- und Tautage (z. B. Streefland 1996)*, *Autostraße (z. B. Bruno 1997)*, *Trockene und nasse Zahlen in der Schleuse (z. B. Streefland 1993)*, *Hexenkessel (z. B. Streefland 1996)*, *Ost-West-Richtung (z. B. Kishimoto 2005)*, *kleine Züge (z. B. Streefland 1996)*, ein *Sinken der Arbeitslosenzahlen (z. B. Winter 1989)*, ein *Sinken von Preisen (z. B. Winter 1989)*, die *Entwicklung von Populationen (z. B. Winter 1989)*, *Gewinn-und-Verlust*, *Bushaltestelle (z. B. Streefland 1993)*, *Heißluftballons (Janvier 1985)*, *elektromagnetische Ladungen (Battista 1983)* u. v. m.

Im Folgenden wird das Hauptaugenmerk auf den Kontext, der als *Guthaben-und-Schulden* bzw. *Gewinne-und-Verluste* bezeichnet wird, gelegt, da dieser grundlegend für die Lernumgebung und die Unterrichtsreihe ist, an welcher die Schülerinnen der durchgeführten Untersuchung teilnahmen (für das Design der Untersuchung siehe Kap. 5.1).[21] Charakteristisch ist für diesen Kontext, dass der Umgang mit Geld thematisiert wird, dass positive Zahlen Guthaben oder Gewinne repräsentieren und negative Zahlen entsprechend Schulden oder Verluste verkörpern. Die Bezeichnungen *Guthaben-und-Schulden* (bspw. Bruno 1997) und *Gewinne-und-Verluste* (Borba 1995) werden im mathematikdidakti-

20 Was unter dem Kontext *Autostraße* verstanden wird, kann an folgendem Beispiel veranschaulicht werden: „Ein Auto befindet sich bei Kilometer 6 einer Autostraße und es bewegt sich 5 km nach links. Bei welchem Kilometer befindet sich das Auto nach dieser Bewegung?" (Bruno Castañeda & Martinón Cejas 1994, 11)

21 Für die Diskussion anderer Kontexte, ihrer Vorzüge und Schwachstellen, vergleiche Borba (1995), Bruno (1997, 2001, 2009), Streefland (1993, 1996), Human & Murray (1987).

schen Diskurs analog verwendet und beziehen sich entsprechend auf ähnliche Problemstellungen. Diese Problemstellungen können sowohl eine statische Struktur haben – wenn bspw. zwei Status verglichen oder addiert werden – als auch dynamisch sein – wenn bspw. Variationen addiert werden. Im Folgenden wird dieser Kontext als ***Guthaben-und-Schulden*** Kontext bezeichnet, da es sich hierbei um die gängigste Bezeichnung dieses Kontexts handelt und somit eine terminologische Anschlussfähigkeit an die mathematikdidaktische Diskussion gewährleistet wird.

Bei dem Kontext *Guthaben-und-Schulden* handelt es sich wohl um den Kontext, der im Zusammenhang mit der Einführung negativer Zahlen am eingehendsten untersucht und am intensivsten diskutiert wurde. Er bietet verschiedene ***Vorzüge***. Allem voran spricht für diesen Kontext, dass Erfahrungen im Umgang mit Geld und dem Leihen von Geld den Schülerinnen vielfach bekannt sind (Bruno et al. 2001, 85) und er damit die Kriterien des Lebensweltbezugs und der Authentizität (s. o.) erfüllt: „Eine [...] Forderung an Kontexte ist, dass sie [...] an die Realitäten, Vorerfahrungen und Interessen der Lernenden anschließen und deren vorhandene Denk- und Handlungsmuster erweitern, so dass subjektive Relevanz erfahrbar wird. Zu dieser Lebenswelt zählen erlebte Situationen aus dem unmittelbaren oder medial erlebten Alltag der Lernenden" (Leuders et al. 2011, 4). Schülerinnen können durchaus bereits Erfahrungen mit eigenen Schulden bspw. bei den Eltern gemacht haben oder mit der Thematik von Schulden – im Elternhaus oder z. B. über das Fernsehen – bekannt sein. Die Vertrautheit macht den Kontext Guthaben-und-Schulden in dieser Hinsicht zu einem geeigneten Kontext, um negative Zahlen einzuführen (Bruno 1997, 17), mit welchem Vorstellungen von Zahlen und Operationen entwickelt und aufgebaut werden können. In empirischen Untersuchungen konnte aufgezeigt werden, dass Schülerinnen, wenn sie selbst Geschichten zu ganzen Zahlen erfinden, den Kontext Guthaben-und-Schulden öfter nutzen als andere Kontexte, wie bspw. Temperatur, Meeresspiegel (Bruno 1997). Es konnte auch gezeigt werden, dass eine Einführung negativer Zahlen über den Kontext „Gewinne und Verluste" zu besseren Ergebnissen der Schülerinnen bei Additions- und Subtraktionsaufgaben im Posttest führte, als über den Kontext Temperaturen (Borba 1995).[22] „Der Kontext Guthaben-Schulden trägt zu einem größeren Erfolg beim Lösen bei, da er *einfacher zu verstehen* ist, was darauf hinweist, dass es ein adäquater Kontext

---

22 Diese Untersuchung unterliegt allerdings der Einschränkung, dass diese in Brasilien durchgeführt wurde. „Brazil is a tropical country where very little variation is observed on temperature measurements and only very few cities occasionally have marked temperatures below zero" (Borba 1995, 229). Es ist davon auszugehen, dass die Schülerinnen kaum über lebensweltliche Erfahrungen im Zusammenhang mit negativen Temperaturgraden verfügten, sodass ein Anschluss an die lebensweltlichen Erfahrungen nicht gewährleistet war.

ist, um das Lernen mit diesen Zahlen zu beginnen" (Bruno 2001, 424, Übers. & Hervorh. M. S.).

Der Kontext Guthaben-und-Schulden hat auch ***Schwachstellen***, welche es bei der Einführung negativer Zahlen zu kennen, zu prüfen und zu berücksichtigen gilt. Ein wesentlicher Aspekt ist in diesem Zusammenhang, dass der Kontext Guthaben-und-Schulden aus sich heraus kaum einen Bezug zur Zahlengerade hat. Die Mehrheit der Schülerinnen gebraucht die Zahlengerade im Kontext Guthaben-und-Schulden weniger als in anderen Kontexten (Bruno 2001, 425). Andere Kontexte, wie bspw. Temperaturen oder Höhen über dem Meeresspiegel, die eine Skala im Sinne einer Zahlengeraden beinhalten, erleichtern einen Wechsel zur ordinalen Anordnung der Zahlen weit mehr; dort ist eine senkrechte oder auch eine waagerechte Anordnung naheliegender. Der fehlende Bezug zur Zahlengeraden steht mit der zweiten wesentlichen Schwäche des Kontexts Guthaben-und-Schulden in Zusammenhang. Wie alle Kontexte, in denen zwei verschiedene Arten von ‚Quantitäten' verglichen werden (Guthaben-Schulden, Fehlstunden-Überstunden, kalte und heiße Würfel, ...), legt auch der Kontext Guthaben-und-Schulden eine Ordnungsrelation einer geteilten Zahlengerade (vgl. Kap. 3.1.4) nahe. "The debts and asset analogue appeared to encourage the use of a Divided Number Line model, resulting in difficulties when children had to perform calculations involving crossing over the zero amount from a debts to an assets status" (Mukhopadhyay et al. 1990, 281). Schülerinnen scheinen Guthaben und Schulden als zwei Arten von Quantitäten aufzufassen, was eine einheitliche *Ordnungsrelation* behindert. Neben der Ordnung der Zahlen scheinen auch die Rechenoperationen hierdurch erschwert, wenn durch das Überschreiten der Null beide Arten von Quantitäten relevant werden (ebd.).

Malle (1988, 276f.) zeigte, dass einige Schülerinnen im Rahmen seiner empirischen Untersuchung wiederholt den Bezugspunkt wechselten und auf der einen Seite für die Bank, auf der anderen Seite für die Personen argumentierten. Einhergehend mit unterschiedlichen Fokussierungen kann ein Zustand damit sowohl negativ (der Kontostand für die Person) als auch positiv (das Guthaben der Bank) sein. Diese Erkenntnis deutet darauf hin, dass die von den Schülerinnen gewählten Fokussierungen für den Größenvergleich wesentlich sind. Es wäre an dieser Stelle von Interesse, ob es Schülerinnen teilweise nicht *gelingt*, eine Fokussierung beizubehalten, oder aber ob sie diese *bewusst* wechseln, um andere Zusammenhänge herauszustellen.

Trotz der aufgeführten Schwachstellen des Kontextes Guthaben-und-Schulden sprechen die o. g. überwiegenden Argumente *für* einen Gebrauch dieses Kontextes. Die Schwächen des wenig intuitiven Bezugs zur Zahlengerade, des nahe liegenden Modells der geteilten Zahlengerade, sowie möglicherweise wechselnder Bezugspunkte bei Schülerinnen müssen indes durch die Wahl geeigneter Modelle (vgl. Kap. 3.2.2) und in der Gestaltung von Lernumgebungen bewusst Beachtung finden.

3.2.2 Modelle für die Einführung negativer Zahlen

Für die Einführung negativer Zahlen werden neben Kontexten auch verschiedene *Modelle* diskutiert, wobei wenig Einigkeit darüber herrscht, wie der Begriff Modell zu konzeptualisieren ist. „In fact, the views of most authors on the use of models do not seem to converge“ (Janvier 1985, 136). Im Folgenden werden zunächst einige Charakteristika von Modellen herausgestellt, um den Begriff grob zu skizzieren, woran sich eine Eingrenzung des Begriffs für den Rahmen dieser Arbeit anschließt.

3.2.2.1 Modelle – eine Begriffsbestimmung

Im Zusammenhang mit negativen Zahlen wird vielfach über geeignete Modelle diskutiert, die den Zugang zu dieser Thematik erleichtern. „The term ‚model‘ sometimes implies a manipulative aid (such as a diagram or chart, or the double abacus) and at others refers to some situation in which ‘intuitive’ knowledge can be used (such as balloons with weight attached)" (Linchevski & Williams 1999, 134). Modelle werden meist als etwas betrachtet, das dazu genutzt und gezielt dazu eingesetzt wird, Schülerinnen das Lernen bestimmter Inhalte zu erleichtern: „Designers search for a way to support students organizing their thinking that can be modeled/inscribed in the form of physical tools and symbols“ (Stephan & Akyuz 2012, 431). Gerade die *Funktion* als Hilfe und Unterstützung zur Erschließung eines Gegenstandsbereichs ist charakterisierend für Modelle. Für die Modelle im Zusammenhang mit negativen Zahlen ist zentral, dass sie eine Interpretation negativer Zahlen, sowie ihres Vergleich, ihrer Addition, Subtraktion, Multiplikation und Division ermöglichen. Dabei wird in der Regel der Anspruch erhoben, dass Modelle für alle Inhalte im Zusammenhang mit negativen Zahlen tragfähig sind. Ob es – ähnlich wie bei dem Gegenstandsbereich der Bruchzahlen – hingegen auch ausreicht, wenn sie nur für bestimmte, ausgewählte Aspekte adäquat oder tragfähig sind, und es entsprechend möglich und sinnvoll ist, mehrere Modelle für den Lehrgang mit negativen Zahlen zu kombinieren, wird kaum diskutiert. Modelle für die Einführung negativer Zahlen sollen die Transferierbarkeit des Gelernten über Kontexte hinweg (Janvier 1985, 136) gewährleisten, indem sie bestimmte Strukturen und Zusammenhänge des Gegenstandsbereichs herausstellen, die übergreifend und auch losgelöst von Kontexten gelten. Sie machen diese Strukturen für die Lernenden mithilfe von Darstellungen transparent. „Diese Modelle sind repräsentativ, das heißt dass sie die negativen Zahlen und ihre Operationen ausgehend von einer grafischen Darstellung oder mit konkretem Material zeigen“ (Bruno & Martinón 1996, 101, Übers. M. S., vgl. auch Borba 1995, 230). Damit unterstützen sie das Ausbilden inferentieller Netze, die situationsübergreifend genutzt werden können.

3.2.2.2 Spezifische Modelle für die Einführung negativer Zahlen

Während in der Literatur teilweise auch verschiedene kontextuelle Zusammenhänge als Modelle bezeichnet werden (bspw. Heißluftballons, vgl. Linchevski & Williams 1999, 134), wird im Rahmen dieser Arbeit im Anschluss an bspw. Bruno (2001, 420), Beatty (2010, 219) und Stephan und Akyuz (2012, 431) zwischen zwei Gruppen von Modellen unterschieden, in welche die verschiedenen diskutierten Modelle eingeordnet werden können (vgl. ebd.): Das ***Ausgleichsmodell*** und das ***Modell der Zahlengerade***. Beide Modelle stellen Referenzkontexte zur Interpretation formal-symbolisch dargestellter negativer Zahlen dar. Sie greifen je auf eine *Darstellung* negativer Zahlen zurück, welche die Grundlage für eine Konzeptualisierung negativer bzw. ganzer Zahlen und zugleich der Rechenoperationen mit ganzen Zahlen bilden.

Mit dem in Anlehnung an Bruno (2001) als *Ausgleichsmodell* bezeichneten Modell werden negative Zahlen aus ihren lebensweltlichen Kontexten heraus als Mengen thematisiert, die positive Mengen ausgleichen (vgl. u. a. Bruno 2001, Stephan & Akyuz 2012, Beatty 2010, Janvier 1985). „[It] is based on the idea of mixing objects opposite in nature (such as protons and electrons, full and empty, black and white objects...) and using couples of pairs to basically represent them“ (Janvier 1985, 136, Einf. M. S.). Kontexte wie Guthaben-und-Schulden, elektromagnetische Ladungen, Frost- und Tautage usw. legen dieses Modell nahe, welchem die Annahme über geordnete Paare zugrunde liegt. Ganze Zahlen werden hier meist als Plättchen dargestellt, wobei positive und negative Zahlen unterschiedliche Farben haben. Je ein positives und ein negatives Plättchen gleichen sich gegenseitig aus. Dieses Modell greift im Hinblick auf eine Anschlussfähigkeit an die natürlichen Zahlen vor allem den kardinalen Zahlaspekt auf. Es gibt verschiedene Ansätze, die dieses Modell für die Einführung negativer Zahlen nutzen, bspw. in Form eines doppelten Abakus (Linchevski & Williams 1999, Dirks 1984), mithilfe von Spiel-Chips (Flores 2008, Smith 1995) oder durch + und – Zeichen, die Ladungen repräsentieren und sich gegenseitig ausgleichen (Battista 1983).

Neben dem Ausgleichmodell wird das *Modell der Zahlengeraden* als Modell zur Einführung diskutiert und gebraucht (vgl. u. a. Bruno 2001, Stephan & Akyuz 2012, Beatty 2010, Janvier 1985). Die Darstellung der Zahlengeraden wird hier genutzt, um bspw. daran eine Interpretation der negativen Zahlen, ihres Vergleichs und teilweise auch der Rechenoperationen zu ermöglichen. Negative Zahlen können dabei sowohl als Positionen an der Zahlengeraden oder als Bewegungen auf der Zahlengeraden gedeutet werden (vgl. Janvier 1985, 136, Bruno 2001, 420). Kontexte, in denen eine Skala oder anschauliche Deutung von Bedeutung ist, wie bspw. Meeresspiegel, Temperaturen oder Aufzüge, legen das Modell der Zahlgerade nahe. Dass der Gebrauch des Modells der Zahlengeraden mit der Art der Kontexte einhergeht, da dieses Modell durch die ordinale Darstellung eine große Nähe zu lebensweltlichen Kontexten mit ordinaler Struktur hat, wurde auch empirisch bestätigt (vgl. Bruno 2009, 100). Im Zusammenhang mit diesem Modell wurden viele Untersuchungen – insbesondere der Forschungsgruppe um Alicia Bruno (bspw. Bruno 1997, Bruno & Martinón 1996, Bruno & Cabrera 2005) – durchgeführt.

In der mathematikdidaktischen Disziplin wurde lange darüber diskutiert, welche der beiden Arten von Modellen zur Einführung negativer Zahlen zu präferieren ist. Es konnte jedoch kein Konsens erlangt werden (Bruno 2001, 420, Bruno & Martinón 1996, 103). Aus heutiger Perspektive kann festgestellt werden, dass beide Arten von Modellen unterschiedliche Gesichtspunkte ganzer Zahlen herausstellen und entsprechend verschiedene Vorzüge und Nachteile haben. Die Erkenntnisse, die in Untersuchungen hinsichtlich einer Eignung der Modelle gewonnen wurden, können herangezogen werden, um die Vorzüge der beiden Arten von Modellen auszuschärfen.

Hinsichtlich der Fragestellung, inwiefern die Modelle Schülerinnen einen *intuitiven Zugang* ermöglichen, fanden Peled et al. (1989) heraus, dass Schülerinnen die negativen Zahlen teilweise intuitiv auf einer ‚mentalen Zahlengeraden' anordnen (ebd., 107). Dahingegen fand Bruno (1997), dass manche Schülerinnen anstelle der Zahlengeraden „andere Repräsentationen basierend auf diskreten Modellen der Addition und Subtraktion" (Bruno 1997, 14, Übers. M. S.) bevorzugen. Dies scheint darauf hinzudeuten, dass beide Arten von Modellen in gewisser Weise intuitiv für Schülerinnen sind. Bezüglich der *Effektivität* der Modelle deuten die Ergebnisse von Liebeck (1990) an, dass ein Ausgleichsmodell leichte Vorteile bezüglich des Erfolgs beim Lösen von Additionsaufgaben zu haben scheint, während andere Untersuchungen vom Gegenteil zeugen: „Research suggests that these kinds of models [of equilibration] are not beneficial (Streefland, 1996) primarily because students have difficulty understanding the connection between the magnitude of number (in terms of its proximity to zero) and the temperature of an object. Researchers have demonstrated that when teaching negative numbers, a more successful model is a number line, which has been shown to be a more intuitive representation for students (Bruno & Martinon, 1999; Streefland, 1996; Hativa & Cohen, 1995)" (Beatty 2010, 219f., Einf. M. S.). Es ist nicht auszuschließen, dass ein Ausgleichsmodell seine wesentliche Stärke im Addieren und Subtrahieren im Zusammenhang mit ganzen Zahlen hat, während das Modell der Zahlengerade sich insbesondere günstig auf eine einheitliche Ordnungsrelation auswirkt. Denn betrachtet man die beiden möglichen Arten von Modellen im Hinblick auf die Ordnungsrelation für ganze Zahlen, so ist naheliegend, dass ein *Modell der Zahlengerade* mit der Darstellung der einheitlichen Anordnung der Zahlen eher eine einheitliche Ordnungsrelation fördert, während ein Ausgleichsmodell mit zwei unterschiedlichen Arten von Quantitäten eher eine geteilte Ordnungsrelation begünstigt. Für die Lernumgebung, die im Rahmen dieser Arbeit Bewandtnis hat, wurde das Modell der Zahlengeraden gewählt (vgl. Kap. 3.2.3).

3.2.3 „Raus aus den Schulden“ – Eine Lernumgebung zur Einführung der negativen Zahlen

Die Untersuchung, die ihm Rahmen dieser Arbeit durchgeführt wurde, ist eingebettet in das Forschungs- und Entwicklungsprojekt „KOSIMA“ – „*Ko*ntexte für *si*nnstiftenden *Ma*thematikunterricht“ (vgl. Hußmann, Leuders, Barzel & Prediger 2011). Im Rahmen dieses fachdidaktischen Projekts werden Lernumgebungen für Gegenstandsbereiche der Sekundarstufe entwickelt und erforscht. Grundgedanke dabei ist, sinnstiftendes und nachhaltiges Lernen ausgehend von und in Orientierung an die Ansätze der *Anwendungsorientierung* (Blum 1985), des *genetischen Lernens* (Wagenschein 1968, Freudenthal 1991), der *fundamentalen Ideen* (Bruner 1970) sowie der *Kernideen* (Gallin & Ruf 1994) zu ermöglichen. Die mathematikdidaktischen Einbettung auf Theorie- und Designebene geht im Rahmen des Projekts KOSIMA mit einer Praxisnähe einher, die eine herausragende Besonderheit darstellt. Lernumgebungen werden hier nicht nur für einzelne, ausgewählte Gegenstandsbereiche entwickelt – das Projekt hat sich vielmehr zum Ziel gesetzt, flächendeckend die Inhalte der Sekundarstufe I aufzuarbeiten. Das Produkt, welches aus der Projektarbeit entsteht, ist ein Schulbuch für die Klassen 5 bis 10, die *mathewerkstatt*, in welchem die den Curricula entsprechenden Gegenstandsbereiche aufgearbeitet werden. Die Lernumgebungen werden dabei nicht nur entwickelt: Es findet auch eine konsequente Erprobung und – u. a. auch im Rahmen verschiedener Qualifikationsarbeiten – eine tiefenanalytische Beforschung der initiierten Lehr-Lernprozesse statt. Das Projekt wird im Rahmen des Forschungsprogramms der Fachdidaktischen Entwicklungsforschung durchgeführt (Prediger & Link 2012, Prediger et al. 2012) und greift mit seiner Ausrichtung jene Ideen einer Theorie und Praxis verbindenden Entwicklung von Lernumgebungen auf, die u. a. bereits im Rahmen des „Design Research“-Ansatzes (Gravemejier & Cobb 2006, Gravemeijer & Bakker 2006) Berücksichtigung fanden. Damit knüpft das Projekt KOSIMA auch an dem Anspruch an, Mathematikdidaktik als „Desgin Science“ zu betreiben (Wittmann 1998).

Der Dreh- und Angelpunkt der dem Projekt entspringenden Lernumgebungen sind authentische, reichhaltige Kontexte mit Lebensweltbezug, welche eine Grundlage für sinnstiftendes Lernen und lebensweltlich verankerter Begriffsbildung darstellen (vgl. Kap. 3.2.1). „Für das Schulbuch *mathewerkstatt* haben wir daher entschieden, *jedes* Kapitel innerhalb eines Kontextes anzusiedeln, der durch die gesamte Erarbeitungsphase hindurch tragen und die [...] Anforderungen an *sinnstiftende Kontexte* möglichst erfüllen soll“ (Leuders et al. 2011, 4, Hervorh. im Orig.). Auch für die Einführung negativer Zahlen wurde eine solche Lernumgebung entwickelt (Hußmann & Schindler 2013), welche die Grundlage für die Unterrichtsreihe im Rahmen dieser Untersuchung darstellt (vgl. Kap. 5.1).

Neben jenen Aspekten der genutzten Lernumgebung, die im Speziellen die *Ordnungsrelation* im Hinblick auf ganze Zahlen betreffen, werden im Folgenden sowohl der Kontext selbst als auch der Bezug zum gewählten Modell in ihren Grundideen dargestellt. Dies ist zum einen für die Interpretation der Veränderungen der inferentiellen Netze der Schülerinnen über die Unterrichtsreihe hinweg erforderlich, zum anderen kann hiermit gezeigt werden, dass der gewählte Kontext das Kriterium der Reichhaltigkeit erfüllt und ein langfristiges Lernen ermöglicht (s. u.), indem seine Tragfähigkeit über die verschiedenen Rechenoperationen hinweg gezeigt und somit die Wahl für den Kontext begründet werden. Im Folgenden wird zunächst ein Einblick in den gebrauchten Kontext und das Modell gegeben. In einem zweiten Schritt werden die Aufgaben dargestellt, welche die Ordnungsrelation ganzer Zahlen betreffen.

3.2.3.1 „Raus aus den Schulden" – Kontext und Modell

Im Rahmen des Projekts KOSIMA wurde die Lernumgebung zur Einführung der negativen Zahlen entwickelt, mit dem Ziel, Schülerinnen eine von lebensweltlichen Bezügen ausgehende Entwicklung eines tragfähigen Begriffs der negativen Zahl zu ermöglichen. Der Kontext sollte den generellen Kriterien für Kontexte – des Lebensweltbezugs, der Kontextauthentizität und der Reichhaltigkeit (Leuders et al. 2011, 4, vgl. Kap. 3.2.1) – entsprechen. Aus den oben aufgeführten Gründen wurde für die Lernumgebung der Kontext Guthaben-und-Schulden gewählt. Um eine einheitliche Ordnungsrelation zu fördern, wurde dabei bewusst die ordinale Zahldarstellung gewählt und der Kontext in Kombination mit dem *Modell der Zahlengerade* gebraucht. Die Zahlengerade wird in der Lernumgebung zunächst in Form einer „Kontostandsleiste" eingeführt, womit ein Lebensweltbezug intendiert wird, und wird im Rahmen der Lernumgebung sukzessiv vom Kontext losgelöst. Hiermit wird beabsichtigt, den Schülerinnen den Gebrauch der Zahlengeraden als Modell auch in anderen Kontexten und somit einen Transfer zu ermöglichen. Die Schülerinnen sollen inferentielle Netze ausbilden, die sie – mit der Zahlengerade als einem Motor – situationsübergreifend in verschiedenen Kontexten aktivieren und anwenden können. Durch die Wahl des Modells der Zahlengeraden in Kombination mit dem Kontext Guthaben-und-Schulden wird intendiert, dass Schülerinnen bezüglich der Ordnungsrelation neben der *Größe der Schulden*, auf die *Höhe des Kontostandes* fokussieren. Auf diese Weise können die beiden möglichen Ordnungsrelationen für negative Zahlen – einheitlich und gemäß der Beträge – von den Schülerinnen erfahren und thematisiert werden.

Bereits in anderen Ansätzen (vgl. bspw. Mukhopadyhay et al. 1990) wurde der Kontext Guthaben-und-Schulden zur Einführung negativer Zahlen genutzt. Da die gängigen Interpretationen des Kontexts Guthaben-und-Schulden „jedoch nur bedingt authentisch und auch nicht [..] uneingeschränkt tragfähig sind" (Schindler & Hußmann 2012, 745), wurde eine sinnstiftende Interpretation der

Zeichen und Rechenoperationen vorgenommen, in der Guthaben und Schulden, Einnahmen und Ausgaben, sowie darüber hinaus *zeitliche Veränderungen* Berücksichtigung finden. Die Ideen für die Interpretation der vier Grundrechenarten werden im Folgenden kurz skizziert. Die Darstellung dieser Ideen beschränkt sich allerdings auf die Grundideen der Interpretation und bezieht sich *nicht* auf die konkrete Gestaltung der Lernumgebung. Eine Darlegung des intendierten Lernweges der Schülerinnen im Rahmen der Lernumgebung schießt sich an die Darstellung kontextuellen Deutung der Addition, Subtraktion, Multiplikation und Division an. Schließlich werden die Aufgaben, die mit der Thematik der *Ordnungsrelation* maßgebliche Relevanz für das Forschungsinteresse dieser Arbeit haben, detaillierter dargestellt.

3.2.3.2 Addition und Subtraktion

Die Interpretationen der Zahlen und *Zahlzeichen* sind in der entwickelten Lernumgebung zunächst an den Kontext Guthaben-und-Schulden gebunden, sie sind situationsübergreifend jedoch auch in anderen Kontexten analog interpretierbar. Im Folgenden wird vorwiegend die in der Lernumgebung im Kontext Guthaben-und-Schulden erfolgende Interpretation aufgeführt. Zahlzeichen in der Form + und – werden als Bestand oder als Veränderungen gedeutet. Im Rechenausdruck (±a) ± (±b) wird ±a als Bestand gedeutet: +a wäre ein Guthaben, -a würde entsprechend Schulden darstellen. Weitere zu addierende oder subtrahierende Zahlen, hier ±b, werden als Veränderungen interpretiert: +b wird als Einnahmen und -b entsprechend als Ausgaben gedeutet. Im Rechenausdruck (+45)+(-30) werden bspw. +45 als ein anfänglicher Besitz von 45€ und -30 als Ausgaben von 30€ interpretiert.

Operationszeichen der Form + und – werden derweil als zeitliche Veränderungen interpretiert und sind jeweils mit Fragestellungen danach, wie viel Geld man *vor einem Monat* hatte bzw. *in einem Monat* haben wird, verbunden:

Das positive Operationszeichen „+“ wird mit einen Blick ‚in die Zukunft‘ in Zusammenhang gebracht. Damit wird eine *Perspektive des ‚Weiter-Schauens‘* eingenommen – die Schülerinnen denken in zeitlicher Perspektive ***„weiter“***. Die Fragestellung lautet „Wie viel werde ich haben?“. Dies wird an einen konkreten Zeitraum gebunden – in diesem Fall an einen Monat, um eine Kontextanbindung zu gewährleisten. Die Fragestellung lautet entsprechend: „Wie viel werde ich *in einem Monat* haben?“ In dem Beispiel (+45)+(-30) mit einem anfänglichen Guthaben von 45€ und einer Veränderung von -30€ wäre die entsprechende Interpretation: Ich habe 45€ Guthaben und habe monatliche Ausgaben in Höhe von 30€. Wie viel werde ich dann *in einem Monat* haben?

Das Operationszeichen „–“ wird analog als Blick ‚in die Vergangenheit‘ gedeutet. Hiermit wird eine *Perspektive des ‚Zurück-Schauens‘* eingenommen, die ein ***„Zurück“*** in zeitlicher Perspektive bedeutet. Die Fragestellung lautet „Wie viel hatte ich *vor einem Monat*?“. Der Rechenausdruck (+45)–(-30) würde entsprechend interpretiert als: Ich habe jetzt 45€ Guthaben und habe monatliche Ausgaben in Höhe von 30€. Wie viel hatte ich *vor einem Monat*?

Für die Addition und die Subtraktion ergeben sich durch die möglichen Kombinationen von positiven und negativen Vor- und Rechenzeichen acht verschiedene Situationen (vgl. Tab. 3.1).

Tabelle 3.1 Möglichkeiten für Additions- und Subtraktionsaufgaben

Rechen-ausdruck	**Zahlzeichen**		**Rechen-zeichen**	**Situation**
	1. Zahl-zeichen	**2. Zahl-zeichen**		
(+a) + (+b)	Guthaben	Einnahmen	„weiter“	Ich habe a € Guthaben und b€ monatliche Einnahmen. Wie viel werde ich in einem Monat haben?
(+a) + (-b)	Guthaben	Ausgaben	„weiter“	Ich habe a € Guthaben und b€ monatliche Ausgaben. Wie viel werde ich in einem Monat haben?
(-a) + (+b)	Schulden	Einnahmen	„weiter“	Ich habe a € Schulden und b€ monatliche Einnahmen. Wie viel werde ich in einem Monat haben?
(-a) + (-b)	Schulden	Ausgaben	„weiter“	Ich habe a € Schulden und b€ monatliche Ausgaben. Wie viel werde ich in einem Monat haben?
(+a) – (+b)	Guthaben	Einnahmen	„zurück“	Ich habe a € Guthaben und diesen Monat b€ monatliche Einnahmen. Wie viel hatte ich vor einem Monat?
(+a) – (-b)	Guthaben	Ausgaben	„zurück“	Ich habe a € Guthaben und b€ monatliche Ausgaben. Wie viel hatte ich vor einem Monat?
(-a) – (+b)	Schulden	Einnahmen	„zurück“	Ich habe a € Schulden und b€ monatliche Einnahmen. Wie viel hatte ich vor einem Monat?
(-a) – (-b)	Schulden	Ausgaben	„zurück“	Ich habe a € Schulden und b€ monatliche Ausgaben. Wie viel hatte ich vor einem Monat?

Für jeden möglichen Typ einer formal-symbolischen Aufgabe (siehe erste Spalte in Tab 3.1) existiert ein Typ von lebensweltlichen Situationen (siehe letzte Spalte in Tab 3.1). Die Situationen sind damit zum einen in kontextueller als auch in formal-symbolischer Darstellungsform dargestellt. Sie können darüber hinaus an der Zahlengeraden visualisiert werden. Die damit verbundenen Darstellungswechsel werden im Rahmen der Lernumgebung gezielt geübt und thematisiert. Auf diese Weise wird ein anzustrebender Wechsel zwischen formal-symbolischer und kontextueller Fokussierungsebene sowie der Darstellung an der Zahlengerade gewährleistet (vgl. Kap. 3.1.6).

Für den Darstellungswechsel zur Zahlengerade gilt Folgendes: Für (±a) ± (±b) stellt (±a) als der aktuelle Bestand einen Punkt auf der Zahlengeraden dar.

(±b) stellt die Variation und damit einen Pfeil dar. Für +b ist dieser Pfeil im Sinne von Einnahmen nach rechts gerichtet, für -b im Sinne von Ausgaben nach links. Je nachdem, ob als Rechenzeichen ein + oder ein – vorliegt, ob also „weiter" oder „zurück" geschaut wird, muss der Pfeil mit dem Pfeilanfang oder mit der Spitze am aktuellen Bestand ansetzen. Schaue ich „weiter", so setzt der Pfeil mit Anfang an – schaue ich „zurück", so setzt er mit der Spitze am aktuellen Bestand an.

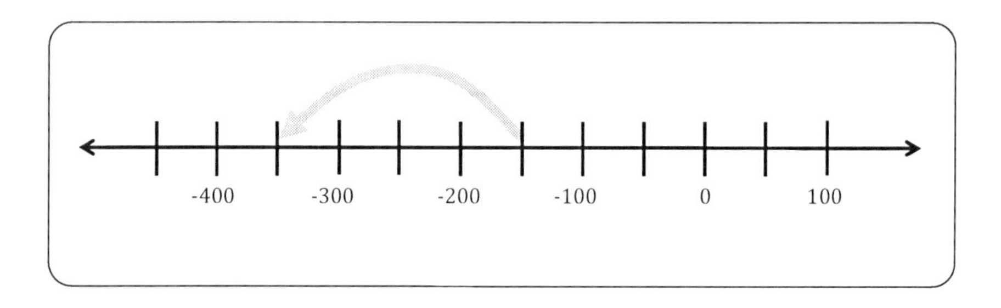

Abbildung 3.5 Addition und Subtraktion an der Zahlengerade

In dem in Abbildung 3.5 dargestellten Beispiel könnte bspw. -150 als der aktuelle Bestand interpretiert werden. Die Variation ist -200 und es wird die Perspektive des „Weiter-Schauens" eingenommen, da der Pfeilanfang am aktuellen Bestand, den -150, ansetzt. Dies entspräche einer Aufgabe der Form (-150) + (-200) = -350 bzw. Ich habe 150€ Schulden und 200€ monatliche Ausgaben. Wie viel werde ich in einem Monat haben?

Die Abbildung kann zudem auf eine andere, zweite Weise interpretiert werden: Hierbei ist der aktuelle Bestand -350, es gibt eine Variation von -200 und es wird die Perspektive des „Zurück-Schauens" eingenommen. Die entsprechende Aufgabe ist (-350) - (-200)= -150 bzw. Ich habe 350€ Schulden und monatliche Ausgaben von 200€. Wie viel hatte ich vor einem Monat?

Jede Darstellung an der Zahlengeraden, in welcher zwei Punkte durch einen Pfeil in Beziehung zueinander stehen, kann – bedingt durch die „Zurück-" und die „Weiter"-Perspektive – in zwei Sichtweisen interpretiert werden.

3.2.3.3 Multiplikation und Division

Die Deutung des Operationszeichens „·" erfolgt in Anschluss an die Deutungen der Addition und Subtraktion als wiederholte zeitliche Veränderungen in die Zukunft („weiter") bzw. in die Vergangenheit („zurück"). Während bei (±a) · (±b) die Deutung des 2. Zahlzeichens (±b) als Einnahmen bzw. Ausgaben erhalten bleibt, wird der erste Faktor (±a) als Blick um a Monate in die Zukunft bzw. in die Vergangenheit interpretiert (vgl. Tab. 3.2).

Tabelle 3.2 Möglichkeiten für Multiplikationsaufgaben

Rechen-ausdruck	Zahlzeichen: 1. Zahl-zeichen	Zahlzeichen: 2. Zahl-zeichen	Situation
(+a) · (+b)	in a Monaten	monatliche Einnahmen	Ich habe monatliche *Einnahmen* von b €. Wie viel werde ich *in a Monaten* mehr/weniger haben?
(+a) · (-b)	in a Monaten	monatliche Ausgaben	Ich habe monatliche *Ausgaben* von b €. Wie viel werde ich *in a Monaten* mehr/weniger haben?
(-a) · (+b)	vor a Monaten	monatliche Einnahmen	Ich habe monatliche *Einnahmen* von b €. Wie viel hatte ich *vor a Monaten* mehr/weniger?
(-a) · (-b)	vor a Monaten	monatliche Ausgaben	Ich habe monatliche *Ausgaben* von b €. Wie viel hatte ich *vor a Monaten* mehr/weniger?

Der Darstellungswechsel zur Zahlengerade ist in Abbildung 3.6 skizziert.

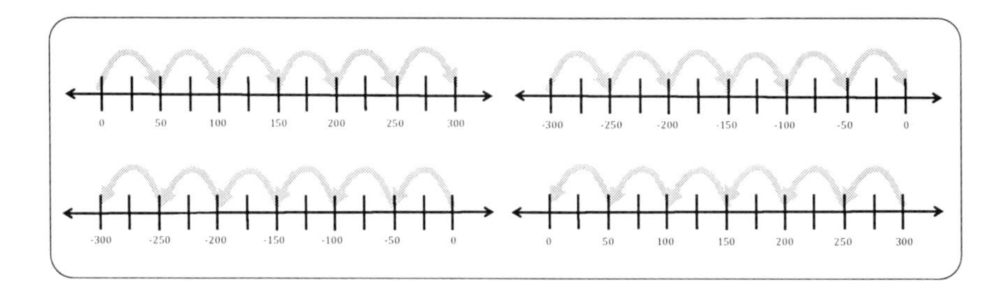

Abbildung 3.6 Multiplikation an Zahlengerade

Die erste Abbildung ist eine Darstellung der Situation (+6) · (+50): Es gibt eine positive Veränderung von je +50, es wird betrachtet, wie sich der Kontostand *in* 6 Monaten verändert haben wird.

Die Abbildung darunter stellt (+6) · (–50) dar: Es gibt eine monatliche Veränderung von –50 und es wird betrachtet, wie dies sich *in* 6 Monaten auf den Kontostand ausgewirkt haben wird.

Die Abbildung oben rechts stellt (–6) · (+50) dar: Es gibt eine monatliche Veränderung von +50 und es wird betrachtet, wie der Kontostand *vor* 6 Monaten war.

Die Abbildung unten rechts stellt die Situation (–6) · (–50) dar: Es gibt eine monatliche Veränderung von –50 und es wird betrachtet, wie der Kontostand *vor* 6 Monaten war.

Das Operationszeichen „:" wird im Anschluss hieran über die Idee der Schuldentilgung eingeführt. Die einführende Fragestellung ist dabei, wie lange es bei einer monatlichen Veränderung von +b dauert, bis der Kontostand sich um +a verändert hat: Wie lange dauert es bspw. bei monatlichen Einnahmen von 50€, bis der Kontostand sich um 300€ erhöht hat? Die entsprechende formal-symbolische Ausdrucksweise wäre (+300) **:** (+50). Entsprechend wird betrachtet, wie lange es bei monatlichen *Ausgaben* in Höhe von 50€ dauert, bis der Kontostand um 300€ *gesunken* ist: (–300) **:** (–50). Beide Klassen von Situationen betreffen den Blick in die Zukunft – die Perspektive, in der „weiter" gedacht wird.

Den Blick „zurück" in die Vergangenheit stellen die Rechenausdrücke (+a) **:** (-b) und (-a) **:** (+b) dar. Mit (+a) **:** (-b) ist die Fragestellung verbunden, wann mit einer monatlichen Veränderung von -b der Kontostand um +a höher *war*. Hier ergibt sich, wie viele Monate dieser Zustand zurück liegt. Zum Beispiel wird (+420) : (-70) interpretiert als: Ich habe monatliche Ausgaben von 70€. Wann war der Kontostand dann 420€ höher als heute? Die Antwort lautet: vor 6 Monaten, also -6. Mit (-a): (+b) ist die Fragestellung verbunden, wann der Kontostand mit einer monatlichen Veränderung von +b um a niedriger war. Die Aufgabe (-300) **:** (+50) wird interpretiert als: Ich habe monatliche *Einnahmen* von 50€. Wann war der Kontostand dann 300€ *niedriger* als heute? Die Antwort lautet: *vor* 6 Monaten, also -6.

Tabelle 3.3 Möglichkeiten für Divisionsaufgaben

Rechen-ausdruck	**Zahlzeichen**		**Situation**
	1. Zahl-zeichen	**2. Zahl-zeichen**	
(+a) : (+b)	mehr haben/ höherer Konto-stand	monatliche Einnahmen	Ich habe monatliche *Einnahmen* von b€. Wann habe ich a€ *mehr* auf dem Konto?
(+a) : (-b)	mehr haben/ höherer Konto-stand	monatliche Ausgaben	Ich habe monatliche *Ausgaben* von b€. Wann hatte ich a€ *mehr* auf dem Konto?
(-a) : (+b)	weniger ha-ben/niedriger Kontostand	monatliche Einnahmen	Ich habe monatliche *Einnahmen* von b€. Wann hatte ich a€ *weniger* auf dem Konto?
(-a) : (-b)	weniger ha-ben/niedriger Kontostand	monatliche Ausgaben	Ich habe monatliche *Ausgaben* von b€. Wann habe ich a€ *weniger* auf dem Konto?

Auch diese Situationen werden an der Zahlengeraden dargestellt und die Darstellungswechsel der Schülerinnen gezielt angestrebt. Während (±b) – ebenso wie für die anderen Rechenarten – eine positive bzw. negative monatliche Veränderung im Sinne eines Pfeils darstellt, repräsentiert (±a) den Umfang der Gesamtvariation, für den bestimmt werden muss, wie viele Pfeile „hinein passen".

Für die Darstellung an der Zahlengeraden können durch die inhaltliche Anschlussfähigkeit die gleichen Abbildungen verwendet werden, wie bereits für die Multiplikation (vgl. Abb. 3.7). Die Darstellung oben links stellt (+300) : (+50) dar, die Abbildung unten links (–300) : (–50). Die Abbildung oben rechts stellt (–300) : (+50) dar, während die Abbildung unten rechts (+300) : (–50) darstellt.

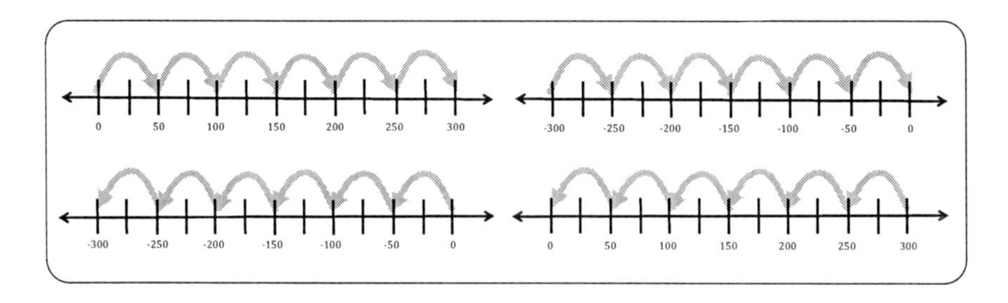

Abbildung 3.7 Division an Zahlengerade

3.2.3.4 Die Gliederung der Lernumgebung „Raus aus den Schulden"

Im Folgenden wird ein Überblick über die Gliederung des Gegenstandsbereichs gegeben und damit zugleich der intendierte Lernweg der Schülerinnen in der Lernumgebung „Raus aus den Schulden" beschrieben. Damit ist zum einen die Intention verbunden, den Gegenstandsteilbereich der Ordnung der ganzen Zahlen im Hinblick auf die Chronologie des Lernweges der Schülerinnen einzuordnen. Zum anderen wird damit ein Überblick über die weitere Gliederung des Gegenstandsbereichs der Lernumgebung gegeben, die als Hintergrund für die Betrachtung von Veränderungen der inferentiellen Netze der Schülerinnen über die Unterrichtsreihe hinweg offen gelegt sein sollte. Eine detaillierte Darstellung der konkreten Gestaltung der Lernumgebung erfolgt jedoch einzig das Spiel „Raus aus den Schulden", da ihm als Ausgangspunkt der Lernumgebung eine besondere Bedeutung für den Lernprozess der Schülerinnen zukommt.

Einführung: Das Spiel

Zu Beginn der Lernumgebung steht das Spiel „Raus aus den Schulden". Dieses Spiel wird in der Regel zu viert von den Schülerinnen gespielt. Die Spielidee beseht – wie der Name des Spiels bereits andeutet – darin, dass die Schülerinnen in der Rolle von verschuldeten Personen versuchen, ihre Schulden zu tilgen.

Vor dem Spiel

Die Schülerinnen spielen in der Regel zu viert und erhalten jeweils eine ***Haushaltskarte***, die Informationen zu ihrem Familienstand, ihren Schulden, zu monatlichen Einnahmen und Ausgaben sowie zu eventuell vorhandenen Luxusgütern enthält (Abb. 3.8[23]).

Haushalts-Karte
Familienstand:
2 Erwachsene und 1 Kind
Schulden:
300 €
Monatliche Einnahmen: 700 €
Monatlicher Verdienst
Monatliche Ausgaben: 800 €
für Wohnung, für Lebensmittel u.a.

plus 1 Luxusgut
für 150 € monatlich

Abbildung 3.8 Haushaltskarte

Unter Luxusgütern werden Dinge des täglichen Gebrauchs – wie z. B. ein Auto, ein Handy, Nachhilfe für die Kinder, ein Zeitungsabonnement – verstanden, die monatliche Kosten verursachen.

Neben einer Haushaltskarte erhält jede Spielerin ein individuelles ***Haushaltsziel***, das es im Rahmen des Spiels zu erreichen gilt (Abb. 3.9).

Haushaltsziel
Du hast gewonnen, wenn
Du 200€ Guthaben und 5
Luxusgüter besitzt

Abbildung 3.9 Haushaltsziel

23 Die folgenden Abbildungen entstammen der Lernumgebung „Raus aus den Schulden" (Hußmann & Schindler 2013), welche im Laufe des Jahres 2013 erscheinen wird.

Das Haushaltsziel besteht in der Regel darin, schuldenfrei zu werden und eine bestimmte Anzahl oder Art von Luxusgütern zu besitzen. Die Spielerin, die als erstes ihr Haushaltsziel erreicht, gewinnt das Spiel.

Für die Lernumgebung stellt das ‚Spielbrett' in Form einer Kontostandsleiste ein wesentliches Anschauungsmittel dar (vgl. Abb. 3.10).

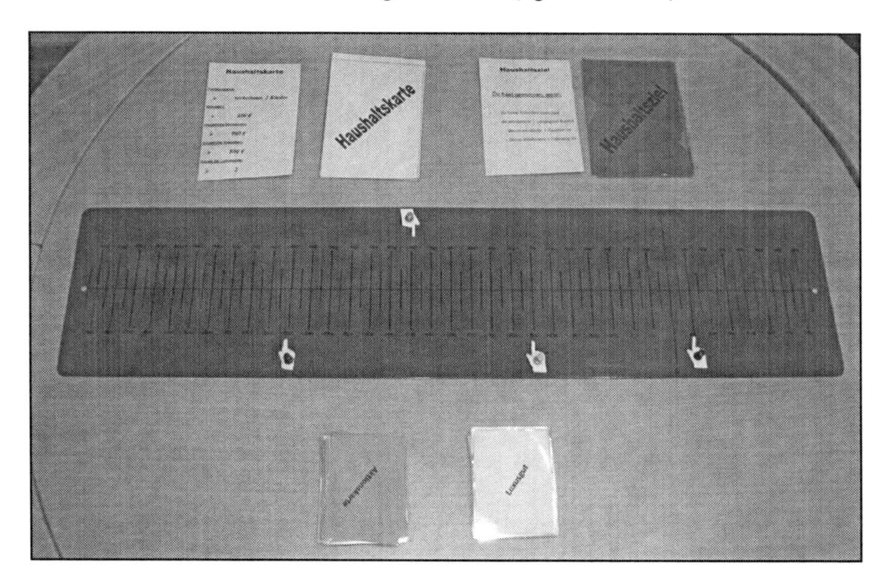

Abbildung 3.10 Spielbrett „Raus aus den Schulden"

Jede Spielerin erhält ein Püppchen und positioniert es an der Stelle, die ihrer Ausgangslage, bspw. 300€ Schulden, entspricht.

Die Spielrunden

Jede Spielrunde steht für einen Monat. Die Schülerinnen sind in den Spielrunden nacheinander an der Reihe. Dabei werden von jeder Spielerin folgende Aktionen durchgeführt:

1. Die Spielerinnen dürfen...
   a. ein *Luxusgut* vom Stapel ziehen oder ablegen,
   b. eine *Aktionskarte* ziehen und ausführen oder
   c. ein *Luxusgut* mit einem Mitspieler tauschen.

Hinter den *Aktionskarten* verbergen sich verschiedene, meist einmalige Ereignisse, wie bspw. ein Gewinn, ein Erlös aus einem Verkauf oder eine plötzliche finanzielle Belastung. Über die Wahlmöglichkeit der drei alternativen Handlungen (a, b, c) können die Schülerinnen versuchen, die Entwicklungen zu steuern, um ihr Haushaltsziel verfolgen.

2. Die Spielerinnen bestimmen ihren monatlichen ‚Geldfluss', indem sie ihre Einnahmen und Ausgaben ermitteln. Das Wort ‚Geldfluss' wurde bewusst als Oberbegriff für Einnahmen und Ausgaben gewählt und wird in der Lernumgebung eingeführt, da es sich vielfach als günstig erweist, allgemein nach dem ‚Geldfluss' zu fragen, ohne explizit auf die Richtung des Geldflusses hinzuweisen. Der Terminus Geldfluss nimmt daher im Spiel und auch in der Lernumgebung einen großen Stellenwert ein. Die Schülerinnen ‚ziehen' diesen an der Kontostandsleiste. Dafür können sie Pfeile als Visualisierung der verschiedenen Einnahmen und Ausgaben und als Hilfe zur Ermittlung der Gesamtvariation benutzen (vgl. Abb. 3.11).

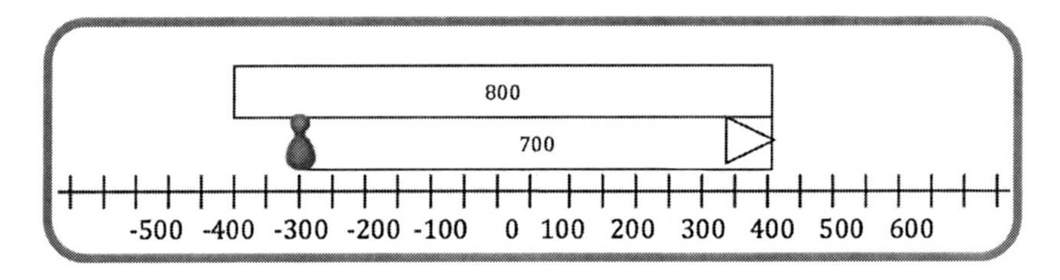

Abbildung 3.11 Pfeile auf dem Spielbrett

3. Die Schülerinnen protokollieren ihren Spielzug in einem *Spielprotokoll.* Damit sind die Schülerinnen zum einen angehalten, den Geldfluss noch einmal individuell an der Zahlengeraden zu repräsentieren, und haben zum anderen die Gelegenheit, die Bewegungen an der Zahlengeraden zu verinnerlichen. Darüber hinaus wird das Spielprotokoll im weiteren Verlauf der Unterrichtsreihe aufgegriffen, um u. a. daran die Interpretation der Addition und Subtraktion zu veranschaulichen. In diesem Protokoll ist für jede Runde bzw. jeden Monat eine Kontostandsleiste abgebildet, in der die Schülerinnen ihren anfänglichen Kontostand als Punkt, die Gesamtvariation als Pfeil und schließlich den resultierenden Stand als Punkt darstellen (vgl. Abb. 3.12).

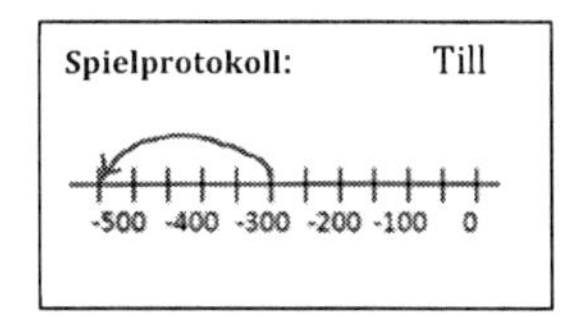

Abbildung 3.12 Spielprotokoll

Während des Spiels machen die Schülerinnen spielerische Erfahrungen mit Bewegungen auf der Kontostandsleiste, die als Stütze und Ankerpunkt für die Erkenntnisse im weiteren Lernprozess dienen.

Weitere Gliederung des Gegenstandsbereichs

Im Folgenden wird die Gestaltung der weiteren Lernumgebung dargestellt. Dabei kommt der Darstellung jener Gesichtspunkte, welche die *Ordnungsrelation* betreffen, aufgrund der Thematik der Zielsetzung dieser Arbeit ein zentraler Stellenwert zu. Daneben werden auch die weiteren Aspekte der Lernumgebung, welche maßgeblich die *Rechenoperationen* betreffen, aufgeführt. Auch wenn diese nicht Untersuchungsgegenstand der vorliegenden Arbeit sind, sind sie in zweierlei Hinsicht relevant: Zum einen ist es wichtig, für die Konsistenz einer Lernumgebung zur Einführung negativer Zahlen zu zeigen, inwiefern diese für alle Rechenoperationen tragfähig ist und wie sie von einem kontextuellen Beginn ausgehend fortgeführt wird (s. o.). Zum anderen ist es für die Analyse individueller Begriffe und ihrer Entwicklung über eine Unterrichtsreihe hinweg von Bedeutung, als Hintergrund auch jene Aspekte der Unterrichtsreihe zu kennen, welche nicht unmittelbar Gegenstand der Untersuchung sind, um die Entwicklungen der inferentiellen Netze vor diesem Hintergrund betrachten und einschätzen zu können.

Im Verlauf der Lernumgebung, welche sich an das Spiel „Raus aus den Schulden" anschließt, wird zunächst das Vorhandensein ‚neuer' Zahlen thematisiert und – im Zusammenhang damit – der Gegenstandsteilbereich der *Ordnung* ganzer Zahlen systematisch behandelt (vgl. folgender Abschnitt). Eine Thematisierung der Ordnungsrelation erfolgt zunächst im Kontext Einnahmen-und Ausgaben, wird jedoch auch losgelöst hiervon betrachtet. Es erfolgt in diesem Zusammenhang eine Ablösung der Kontostandsleiste vom Kontext Einnahmen-und-Ausgaben zugunsten der Zahlengeraden. Die Dekontextualisierung erfolgt zwar zunehmend, es wird jedoch bewusst mitunter zwischen kontextualisierter und nicht kontextualisierter Darstellung der Zahlengerade gewechselt, um einer vorschnellen Entkoppelung vom lebensweltlichen Kontext und von der damit verbundenen Sinnstiftung vorzubeugen.

Es schließt sich, ausgehend von authentischen Sachsituationen, eine Erarbeitung der *Addition und Subtraktion* als „Guthaben und Schulden zusammenrechnen" im Kontext Guthaben-und-Schulden an, bei der die Wechsel der Fokussierungsebenen formal-symbolisch, kontextuell und ordinal an der Zahlengeraden einen wesentlichen Schwerpunkt bilden. Dabei werden die Idee und die Visualisierung aus dem Spiel wieder aufgegriffen und bewusst auf die Erfahrungen der Schülerinnen hierin zurückgegriffen.

Über die Idee des „wiederholt dasselbe rechnen" entdecken die Schülerinnen auch die *Multiplikation* ganzer Zahlen, über die Idee des „Schuldenabbaus" lernen sie, die *Division* im Kontext Guthaben-und-Schulden zu deuten. Wieder ist ein Darstellungswechsel zwischen formal-symbolischer Darstellung, kontextueller Darstellung und ordinaler Darstellung an der Zahlengeraden wesentlich.

Im Anschluss werden die Erfahrungen systematisiert, zugrunde liegende Strukturen werden in den Blick genommen und diese werden gesichert. Es werden bspw. Permanenzreihen für die Addition, Subtraktion und Multiplikation betrachtet. Die Schülerinnen können Regelmäßigkeiten und Regeln entdecken und diese festhalten.

Daneben wird durch die Bearbeitung von Aufgaben in weiteren lebensweltlichen Kontexten ein *Transfer* der erworbenen Erkenntnisse in verschiedene andere Kontexte und somit der Aufbau situations- und auch kontextübergreifender inferentieller Netze angestrebt. Die Schülerinnen sollen, unter anderem durch das Modell der Zahlengerade, situationsinvariante Urteile und Inferenzen aufbauen, die sie nach Möglichkeit in verschiedenen Kontexten flexibel aktivieren und nutzen können. Zwar bilden der Kontext Guthaben-und-Schulden und die Erfahrungen darin die Ankerpunkte für die intendierten Begriffsbildungsprozesse; die Schülerinnen sollen jedoch ausgehend davon lernen, aus diesen Erfahrungen heraus auch Situationen in anderen lebensweltlichen Kontexten und in formal-symbolischer Darstellungsform zu bewältigen. Zu diesem Zweck werden auch andere lebensweltliche Kontexte thematisiert und ein situationsübergreifender Gebrauch der inferentiellen Netze angestrebt.

3.2.3.5 Die Ordnungsrelation in der Lernumgebung „Raus aus den Schulden"

Im oben dargestellten Spiel „Raus aus den Schulden" machen die Schülerinnen spielerische Erfahrungen im Zusammenhang mit dem Ziehen der Spielfiguren auf der Kontostandsleiste. Die Kontostandsleiste ermöglicht es, die Ordnungsrelation im Sinne einer einheitlichen Zahlengerade in den Blick zu nehmen: Je mehr Geld man hat, desto weiter zieht man in Richtung des positiven Zahlbereichs. Diese und weitere Erfahrungen aus dem Spiel werden im Rahmen der Lernumgebung in mehreren und verschiedenen Aufgaben aufgegriffen und vertieft.

Eine dieser Aufgaben thematisiert den Ausbau des Zahlenstrahls zur Zahlengeraden, wobei ein Darstellungswechsel zwischen dem Kontext Guthaben-

und-Schulden sowie der Darstellung an der Zahlengeraden bewusst angeregt wird (vgl. Abb. 3.13). Den Schülerinnen wird es in diesem Zuge ermöglicht, die Erfahrungen aus dem Spiel aufzugreifen und zu nutzen. In diesem Zusammenhang lernen sie auch die Bezeichnung ‚negative Zahlen' kennen, sie finden selbst Beispiele für positive und negative Zahlen (vgl. Abb. 3.15, c)). Darüber hinaus wird auch die Null und ihre Zugehörigkeit zu den positiven oder den negativen Zahlen thematisiert (vgl. Abb. 3.13), da der Umgang mit der Null vielen Schülerinnen im Zusammenhang mit ganzen Zahlen Schwierigkeiten bereitet (Gallardo & Hernández 2007, Russel & Chernoff 2010).

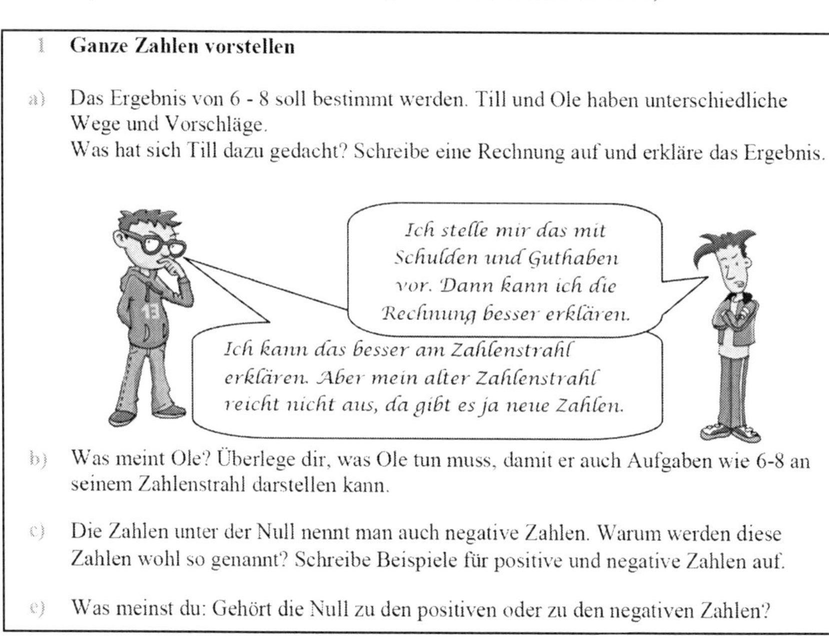

1 **Ganze Zahlen vorstellen**

a) Das Ergebnis von 6 - 8 soll bestimmt werden. Till und Ole haben unterschiedliche Wege und Vorschläge.
Was hat sich Till dazu gedacht? Schreibe eine Rechnung auf und erkläre das Ergebnis.

b) Was meint Ole? Überlege dir, was Ole tun muss, damit er auch Aufgaben wie 6-8 an seinem Zahlenstrahl darstellen kann.

c) Die Zahlen unter der Null nennt man auch negative Zahlen. Warum werden diese Zahlen wohl so genannt? Schreibe Beispiele für positive und negative Zahlen auf.

e) Was meinst du: Gehört die Null zu den positiven oder zu den negativen Zahlen?

Abbildung 3.13 Aufgabe Ordnen 1

Die beiden möglichen Ordnungsrelationen für negative Zahlen werden in einer ersten Aufgabe zum Gegenstand der Betrachtung und Diskussion. Die Schülerinnen haben Gelegenheit, darüber zu diskutieren, ob man bei 300€ Schulden oder bei 400€ Schulden „mehr hat" (vgl. Abb. 3.14, a)). Es schließt sich ein Darstellungswechsel an die Zahlengerade an, bei dem die Schülerinnen ihre Diskussionen fortführen und ggf. weitere Erkenntnisse erlangen können (vgl. Abb. 3.14, b)). Die Schülerinnen üben im Anschluss daran das Anordnen auch negativer Zahlen an der Kontostandsleiste. Im Zusammenhang mit den unterschiedlichen formal-symbolischen Darstellungen negativer Zahlen – einmal durch ein vorangestelltes Minuszeichen, einmal durch die Bezeichnung „Schulden“ – kann die Deutung des negativen Vorzeichens als Zeichen für „Schulden“ thematisiert werden. Entsprechend wird die Analogie zwischen der Kennzeichnung positiver Zahlen durch „Guthaben“ oder ohne Vorzeichen thematisiert, sowie ein Gesprächsanlass dazu geboten, dass man positiven Zahlen auch ein positives Zahlzeichen voranstellen kann (vgl. Abbildung 3.14, c)).

2 Weniger oder mehr Schulden

In den nächsten Aufgaben untersucht ihr das Spiel „Raus aus den Schulden“ genauer.

a)

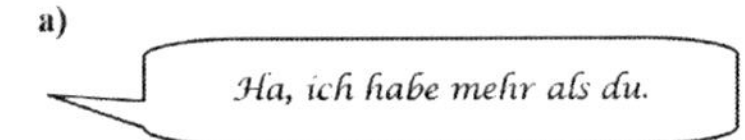

Tills und Oles Haushaltskarten zeigen unterschiedliche Schulden. Till hat 300 € Schulden und Ole hat 400 € Schulden. Beide haben ihre Spielfigur auf die Kontostandsleiste gesetzt.

Was sagt ihr zu Oles Kommentar? Wer von beiden hat mehr?

b) Zeichnet eine Kontostandleiste von -500€ bis +500€ ins Heft und tragt die Kontostände von Till und Ole darauf ein.
Erklärt an der Kontostandleiste, wer mehr Geld auf dem Konto hat.

c) Tragt auch die Kontostände von den anderen Kindern auf der Kontostandleiste ein. Erklärt anschließend, was das Minus vor Tills und Oles Zahlen bedeutet. Warum steht bei Nina kein Zeichen vor der Zahl?

Pia	Schulden 200€	**Till**	- 300€	**Nina**	100 €
Emre	Guthaben 200€	**Ole**	- 400€	**Merve**	Guthaben 300€

Abbildung 3.14 Aufgabe Erkunden 2

Die Erfahrungen bezüglich einer einheitlichen Ordnung werden im Anschluss gesichert und vertieft (vgl. Abb. 3.15). Die Schülerinnen betrachten die Ordnungsrelation für die Werte 7€ und 4€ in Gegenüberstellung zu Ordnungsrelation für die Werte -7€ und -4€, wobei ein Darstellungswechsel zur Zahlengerade intendiert ist (Abb. 3.15, a)). Mit der Aufforderung, zu begründen, warum -7 kleiner ist als -4, wird anschließend eine Loslösung vom Kontext intendiert (vgl. Abb. 3.15, b)). Auch in der sich anschließenden Aufgabe, die vier Zahlen 4, 7, -4, -7 mithilfe der Leitfrage, wer reicher sei, der Größe nach zu ordnen, wird – unter Rückgriff auf den Kontext Guthaben-und-Schulden – eine einheitliche Ordnungsrelation angeregt (vgl. Abb. 3.15, c)).

Darauf folgend wird eine Interpretation von negativen Zahlen als Inverse, als Spiegelung der positiven Zahlen (vgl. Malle 1988, 1989, 2007, vgl. Kap. 3.1.6) thematisiert (vgl. Abb. 3.15, d)). Dabei wird – ausgehend von einer formal-symbolischen Darstellung – ein Wechsel zur Darstellung an der Zahlenge-

raden und in den Kontext Guthaben-und-Schulden vorgenommen. Die Schülerinnen haben im Anschluss die Gelegenheit, über ihre Erfahrungen und Einschätzungen zu sprechen und zu diskutieren (vgl. Abb. 3.15, e)).
Daneben wird die Bezeichnung „ganze Zahlen" für jene Gruppe von Zahlen, die sowohl die positiven als auch die negativen Zahlen umfasst, eingeführt.

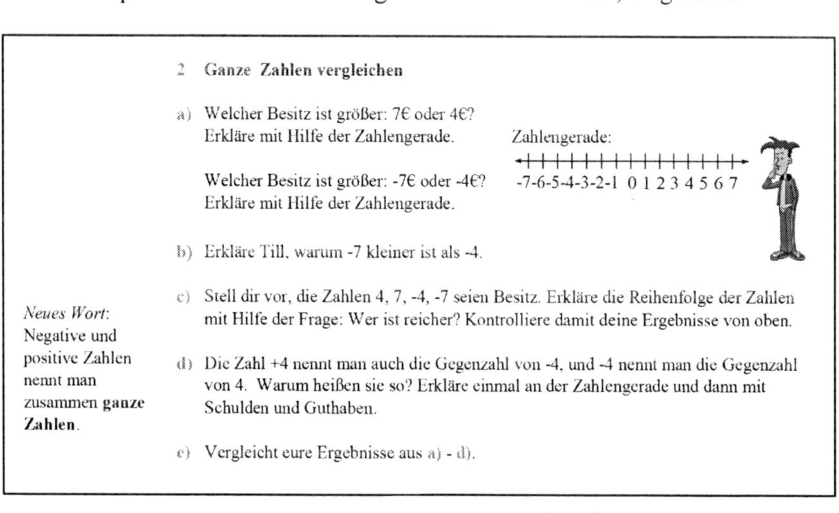

2 **Ganze Zahlen vergleichen**

a) Welcher Besitz ist größer: 7€ oder 4€?
Erkläre mit Hilfe der Zahlengerade.

Welcher Besitz ist größer: -7€ oder -4€?
Erkläre mit Hilfe der Zahlengerade.

Zahlengerade:
-7 -6 -5 -4 -3 -2 -1 0 1 2 3 4 5 6 7

b) Erkläre Till, warum -7 kleiner ist als -4.

c) Stell dir vor, die Zahlen 4, 7, -4, -7 seien Besitz. Erkläre die Reihenfolge der Zahlen mit Hilfe der Frage: Wer ist reicher? Kontrolliere damit deine Ergebnisse von oben.

d) Die Zahl +4 nennt man auch die Gegenzahl von -4, und -4 nennt man die Gegenzahl von 4. Warum heißen sie so? Erkläre einmal an der Zahlengerade und dann mit Schulden und Guthaben.

e) Vergleicht eure Ergebnisse aus a) - d).

Neues Wort: Negative und positive Zahlen nennt man zusammen **ganze Zahlen**.

Abbildung 3.15 Aufgabe Ordnen 2

Die Schülerinnen erhalten darüber hinaus die Möglichkeit, die Darstellungswechsel zwischen kontextueller bzw. formal-symbolischer Darstellung und der Darstellung an der Zahlengerade zu üben und zu vertiefen (vgl. Abb. 3.16), indem sie Kontostände bzw. Zahlen an der Kontostandsleiste bzw. an der Zahlengerade anordnen und eintragen. Die Teilaufgaben sind dabei abnehmend kontextualisiert: Während zunächst noch Schulden und Guthaben an der Kontostandsleiste behandelt werden (vgl. Abb. 3.16, a)), werden anschließend Kontostände der Form -15€, 75€ und +90€ an der Kontostandsleiste eingetragen (vgl. Abb. 3.16, b)). In diesem Rahmen üben die Schülerinnen noch einmal, die Zahlzeichen zu deuten bzw. das Fehlen eines Zahlzeichens als Anzeichen für eine positive Zahl zu interpretieren. Im Anschluss werden in einem weiteren Dekontextualisierungsschritt *Zahlen* der Form -60, +45 und 20 an der *Zahlengeraden* eingetragen (vgl. Abb. 3.16, c)). Dabei besteht kein kontextueller Bezug mehr. Mit der Aufforderung, die Zahlen aus allen vorhergehenden Teilaufgaben im Anschluss noch einmal zusammen an einer Zahlengeraden einzutragen, ist das Ziel verbunden, dass die Schülerinnen die Darstellungswechsel noch einmal sichern und verinnerlichen.

1 Zahlen an der Zahlengerade eintragen

a) Trage die folgenden Kontostände auf einer Kontostandleiste ein:
(1) Schulden 50€, (2) Guthaben 120€, (3) Guthaben 30€, (4) Schulden 85€.

b) Trage die folgenden Kontostände auf einer Kontostandleiste ein:
(1) - 15€, (2) 75€, (3) +90€, (4) -80€.

c) Trage die folgenden Zahlen auf einer Zahlengeraden ein:
(1) 110, (2) -60, (3) +45, (4) -40, (5) 20

d) Trage die Zahlen aus a) b) und c) zusammen auf nur einer Zahlengeraden ein.

Abbildung 3.16 Aufgabe Vertiefen 1

In der folgenden Aufgabe erhalten die Schülerinnen die Gelegenheit, sich eingehend mit der Zahlengerade vertraut zu machen. Da viele Schülerinnen im Umgang mit der Zahlengerade unsicher zu sein scheinen (Bruno & Cabrera 2006, Bruno 2001), wird dieser vertiefenden Sicherung ausreichend Raum gegeben. Die Schülerinnen üben, Zahlen an Zahlengeraden anzuordnen und einzutragen (vgl. Abb. 3.17, a)), wobei die Zahlengeraden unterschiedlich skaliert sind. Die Skalierung wird anschließend bewusst thematisiert: Die Schülerinnen erkunden unter anderem, dass zwei vorgegebene Zahlen genügen, um eine skalierte Zahlengerade zu beschriften, dass jedoch eine Zahl allein keine eindeutige Beschriftung zulässt (vgl. Abb. 3.17, b)).

Die hier dargestellten Aufgaben thematisieren die Ordnungsrelation in verschiedener Weise – auf der Basis der verschiedenen Darstellungsformen und Zahlaspekte (vgl. Kap. 3.1.6) und ihrer Wechsel. In der Gliederung der Lernumgebung schließen sich nach dieser Erweiterung des Zahlbereichs und der Aufarbeitung der Ordnungsrelation Aufgaben im Zusammenhang mit der Addition und Subtraktion ganzer Zahlen an.

3.3 Fazit und Ausblick

Das vorliegende Kapitel bildet den Abschluss des theoretischen Teils dieser Arbeit. In den voranstehenden Kapiteln wurden Begriffe aus sprachphilosophischer und entwicklungspsychologischer Perspektive betrachtet und das Verfügen über mathematische Begriffe wurde konzeptualisiert als das Handhaben-Können der Klassen von Situationen, die dem Begriff aus fachlicher Perspektive

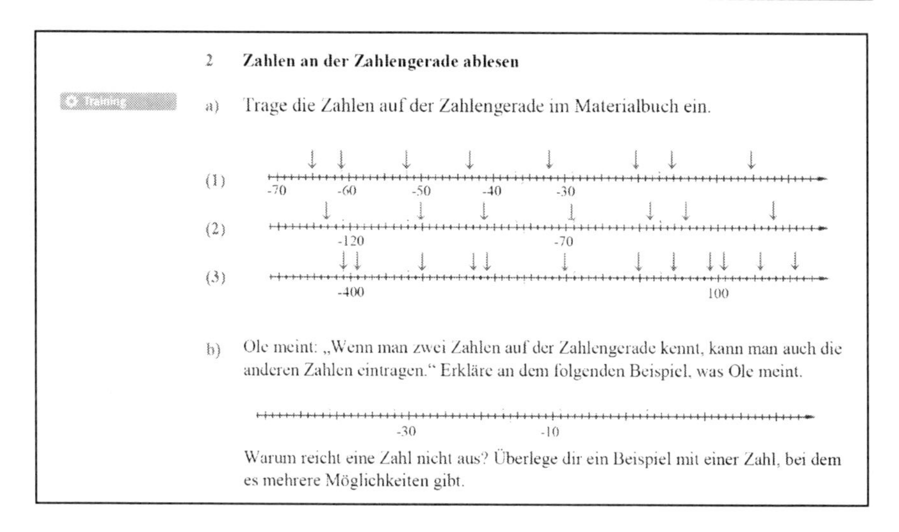
2 Zahlen an der Zahlengerade ablesen

Training

a) Trage die Zahlen auf der Zahlengerade im Materialbuch ein.

(1) -70 -60 -50 -40 -30

(2) -120 -70

(3) -400 100

b) Ole meint: „Wenn man zwei Zahlen auf der Zahlengerade kennt, kann man auch die anderen Zahlen eintragen." Erkläre an dem folgenden Beispiel, was Ole meint.

-30 -10

Warum reicht eine Zahl nicht aus? Überlege dir ein Beispiel mit einer Zahl, bei dem es mehrere Möglichkeiten gibt.

Abbildung 3.17 Aufgabe Vertiefen 2

präskriptiv zugeordnet werden, und als das Verfügen über ein entsprechendes inferentielles Netz (vgl. Kap. 1.12, Kap. 2.4.2). Im vorliegenden Kapitel wurde – unter Berücksichtigung fachmathematischer, wissenschaftshistorischer und fachdidaktischer Perspektiven – das Forschungsinteresse dieser Arbeit in gegenstandsbezogener Hinsicht ausgeschärft: In der vorliegenden Arbeit stehen die *Ordnungsrelation für ganze Zahlen* sowie die *Deutungen negativer Zahlen in ihrer formal-symbolischen Darstellungsform* im Fokus des Interesses (Kap. 3.1.3). Um das Forschungsinteresse genauer einzukreisen, wurde die Ordnungsrelation für negative Zahlen unter Berücksichtigung theoretischer und empirischer Aspekte erörtert und es wurden Situationsklassen bestimmt, die für die Ordnungsrelation für ganze Zahlen von Bedeutung sind (Kap. 3.1.4 und 3.1.5).

Darüber hinaus wurden fachdidaktische Aspekte thematisiert, die für eine Untersuchung inferentieller Netze im Zusammenhang mit der Ordnungsrelation für ganze Zahlen bedeutsam sind: Hierzu gehören die *Dimensionen des Zahlbegriffs*, die für die von Schülerinnen gewählten Fokussierungen relevant sind (Kap. 3.1.6). Daneben wurden – im Hinblick auf unterschiedliche Zugänge zu negativen Zahlen – die Begriffe *Kontext* und *Modell* bestimmt, ihre Relevanz für eine Einführung negativer Zahlen dargelegt sowie unterschiedliche Kontexte und Modelle hinsichtlich ihrer Vorzüge und Nachteile für eine Einführung negativer Zahlen diskutiert (Kap. 3.2.1, 3.2.2). Zuletzt wurde die Lernumgebung, die für die empirische Untersuchung im Rahmen dieser Arbeit von Bedeutung ist, u. a. im Hinblick auf den gewählten Kontext und das gewählte Modell beleuchtet (Kap. 3.2.3).

Die theoretischen Betrachtungen dieser Arbeit sind damit hinreichend für ein Ausschärfen des Forschungsinteresses und eine dezidierte Formulierung von Forschungsfragen. Im Folgenden schließt sich die Formulierung der *Forschungsfragen* dieser Arbeit an (Kap. 4), bevor auf der Basis der theoretischen Betrachtungen ein *Design* für die im Rahmen dieser Arbeit erfolgende empirische Untersuchung sowie ein *Schema zur Analyse von individuellen Begriffen* und deren Entwicklung dargelegt werden (Kap. 5). Damit kann der theoretische Teil dieser Arbeit an dieser Stelle abgeschlossen werden.

4 Forschungsinteresse und Forschungsfragen

In den vorangehenden Kapiteln wurde das Forschungsinteresse dieser Arbeit ausgehend von der Einleitung über die philosophischen und psychologischen Betrachtungen hinweg zunehmend eingegrenzt und konkretisiert, bis es schließlich im Rahmen der Betrachtung des Gegenstandsbereichs der negativen Zahlen in der Formulierung mehrerer Forschungsfragen mündete. Im Folgenden werden diese Forschungsfragen zusammengetragen, systematisiert und ergänzt, um einen Überblick über die den Forschungsinteressen zugeordneten Fragestellungen dieser Arbeit zu geben.

Das Forschungsinteresse dieser Arbeit gliedert sich in zwei wesentliche Bereiche. Die Arbeit verfolgt zum einen ein *empirisches Erkenntnisinteresse.* Dabei sind neben den *inferentiellen Netzen* der Schülerinnen im Zusammenhang mit dem Begriff der negativen Zahl – speziell mit der Ordnung – auch die *Begriffsbildungsprozesse* in Bezug auf die inferentiellen Netze Gegenstand der Betrachtung. Neben dem empirischen Erkenntnisinteresse verfolgt die Arbeit das Ziel einer *möglichen Restrukturierung des Gegenstandsbereichs* der negativen bzw. ganzen Zahlen. Damit ist das Interesse verbunden, aus den empirischen Ergebnissen Rückschlüsse in Form von Erkenntnissen für den Gegenstandsbereich zu ziehen, indem beispielsweise Hürden im Lernprozess der Schülerinnen oder mögliche Anlässe für deren Überwindung herausgearbeitet werden.

Die den verschiedenen Interessen bzw. Zielen der Arbeit zugeordneten Forschungsfragen sowie eine Aufgliederung in Subfragen sind im Folgenden dargestellt.

Forschungsfragen zum *empirischen Erkenntnisinteresse*

(1) Über welche ***inferentiellen Netze*** verfügen die Schülerinnen im Zusammenhang mit dem Begriff der negativen Zahl – speziell mit der Ordnung?

Im Rahmen dieser Arbeit sind die inferentiellen Netze der Schülerinnen von besonderem Interesse. Um bei deren Analyse einen fokussierten Blick zu ermöglichen, erfolgt eine Konzentration auf bestimmte Gesichtspunkte und Eigenschaften. Diese sind in den nachfolgend dargestellten Forschungsfragen 1a bis 1f aufgeführt, welche bereits in Kapitel 3 hergleitet und erläutert wurden.

(1a) Welche *Klassen von Situationen* unterscheiden die Schülerinnen im Zusammenhang mit der Ordnung ganzer Zahlen?

(1b) Welche *Fokussierungen, Urteile* und berechtigenden *Inferenzen* sind für die inferentiellen Netze der Schülerinnen im Zusammenhang mit der Ordnung ganzer Zahlen zentral?

(1c) Welche *Fokussierungsebenen* sind für die inferentiellen Netze der Schülerinnen im Zusammenhang mit der Ordnung ganzer Zahlen in welcher Weise bedeutsam?

(1d) Welche Rolle haben *Kontexte* für die inferentiellen Netze der Schülerinnen im Zusammenhang mit der Ordnung ganzer Zahlen?

(1e) Inwiefern weisen die inferentiellen Netze der Schülerinnen für die Klassen von Situationen eine inferentielle Gliederung im Sinne einer *Kompatibilität* auf? Gibt es Inkompatibilitäten?

(1f) Inwiefern sind die inferentiellen Netze der Schülerinnen im Zusammenhang mit der Ordnung ganzer Zahlen aus fachlicher Perspektive *tragfähig*? Wo liegen Hindernisse?

Mit den Forschungsfragen 1a bis 1d wird zunächst ein deskriptiver Blick auf die inferentiellen Netze der Schülerinnen eingenommen, wobei es für die Beantwortung der Forschungsfrage 1a sinnvoll ist, die *individuellen* Klassen von Situationen mit den aus fachlicher Sicht bestimmten Klassen (vgl. Kap. 3.1.5) zu vergleichen. Mit den Forschungsfragen 1e und 1f wird aus fachlicher Perspektive die *Tragfähigkeit* der inferentiellen Netze sowie die *Kompatibilität* von Urteilen beurteilt, um Schwierigkeiten und potentielle Hindernisse für den Lernprozess aufzufinden (siehe Kap. 3.1.5).

Neben der Rekonstruktion individueller inferentieller Netze ist auch die *Entwicklung* der inferentiellen Netze Gegenstand der Betrachtung und Analyse. Hierzu wurden in Kapitel 2 auf der Basis theoretischer Überlegungen verschiedene Annahmen getroffen. Diese bezogen sich zum einen auf die Betrachtung lokaler Entwicklungsmomente, zum anderen auf globalere, mittelfristige Veränderungen von inferentiellen Netzen zwischen den Zeitpunkten *vor* und *nach* einer Unterrichtsreihe. Es ist ein Forschungsinteresse dieser Arbeit, solche Entwicklungen bzw. Veränderungen auf empirischer Ebene aufzuspüren, zu charakterisieren und auszuschärfen. Dieses Forschungsinteresse ist in Forschungsfrage 2 festgehalten.

(2) Wie lässt sich die ***Entwicklung*** der inferentiellen Netze der Schülerinnen beschreiben?

(2a) Welche Begriffsbildungsprozesse im Sinne *lokaler Entwicklungsmomente* vollziehen sich in kurzfristiger Perspektive?

(2b) Inwiefern verändern sich die inferentiellen Netze zum Begriff der negativen Zahl *global über eine Unterrichtsreihe hinweg* bzw. inwiefern bleiben sie stabil?

Für die in Forschungsfrage 2b betrachteten Veränderungen zwischen den Zeitpunkten vor und nach einer Unterrichtsreihe sind alle Aspekte relevant, die in den Forschungsfragen 1a bis 1f Berücksichtigung finden. Es sind Veränderungen der Klassen von Situationen, der wesentlichen Fokussierungen und Urteile, Verschiebungen der Fokussierungsebenen etc. denkbar.

Darüber hinaus besteht ein Forschungsinteresse in Bezug auf den *mathematikdidaktischen Gegenstandsbereich* der negativen bzw. der ganzen Zahlen. Es ist in diesem Zuge von Interesse, inwiefern die Erkenntnisse, die im Zusammenhang mit den Forschungsfragen 1 und 2 erlangt werden konnten, für eine Strukturierung oder Re-Strukturierung des Gegenstandsbereichs fruchtbar gemacht werden können. Erkenntnisse zu auftretenden Schwierigkeiten, zu Darstellungswechseln oder bspw. zu den Klassen von Situationen sollen kondensiert werden, um davon ausgehend beispielweise Rückschlüsse für die Gestaltung von Lernumgebungen, für anzustrebende Lernziele und -wege zu ermöglichen.

Forschungsfrage zur möglichen *Restrukturierung des Gegenstandsbereichs*

(3) Welche Erkenntnisse ergeben sich im Hinblick auf eine *Restrukturierung des mathematikdidaktischen Gegenstandsbereichs* der negativen Zahlen?

Methodischer Teil

5 Methodologie, Methodik und Untersuchungsdesign

Das vorliegende Kapitel gibt einen Einblick in die Planung einer empirischen Untersuchung, welche die in den vorangehenden Kapiteln dargestellten theoretischen Überlegungen und Forschungsfragen aufgreift. Es werden im Folgenden unterschiedliche Aspekte der Untersuchungsplanung aufgeführt. Zunächst wird das Untersuchungsdesign der Studie dargestellt und eine Einordnung hinsichtlich der Art der Untersuchung vorgenommen (Kap. 5.1). Es schließt sich eine Darstellung detaillierterer Planungen an, in der sowohl eine Konkretisierung der Interviewdurchführung als auch die praktische Umsetzung des Untersuchungsdesigns in einer Gesamtschule in Nordrhein-Westfalen thematisiert werden (Kap. 5.2). Anschließend wird dargelegt, wie das Datenmaterial mittels Transkription und Selektion für eine Analyse vorbereitet wurde (Kap. 5.3), bevor sich eine Darstellung der Analysemethoden anschließt (Kap. 5.4 und 5.5). Das Kapitel endet mit einer kurzen Zusammenfassung (Kap. 5.6).

5.1 Von den Forschungsfragen zum Design der Untersuchung

Nachdem in Kapitel 4 die Forschungsinteressen dieser Arbeit in Forschungsfragen formuliert und aufgegliedert wurden, wird im Folgenden das Design der Untersuchung dargelegt. Für ein Verfolgen der Forschungsfragen ist die Passung zum Design der Untersuchung wesentlich, da ausgehend vom Design der Untersuchung das Datenmaterial entsteht, das die Basis für eine Analyse im Hinblick auf die Forschungsfragen darstellt.

Die Forschungsintentionen dieser Arbeit, mithilfe des entwickelten urteilsbasierten theoretischen Rahmens inferentielle Netze und deren Entwicklungen zu betrachten (vgl. Forschungsfragen 1 und 2), ordnen sich einer qualitativen Ausrichtung ein (vgl. Flick, Kardoff & Steinke 2010). Es werden – im Sinne der Ausrichtung qualitativer Forschung – „subjektive Bedeutungen und individuelle Sinnzuschreibungen“ (Flick 2009, 81f.) vorgenommen, indem in einer qualitativen, interpretativen Vorgehensweise Fokussierungen, Festlegungen, Urteile, Inferenzen der Schülerinnen rekonstruiert werden[24], die inferentielle Netze von Schülerinnen aufspannen. Die Arbeit ordnet sich aufgrund dieser methodologi-

24 Wie dieser Rekonstruktionsprozess erfolgt, insbesondere welche Regeln dabei befolgt werden, ist in Kapitel 5.4 dargestellt.

schen Grundposition einem *interpretativen Forschungsparadigma* (Jungwirth 2003, Wilson 1981) zu.

Um die Forschungsfragen 1 und 2 zu verfolgen, wird ein Untersuchungsdesign gewählt, in dem *halbstandardisierte, klinische Interviews* die zentrale Rolle einnehmen (vgl. Beck & Maier 1993, Selter & Spiegel 1997). „Beim klinischen Interview geht es [...] nicht darum, die Kinder durch geschicktes Fragen möglichst schnell zur richtigen Lösung zu führen. Die Hauptintention besteht vielmehr darin, mehr darüber zu erfahren, wie Kinder denken" (Selter & Spiegel 1997, 101). Klinische Interviews haben zum einen die Eigenschaft, durch eine Orientierung an Leitfäden – und die damit einhergehende Vorgabe von bestimmten Aufgaben – einen Vergleich von Vorgehensweisen von Schülerinnen zu ermöglichen. Gleichzeitig ermöglichen sie eine Analyse individueller Denkwege, da sie durch einen nicht exakt festgesetzten Ablauf ausreichend Freiraum lassen, um auf die Individualität der Schülerinnen einzugehen (vgl. ebd., 101). Sie bieten sich daher auch an, um inferentielle Netze von Schülerinnen zu untersuchen.

Vor dem Hintergrund der Forschungsinteressen dieser Arbeit wird als Sozialform das *Einzelinterview* gewählt. Mit dieser eher „gebräuchliche[n] Form" (Beck & Maier 1993, 152) des klinischen Interviews ist durch die eins-zu-eins Situation zwischen Interviewerin und Schülerin vor allem gewährleistet, dass die Interviewerin auf die Äußerungen und Handlungen der Schülerin reagieren kann. Sie kann bspw. an entsprechenden Stellen darum bitten „laut zu denken" oder die einzelne Schülerin dezidiert nach Gründen für Äußerungen fragen. Dies ist für die Betrachtung individueller Urteile, Fokussierung und insbesondere für eine Analyse individueller Inferenzen von Vorteil. Zudem können eine mit Partner- oder Gruppeninterviews potentiell einhergehende Dominanz und gegenseitige Verstärkung der Schülerinnen (vgl. Selter & Spiegel 1997, 196) vermieden werden.

Um der Forschungsfrage 1 insbesondere im Hinblick auf den Zeitpunkt im Lernprozess *vor* einer unterrichtlichen Behandlung negativer Zahlen nachzugehen, werden zunächst *Interviews* mit Schülerinnen geführt, bei denen eine Behandlung negativer Zahlen im Mathematikunterricht *noch nicht* statt gefunden hat.

Um der Forschungsfrage 2b und damit einer globalen, mittelfristigen Veränderung von inferentiellen Netzen über eine Unterrichtsreihe hinweg nachzugehen, nehmen die Schülerinnen im Anschluss an die vorherigen Interviews an einer *Unterrichtsreihe* teil, der die Lernumgebung „Raus aus den Schulden" zugrunde liegt. Nach der Unterrichtsreihe werden wiederum *Interviews* mit den Schülerinnen geführt, welche die Basis für die Analyse von Veränderungen der inferentiellen Netze bilden.

Um der Forschungsfrage 2a und damit dem Aufzeigen lokaler Entwicklungsmomente nachzugehen, wird das Datenmaterial sowohl der Vor- als auch der Nachinterviews genutzt. Es wird angenommen, dass die Schülerinnen bei der Auseinandersetzung mit den verschiedenen Situationen innerhalb der Interviews Entdeckungen machen und u. U. Erkenntnisse erlangen können , die eine Entwicklung im Sinne lokaler Entwicklungsmomente anstoßen.

Das Design, das die Forschungsfragen aufgreift, besteht demnach in klinischen Einzelinterviews im Sinne von *Vorinterviews*, einer *Unterrichtsreihe* zur Einführung negativer Zahlen und neuerlichen klinischen Einzelinterviews – dann im Sinne von *Nachinterviews*.

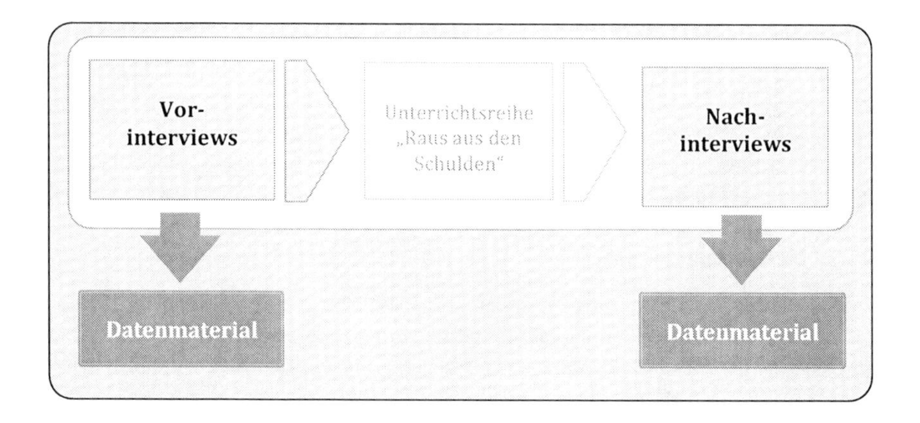

Abbildung 5.1 Design der Untersuchung

Mit dem gewählten Design ist die Intention verbunden, die Lernprozesse der Schülerinnen durch die Untersuchungsmethoden möglichst wenig zu beeinflussen. Die Entwicklungen, die sich über eine Unterrichtsreihe hinweg vollziehen, sollen nach Möglichkeit nicht durch Impulse im Rahmen der Begleitforschung angeregt werden und es soll sichergestellt werden, dass die sich vollziehenden Entwicklungen nicht durch die Begleitforschung verfälscht oder begünstigt werden.

Mit dem gewählten Design wird indes nicht intendiert, Veränderungsprozesse *während* der Unterrichtsreihe aufzuzeigen. Das gewählte Design hat an dieser Stelle forschungsmethodische Grenzen. Im Rahmen dieser Arbeit werden lediglich Zustände vor und nach einer Unterrichtsreihe betrachtet und verglichen sowie lokale Entwicklungsprozesse zu diesen Zeitpunkten in den Blick genommen.

Das Datenmaterial, das für die Beantwortung der Forschungsfragen gewonnen wird (vgl. Kap. 5.2.2), entstammt den Vor- und Nachinterviews (vgl. Abb. 5.1). Dieses besteht aus

- Videodokumenten der Vor- und der Nachinterviews sowie
- Schreibprodukten, die im Rahmen der Vor- und Nachinterviews entstanden.

Das Datenmaterial wird im Analyseprozess weiter aufbereitet, insbesondere wird es für eine sich anschließende Analyse in Textform überführt (siehe Kapitel 5.3).

5.2 Die Umsetzung des Designs in Form einer Untersuchungsplanung

Im vorliegenden Kapitel werden Überlegungen für eine Umsetzung des geplanten Designs dargestellt. Dazu werden zunächst Überlegungen zur *Interviewgestaltung* aufgeführt, bevor die Planung der konkreten Umsetzung der Untersuchung in einer Gesamtschule in Nordrhein-Westfalen dargestellt wird.

5.2.1 Gestaltung der Interviews

Im Folgenden wird die Gestaltung der Interviews für die verschiedenen Phasen des Interviews erläutert. In diesem Zuge wird u. a. dargestellt, welche Entscheidungen für die Gestaltung des Interviews getroffen wurden und welche Hintergründe hierfür bedeutsam waren. Auch das geplante Verhalten der Interviewerin wird dargelegt.

Die Einstiegsphase des Interviews

In der *Einstiegsphase* des Interviews kommt die Interviewerin mit der Schülerin ins Gespräch. „In dieser Phase wird über die erste Kontaktaufnahme hinaus die soziale Beziehung präzisiert" (Froschauer & Lueger 2003, 67). Die Interviewerin äußert, dass sie sich darüber freue, dass die Schülerin da sei und fragt beispielsweise, welches Unterrichtsfach die Schülerin in der vorangehenden Schulstunde hatte. Durch ein Anknüpfen „an Ereignisse aus dem Unterricht oder dem Alltag" (Selter & Spiegel 1997, 107) wird die Situation aufgelockert, um eine angenehme Gesprächsatmosphäre zu schaffen.

Anschließend fragt die Interviewerin die Schülerin, ob sie bereits wisse oder eine Idee davon habe, was das Thema des Interviews sein wird. Die Interviewerin stellt sich selbst und die Intention des Interviews in diesem Zuge der Schülerin genauer vor. Sie erklärt, dass sie untersuche, wie Kinder und Jugendliche denken – speziell im Zusammenhang mit Mathematik. Sie gibt zugleich eine Transparenz über ihre eher zurückhaltende Rolle im Interview, da eine verbale Zurückhaltung eines erwachsenen Interaktionspartners im schulischen Rahmen für die Schülerinnen ungewohnt und verunsichernd sein kann. Die

Interviewerin äußert, dass es schön sei, wenn die Schülerin nach Möglichkeit „laut denke". Sie stellt heraus, dass sie in diesem Zusammenhang nicht eine Lehrerin ist und grenzt die Interviewsituation gegenüber Bewertungssituationen ab, um der Schülerin die Scheu nehmen, ihre Gedanken zu äußern (vgl. ebd., 107).

Die Interviewerin erwähnt anschließend, dass die Aufgaben, welche die Schülerin im Folgenden erhält, eigentlich für ältere Schülerinnen bestimmt seien, die im Mathematikunterricht schon „weiter" seien. Da es sich mit ganzen Zahlen um einen Gegenstandsbereich handelt, den die Schülerinnen im Vorfeld des Vorinterviews noch nicht im Mathematikunterricht behandelt haben, ist anzunehmen, dass die Schülerinnen hiermit u. U. Schwierigkeiten haben und diese selbst wahrnehmen. Um die Schülerin diesbezüglich emotional zu entlasten, wird ihr mitgeteilt, dass es durchaus möglich sei, dass sie sich bei einigen Aufgaben nicht ganz sicher sei, aber dass dies verständlich sei und es schön sei, wenn die Schülerin trotzdem ihre Ideen mitteilen könnte. „Wenn diese Randbedingungen geklärt sind, wird es den Kindern erleichtert, ihre Gedanken zu erläutern" (ebd., 102).

Die Interviewerin gibt zudem eine Transparenz über die Gesprächsaufzeichnung in Form von Videoaufnahmen sowie über die Gründe für die Videographierung (präzise Aufzeichnung, Aufmerksamkeitsentlastung). Sie stellt heraus, dass eine Anonymität gewähreistet ist (vgl. Froschauer & Lueger 2003, 68).

Die Interviewerin stellt der Schülerin Papier und Stifte zur Verfügung mit dem Hinweis, dass sie diese jederzeit zum Erklären benutzen könne. Auf diese Weise kann die Schülerin neben einer verbalen Darstellung auch Skizzen oder formal-symbolische Verschriftlichungen nutzen, um ihre Ideen mitzuteilen.

Abschließend wird der Schülerin die Möglichkeit gegeben, „selbst Fragen zu eventuellen Unklarheiten zu stellen. Sind alle offenen Punkte geklärt, beginnt die Hauptphase des Interviews" (Froschauer & Lueger 2003, 68f.).

Das Interviewerverhalten

Das Verhalten der Interviewerin ist wesentlich durch die Maßgabe geprägt, eine *angenehme Gesprächsatmosphäre* für die Schülerin zu schaffen und zu erhalten, da die Einzelsituation, welche die Schülerin bspw. womöglich mit Bewertungssituationen assoziiert, von der Schülerin als belastend empfunden werden kann.

Das *Interviewerverhalten* ist durch folgende *allgemeine Prinzipien* gekennzeichnet:

- *Zurückhaltung*: Die Interviewerin greift in der Regel nicht in den Redefluss der Schülerin ein. Sie lässt die Schülerin ausreden und lässt ihr insbesondere Zeit, nachzudenken und zu antworten. Hierdurch können kürzere Gesprächspausen entstehen. Diese werden von der Interviewerin ‚ausgehalten', um der Schülerin die Gelegenheit zu geben, in Ruhe nachzudenken (vgl. Selter & Spiegel 1997, 103). Die Interviewerin interveniert sparsam, aber gezielt (ebd., 101).

- *Offene Fragen*: Ein Eingreifen der Interviewerin erfolgt möglichst durch offene Fragestellungen, die nicht im Sinne von ja/nein-Fragen beantwortbar sind. Damit wird die Intention verfolgt, den Gesprächsfluss der Schülerin zu erhalten (vgl. Froschauer & Lueger 2003, 76f.) und einen Einblick in die Gedankenwelt der Schülerin zu erhalten.
- *Gesprächgenerierende Beiträge*: Um eine angenehme Gesprächsatmosphäre zu schaffen und den Redefluss der Schülerin aufrecht zu erhalten, leistet die Interviewerin gesprächgenerierende Beiträge, z. B. in Form eines Nickens oder durch Äußerung von „mhm" oder durch ein Lächeln. Zudem zeigt die Interviewerin ihr Interesse – bspw. durch „situationsadäquate Fragen oder Impulse" (Selter & Spiegel 1997, 101) oder durch Äußerungen wie „Aha!". Diese sollen darüber hinaus Sicherheit vermitteln und insofern begrenzt sein, als sie nicht den Gesprächsfluss stören – im Gegenteil.

Neben diesen allgemeinen Prinzipien ist das Verhalten der Interviewerin durch solche Äußerungen gekennzeichnet, die im Speziellen darauf abzielen, *Fokussierungen, Urteile* und *inferentielle Relationen* offen zu legen.

- *Erläuterungen erbitten*: Um inferentielle Netze der Schülerin analysieren zu können, ist es von Bedeutung, dass die Schülerin Urteile nach Möglichkeit expliziert. Die Schülerin wird durch Fragen wie „Kannst Du mir das noch einmal erklären?" oder „Wie stellst Du Dir das vor?" dazu aufgefordert, zu erläutern. Damit wird das Ziel verfolgt, dass die Schülerin Urteile expliziert und dass sie diese ggf. in analogen Situationen erneut expliziert, wenn dies ohne Aufforderung nicht geschieht.
- *Gründe erfragen*: Um inferentielle Relationen – im Speziellen berechtigende inferentielle Relationen – analysieren zu können, wird die Schülerin darum gebeten, Gründe anzugeben. Legt die Schülerin sich auf etwas fest, so kann die Interviewerin fragen „Warum?" oder „Wie bist Du darauf gekommen?". Auch Fragen der Form „Kannst Du sagen, *woher* Du das weißt?" zielen darauf ab, inferentielle Relationen offen zu legen.

Die Hauptphase des Interviews

Das Forschungsinteresse dieser Arbeit besteht hinsichtlich des mathematikdidaktischen Gegenstandsbereichs darin, inferentielle Netze über die Betrachtung von Situationen, in denen die Schülerinnen je zwei ganze Zahlen vergleichen, zu untersuchen (vgl. Kap. 3.1.5). Die Hauptphase des Interviews ist daher maßgeblich durch Aufgaben zum Zahlvergleich geprägt: Die Schülerinnen befinden sich in verschiedenen Situationen, bei je zwei Zahlen die größere zu bestimmen. Die Zahlenpaare, die die Schülerinnen erhalten, orientieren sich an den aus fachlicher Perspektive präskriptiv identifizierten Klassen von Situationen für den Größenvergleich je zweier Zahlen (vgl. Kap. 3.1.5, vgl. Tab. 5.1). Über die Analyse der inferentiellen Netze für die gegebenen Situationen kann u. a. untersucht werden, welche Klassen von Situationen die Schülerinnen – bewusst oder unbewusst – *individuell* unterscheiden.

Tabelle 5.1 Diese Tabelle beschreibt verschiedene physikalische Quantenzahlen, sie ist aber nur als Beispiel für die Formatierung von Tabellen und ihren Überschriften eingefügt worden

Klasse von Situationen	***Beispiel für eine Situation***
Eine positive und eine negative ganze Zahl vergleichen	*Die Schülerin befindet sich in der Situation, bei 12 und -15 die größere Zahl zu bestimmen.*
Zwei negative Zahlen vergleichen	*Die Schülerin befindet sich in der Situation, bei -7 und -11 die größere Zahl zu bestimmen.*
Null und eine positive Zahl vergleichen	*Die Schülerin befindet sich in der Situation, bei 0 und 9 die größere Zahl zu bestimmen.*
Null und eine negative Zahl vergleichen	*Die Schülerin befindet sich in der Situation, bei 0 und -9 die größere Zahl zu bestimmen.*

Die *Dimensionen*, in denen die vorgegebenen Zahlen repräsentiert sind, können für die inferentiellen Netze, welche die Schülerinnen aktivieren, wesentlichen Einfluss haben. Ob negative Zahlen beispielweise kontextualisiert vorliegen oder formal-symbolisch dargestellt sind, ob sie an der Zahlengeraden oder mit Wendeplättchen dargestellt sind, stellt für ihren Größenvergleich für Schülerinnen unterschiedliche Anforderungen (vgl. Kap. 3.1.6). In Bezug auf die *formal-symbolische Darstellungsform* negativer Zahlen zeigte sich bspw. in einer empirischen Untersuchung von Malle (1988), dass die interviewten Schülerinnen bereits vor der unterrichtlichen Einführung negativer Zahlen die formal-symbolische Darstellungsform für negative Zahlen kannten und Minuszeichen als Zahlzeichen negativer Zahlen deuten konnten. Auch andere Studien deuten darauf hin, dass negative Zahlen vielen Schülerinnen – auch in ihrer formal-symbolischen Schreibweise – durchaus bereits vor einer unterrichtlichen Behandlung bekannt sind (vgl. Kap. 3.1). „The results of these interviews support the view that the concept of negative number is probably not alien to the experience of many young students and that some of these students are [even] able to construct simple and effective strategies (algorithms) for coping with at least some computational cases involving directed numbers" (Murray 1985, 148, Einf. M. S.): 57% der Schülerinnen konnten bspw. aus ihrem Vorwissen heraus Aufgaben der Form (-a)-(-b) richtig lösen (ebd., 163). Dies ist vor dem Hintergrund bemerkenswert, dass Schülerinnen für die Entwicklung eines Begriffs der negativen Zahl – insbesondere für das Deuten des negativen Zeichens als Zahlzeichen – u. U. Ideen aus dem bekannten Zahlbereich der natürlichen Zahlen überwinden müssen, welche potentielle Hürden für das Deuten der formal-symbolischen Darstellung negativer Zahlen darstellen (vgl. Kap. 3.1.2). Im Rahmen dieser Arbeit soll daher im Speziellen die *formal-symbolische Darstellungsform* in den Blick genommen werden, indem untersucht wird, welche Fokussierungen, Urteile und Inferenzen Schülerinnen gebrauchen, wenn sie negative Zahlen in formal-symbolischer Darstellung betrachten. Dass die Schülerinnen dabei nicht auf all jene Aspekte ihrer inferentiellen Netze zurück greifen können, die sie u. U. bei einer Darstellung der Zahlen im Kontext abrufen könnten, ist selbstredend. Innerhalb des Anliegens der Untersuchung, inferentielle Netze zum *Begriff der negativen Zahl*, im Speziellen zur *Ordnungsrelation*, zu analysieren, wird insbesondere untersucht, welche Fokussierungen, Urteile und Inferenzen die Schülerinnen beim *Vergleich zweier Zahlen*, welche in *formal-symbolischer Darstellungsform* repräsentiert sind, aktivieren und gebrauchen (vgl. Abb. 5.2).

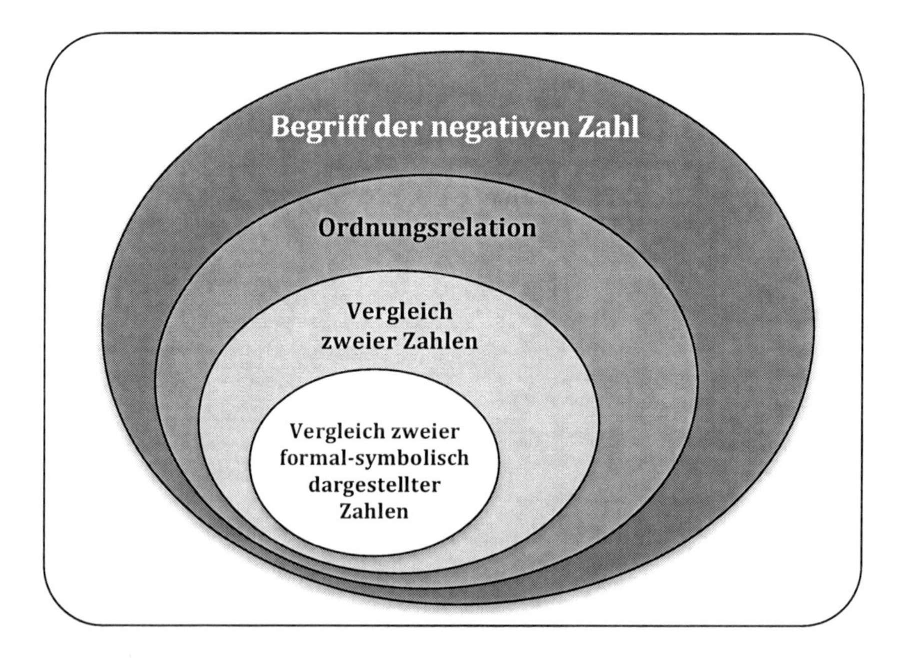

Abbildung 5.2 Eingrenzung des Forschungsinteresses

Zudem soll untersucht werden, inwiefern die Schülerinnen für einen Größenvergleich einen Wechsel zwischen formal-symbolischen, kontextuellen, kardinalen und ordinalen Bezügen vornehmen. Hierfür erweist sich eine *formal-symbolische Darstellung* der in den Aufgaben zu vergleichenden Zahlen als vorteilhaft: Würde eine Darstellung der Zahlen bspw. an der *Zahlengerade* vorgegeben, könnte nur unzureichend überprüft werden, inwiefern die Schülerinnen bereits zuvor über die Idee eines zur Zahlengerade erweiterten Zahlenstrahls verfügten. Bei einer *kontextuellen* Darstellung der Zahlen würden hingegen der Kontext und die Art des Kontexts vermutlich erheblichen Einfluss auf die Art der Fokussierungen und Urteile haben, sowie darauf, ob die Schülerinnen zur Darstellung an der Zahlengerade wechseln (vgl. Kap. 3.2.1). Da es noch wenig systematisiertes Wissen über die Wirkungen der Kontexte im Zusammenhang mit der Einführung negativer Zahlen gibt, könnte nur unzureichend beurteilt werden, inwiefern die aktivierten inferentiellen Netze der Schülerinnen durch den Kontext beeinflusst wären.

Selbstverständlich zieht eine Reduktion auf eine formal-symbolische Darstellung ganzer Zahlen forschungsmethodische Grenzen nach sich. Denn natürlicherweise können Schülerinnen bei der Betrachtung negativer Zahlen *in formal-symbolischer Darstellung* nicht mit einer solchen Leichtigkeit und in einem solchen Ausmaß lebensweltliche Vorerfahrungen aktivieren, wie es bei einer kontextuellen Darstellung vermutlich gegeben wäre. Würden Schülerinnen statt symbolisch dargestellter Zahlen bspw. negative Temperaturen auf dem Thermometer vergleichen, so könnten sie Vorwissen aus dem Kontext Temperaturen leichter aktivieren und gebrauchen. Entsprechend würden bei einem solchen Vorgehen die individuellen Ressourcen der Schülerinnen in einer größeren Bandbreite erfasst. Aus diesem Grund wird bspw. von Van den Heuvel-Panhuizen (2005) der Gebrauch bedeutsamer und kontextualisierter Aufgaben für eine umfassende Einschätzung des mathematischen Verständnisses von Schülerinnen empfohlen. Diese Einschätzung wird im Rahmen dieser Arbeit unterstützt, jedoch ist es für das Anliegen, die Deutungen der formal-symbolischen Darstellungen zu erfassen, sinnvoll und zielführend, die Zahlen entsprechend darzustellen.

Die Schülerinnen erhalten im Interview die zu vergleichenden Zahlen in gedruckter Version in formal-symbolischer Darstellungsform. Um auszuschließen, dass die Schülerinnen von einer Anordnung der geschrieben Zahlen, die übereinander oder nebeneinander stehen, auf die Größe der Zahlen schließen, werden die zwei Zahlen auf zwei Kärtchen abgebildet, die den Schülerinnen übereinander liegend gereicht werden. Auf diese Weise müssen die Schülerinnen die Karten, um sie zu betrachten, selbst auseinander ziehen und sie somit selbst anordnen.

Das Anreichen der Karten durch die Interviewerin wird sprachlich begleitet durch die Frage: „Welche Zahl ist größer?" Die Interviewerin spricht bei dieser Frage die Zahlen (bspw. „minus neun") selbst nicht, um der Deutung durch die Schülerin möglichst großen Freiraum zu geben.[25] Mit der Frage danach, welche Zahl „größer" sei, wird ein Einblick in die Fokussierungen und Urteile angestrebt, welche die Schülerin mit der Größe der Zahlen in Verbindung bringt. Es ist beispielsweise möglich, dass ein Wechsel der Darstellungsformen bzw. Zahlaspekte erfolgt, indem die Schülerinnen sich auf eine Darstellung an der Zahlengerade beziehen, oder kontextuelles Wissen nutzen. Auch ein Wechsel zur kardinalen Zahldarstellung ist denkbar, da Schülerinnen den Größenvergleich natürlicher Zahlen in der Regel u. a. im Zusammenhang mit der Kardinalität der natürlichen Zahlen kennen lernen (vgl. Kapitel 3.1.4).

Die Schülerinnen erhalten Zahlenpaare, die sich an den präskriptiv unterscheidbaren Klassen von Situationen orientieren (s. o.). Da gerade für den Vergleich zweier negativer Zahlen und den Vergleich einer positiven mit einer negativen Zahl von Unsicherheiten und kreativen Vorgehensweisen der Schülerinnen auszugehen ist, ist es für diese Klassen aus forschungsmethodischer Perspektive von besonderer Bedeutung, dass ein Zahlvergleich mehrerer Zahlenpaare statt findet. Es wird im Vorfeld bestimmt, welche Zahlenpaare von den Schülerinnen verglichen werden. Während einige Zahlenpaare obligatorisch sind, entscheidet die Interviewerin bei anderen Zahlenpaaren flexibel während des Interviewverlaufs, ob diese zur Rekonstruktion der inferentiellen Netze erforderlich sind.

Für die Auswahl der Zahlenpaare für das Interview trägt maßgeblich die betragliche Größe der Zahlen bei:

- *Für den Vergleich zweier negativer Zahlen* wird darauf geachtet, dass beide Zahlen einmal größere Beträge und einmal kleinerer Beträge haben, da nicht auszuschließen ist, dass Schülerinnen unterschiedliche Fokussierungen vornehmen. Entsprechende Zahlenpaare sind im Vorinterview -31 und -27 sowie -1 und -4.
- *Beim Vergleich einer positiven und einer negativen Zahl* wird darauf geachtet, dass einmal die negative Zahl den größeren Betrag hat und einmal die positive Zahl. Entsprechende Zahlenpaare sind im Vorinterview: 12 und -15 sowie 14 und -13. Daneben vergleichen die Schülerinnen im Vorinterview u. a. das Zahlenpaar 4 und -3. Auch hier wird über die etwas kleineren Beträge überprüft, ob die Schülerinnen unterschiedliche Fokussierungen vornehmen.

---

25 Es wäre beispielsweise möglich, dass die Schülerinnen das Minuszeichen nicht als Zahl- sondern als Operationszeichen interpretieren oder es ignorieren. Durch die neue Verwendung des Wortes „minus" in der Frage „Welche Zahl ist größer: minus neun oder sechs?" würden die Schülerinnen in diesem Fall möglicherweise beeinflusst.

Für die genannten Klassen sind weitere Zahlenpaare fakultativ vorgesehen, falls der Vergleich für den Interviewverlauf, die Rekonstruktion der inferentiellen Netze oder für die Überprüfung der Situationsinvarianz hilfreich erscheint.

Für den Vergleich einer negativen und einer positiven Zahl mit null ist mit dem Vergleich von -9 und 0 bzw. 9 und 0 je eine Situation obligatorisch, welche bei Bedarf durch weitere Situationen ergänzt werden kann.

Die Zahlenpaare im *Nachinterview* sind mit u. a. -33 und -28, 14 und -11, -7 und 0, 7 und 0 vergleichbar. Aufgrund der Lernvoraussetzungen der Schülerinnen im Nachinterview ist davon auszugehen, dass die Schülerinnen hier weniger Unsicherheiten zeigen. Daher sind – im Vergleich zum Vorinterview – weniger fakultative Zahlenpaare vorgesehen.

Die Abschlussphase des Interviews

In einer Abschlussphase wird die Interviewsituation aufgelöst. Die Interviewerin bedankt sich u. a. für die gute Mitarbeit (Forschauer & Lueger 2003, 73). Die Schülerin wird darum gebeten, den Mitschülerinnen „zunächst einmal nichts von dem Interview zu erzählen, um es weniger wahrscheinlich zu machen, dass die Ergebnisse dadurch verfälscht werden, dass einige Kinder bereits über die Inhalte des Interviews informiert sind" (Selter & Spiegel 1997, 107).

5.2.2 Planung der Untersuchung

Im Folgenden wird dargestellt, wie die Untersuchung – bestehend aus Interviews, Unterrichtsreihe und Interviews – in einer Schule umgesetzt wurde. Die Darstellung umfasst Ausführungen zur Auswahl der Schülerinnen, zur zeitlichen Planung der Untersuchung sowie zum erhobenen Datenmaterial.

Die Auswahl der Schülerinnen: Die Untersuchung wurde mit Schülerinnen einer Gesamtschule in Nordrhein-Westfalen durchgeführt, die am Rande des Ruhrgebiets liegt und einen eher ländlichen Einzugsbereich hat. Da negative Zahlen in dieser Gesamtschule in der Regel am Ende der 6. Klasse behandelt werden (vgl. MSJK 2004, Koullen & Wennekers 2009[26]), wurde die Untersuchung mit den Schülerinnen einer 6. Klasse durchgeführt. Diese hatten negative Zahlen zuvor noch nicht im Mathematikunterricht behandelt. Für die Interviews wurden acht Schülerinnen ausgewählt. Wesentlich für die Auswahl war eine anzustrebende Leistungsheterogenität der beteiligten Schülerinnen. Maßgabe für die Leistungsstärke war die Einschätzung des Mathematiklehrers im Vorfeld, durch die die Schülerinnen als leistungsstark (3), als durchschnittlich (2) und als eher leistungsschwach (3) hinsichtlich ihrer mathematischen Leistungen einge-

---

26 Hierbei handelt es sich um das Schulbuch, das in dieser Gesamtschule in der Regel als Lehrwerk genutzt wird.

schätzt wurden. Die Sechstklässlerinnen waren zum Zeitpunkt der Untersuchung zwischen 11;3 und 13;6 Jahre alt. Es handelte sich um zwei Mädchen und sechs Jungen, die alle Deutsch als Erstsprache erlernt haben.

Der zeitliche Rahmen der Durchführung: Die acht Schülerinnen nahmen an den Vorinterviews, an der Unterrichtsreihe sowie an den Nachinterviews teil, sodass von ihnen jeweils komplette Datensätze entstanden. Die reinen Aufgabenbearbeitungen zum Größenvergleich zweier negativer Zahlen waren für etwa fünf bis 20 Minuten vorgesehen und dauerten letztlich zwischen 2,5 Min. (Valentin im Nachinterview) und 22,5 Min. (Sebastian im Vorinterview).
Die Unterrichtsreihe wurde über zwei Schulwochen hinweg durchgeführt. Im Rahmen dieser zwei Wochen erfolgte eine Einführung der negativen Zahlen, die u.a. die Ordnungsrelation, die Addition und Subtraktion umfasste. Die Multiplikation und Division ganzer Zahlen wurden in einem zweiten Schritt zu einem späteren Zeitpunkt behandelt. In den der Unterrichtsreihe vorhergehenden drei Unterrichtswochen wurden die Vorinterviews durchgeführt. In den sich an die Unterrichtsreihe anschließenden zwei Wochen fanden die Nachinterviews statt.

5.3 Die Aufbereitung des Datenmaterials und die Wahl der Analysemethoden

Um eine Feinanalyse mit dem gewählten Analyseschema zu ermöglichen, werden die Videodokumente zunächst durch eine Transkription in Texte überführt. Dabei handelt es sich um ein gängiges Vorgehen in der empirischen mathematikdidaktischen Forschung (Beck & Maier 1994a, 35), für das Transkriptionsregeln erstellt und angewandt werden, um „einen möglichst genauen Eindruck vom tatsächlichen [...] Geschehen zu vermitteln" (ebd., 38) und um das Verschriftlichen möglichst einheitlich vorzunehmen.

Die Transkriptionsregeln, die im Rahmen dieser Arbeit verwendet werden, sind in Abbildung 5.3 aufgeführt (in Anlehnung an Meyer 2007, 118ff.). Im Zuge der Transkription werden die Namen der Schülerinnen anonymisiert. Jeder Sprecherwechsel wird im Transkript mit einem neuen Turn versehen, wobei die Turns fortlaufend nummeriert werden. Um eine zeitliche Einordnung der Turns zu gewährleisten, wird jede neue angebrochene Minute im Transkript markiert.

Die Transkripte, die aus den Vor- und den Nachinterviews der Schülerinnen hervorgehen, stellen die Grundlage für eine weitere Analyse dar.

Die Analyse des Datenmaterials erfolgt im Rahmen dieser Arbeit zweigeteilt. Im Folgenden werden die Gründe für eine solche Zweiteilung, die beiden unterschiedlichen Analysemethoden und die Zusammenhänge zwischen ihnen dargestellt.

Die Forschungsinteressen dieser Arbeit bestehen im Wesentlichen darin, einen Einblick in die Sinnkonstruktionen und Herangehensweisen der Schülerinnen beim Zahlvergleich zu erhalten. Hierfür werden die inferentiellen Netze der Schülerinnen im Detail analysiert – es handelt sich um eine ***Feinanalyse*** des Datenmaterials. Diese Analyse erfolgt für ausgewählte Schülerinnen, um einen detaillierten Einblick in die Sinnkonstruktionen und Herangehensweisen der Schülerinnen zu gewährleisten. Um auch die Forschungsfrage 2b nach einer *Veränderung* von inferentiellen Netzen über eine Unterrichtsreihe hinweg beantworten sowie die entsprechenden Rückschlüsse hinsichtlich Forschungsfrage 3 ziehen zu können, werden jeweils sowohl das Vor- als auch das Nachinterview *bestimmter* Schülerinnen analysiert: Nur durch die Analyse der Vor- *und* Nachinterviews derselben Schülerin können Aussagen über mittelfristige Veränderungen der inferentiellen Netze getroffen werden. Somit muss eine Auswahl von Fallbeispielen vorgenommen werden. Zu dieser Auswahl trägt maßgeblich die Breitenanalyse des Datenmaterials bei.

Neben der Feinanalyse wird eine ***Breitenanalyse*** des Datenmaterials vorgenommen, in der die Vorgehensweisen der Schülerinnen erfasst werden (vgl. Kap. 5.4).

Bei ‚Vorgehensweisen' handelt es sich um die Gesamtheit der sprachlichen und nicht-sprachlichen zielgerichteten Handlungen, die die Schülerin vornimmt, um eine gegebene Situation – hier den Größenvergleich zweier ganzer Zahlen – zu bewältigen. Das Ergebnis der Breitenanalyse besteht in einer Übersicht über die Vorgehensweisen der Schülerinnen, die für die Theorie des mathematikdidaktischen Gegenstandsbereichs der negativen Zahlen von Bedeutung ist. Mit der Breitenanalyse wird u. a. angestrebt, einen Überblick über das Datenmaterial zu erhalten und eine Grundlage für eine begründete Auswahl von Fallbeispielen für die Feinanalyse zu schaffen (ebd.). Vor dem Hintergrund der Breitenanalyse werden zwei der acht Schülerinnen ausgewählt, für die eine Feinanalyse des Vor- und Nachinterviews vorgenommen wird. Es existieren unterschiedliche *Auswahlkriterien*, mit denen eine Auswahl von Fallbeispielen erfolgen kann. Die drei wesentlichen Kriterien sind im Folgenden dargestellt.

Zum einen ist von Interesse, dass es sich um Schülerinnen handelt, die nach Möglichkeit *unterschiedliche Vorgehensweisen* wählen und bei denen demnach unterschiedliche Fokussierungen und Urteile maßgeblich sind. Grundlage für dieses Auswahlkriterium sind die im Rahmen der Breitenanalyse erfassten Vorgehensweisen der Schülerinnen.

Darüber hinaus ist erstrebenswert, dass es sich um *leistungsheterogene Schülerinnen* handelt, um auf der einen Seite inferentielle Netze und deren Veränderungen sowohl für schwächere als auch für leistungsstärkere Schülerinnen aufzeigen zu können, als auch, um eine größere Bandbreite an Ergebnissen für eine Restrukturierung des Gegenstandsbereichs zu erhalten. Für dieses Auswahlkriterium ist die Einschätzung des Mathematiklehrers grundlegend.

Daneben ist wünschenswert, dass die ausgewählten Schülerinnen im Interview viele *Gedanken* im Sinne eines ‚lauten Denkens' *expliziert* haben, und dass sie darüber hinaus die Gründe für ihre Herangehensweisen explizieren, da hierüber ein Rekonstruieren der Fokussierungen, Urteile und Inferenzen erfolgen kann. Für dieses Auswahlkriterium ist es somit entscheidend, das Datenmaterial im Hinblick auf das Erkenntnispotential zu sichten.

I Linguistische Zeichen

I.1 Sprecher

I Interviewerin

N Schülerin, erster Buchstabe des anonymisierten Vornamens

I.2 Äußerungsfolge

Wenn eine Äußerung sehr schnell auf eine andere folgt, wird dies durch Einrücken der zweiten Zeile markiert:

I und warum

N   weil ich

Werden Äußerungen gleichzeitig getan, wird dies zusätzlich markiert:

I Und warum?

N   (gleichzeitig) Deswegen.

II. Paralinguistische Zeichen

,	*Absetzen einer Äußerung von max. einer Sekunde*
..	*Pause von bis zu zwei Sekunden*
...	*Pause zwischen zwei und drei Sekunden*
(n sec)	*Pause von n Sekunden, mit* $n>3$
ja.	*Absenken der Stimme am Ende eines Wortes/einer Äußerung*
nein-	*Stimme bleibt am Ende eines Wortes/einer Äußerung in der Schwebe*
ja?	*Heben der Stimme am Ende einer Äußerung im Sinne einer Frage*
ist'	*Heben der Stimme bei einem Wort, nicht im Sinne einer Frage*
fünf	*Betonung eines Wortes in einer Äußerung*
fünf	*langgezogene Aussprache eines Wortes*

III. Weitere Merkmale und Charakterisierungen

(leise)	*auffällige Sprechweise oder Tonfall*
(zeigt auf die Null)	*auffällige oder sich verändernde Gestik*
(lächelt stark)	*auffällige oder sich verändernde Mimik*
*Nein, *[A]hier nicht.*[E] (zeigt auf die -3)*	*auffällige oder sich verändernde Gestik während einer Äußerung*
**[A]Nein*[E] (lächelt), hier nicht.*	*auffällige oder sich verändernde Mimik während einer Äußerung*
(..), (...), (n sec)	*undeutliche Äußerung entsprechender Länge*
(Zahlen?)	*undeutliche, jedoch vermutete Äußerung*

Abbildung 5.3 Transkriptionsregeln

An diesen Auswahlprozess schließt sich die o. g. *Feinanalyse* für zwei ausgewählte Schülerinnen als Fallbeispiele an. Mit dieser Analyse können die Herangehensweisen der Schülerinnen im Detail betrachtet werden: Es können u. a. Gründe für die Fokussierungen und Urteile und die damit einhergehenden Herangehensweisen erörtert werden. Damit wird zum einen die Theorie zum Gegenstandsbereich der negativen Zahlen punktuell ausdifferenziert, zum anderen werden die Vorgehensweisen mit der Hintergrundtheorie dieser Arbeit zu Fokussierungen, Fokussierungsebenen und Urteilen in Zusammenhang gebracht, indem sie unter diesem theoretischen Bezugsrahmen betrachtet werden.

5.4 Die Breitenanalyse des Datenmaterials

Bevor im Rahmen der vorliegenden Untersuchung eine sequenzanalytische Feinanalyse mit dem entwickelten Analyseschema erfolgt, wird eine Breitenanalyse des Datenmaterials vorgenommen (vgl. Kap. 5.3).

Das primäre Ziel der Breitenanalyse besteht darin, im Hinblick auf die Theorie zum mathematikdidaktischen Gegenstandsbereich der negativen Zahl einen Überblick über die Herangehensweisen der Schülerinnen zu erhalten und ihr Spektrum zu erfassen. Sie ermöglicht damit eine gezielte und begründete Auswahl zweier Fallbeispiele für die Feinanalyse (vgl. Kap. 5.3) sowie das Auffinden kontrastierender Fälle.

Für die Breitenanalyse wird das gesamte Datenmaterial der Vor- und Nachinterviews herangezogen, welches in je acht Vor- und Nachinterviews sowie den entsprechenden Transkripten und Mitschriften und Aufzeichnungen der Schülerinnen besteht. Es wird ein *kategorienentwickelndes Vorgehen* (vgl. Beck & Maier 1994b) gewählt, mit dem die individuellen Vorgehensweisen der Schülerinnen analysiert werden.[27] Bei dem kategorienentwickelnden Vorgehen werden die Transkripte hinsichtlich der Vorgehensweisen der Schülerinnen gesichtet. Dabei sind zwar stets gewisse sensibilisierende Aspekte für die Analyse relevant, jedoch wird ohne ein zuvor bereits bestehendes *Kategoriensystem* vorgegangen: „Beim Verfahren der kategorienentwickelnden Interpretation wird versucht, ohne explizite Vorgaben Sinneinheiten im Text zu isolieren und zu klassifizieren. Auf diese Weise gelangt man zu einem systematischen [...] Kategoriensystem“ (ebd., 47). Die Vorgehensweisen, die aus den Sprechhandlungen der Schülerinnen rekonstruiert werden, werden charakterisiert, indem sie mit einem *Schlagwort* und einem *kurzen Erläuterungstext* versehen werden (vgl. dazu auch Hugener, Rakoczy, Pauli und Reusser (2006, 46), die u. a. die Definition einer Kategorie und eine Beschreibung beobachtbarer Indikatoren für ein Kodieren vorsehen).

Zudem wird vermerkt, welche Darstellungsform bzw. welcher Zahlaspekt (formal-symbolisch, kontextuell, ordinal, kardinal, vgl. Kap. 3.1.6) für diese

---

27 Bei ‚Vorgehensweisen‘ handelt es sich um die Gesamtheit der sprachlichen und nicht-sprachlichen zielgerichteten Handlungen, die die Schülerin vornimmt, um eine gegebene Situation – hier den Größenvergleich zweier ganzer Zahlen – zu bewältigen (vgl. Kap. 5.3).

Vorgehensweise maßgeblich ist. Bei diesem Schritt handelt es sich um einen kategorien*geleiteten* (Teil-)Prozess, da die Darstellungsformen und Zahlaspekte aus den theoretischen Betrachtungen in Kapitel 3.1.6 hergleitet sind.

Die auf diese Weise entstehende Liste der Kategorien wird in Anlehnung an einen „zyklischen Kategorienentwicklungsprozess" (Petko, Waldis, Pauli & Reusser 2003, 273) sukzessiv ausgebaut. „Dieser *zyklische Kategorienentwicklungsprozess* startet mit der Sichtung und Diskussion von einzelnen Videosequenzen bzw. videografierten Lektionen. [...] [Dabei] werden die Entwicklung eines Kategoriensystems und die Definition einzelner Kategorien in Angriff genommen, wobei gefundene Beispielsequenzen zur Erläuterung der einzelnen Kategorien herangezogen werden können" (ebd. 273f., Hervorh. im Orig., Einf. M. S.). Die Liste der Vorgehensweisen wird nach der Analyse jedes Fallbeispiels ergänzt und dient in modifizierter Form als Grundlage für die Analyse des nächsten Fallbeispiels.

Eine solche kategorienentwickelnde Vorgehensweise eignet sich in besonderem Maße für „eine globale Beschreibung des gesamten Datenmaterials" (Beck & Maier 1994b, 54). Der Vorzug eines kategorienentwickelnden Vorgehens für eine Analyse der Vorgehensweisen besteht u. a. darin, dass auf diese Weise eine hohe inhaltliche Validität erreichbar ist (ebd., 61), während z. B. bei einer *kategoriengeleiteten* Interpretation eine potentielle Gefahr darin bestünde, „die Untersuchungswirklichkeit der Theorie den daraus abgeleiteten Kategorien ‚mit Gewalt' unterzuordnen" (ebd., 60) und somit u. U. hinsichtlich der Vorgehensweisen der Schülerinnen voreingenommen zu sein oder diese ggf. zu übersehen. Es ist daher insgesamt sinnvoll und lohnenswert, die Vorgehensweisen kategorienentwickelnd und dabei möglichst unvoreingenommen zu untersuchen und auf dieser Grundlage ein Kategoriensystem der Vorgehensweisen aufzufinden.

Um der mit einem kategorienentwickelnden Vorgehen einhergehenden geringen Personunabhängigkeit (ebd., 58) – und damit einem essentiellen Nachteil des kategorienentwickelnden Vorgehens – zu begegnen, wurde ein Vorgehen gewählt, in das konsequent zwei Rater einbezogen waren. Dieses ist in Tabelle 5.2 skizziert. Es wird für alle acht Schülerinnen der Untersuchung (Emma, Jason, Linus, Nicole, Michael, Sebastian, Tom, Valentin) durchgeführt. An eine vollständige Breitenanalyse der Vorinterviews schließt sich eine analoge Breitenanalyse der Nachinterviews an, für die jedoch das Wissen über die im Vorinterview rekonstruierten Vorgehensweisen und Typen als Grundlage dient.

Das Kategoriensystem, das sich für das Vor- und das Nachinterview dabei ergeben hat, umfasst sechs Kategorien von Vorgehensweisen für den Größenvergleich zweier ganzer Zahlen: Die Orientierung an der Lage der Zahlen, die Orientierung an der Ordnung der natürlichen Zahlen, der Gebrauch kontextuellen Wissens, der Vergleich von Mengen, das Durchführen von Rechenoperationen zum Zahlvergleich und der Gebrauch von Wissen zu Zahlen und zu Zahlbereichen. Diese Kategorien und entsprechende Vorgehensweisen der Schülerinnen sind in Kapitel 6.5 im Detail dargestellt.

Tabelle 5.2 Vorgehen für die Breitenanalyse der Vorinterviews

Vorgehen	
1.	Das Transkript der ersten (nächsten) Schülerin der alphabetischen Liste wird betrachtet.
2.	Es werden (vor dem Hintergrund der gefundenen Vorgehensweisen) von zwei Ratern getrennt voneinander *Vorgehensweisen* der Schülerin rekonstruiert und den Textstellen zugewiesen. Jede Vorgehensweise wird mit einer Bezeichnung versehen und kurz erläutert.
3.	Vergleich der Rater-Analysen. Es wird ein Konsens gefunden.
4.	Die Liste der Vorgehensweisen wird um die gefundenen Vorgehensweisen ergänzt. Diese dient als Grundlage für die nächste Analyse. Es wird wieder bei Schritt 1 begonnen. Wenn alle Transkripte analysiert sind, wird mit Schritt 6 fortgefahren.
5.	Nach der Analyse aller Transkripte werden die Vorgehensweisen zu Typen zusammengefasst. Diese Typen stellen übergreifende Kategorien dar. Es wird zudem vermerkt, welche Darstellungsform bzw. welcher Zahlaspekt (formal-symbolisch, kontextuell, ordinal, kardinal) für diese Kategorie von Vorgehensweisen ausschlaggebend ist.

5.5 Das Analyseschema für die Feinanalysen

Im Rahmen der Feinanalyse werden die Ergebnisse der Breitenanalyse detailliert. Die Ergebnisse hinsichtlich des Gegenstandsbereichs der negativen Zahlen werden damit ausdifferenziert, indem individuelle Fokussierungen, Inferenzen, Urteile, inferentielle Netze und individuelle Klassen von Situationen rekonstruiert werden. Es findet eine Verknüpfung des theoretischen Hintergrunds dieser Arbeit mit der Theorie zum Gegenstandsbereichs der negativen Zahl statt. Die Feinanalyse liefert folglich zweierlei: detailliertere Ergebnisse zum Gegenstandsbereich sowie Ergebnisse hinsichtlich des theoretischen Rahmens und Analyseschemas, welche der vorliegenden Arbeit zugrunde liegen.

Der theoretische Rahmen dieser Arbeit liefert mit seinen verschiedenen Elementen ein Fundament für die Feinanalyse, das durch Aspekte des Gegenstandsbereichs, insbesondere durch die Fokussierungsebenen, ergänzt wird. Gemeinsam bilden sie die Grundlage für ein Analyseschema, mit welchem aus den transkribierten Sprechhandlungen der Schülerinnen Fokussierungen, Festlegungen, Urteile und inferentielle Relationen und somit inferentielle Netze rekonstruiert werden können. Bei diesem Rekonstruktionsprozess handelt es sich um einen Prozess der Textinterpretation.

Das Analyseschema legt sowohl fest, *welche* Elemente (bspw. Fokussierungen, Urteile) rekonstruiert werden, als auch, *wie* diese Elemente rekonstruiert werden, welche Unterscheidungen dabei gemacht werden, kurzum: welche Regeln bei einer Rekonstruktion von Elementen inferentieller Netze aus den

Äußerungen und Gesten der Schülerin befolgt werden. Mit dem Festlegen eines Regelwerks wird ein möglichst eindeutiger und reglementierter Rekonstruktionsprozess angestrebt. Das *Offenlegen* dieses Regelwerks dient der Transparenz und Nachvollziehbarkeit des interpretativen Vorgehens.

Die Reihenfolge und die gewählten Sequenzen

Für den Rekonstruktionsprozess wird ein *sequenzanalytisches Vorgehen* (vgl. Wernet 2006) gewählt, bei dem eine „sehr einfache[...] Grundregel [gilt]: die Interpretation folgt streng dem Ablauf, den ein Text protokolliert. Eine entsequenzialisierte Textmontage ist unzulässig" (Wernet 2006, 27, Einf. M. S.). Die Turns der Transkripte werden sukzessiv gesichtet und zum Gegenstand der Analyse. Noch bedeutender als die Turns sind für den Analyseprozess jedoch die transkribierten Äußerungen der Schülerin als Sequenzen: Behauptungen können sich über mehrere Turns erstrecken – bspw., wenn diese im Zuge des Transkriptionsprozesses durch eine kurze Störung oder durch gesprächsgenerierende Beiträge der Interviewerin auf mehrere Turns aufgegliedert werden. Ein Turn kann gleichwohl mehrere Behauptungen enthalten, mit denen einhergehend verschiedene Fokussierungen, Urteile und Inferenzen rekonstruiert werden können. Es ist demnach sinnvoll, als Sequenzen für das Vorgehen die Behauptungen in den Äußerungen der Schülerin in den Blick zu nehmen und dabei die Turns sukzessiv zu untersuchen. Alle Äußerungen der Schülerinnen werden im Rahmen der Analyse indes auf gleiche Weise in chronologischer Reihenfolge analysiert.

5.5.1 Die Rekonstruktion von Situationen

Das Erfassen von Situationen, in denen sich Schülerinnen befinden, ist für die Analyse von inferentiellen Netzen elementar: Die rekonstruierten Fokussierungen, Urteile und Inferenzen können Situationen zugeordnet werden, ein situationsübergreifender Gebrauch wird analysierbar und es können individuelle Klassen von Situationen untersucht werden.

Für die Konzeptualisierung von Situationen sind im Rahmen dieser Arbeit die Aufgaben maßgeblich, die der Schülerin gestellt werden (vgl. Kap. 2.3.1). Im Rahmen der Analyse werden vorliegende Situationen immer bei ihrem neuen Eintreten im Transkript notiert und als Textfeld vermerkt. Ein Eintreten einer Situation ist im Interviewverlauf in der Regel durch das Überreichen von Karten an die Schülerin mit der einhergehenden Frage der Interviewerin, welche Zahl größer sei, charakterisiert: Betrachtet die Schülerin die Karten und antwortet auf die gestellte Frage, so wird davon ausgegangen, dass sie sich auch in ihrer individuellen Wahrnehmung in der entsprechenden, gegebenen Situation befindet. Es ist davon auszugehen, dass die Schülerin sich im Rahmen des Interviews in der Regel in einer der verschiedenen Situation befindet, bei zwei Zahlen die größere Zahl zu bestimmen – wie auch im folgenden Beispiel des Schülers Tom.

Beispiel:

I	Okay danke' *(legt die Karten weg und nimmt zwei weitere Karten in die Hand)* Und diese beiden, welche ist größer? *(reicht Tom übereinanderliegende Karten, auf denen steht: -11 bzw. -7)*	Situation: Bei zwei negativen Zahlen (-11 und -7) die größere bestimmen.
T	*(nimmt die Karten entgegen und hält sie nebeneinander, die -7, rechts die -11, schaut sie kurz an)* Die minus Elf..	

Die rekonstruierte Situation wird einmalig im Transkript markiert. Erst wenn eine neue Situation eintritt, wird dies erneut im Transkript gekennzeichnet. Alle Fokussierungen, Festlegungen und Inferenzen, die bis zum Eintreten einer neuen Situation rekonstruiert werden, beziehen sich auf die betreffende, im Transkript vorangehend markierte Situation.

5.5.2 Die Rekonstruktion von Festlegungen und Urteilen

In der Darstellung des Theorierahmens dieser Arbeit wurde unter anderem dargelegt, was Urteile und Festlegungen *sind* – es wurde bestimmt, was sie kennzeichnet. Für eine *Analyse* von Festlegungen und Urteilen von Schülerinnen ist darüber hinaus die Frage danach, wie wir diese *erfassen* können, essentiell. Neben die ontologische Dimension tritt eine forschungsmethodische. In den theoretischen Ausführungen dieser Arbeit wurde u. a. Folgendes festgehalten.

Urteile *sind die kleinsten Einheiten, für die Menschen als verstandesfähige Wesen Verantwortung übernehmen können. Urteile haben propositionalen Gehalt* (vgl. Kap. 1.1).

Festlegungen *sind Urteile, die in einer diskursiven Praxis als Behauptungen explizit sind und damit deontischen Status haben. Wir können Festlegungen selbst* ***eingehen*** *und anderen* ***zuweisen*** (vgl. Kap. 1.10).

Neben diesen generellen Charakterisierungen wurde – in Zusammenhang mit dem Handeln von Schülerinnen in Situationen – zwischen situationsbezogenen und situationsinvarianten Festlegungen unterschieden.

Situationsbezogene Festlegungen *sind solche Festlegungen, deren Gehalt sich auf die Gegebenheiten der vorliegenden Situation bezieht* (vgl. Kap. 2.3.2).

Situationsinvariante Festlegungen *sind solche Festlegungen, deren Gehalt über die gegebene Situation hinaus für eine Klasse von Situationen Gültigkeit hat* (vgl. Kap. 2.3.2).

Die aufgeführte Unterscheidung situations*bezogener* und situations*invarianter* Festlegungen stellt eine bedeutende Grundlage für die Analyse mit dem Analyseschema dar. Die Regeln der Rekonstruktion werden im Folgenden dargelegt.

Die Rekonstruktion situationsbezogener Festlegungen

Situationsbezogene Festlegungen werden rekonstruiert, wenn die Schülerin eine Behauptung äußert, deren Gehalt sich auf die spezifischen Gegebenheiten der vorliegenden Situation bezieht. Die Formulierungen der Festlegungen sind in der spezifischen gegebenen Situation verortet. Im Kontext der vorliegenden Interviews und der gewählten Aufgaben beziehen sich viele situationsbezogene Festlegungen spezifisch auf vorliegende Zahlenwerte.

Im Analyseprozess wird die Textstelle markiert und es wird eine situationsbezogene Festlegung formuliert und notiert, wobei sich die Formulierung möglichst eng an der Formulierung der Äußerung der Schülerin orientiert. Gegebenenfalls werden *Füllwörter* (ö, ähm, äh, auf jeden Fall, ja, halt, und, ...) ausgelassen oder *zusätzliche Informationen* hinzugefügt, die im Kontext der Äußerung von Bedeutung sind.

Beispiel:

I	Und die beiden, welche ist größer? *(reicht Tom zwei übereinanderliegende Karten, auf denen steht: -1 bzw. -4)*	
T	*(nimmt die Karten entgegen und hält sie nebeneinander, die Karte mit der -1 rechts)* *A Die Vier.*E *(vertauscht die Karten, sodass er die Karte mit -1 links und die Karte mit -4 rechts hält) (legt die Karten ab)..* Die Vier die ist größer als die Eins	Situationsbezogene Festlegung: Bei -1 und -4 ist 4 größer. Situationsbezogene Festlegung: Bei -1 und -4 ist 4 größer als 1.

Festlegungen sind jene Urteile, die in der *Sprachpraxis* explizit werden. Die Sprache hat bei der Rekonstruktion von Urteilen – im Speziellen von Festlegungen – zentrale Bedeutung. Aber auch *nicht-sprachliche* Handlungen, wie das Aufschreiben von Lösungswegen oder das Zeichnen einer Zahlengerade etc. können maßgeblich auf implizite Urteile hinweisen und sollen bei der Analyse nicht ungeachtet bleiben. Damit werden auch jene Festlegungen, die ihre wesentlichen Gehalte aus nicht-sprachlichen Handlungen speisen, rekonstruiert. Der erhöhte Interpretationsspielraum für das nicht-sprachliche Handeln bedingt jedoch in forschungsmethodischer Perspektive eine geringere Sicherheit der Rekonstruktion. Daher werden jene Festlegungen, die wesentlich auf der Basis der Informationen des nicht-sprachlichen Handelns rekonstruiert wurden, gekennzeichnet: Die Rahmenlinie der Textfelder dieser situationsbezogenen Festlegungen ist – im Gegensatz zu den anderen – gestrichelt.

Beispiel:

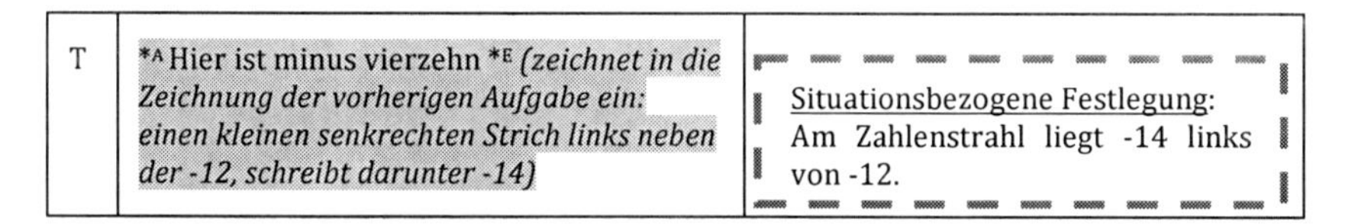

T	*A Hier ist minus vierzehn *E *(zeichnet in die Zeichnung der vorherigen Aufgabe ein: einen kleinen senkrechten Strich links neben der -12, schreibt darunter -14)*	Situationsbezogene Festlegung: Am Zahlenstrahl liegt -14 links von -12.

Das Zuweisen situationsinvarianter Urteile

Um den Gebrauch von Festlegungen über einzelne Situationen hinweg in Klassen von Situationen betrachten zu können, ist es erforderlich, den strukturellen Kern der Festlegungen in den Blick zu nehmen. Jeder situationsbezogenen Festlegung soll daher ein situationsinvariantes Urteil zugewiesen werden, denn nur über diese situationsinvarianten Urteile kann der situationsübergreifende Gebrauch systematisch analysiert werden. Bei dem Zuweisen eines situationsinvarianten Urteils zu einer situationsbezogenen Festlegung handelt es sich in zweierlei Hinsicht um einen interpretativen Prozess: Zum einen *interpretiert* die Analysierende, wenn sie das situationsinvariante Urteil zuweist und es formuliert. Daher ist ein sorgfältiges Vorgehen, welches in der Interpretation nicht zu viel wagt, angezeigt. Daneben handelt es sich auch um eine Interpretation, wenn davon ausgegangen wird, *dass* der situationsbezogenen Festlegung *überhaupt* ein situationsinvariantes Urteil zugrunde liegt: Es ist ebenso denkbar, dass es sich bei einer situationsbezogenen Festlegung nur um eine einmalige Festlegung der Schülerin handelt, die sie im Folgenden verwirft, womit dieser auch keine Situationsinvarianz zukommt. Für eine systematische Analyse ist es dennoch sinnvoll, allen situationsbezogenen Festlegungen *mögliche, potentielle* situationsinvariante Urteile zuzuweisen, um eine systematische Untersuchung von Urteilen über die spezifischen Gegebenheiten einzelner Situationen hinweg zu gewährleisten.

Um den Interpretationsspielraum für das Zuweisen potentieller situationsinvarianter Urteile dennoch möglichst gering zu halten, werden diese möglichst eng an der zugehörigen situationsbezogenen Festlegung formuliert. Wenn bspw. eine situationsbezogene Festlegung „Bei -27 und -31 ist -31 größer" rekonstruiert wird, so wäre eine Formulierung eines situationsinvarianten Urteils, welches bspw. auf „die Zahl mit dem größeren Betrag" verweist, eine zu sorglose Interpretation, als (wenngleich naheliegend) nicht sicher ist, dass die Schülerin auf die Beträge fokussiert. Es könnten auch gänzliche andere Fokussierungen zugrunde liegen. Daher werden situationsinvariante Urteile, die sich auf Festlegungen mit konkreten Zahlenwerten beziehen, *algebraisch* formuliert, bspw. als *„Bei -a und -b (a,b ∈ ℕ, |a|<|b|) ist -b größer" (SU-Tvor16).*[28] Die Formulierung des zugewiesenen Urteils erfolgt in diesem Zuge in einem Generalisierungsgrad, welcher aus der Äußerung der Schülerin nicht rekonstruiert werden kann. Dass die potentiell situationsinvarianten Urteile lediglich den *Status einer möglichen Gültigkeit* haben, wird im Zuweisen der potentiell situationsinvarianten Urteile durch die Darstellung mit gestrichelten Rahmenlinien angezeigt.

Beispiel:

I	*AUnd diese beiden *(reicht Tom zwei übereinanderliegende Karten, auf denen steht: -31 bzw. -27)*, welche ist größer?*E *(lächelnd)*	
T	*(nimmt die Karten entgegen und hält die Karten in der Hand, links die Karte mit der -27, rechts die Karte mit der -31 und betrachtet sie)* *(6 sec)* *ADie*E *(lächelnd)* ... 31 *(legt die Karten ab)*, minus 31. *(lächelt und schaut die Interviewerin an)*	Situationsbezogene Festlegung: Bei -27 und -31 ist -31 größer. Pot. situationsinvariantes Urteil: *SU-Tvor16* Bei -a und -b (a,b ∈ ℕ, |a|<|b|) ist -b größer.

28 Der Ausdruck ganzer Zahlen in der Form -a bzw. b (a,b ∈ ℕ) erfolgt in Anlehnung an ihre Schreibweise, bspw. als -5 und 7. Eine solche verallgemeinerte Schreibweise wird im Folgenden auch genutzt, um die individuellen Deutungen der Schülerinnen einer fachlichen Perspektive gegenüber stellen zu können, um v. a. *Klassen von Situationen* zu vergleichen (vgl. Kap. 5.5). Das Minuszeichen ist dabei aus fachlicher Perspektive stets als Vorzeichen zu verstehen – eine mögliche Deutung als Gegenzahlbildungszeichen wird nicht intendiert.

Es ist jedoch möglich, dass trotz einer algebraischen Formulierung mehrere Möglichkeiten für das Zuweisen eines situationsinvarianten Urteils zu einer situationsbezogenen Festlegung bestehen. In solchen Fällen müssen zunächst im entsprechenden Turn die verschiedenen Deutungsmöglichkeiten notiert und im weiteren Verlauf des sequenzanalytischen Vorgehens verifiziert werden.

Zwar wird mit einer algebraischen Formulierung von Urteilen von dem Prinzip abgewichen, Festlegungen möglichst nah an den Formulierungen der Schülerin zu formulieren, jedoch wird die Sorgfalt der Interpretation an dieser Stelle höher gewichtet. Der doppelte Interpretationsprozess, in dem eine Festlegung aus einer Äußerung rekonstruiert wird und ein potentielles situationsinvariantes Urteil zur Festlegung zugewiesen wird, geht oftmals mit einer solchen Entfernung von den spezifischen Formulierungen der Schülerinnen zugunsten einer algebraischen Formulierung einher.

Die Rekonstruktion situationsinvarianter Festlegungen

Situationsinvariante Festlegungen werden dann rekonstruiert, wenn die Schülerin eine Behauptung expliziert, deren Formulierung insofern generalisiert ist, dass sie eine Anwendbarkeit über verschiedene gegebene Situationen hinweg impliziert. Situationsinvariante Festlegungen beziehen sich insbesondere nicht auf konkrete Zahlenwerte. Die Festlegung „Minuszahlen sind kleiner als Pluszahlen" würde bspw. als situationsinvariant kategorisiert.

Das Notieren der situationsinvarianten Festlegung erfolgt über eine farbige Markierung der entsprechenden Textstelle und ein Festhalten einer situationsinvarianten Festlegung in einem nebenstehenden Textfeld. Mit Füllwörtern und zusätzlichen Informationen wird ebenso verfahren wie bei situationsbezogenen Festlegungen.

Beispiel:

T	Ö Die Zahlen unter null die sind schonmal auf jeden Fall *Akleiner als die Zahlen über null.*E *(nimmt die Karte mit der 12 in der Hand und legt sie anschließend wieder zurück) (schaut zur Interviewerin)*	Situationsinvariante Festlegung: *SU-Tvor09* Die Zahlen unter null sind kleiner als die Zahlen über null.

In diesem Beispiel erfolgt die Formulierung der situationsinvarianten Festlegung unter Auslassen des Ausspruchs „schonmal auf jeden Fall". Dieser scheint zwar eine Sicherheit anzuzeigen, er ist jedoch für den Gehalt der Festlegung nicht bedeutsam und wird daher ausgespart.

Beispiel:

I	*A Und bei Minuszahlen?*E *(zeigt auf die Karte mit -1)*	
T	*A Wo kälter ist ist es dann größer.*E *(hält beim Sprechen, auch nachfolgend das vor ihm liegende Papier mit beiden Händen fest)*	Situationsinvariante Festlegung: *SU-Tvor30* Wo es bei Minuszahlen kälter ist, da ist es größer.

Im zweiten Beispiel wird ersichtlich, dass in einem sequenzanalytischen Vorgehen auch die Äußerungen der Interviewerin für ein Rekonstruieren von Festlegungen zu berücksichtigen sind. Die Festlegung des Schülers scheint sich auf negative Zahlen zu beziehen, auf welche die Interviewerin durch ihre Frage hinweist. Die Information, dass die Festlegung sich offenbar auf negative Zahlen bezieht, wird in der rekonstruierten Festlegung durch den Einschub „bei Minuszahlen" kenntlich gemacht.

Auch *sprachbegleitende Gesten* werden im Rahmen der Analysen für das Rekonstruieren von situationsinvarianten – wie auch von situationsbezogenen – Festlegungen berücksichtigt. Dabei wird möglichst sorgsam vorgegangen, da eine Interpretation von nicht-sprachlichen Handlungen einen erhöhten Interpretationsspielraum zulässt.

Beispiel:

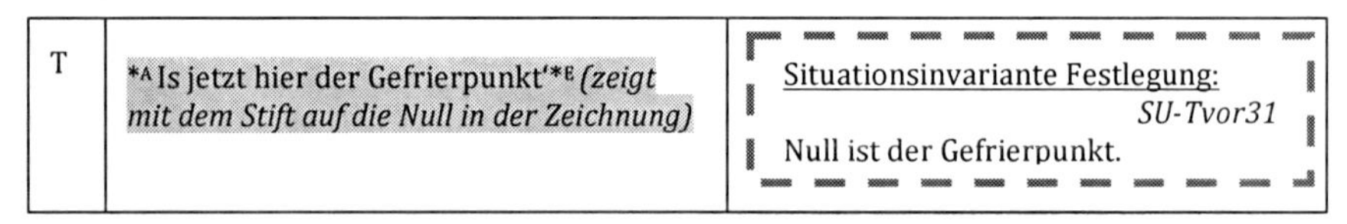

T	*A Is jetzt hier der Gefrierpunkt'*E *(zeigt mit dem Stift auf die Null in der Zeichnung)*	Situationsinvariante Festlegung: *SU-Tvor31* Null ist der Gefrierpunkt.

In dieser Festlegung wird jeweils das Zeigen des Schülers auf die Null als Verweis auf die Null interpretiert. Dies wird in der rekonstruierten Festlegung berücksichtigt.

Das Aufzeigen von Invarianzen und Stabilitäten

Nachdem ein Transkript des Vor- oder des Nachinterviews in Gänze sequenzanalytisch mit dem Analyseschema analysiert wurde und Festlegungen und Urteile rekonstruiert wurden, werden die Festlegungen und Urteile in eine Liste geschrieben und es wird in diesem Zuge die *Ähnlichkeit* oder *Identität* der Festlegungen und Urteile untersucht. In diese Liste werden ausschließlich die situationsinvarianten Urteile und Festlegungen übernommen, um die strukturellen Zusammenhänge über einzelne Zahlenpaare hinweg und damit die Situationsinvarianz der Festlegungen bzw. Urteile aufzuzeigen. Eine Suche nach möglicher Situationsinvarianz wäre für situations*gebundene* Festlegungen nicht zielführend.

Im Analyseprozess werden anschließend die aus dem Transkript sequenzanalytisch rekonstruierten situationsinvarianten Festlegungen und Urteile nummeriert, um diese u. a. in der Darstellung des inferentiellen Netzes (vgl. Kap. 5.4.6) eindeutig den Textstellen zuordnen zu können. Gleiche Urteile erhalten in diesem Zuge die gleiche Nummerierung, ähnliche Urteile werden mit gleicher Ziffer, aber durch das Anhängen eines Buchstaben gekennzeichnet, der eine Variation anzeigt.

Die Regeln für die Kennzeichnung sind in Abbildung 5.4 dargestellt.

SU bzw. **SF**	bedeutet	**S**ituationsinvariantes **U**rteil bzw. **S**ituationsinvariante **F**estlegung
N	entspricht	Initialen der Schülerin, bspw. **N**icole
vor bzw. **nach**	bedeutet	es handelt sich um das **Vor**interview bzw. das **Nach**interview
08	entspricht	der Nummerierung der situationsinvarianten Festlegungen bzw. Urteile im Interview – es wird fortlaufend nummeriert

Abbildung 5.4 Kennzeichnungen der Festlegungen und Urteile

Eine Auswahl ähnlicher bzw. identischer Urteile zeigt der folgende Ausschnitt der Urteilsliste (Tab. 5.3), welche für Nicoles Vorinterview entstanden ist und in der eine Sortierung der Urteile nach der ihnen zugewiesenen Nummerierung erfolgt ist. Es kann betrachtet werden, in welchen Situationen und in welchen Turns bspw. das Urteil SU-Nvor01 bzw. ähnliche Urteile gebraucht wurden.

Über das Auffinden einer solchen Identität oder Ähnlichkeit bestätigen sich potentiell situationsinvariante Urteile. Es scheint sich um vergleichsweise *stabile Urteile* der Schülerin zu handeln, die offenbar recht gefestigt sind oder sich während des Interviews festigen und welche über Einzeläußerungen hinweg gebraucht werden. Für diese Urteile kann somit gezeigt werden, dass diese nicht nur *potentiell* situationsinvariant gebraucht werden, sondern dass ein situationsübergreifender Gebrauch *tatsächlich* von der Schülerin vorgenommen wird. Eine solche ‚Situationsinvarianz' kann den betreffenden Urteilen der Schülerin selbstverständlich nicht für alle erdenklichen Situationen unterstellt werden. Situationsinvarianz meint in diesem Zusammenhang vielmehr, dass Urteile *nicht* an einzelne Situationen im Sinne einer spezifischen Situationsbewältigung gebunden sind und wiederholt gebraucht werden. Wird für Urteile ein mehrfacher Gebrauch nachgewiesen (vgl. Begriffsbestimmung situationsinvarianter Urteile,

Kap. 2.3.2), so wird dies in der Transkriptanalyse durch eine durchgezogene Rahmenlinie des Textfeldes gekennzeichnet.

Tabelle 5.3 Ausschnitt Urteilsliste

Situation	lfd. Nr.	Urteil	Turn
-8 und -12	01	Bei -a und -b ($a,b \in \mathbb{N}$, $\lvert a\rvert<\lvert b\rvert$) wäre -a am Zahlenstrahl größer.	2
-8 und -12	01a	Bei -a und -b ($a,b \in \mathbb{N}$, $\lvert a\rvert<\lvert b\rvert$) ist -a am Zahlenstrahl größer.	4
-8 und -12	01b	Bei -a und -b ($a,b \in \mathbb{N}$, $\lvert a\rvert<\lvert b\rvert$) ist -a größer.	13
-28 und -33	01b	Bei -a und -b ($a,b \in \mathbb{N}$, $\lvert a\rvert<\lvert b\rvert$) ist -a größer.	38
-8 und -12	01c	Bei -a und -b ($a,b \in \mathbb{N}$, $\lvert a\rvert<\lvert b\rvert$) ist -a größer als -b.	17
-28 und -33	01c	Bei -a und -b ($a,b \in \mathbb{N}$, $\lvert a\rvert<\lvert b\rvert$) ist -a größer als -b.	32

5.5.3 Die Rekonstruktion von Fokussierungen

Neben Festlegungen und Urteilen stellen auch Fokussierungen wesentliche Elemente des Analyseschemas dar.

***Fokussierungen** sind Kategorien in Form von individuellen Ideen bzw. Konzepten (von Eigenschaften, Darstellungen, mathematischen Begriffen etc.), mit denen Situationen individuell strukturiert werden* (vgl. Kap. 2.3.1).

Aufgrund ihres engen Zusammenhangs zu Urteilen und Festlegungen werden Fokussierungen immer einhergehend mit Urteilen oder Festlegungen rekonstruiert. Auch wenn aus epistemischer Perspektive das bewusste oder unbewusste Setzen von Fokussierungen dem Gebrauch von damit einhergehenden Urteilen vorangeht, ist aus forschungsmethodischer Perspektive das Rekonstruieren von Fokussierungen dem Rekonstruieren von Urteilen bzw. Festlegungen nachgelagert. Denn über Urteile und Festlegungen werden auch die Fokussierungen explizit und so erfolgt ein Rekonstruieren von Fokussierungen über das Rekonstruieren von Urteilen und Festlegungen. Für eine Festlegung oder ein Urteil können durchaus mehrere Fokussierungen rekonstruiert werden.

Fokussierungen können mit den verschiedenen Aspekten der Dimensionen der Darstellungsform und der Zahlaspekte in Beziehung stehen, welche naturgemäß Einfluss auf die damit einhergehenden Urteile haben. Für den Gegenstandsbereich dieser Arbeit wird auf der Grundlage der theoretischen Betrach-

tungen (Kap. 3.1.6) davon ausgegangen, dass Fokussierungen vorwiegend ordinale, kardinale, kontextuelle oder formal-symbolische Bezüge haben. Für jede rekonstruierten Fokussierung wird in der Analyse eine Fokussierungsebene rekonstruiert. Für die Fokussierung ‚Temperaturvergleiche' wird bspw. die kontextuelle Fokussierungsebene festgehalten. Da Urteile mehrere, verschiedene Fokussierungen haben können, kann dies auch mit unterschiedlichen Aspekten einhergehen. Die betreffenden Urteile werden in diesem Fall offenbar durch verschiedene Fokussierungsebenen gestützt.
Die rekonstruierten Fokussierungsebenen werden im Transkript durch kleine Symbole markiert (vgl. Abb. 5.5). Diese Symbole werden den Textfeldern der Fokussierungen eingelagert, sodass für den Betrachter die Fokussierungsebene der Fokussierung unmittelbar ersichtlich ist.

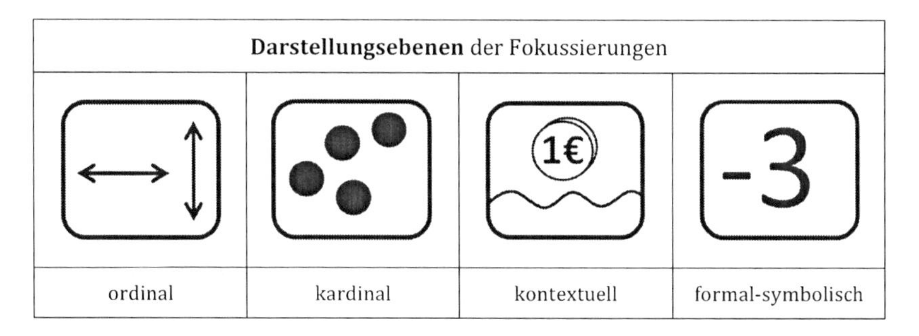

Abbildung 5.5 Fokussierungsebenen

Im Folgenden werden verschiedene Beispiele für das Rekonstruieren von Fokussierungen zu Festlegungen bzw. Urteilen und das einhergehende Rekonstruieren von Fokussierungsebenen aufgeführt.

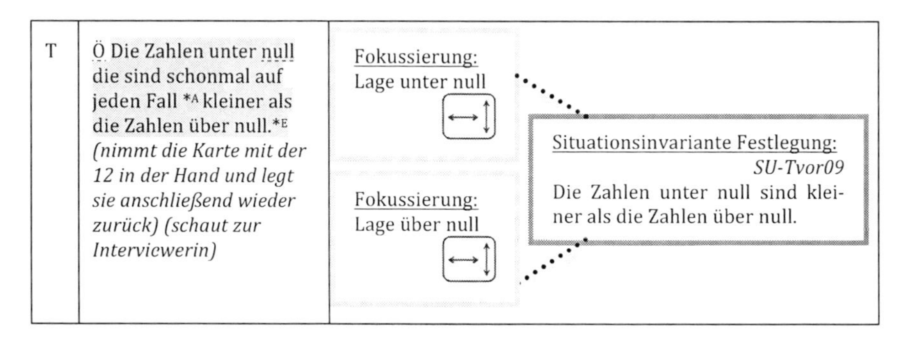

Bei dieser situationsinvarianten Festlegung scheinen die Lage unter null und die Lage über null die wesentlichen Kategorien darzustellen, die die situationsinvariante Festlegung des Schülers speisen. Da sie die Lage über bzw. unter null betreffen, werden die Fokussierungen der ordinalen Fokussierungsebene zugeordnet. Hierauf weist das zugeordnete Symbol hin.

Bei dem folgenden situationsinvarianten Urteil scheint eine Fokussierung auf die Kardinalität der Zahlen maßgeblich.

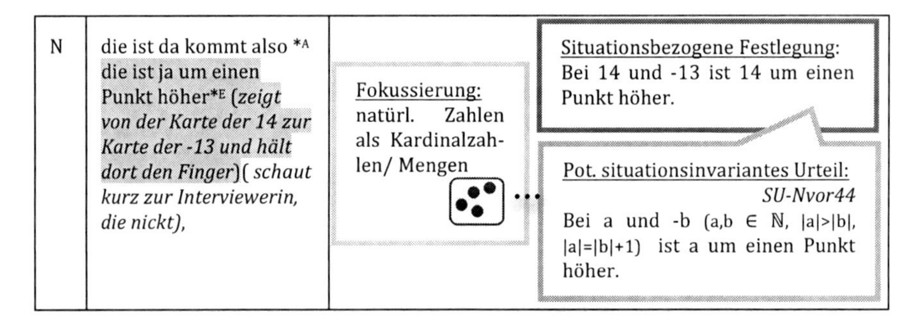

Die Schülerin scheint die Zahlen im Hinblick darauf zu fokussieren, wo mehr „Punkte" sind, und dabei in den Blick zu nehmen, welche natürliche Zahl eine größere Menge repräsentiert. Dies wird im Wesentlichen der kardinalen Fokussierungsebene zugeordnet (vgl. zugeordnetes Symbol).

5.5.4 Die Rekonstruktion von inferentiellen Relationen

Inferentielle Gliederungen zeigen sich im praktischen Begründen (vgl. Kap. 1.8): Wird eine Festlegung als Grund für eine weitere gebraucht, so handelt es sich um zwei Festlegungen, die inferentiell gegliedert sind, wobei die erste als Prämisse, die andere als Konklusion fungiert. Genau dies ist es, was begriffliche Gehalte ausmacht: Sie können begründet werden und als Begründungen dienen.

*Urteile können als Prämissen und Konklusionen in Inferenzen dienen. Die **inferentielle Gliederung** von Urteilen zeigt sich in praktischer Perspektive darin, dass sie begründet werden können und dass sie als Gründe dienen können (vgl. Kap. 1.8).*

Berechtigende inferentielle Relationen

*Eine **berechtigende inferentielle Relation** besteht zwischen einer Festlegung, die man eingeht, und ihren inferentiellen Vorgängern: Sie betrifft das Geben-Können von Gründen für eine Festlegung – das Angeben inferentieller Vorgänger (vgl. Kap. 1.10).*

Für ein Rekonstruieren von berechtigenden inferentiellen Relationen ist von Bedeutung, welche Inferenzen *die Schülerin* individuell für material richtig hält:

Die inferentiellen Relationen, die den begrifflichen Gehalt bestimmen, müssen nicht formal gültig, jedoch ***material richtig*** *sein. Der soziale Diskurs stellt in einer* ***intersubjektiven Perspektive*** *die Referenz dar, vor deren Hintergrund die materiale Richtigkeit von Inferenzen sowie auch die Wahrheit von Behauptungen beurteilt werden. Daneben können Behauptungen und Inferenzen aus* ***individueller Perspektive*** *für richtig gehalten werden (vgl. Kap. 1.9).*

Eine berechtigende Inferenz wird immer dann rekonstruiert, wenn die Schülerin diese angibt. Inferenzen werden in diesem Zuge aus individueller Perspektive betrachtet und rekonstruiert. Um berechtigende Inferenzen zu rekonstruieren, kann ein Augenmerk auf sogenannte ‚sprachliche Indikatoren' gelegt werden. Eine Übersicht über mögliche sprachliche Indikatoren von Prämissen und Konklusionen gibt Bayer (1999) (vgl. Abb. 5.6). Diese werden bei der Rekonstruktion als Orientierung genutzt, jedoch mit der Einschränkung, dass Schülerinnen diese nicht immer in der Rolle gebrauchen, wie in der Bildungssprache üblich[29].

Inferentielle Relationen enthalten Festlegungen bzw. Urteile als Prämissen und als Konklusionen. Im Rahmen des dargestellten Analyseschemas werden diese auf die o. g. Weise als Festlegungen bzw. Urteile rekonstruiert. Neben den Festlegungen bzw. Urteilen, die als Prämissen und als Konklusionen fungieren, werden auch die *inferentiellen Relationen selbst* als potentielle situationsinvariante Urteile festgehalten. Ein Rekonstruieren der inferentiellen Relationen *als Festlegungen bzw. Urteile* erfolgt in Inspiration und Anlehnung an das Analyseschema Toulmins (1996) und dessen Interpretation durch Meyer (2010), welche dazu verhelfen, den impliziten Teil eines Begründungszusammenhangs bei Schülerinnen zu rekonstruieren. „Der inferentielle Gebrauch von Wörtern vollzieht sich argumentativ in Begründungssituationen. Um die entsprechenden Argumente der Schüler zu untersuchen, wird [...] das in der Mathematikdidaktik bereits etablierte Toulmin-Schema verwendet, welches auch die impliziten Anteile eines Arguments zu rekonstruieren verhilft" (Meyer 2010, 64).

Der Nutzen, der sich aus einer solchen Zuweisung auch inferentieller Relationen als Festlegungen bzw. Urteile ergibt, liegt im Wesentlichen darin, dass auf diese Weise die inferentiellen Relationen ebenso zum Gegenstand der Analyse werden wie andere Urteile. Es kann bspw. die Situationsinvarianz der Inferenzen untersucht werden, indem sie in die oben aufgeführte Liste der Urteile aufgenommen werden und es kann auf diese Weise systematisch untersucht

---

29 Das Wort „also" ist ein Beispiel hierfür: Während Bayer (1999) davon ausgeht, dass damit eine Konklusion angeführt wird, nutzen Schülerinnen dieses Wort häufig, um sich zu verbessern, um zu relativieren oder eine Erläuterung einzuleiten.

wird, inwiefern die Schülerin wiederholt diese Begründungsstrukturen gebraucht. Zudem wird bei der Darstellung von inferentiellen Netzen das Erkennen der Inferenzen „auf einen Blick“ erleichtert. Gerade bei der Darstellung *komplexerer* inferentieller Netze ist dies für die Übersichtlichkeit der Darstellung von Vorteil.

Hinweise auf Prämissen		**Hinweise auf Konklusionen**	
Indikator	**Beispiel**	**Indikator**	**Beispiel**
weil	..., *weil* Karl Läufer ist	folglich	*Folglich* hat Karl Ausdauer.
da	..., *da* Karl Läufer ist	deshalb	*Deshalb* hat Karl Ausdauer.
denn	..., *denn* Karl ist Läufer	also	Karl hat *also* Ausdauer.
als	*Als* Läufer ...	ergo	*Ergo*: Karl hat Ausdauer.
ja	Karl ist *ja* Läufer.	infolgedessen	*Infolgedessen* hat Karl Ausdauer.
doch	Karl ist *doch* Läufer.	daher	*Daher* hat Karl Ausdauer.
in Anbetracht der Tatsache, dass...	*In Anbetracht der Tatsache, dass* Karl Läufer ist, ...	eben	..., hat Karl *eben* Ausdauer.
unter Berücksichtigung des Umstandes, dass...	*Unter Berücksichtigung des Umstandes, dass* Karl Läufer ist, ...	und so ... natürlich	*Und so* hat Karl *natürlich* Ausdauer.
erstens (zweitens usw.)	*Erstens* ist Karl Läufer.	daraus folgt, dass	*Daraus folgt, dass* Karl Ausdauer hat.
alle	*Alle* Läufer haben Ausdauer.	daraus ergibt sich, dass	*Daraus ergibt sich, dass* Karl Ausdauer hat.
jeder	*Jeder* Läufer hat Ausdauer.	es ist zu folgern, dass	*Es ist zu folgern, dass* Karl Ausdauer hat.
		muss	Karl *muss* Ausdauer haben.
		kann es gar nicht anders sein, als ...	..., *kann es gar nicht anders sein, als* dass Karl Ausdauer hat.
		zwingt zu der Annahme, dass...	... *zwingt zu der Annahme, dass* Karl Ausdauer hat.

Abbildung 5.6 Sprachliche Indikatoren für Prämissen und für Konklusionen (vgl. Bayer 1999, 92)

Im Folgenden wird aufgeführt, inwiefern auch im Rahmen einer Analyse mittels des „Toulmin-Schemas“ ein solches Festhalten der inferentiellen Relation als Festlegung angedacht wird. Hierfür ist eine kurze Skizzierung des Toulmin-Schemas erforderlich, welches in vereinfachter Form wie folgt festgehalten werden (vgl. auch Abb. 5.7): „Nach Toulmin besteht ein Argument [...] aus mehreren funktionalen Elementen. Als ‚Datum’ [bzw. Prämisse] [...] fungieren unbezweifelte Aussagen. Ausgehend hiervon erfolgt der Schluss auf die ‚Konklusion’ [...], die vormals eine fragliche Behauptung gewesen sein mag. Die ‚Regel’ gibt den Zusammenhang zwischen dem Datum und der Konklusion an. Sie legitimiert den Schluss. Wird die Gültigkeit der Regel bezweifelt, so könnte der Argumentierende gezwungen sein, die Regel abzusichern. Solche Absicherungen werden bei der Rekonstruktion als ‚Stützung’ [...] erfasst und können beispielsweise durch die Angabe desjenigen Bereiches erfolgen, aus dem die Regel stammt“ (Meyer 2010, 64, Einf. M. S.).

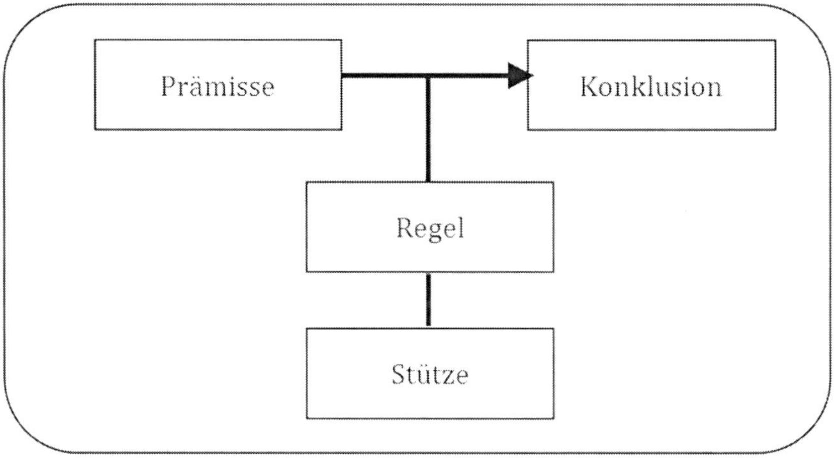

Abbildung 5.7 Berechtigende Inferenz in Anlehnung an vereinfachtes Toulmin-Schema

Diejenigen Elemente, die im Toulmin-Schema als Datum bzw. Prämisse und als Konklusion in den Blick genommen werden, werden im theoretischen Rahmen dieser Arbeit als Festlegungen rekonstruiert, wobei die Festlegung, die als Datum fungiert, berechtigende Funktion für diejenige Festlegung hat, welche die Konklusion darstellt: „Mit Brandom gesprochen kann die *Berechtigung* [...] innerhalb des Arguments in dem Datum gefunden werden" (Meyer 2010, 67, Hervorh. im Orig.).

Auch die inferentielle Relation in Form der *Regel* wird in diesem Zuge als Festlegung verstanden. „Als *Festlegungen* lassen sich hingegen die Regel und die Stützung rekonstruieren" (Meyer 2010, 67). Im Rahmen dieser Arbeit werden – in Anlehnung an Meyer (2010) – inferentielle Relationen als situationsinvariante *Festlegungen* oder *Urteile* rekonstruiert.

Wenn sich eine inferentielle Gliederung zwischen zwei situationsbezogenen Festlegungen durch sprachliche Indikatoren wie etwa „weil" oder „deshalb" zeigt, wird neben den situationsbezogenen Festlegungen und entsprechenden potentiellen situationsinvarianten Urteilen auch der *inferentiellen Relation* ein potentielles situationsinvariantes Urteil zugewiesen und die inferentielle Relation somit als situationsinvariantes Urteil festgehalten (vgl. Abb. 5.8).

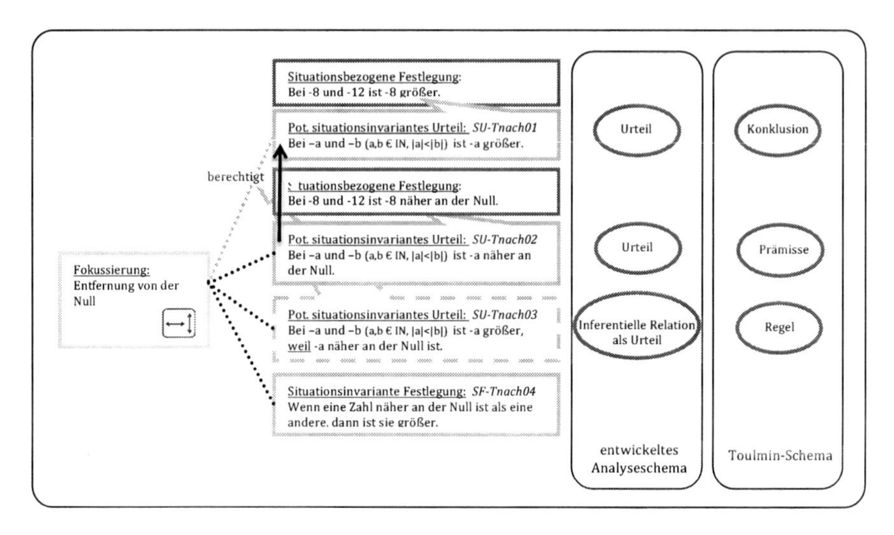

Abbildung 5.8 Inferentielle Relation

Durch die Analyse von Begründungszusammenhängen können im Analyse- und Rekonstruktionsprozess Urteile die ***Fokussierungen*** ihrer inferentiellen Vorgänger ***,erben'***: Wie bereits dargestellt, werden für Urteile in der Regel auch Fokussierungen rekonstruiert. In einem Urteil wie *„Bei -a und -b (a,b ∈ ℕ, |a|<|b|) ist -a größer“ (SU-Tnach01)* ist jedoch zunächst nicht ersichtlich, welche Fokussierung für dieses Urteil handlungsleitend ist. Über die Analyse der inferentiellen Gliederung wird jedoch ersichtlich, dass Tom über eine Inferenz der Form *„Bei -a und -b (a,b ∈ ℕ, |a|<|b|) ist -a größer, weil -a näher an der Null ist“ (SU-Tnach03)* zu diesem Urteil gelangt. Hierfür kann als Fokussierung die Entfernung von der Null rekonstruiert werden. Die Konklusion, -a sei größer, „erbt“ diese Fokussierung. In der Analyse wird dies durch eine grau gestrichelte Linie zwischen dem Urteil und seiner ‚geerbten' Fokussierung kenntlich gemacht (vgl. Abb. 5.8).

Die Dimension der *festlegenden inferentiellen Relation*, die neben der berechtigenden Dimension inferentieller Relationen im theoretischen Rahmen dieser Arbeit betrachtet wurde, findet in Kapitel 5.5.5 Berücksichtigung.

Materiale Implikationen – Wenn-Dann-Verknüpfungen

Für Äußerungen der Form „Wenn A gilt, dann gilt auch B“ erfolgt hingegen keine Zuweisung einzelner Urteile oder Festlegungen für A und B, sondern es wird *eine* Festlegung bzw. *ein* Urteil rekonstruiert. Ausschlaggebend hierfür ist der Konditional der Aussage. Für materiale Implikationen in Form von wenn-dann-Verknüpfungen ist nicht ersichtlich, ob die Schülerin sich wahrhaftig auf A festlegen möchte und es ist auch nicht ersichtlich, ob eine solche Intention für B vorliegt. Äußert eine Person bspw. „Wenn es regnet, dann ist es nass“, so trifft sie damit keine Aussage dazu, ob es gerade regnet oder nass ist. Daher werden entsprechende *einzelne* Festlegungen und Urteile für A und B nicht rekonstruiert – es verbleibt bei der Zuweisung *einer* Festlegung, welche die materiale Implikation ausdrückt.

Verweist die Formulierung der Äußerung der Schülerin auf eine Situationsinvarianz, so wird eine situationsinvariante Festlegung rekonstruiert (z. B. „Wenn eine Zahl näher an der Null ist als eine andere, dann ist sie größer“). Bezieht die Äußerung sich hingegen auf die Gegebenheiten einer spezifischen Situation, so werden eine situationsbezogene Festlegung sowie ein entsprechendes potentiell situationsinvariantes Urteil rekonstruiert.

Inferentielle Strukturen als Erkenntnisinteresse

Es ist anzunehmen, dass für die Äußerungen der Schülerinnen nicht durchweg eindeutige Verknüpfungen der Form „A gilt, weil B gilt“ bzw. „Wenn B gilt, dann gilt auch A“ rekonstruiert werden können. Es ist vielmehr davon auszugehen, dass die Schülerinnen Festlegungen verschiedenartig kombinieren, um zu begründen und zu folgern.

Es ist im Interesse dieser Arbeit, neben den Forschungsfragen auch im Hinblick auf den theoretischen Rahmen dieser Arbeit der Fragestellung nachzugehen, welche Strukturen die zwischen Festlegungen berechtigenden inferentiellen Gliederungen aufweisen: Neben einer Betrachtung der *Gehalte* der Inferenzen sollen daher *ihre* Strukturen gezielt in den Blick genommen werden. Inwiefern Schülerinnen bspw. einfache inferentielle Relationen nutzen, in denen je eine Festlegung als Prämisse und als Konklusion fungiert, oder ob Schülerinnen mehrere Festlegungen als Argumente verknüpfen, ist ein Erkenntnisinteresse dieser Arbeit hinsichtlich einer Restrukturierung des entwickelten theoretischen Rahmens. Aus diesem Grund werden in der Darstellung der Analyse neben den *Gehalten* der Urteile, Festlegungen und Inferenzen an verschiedenen, relevanten Stellen die *Strukturen* der inferentiellen Gliederungen in den Fokus genommen. Eine Zusammenfassung dieser Ergebnisse für den theoretischen Rahmen dieser Arbeit ist in Kapitel 7 aufgeführt.

5.5.5 Klassen von Situationen, Kompatibilitäten und inferentielle Netze

Im Rahmen dieser Arbeit nehmen *Klassen von Situationen* einen zentralen Stellenwert ein.

*Individuelle inferentielle Netze haben Relevanz für **Klassen von Situationen**. Klassen von Situationen können sowohl aus individueller Schülerinnenperspektive als auch aus fachlicher Perspektive betrachtet werden (vgl. Kap. 2.3.2).*

Die Klassen von Situationen, die Schülerinnen individuell unterscheiden, müssen nicht mit den aus fachlicher Sicht sinnvollen und tragfähigen Unterscheidungen von Klassen von Situationen für den Größenvergleich je zweier Zahlen übereinstimmen. Neben den Klassen von Situationen, die aus fachlicher Perspektive tragfähig sind und im Vorfeld aufgeführt wurden (vgl. Kapitel 3.1.5), soll im Rahmen dieser Untersuchung analysiert werden, welche Klassen von Situationen die Schülerinnen individuell unterscheiden (vgl. ebd., Forschungsfrage 1a). Dies erfolgt über eine Analyse dessen, inwiefern die Schülerinnen verschiedene gegebene Situationen zu einer Klasse von Situationen ordnen bzw. ob sie diese voneinander abgrenzen und so verschiedenen Klassen von Situationen zuordnen. Im Rahmen der Analyse werden zwei Möglichkeiten gebraucht, um eine solche Zugehörigkeit oder Abgrenzung von Situationen zu rekonstruieren.

Zum einen können Aussagen über individuelle Klassen von Situationen getroffen werden, wenn die Schülerin durch Äußerungen *expliziert*, dass Situationen zusammen gehören. Hinweise hierfür bilden z. B. sprachliche Indikatoren wie bspw. „Das ist doch das gleiche wie...", „Das ist genauso wie bei...", die auf eine erkannte Analogie von Situationen verweisen. Es ist anzunehmen, dass in den Situationen, auf deren Analogie verwiesen wurde, bei situationsbezogenen Unterschieden der Festlegungen *gleiche zugrundliegende situationsinvariante Urteile* handlungsleitend sind. Es ist ebenso denkbar, dass Schülerinnen Situationen explizit voneinander abgrenzen. In diesem Zuge können sprachliche Indikatoren relevant sein, die eine Unterscheidung von Situationen betreffen – bspw. „Das ist anders als bei...".

Zum anderen geben auch die *gebrauchten inferentiellen Netze* Aufschluss über die Klassen von Situationen: Es ist anzunehmen, dass in Situationen einer Klasse ähnliche Urteile gebraucht werden und dass die gebrauchten Urteile kompatibel zueinander sind.

Die Rekonstruktion von (In-)Kompatibilitäten

Im Rahmen dieser Arbeit werden inferentielle Relationen nicht nur in Form berechtigender Inferenzen, sondern auch in Form von festlegender inferentieller Relationen in den Blick genommen:

*Eine **festlegende inferentielle Relation** besteht zwischen einer Festlegung, die man eingeht und den Festlegungen, zu denen man sich verpflichtet, wenn man diese Festlegung eingeht – ihre inferentiellen Folgen (vgl. Kap. 1.10).*

Legt sich die Schülerin bspw. darauf fest, dass bei den zwei Zahlen 12 und -15 die 12 die größere Zahl ist, so verpflichtet sie sich zugleich auf weitere Festlegungen, wie bspw. dass -15 die kleinere Zahl ist. Eine Beurteilung dessen, zu welchen weiteren Festlegungen eine Festlegung verpflichtet, kann sowohl aus individueller Schülerinnenperspektive als auch aus intersubjektiver, fachlicher Perspektive vorgenommen werden (vgl. Kap. 1.9). Im Rahmen dieser Arbeit wird ein *intersubjektiver, fachlicher Blickwinkel* eingenommen, welcher die Referenz dafür darstellt, auf welche weiteren Festlegungen eine Festlegung verpflichtet: Würde die Schülerin sich darauf festlegen, dass bei 12 und -15 die 12 die größere Zahl ist, so verpflichtet sie sich aus fachlicher Perspektive darauf, dass -15 die kleinere Zahl ist. Würde sie sich statt dessen im Anschluss jedoch darauf festlegen, dass -15 die größere Zahl ist, so wären diese Festlegungen aus fachlicher Perspektive *material inkompatibel* zueinander:

Zwei Festlegungen sind material inkompatibel zueinander, wenn das Eingehen der einen Festlegung die Berechtigung zu der anderen Festlegung ausschließt. Der soziale Diskurs stellt in intersubjektiver Perspektive die Referenz für die Beurteilung der Inkompatibilität dar. Daneben kann Inkompatibilität auch in individueller Perspektive betrachtet werden (vgl. Kap. 1.11).

Für eine Betrachtung solcher Kompatibilitäten und Inkompatibilitäten ist für die Analyse im Rahmen dieser Arbeit wesentlich, inwiefern die *Gehalte* von Urteilen aus *fachlicher Perspektive material kompatibel* zueinander sind. Eine Betrachtung der Kompatibilitäten zwischen Urteilen erfolgt im Rahmen des Analyseschemas über den Weg der Inkompatibilitäten, wobei die Annahme grundlegend ist, dass zwei Urteile genau dann kompatibel zueinander sind, wenn sie nicht inkompatibel zueinander sind. Analog gilt für inferentielle Netze, dass diese eine Konsistenz aufweisen, insofern keine materialen Inkompatibilitäten zwischen Urteilen rekonstruiert werden.

In der Darstellung der Analyse werden alle Inkompatibilitäten aufgeführt, die im Rahmen der Transkriptanalyse rekonstruiert werden konnten. Auf eine Kompatibilität von Urteilen wird indes nicht explizit verwiesen. Sofern keine materialen Inkompatibilitäten herausgestellt werden, ist von einer Kompatibilität der Urteile und einer Konsistenz der inferentiellen Netze auszugehen. Durch das Herausstellen der aus *fachlicher Perspektive* vorhandenen Inkompatibilitäten wird der Frage nachgegangen, ob die inferentiellen Netze aus fachlicher Perspektive konsistent sind oder ob Inkonsistenzen bestehen, die von der Schülerin selbst nicht notwendig wahrgenommen werden (vgl. Kap. 3.1.5, Forschungsfrage 1e).

Kompatibilitäten, inferentielle Gliederungen und die Stabilität von Urteilen

Als mögliches Kriterium für die Stabilität eines Urteils wurde bereits ein situationsübergreifender Gebrauch herausgestellt (vgl. Kap. 5.5.2).

Neben einem situationsübergreifenden Gebrauch kann auch die *Einbettung* eines Urteils in eine Struktur kompatibler Urteile ein Indiz dafür darstellen, dass es sich um ein eher gefestigtes Urteil handelt. Urteilt die Schülerin bspw., dass (A) Zahlen der Form a ($a \in \mathbb{N}$) über null liegen und (B) Zahlen der Form -a ($a \in \mathbb{N}$) unter null liegen, dass (C) Zahlen der Form a ($a \in \mathbb{N}$) auf der Zahlengerade rechts von der Null liegen und (D) Zahlen der Form -a ($a \in \mathbb{N}$) entsprechend links von der Null liegen, so stellt die materiale Kompatibilität der Urteile A bis D ein Indiz dafür dar, dass es sich um eher gefestigte und solide Urteile der Schülerinnen handelt. Auch wenn bspw. lediglich für die Urteile A, B und C eine Situationsinvarianz gezeigt werden könnte, könnte aufgrund der materialen Kompatibilität auch das Urteil D als recht gefestigt angenommen werden.

Eine ähnliche Bedeutung kommt inferentiellen Relationen zu. Wird der Schülerin ein potentielles invariantes Urteil zugewiesen, für welche sie bspw. Gründe angeben kann und welches sie für Begründungen gebrauchen kann, so scheint diese inferentielle Gliederung ebenfalls ein Indiz dafür darzustellen, dass es sich um ein vergleichsweise eher solides Urteil der Schülerin handelt. Je vielfältiger ein Urteil in inferentielle Zusammenhänge involviert ist, desto eher kann davon ausgegangen werden, dass es sich um ein gefestigtes Urteil handelt.

Aufgrund der Bedeutung materialer Kompatibilitäten sowie berechtigender Inferenzen werden alle potentiellen situationsinvarianten Urteile, die durch Kompatibilitäten oder inferentielle Relationen zu anderen Urteilen gekennzeichnet sind, bei der Erstellung und Darstellung der inferentiellen Netze der Schülerinnen einbezogen. Sie unterscheiden sich bezüglich der Zuverlässigkeit ihrer Zuweisung dennoch von denjenigen Urteilen, für die über einen situationsübergreifenden Gebrauch eine Stabilität gezeigt werden konnte. Dieser Unterschied ist in der Darstellung gekennzeichnet: Während Urteile, für die eine Situationsinvarianz gezeigt werden konnte, über eine durchgezogene Rahmenlinie verfügen, sind Urteile, für welche dies nicht gezeigt werden konnte, durch eine gestrichelte Rahmenlinie gekennzeichnet, die – wie bereits in einem anderen Zusammenhang – anzeigt, dass dieses potentielle Urteil nicht *sicher* zugewiesen werden kann.

Inferentielle Netze

Im Rahmen dieser Untersuchung werden die inferentiellen Netze von Schülerinnen untersucht.

***Inferentielle Netze** von Schülerinnen sind individuelle Strukturen aus Urteilen, die durch inferentielle Relationen zwischen Urteilen gegliedert sind. Das Ver-*

*ständnis eines **Begriffs** zeigt sich in den individuell verfügbaren inferentiellen Netzen (vgl. Kap. 2.1).*

Für eine Analyse und Darstellung der inferentiellen Netze der Schülerinnen stellen die rekonstruierten *situationsinvarianten Festlegungen* und *potentiellen situationsinvarianten Urteile* die Basis dar. Situationsbezogene Festlegungen werden für die Betrachtung der inferentiellen Netze in der Regel nicht herangezogen. Der Vorteil einer Betrachtung situationsinvarianter Urteile gegenüber situationsbezogenen Festlegungen liegt vor allem darin, dass dies eine systematische Analyse der Urteile über einzelne Situationen hinweg erleichtert sowie eine Transparenz hinsichtlich struktureller Zusammenhänge über verschiedene spezifische Zahlenpaare hinweg ermöglicht.

Inferentielle Netze können über einzelne Situationen hinweg für Klassen von Situationen betrachtet und analysiert werden in einem Zusammenspiel aus...

- den rekonstruierten *Festlegungen* und *Urteilen,*
- den Zusammenhängen der Urteile mit *Fokussierungen* und
- den Zusammenhängen der Urteile miteinander durch *inferentielle Relationen.*

Es ist davon auszugehen, dass die inferentiellen Netze, die für Schülerinnen im Rahmen der Interviews rekonstruiert werden, sehr komplex und ausdifferenziert sind. Würde man die inferentiellen Netze beispielsweise visuell als verknüpfte Textfelder mit verbindenden Kanten darstellen wollen, so wäre der Platz einer Seite dieses Buches aller Voraussicht nach nicht ausreichend. Dies macht für die *Darstellung inferentieller Netze* im Rahmen dieser Arbeit Schwerpunktsetzungen und Gliederungen der inferentiellen Netze sowie Hervorhebungen erforderlich. Diese strukturierenden und fokussierenden Maßnahmen können, einhergehend mit unterschiedlichen Blickwinkeln, auf unterschiedliche Weise erfolgen.

Im Rahmen dieser Arbeit werden für die ***Darstellung der inferentiellen Netze*** daher die folgenden Hervorhebungen vorgenommen, die an dieser Stelle kurz skizziert werden.

(a) Es wird ein *Überblick* über das *gesamte inferentielle Netz* zur Ordnung ganzer Zahlen gegeben. Hierin sind alle relevanten Fokussierungen der Schülerin enthalten und wesentliche Urteile ausgewählt (vgl. Kap. 6.2.2.). Die Erstellung eines Überblicks kann unter verschiedenen Schwerpunktsetzungen erfolgen, als unterschiedliche Aspekte des inferentiellen Netzes in einer Übersicht hervorgehoben werden (vgl. Kap. 6.3.1, 6.3.2). Es kann unterschieden werden, ob jene Aspekte hervorgehoben werden, welche die *konkreten Begründungszusammenhänge* bei der Bestimmung der größeren zweier Zahlen behandeln, oder jene, welche bspw. die Anordnung der Zah-

len und damit eine Grundlage für eine Ordnungsrelation der Zahlen darstellen.

(b) Es wird ein Überblick über inferentielle Netze für einzelne oder für mehrere, miteinander zusammenhängende Klassen von Situationen gegeben, indem hierfür wesentliche Fokussierungen und Urteile angeführt werden (vgl. Kap. 6.4.2). Es können auch gezielt unterschiedliche Begründungsstrukturen der Schülerin herausgestellt werden, die durchaus die verschiedenen Fokussierungsebenen betreffen (z. B. Kap. 6.1.2.). Dabei kann auch ein Wechsel der Fokussierungen und Urteile im zeitlichen Verlauf des Interviews aufgezeigt werden (z. B. Kap. 6.1.2).

(c) Es werden jene Elemente aus inferentiellen Netzen ausgewählt, mit denen *Schemata* (vgl. Kap. 2.4.1) der Schülerinnen dargestellt werden können. Hierzu werden die aus der Menge der inferentiellen Netze hervorgehobenen Elemente entsprechend gegliedert, sodass ein Schema in seinem Ablauf ersichtlich wird (vgl. Kap. 6.1.2).

(d) Es werden Urteile und Fokussierungen ausgewählt, die verschiedene spezifische *Phänomene* wie Schwierigkeiten der Schülerinnen oder wie verschiedene Versuche der Schülerinnen darstellen, die Situationen zu bewältigen, die schließlich aber verworfen werden oder (vgl. z. B. 6.1.2).

(e) Es werden zudem jene wesentlichen Elemente des inferentiellen Netzes heraus gegriffen, mit welchen *Entwicklungen* des inferentiellen Netzes während der Interviews in den Mittelpunkt gestellt werden können (vgl. Kap. 6.2.1).

Mit den voranstehend aufgeführten verschiedenen Möglichkeiten, Schwerpunkte zu setzen und Hervorhebungen vorzunehmen, werden Einblicke in die Analyse der inferentiellen Netze unter sehr verschiedenen Blickwinkeln ermöglicht. Welcher der Blickwinkel jeweils eingenommen wird, wird maßgeblich durch das Datenmaterial, im Speziellen durch die Herangehensweisen der Schülerinnen bestimmt, die sich in den Transkripten widerspiegelt.

Für die Schwerpunktsetzung in der Darstellung sind verschiedene Kriterien ausschlaggebend. Hierzu zählt z. B.,

- wie *umfangreich* das rekonstruierte inferentielle Netz ist,
- ob auf unterschiedliche *Fokussierungsebenen* zurück gegriffen wird,
- ob sich während des Interviews *Entwicklungen* des inferentiellen Netzes vollziehen,
- wie *komplex* das inferentielle Netz im Hinblick auf die Menge rekonstruierter inferentieller Relationen ist, etc.

5.6 Abschluss

Im vorliegenden Kapitel wurde ausgehend von den in Kapitel 4 aufgeführten Forschungsfragen aufgezeigt, wie diesen im Rahmen dieser Arbeit nachgegangen wird. Es wurde dargestellt, welches *Untersuchungsdesign* gewählt wurde, wie dieses in Form einer *Untersuchungsplanung* umgesetzt wurde, wie eine *Aufbereitung des Datenmaterials* erfolgt.

Darüber hinaus wurden die für die vorliegende Arbeit bedeutsamen Analysemethoden der *Breiten-* und der *Feinanalyse* dargelegt, ihre jeweilige Relevanz erläutert und das analytische Vorgehen ausgeführt. Im Rahmen dessen wurde schließlich dargestellt, wie eine Rekonstruktion inferentieller Netze – basierend auf der Rekonstruktion von Festlegungen, Urteilen, Fokussierungen und Inferenzen – erfolgt.

Der methodische Teil greift damit das im theoretischen Teil der Arbeit artikulierte Anliegen auf, inferentielle Netze von Schülerinnen zu rekonstruieren und darzustellen, um detaillierte Einblicke in die individuellen Sinnkonstruktionen von Schülerinnen zum Begriff der negativen Zahl, im Speziellen zur Ordnungsrelation zu erhalten.

Empirischer Teil

6 Analyse der inferentiellen Netze zur Ordnung ganzer Zahlen

Im vorangehenden Kapitel wurde dargestellt, welche Analysemethoden im Rahmen dieser Arbeit gebraucht werden. Diese bestehen im Wesentlichen aus einer Breitenanalyse und einer Feinanalyse des Datenmaterials (vgl. Kap. 5.3). Die Stärke der Breitenanalyse liegt darin, einen Überblick über das Datenmaterial zu geben. Im Rahmen der Breitenanalyse werden die Vorgehensweisen der Schülerinnen beim Zahlvergleich sowie die relevanten Zahlaspekte und Darstellungsformen (formal-symbolisch, kontextuell, ordinal, kardinal) gesichtet. Diese Herangehensweisen der Schülerinnen werden im Rahmen der Feinanalyse u. a. durch die Rekonstruktion von individuellen Fokussierungen und Urteilen spezifiziert.

Die Stärke der Feinanalyse liegt in der detaillierten, tiefenanalytischen Betrachtung der Herangehensweisen der Schülerinnen: Hier werden individuelle Fokussierungen, individuelle Begründungen und Fokussierungsebenen u. v. m. spezifisch in den Blick genommen. Die Feinanalyse ermöglicht damit ein detailliertes Bild der Sinnkonstruktionen der Schülerinnen, insbesondere zeigt sie auch die Gründe für das Handeln der Schülerinnen auf.

In der vorliegenden Arbeit werden die beiden aufgeführten Methoden miteinander verschränkt: Die Breitenanalyse wird als Überblick genutzt, die Feinanalyse als Detaileinsicht für ausgewählte Schülerinnen. Die Ergebnisse beider Analyse-methoden tragen zur Theorieentwicklung des mathematikdidaktischen Gegenstandsbereichs der negativen Zahl bei.

Im vorliegenden Kapitel erfolgt zunächst eine *Darstellung* der Feinanalyse – in einem zweiten Schritt erfolgt eine Darstellung der Ergebnisse der Breitenanalyse. Diese Reihenfolge der Darstellung bietet zwei wesentliche Vorteile: Zum einen ermöglicht dies eine unmittelbare Einbettung der im Rahmen der Feinanalyse erlangten Ergebnisse in die Ergebnisse der Gesamtgruppe, zum anderen wird durch die Kenntnis der Ergebnisse der Feinanalysen die Nachvollziehbarkeit der Erkenntnisse der Breitenanalysen für die Leserin vereinfacht.

Für die Feinanalysen wurden zwei Schülerinnen als Fallbeispiele ausgewählt. Die in Kapitel 5.3 aufgeführten Auswahlkriterien tragen maßgeblich zu der Auswahl der Schülerinnen *Tom* und *Nicole* als Fallbeispiele bei. Bei Nicole handelt es sich um eine Schülerin, die im Vorfeld als leistungsschwächere Schülerin eingeschätzt wurde, während Tom als leistungsstarker Schüler beurteilt wurde. Um den Darstellungen in den Analysekapiteln nicht vorweg zu greifen, soll hier lediglich angeführt werden, dass die beiden Schülerinnen sehr unterschiedliche Herangehensweisen und – damit einhergehend – unterschiedliche Fokussierungen und Urteile gebrauchen. Beide explizieren zudem ihre Gedanken umfänglich, weshalb sich beide Vor- und Nachinterviews als geeignet für die Analyse im Rahmen dieser Arbeit erweisen.

Eine Darstellung der Feinanalysen ist auf verschiedene Weisen möglich: Sie kann sowohl im Sinne einer *Prozessanalyse* erfolgen, in welcher die rekonstruierten Elemente der inferentiellen Netze gemäß der Reihenfolge im Transkript dargelegt werden, als auch im Sinne einer *Phänomenanalyse*, in der die inferentiellen Netze im Überblick dargestellt werden, ohne den chronologischen Rekonstruktionsprozess im Detail aufzuzeigen. Im Rahmen der vorliegenden Arbeit werden beide Darstellungsvarianten gebraucht: Es wird zunächst an einem Beispiel ein *Einblick* in die Prozessanalyse gegeben, bevor die sich anschließenden Analysen aus Gründen der Zielorientierung und der Übersichtlichkeit der Darstellung phänomenologisch orientiert dargestellt sind.

Die Gliederung der Darstellung der Analysen orientiert sich am Design der Untersuchung, in welchem eine Strukturierung in Vor- und Nachinterviews erfolgt, aus denen das Datenmaterial und die Transkripte entspringen. Zu jedem der Interviews wird zunächst die Transkriptanalyse dargestellt, woran sich eine Darstellung der Ergebnisse im Hinblick auf die jeweiligen Forschungsfragen anschließt (vgl. Abb. 6.1). Während die Analyse der *Vorinterviews* vor allem zur Beantwortung die Forschungsfragen 1 (Über welche *inferentiellen Netze* verfügen die Schülerinnen im Zusammenhang mit dem Begriff der negativen Zahl – speziell mit der Ordnung?) und 2a (Welche Begriffsbildungsprozesse im Sinne *lokaler Entwicklungsmomente* vollziehen sich in kurzfristiger Perspektive?) beiträgt, erfolgt im Anschluss an die Darstellung der Analyse der *Nachinterviews* eine Ergebnisdarstellung im Hinblick auf die Forschungsfragen 2b (Inwiefern verändern sich die inferentiellen Netze zum Begriff der negativen Zahl global über eine Unterrichtsreihe hinweg bzw. inwiefern bleiben sie stabil?) und 2a (Welche Begriffsbildungsprozesse im Sinne lokaler Entwicklungsmomente vollziehen sich in kurzfristiger Perspektive?). Ergebnisse hinsichtlich einer Entwicklung der inferentiellen Netze in lokaler Perspektive sind lediglich für das Vor- und Nachinterview der Schülerin *Nicole* aufgeführt, da es innerhalb des Vor- und Nachinterviews von Nicole verschiedene Indizien dafür gibt, dass sich lokale Veränderungen der inferentiellen Netze im Sinne von Entwicklungsmomenten vollziehen. Für Toms inferentielle Netze, welche in beiden Interviews stabil scheinen, können während der Interviews keine Entwicklungsmomente rekonstruiert werden, daher sind hierzu keine Ergebnisse für die Einzelfallanalyse mit Tom aufgeführt.

An eine Darstellung der Feinanalysen schließt sich in Kapitel 6.5 die Darstellung der Breitenanalyse an. Hierbei wird ebenfalls zwischen den Ergebnissen der Vor-interviews, welche maßgeblich den Lernstand der Schülerinnen vor der Einführung negativer Zahlen betreffen, und den Ergebnissen des Nachinterviews unterschieden (vgl. Kap. 6.5.1 und Kap. 6.5.2).

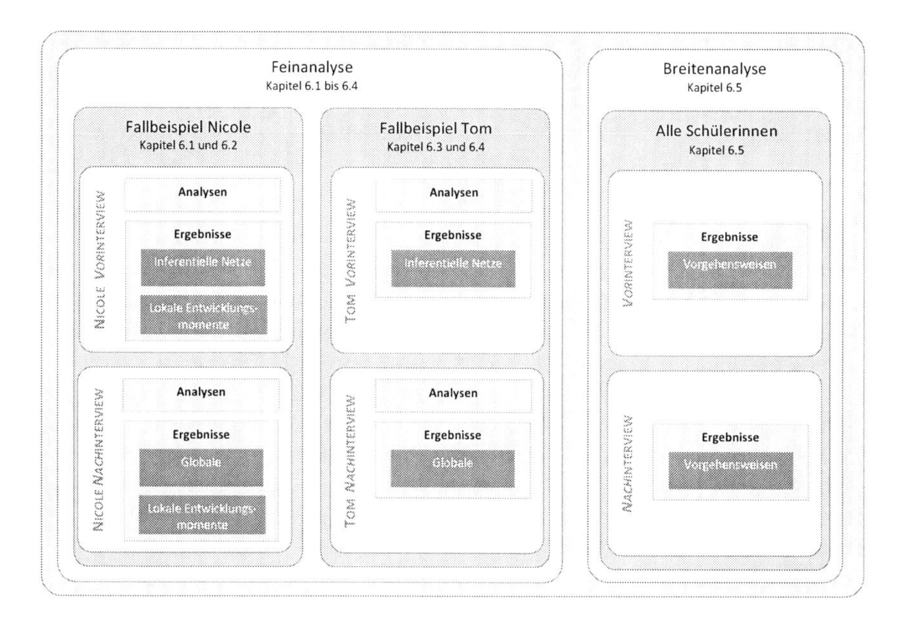

Abbildung 6.1 Gliederung des Analysekapitels

Die Ergebnisse werden schließlich trianguliert herangezogen, um gezielt die Forschungsfragen zu beantworten und die Ergebnisse in Kapitel 7 darzustellen. Da mit Forschungsfrage 3 (Welche Erkenntnisse ergeben sich im Hinblick auf eine Restrukturierung des mathematikdidaktischen Gegenstandsbereichs der negativen Zahlen?), die auf den Ergebnissen hinsichtlich der Forschungsfragen 1 und 2 aufbaut, die Konsequenzen für eine Restrukturierung des Gegenstandsbereichs in den Blick genommen werden, werden diese Ergebnisse ebenfalls in Kapitel 7 aufgeführt.

6.1 Feinanalyse für Nicoles Vorinterview

Die im Folgenden dargestellte Szene behandelt mit dem Bestimmen der größeren zweier Zahlen, von denen eine ein negatives Vorzeichen hat und die andere nicht, die erste Aufgabenstellung, mit der Nicole im Rahmen des Vorinterviews konfrontiert ist. Innerhalb dieses Interviews bearbeitet Nicole mit den Zahlenpaaren 12 und -15, 6 und -9, 14 und -13, 4 und -3, -9 und 0 sowie 9 und 0 sechs

Aufgaben, bei denen sie jeweils die aus ihrer Sicht größere der beiden Zahlen bestimmt. Für die interpretative Analyse ist bedeutsam, dass das Interview *vor* einer unterrichtlichen Behandlung negativer Zahlen durchgeführt wurde und im Vorfeld nicht bekannt war, inwiefern die Schülerinnen bereits aus außerunterrichtlichen Erfahrungen über Vorwissen zu negativen Zahlen – bspw. zur Deutung des Minuszeichens als Zahlzeichen – verfügen. Es ist ein Ziel, mithilfe der Analyse der Interviews Aufschluss darüber zu erlangen (Forschungsfrage 1).

6.1.1 Einblicke in die Prozessanalyse

Im Folgenden wird zunächst am Beispiel der ersten zwei Turns von Nicoles Vorinterviews das Rekonstruieren von Elementen der inferentiellen Netze aus ihren Äußerungen im Detail aufgezeigt. Dabei wird neben der Darstellung des Transkriptausschnitts das interpretative sequenzanalytische Vorgehen bei der Klärung der vorliegenden Situation und beim Rekonstruieren von inferentiellen Netzen aufgezeigt. Die aus den Transkriptstellen sukzessiv rekonstruierten Fokussierungen, Festlegungen, Urteile und Inferenzen werden dargestellt, jeweils erläutert und in Abbildungen visualisiert. Es wird zum einen die Intention verfolgt, den Analyseschritt des Rekonstruierens von inferentiellen Netzen aus dem Transkript exemplarisch offen zu legen, und zum anderen, in die konkrete Arbeit mit dem Analyseschema einzuführen.

Bei der Darstellung der Analyse der weiteren zwei Turns wird der Prozess der interpretativen Rekonstruktion von Fokussierungen, Urteilen, Festlegungen und Inferenzen aus den Äußerungen der Schülerin aus Gründen der Ökonomie und der Darstellung nicht weiterhin im Detail aufgeführt.

Prozessanalyse der Turns 1 und 2 (Sinneinheit A)

1	I	Ich hab zwei <u>Zahlen</u> mitgebracht und möchte dass du mir mal sagst welche von beiden, *Aist größer.*E *(reicht Nicole zwei übereinander liegende Karten, auf denen steht: 12 und -15)*
2	N	*(nimmt die Karten entgegen und betrachtet sie in den Händen haltend, hält die Karte der -15 oberhalb von der Karte der 12) (6 sec)* Die Fünfzehn. *(atmet hörbar aus, lächelt, schaut kurz zur Interviewerin und betrachtet dann wieder die Karten in ihren Händen) (6 sec)* Nein die Zwölf, weil da bei- *A da vor der Fünfzehn ist ja-*E *(schaut nach oben)* *Aminus f,ünfzehn steht da ja-*E *(schaut zur Interviewerin)* *Adann muss es die Zwölf sein.*E *(schaut wieder auf die Karten und deutet mit der Karte der -15 auf die Karte der 12) (schaut zur Interviewerin)*

Klärung der vorliegenden Situation

Zu Beginn des Interviews reicht die Interviewerin der Schülerin zwei Karten mit der Aufforderung, zu sagen, welche der beiden auf den Karten symbolisch dargestellten Zahlen (12 und -15) größer sei *(Turn 1)*.

Nicole nimmt die Karten entgegen und betrachtet sie in den Händen haltend. Dies deutet darauf hin, dass Nicole sich mit der von der Interviewerin gestellten Aufgabenstellung auseinander zu setzen scheint. Auch die folgenden Aussagen „die Fünfzehn“ und „Nein die Zwölf“ lassen darauf schließen, dass Nicole sich tatsächlich in der Situation zu befinden scheint, unter den beiden symbolisch dargestellten Zahlen die größere zu bestimmen (vgl. Abb. 6.2).

Situation: Bei einer pos. und einer neg. Zahl (12 und-15) die größere bestimmen.

Abbildung 6.2 Sinneinheit A.1

Erster Zugang

1. Teil: „Die Fünfzehn.“

Nachdem die Schülerin die beiden Karten erhalten hat und in den Händen hält, antwortet sie nach einer kurzen Pause: „Die Fünfzehn“. Die kurze Pause scheint auf ein Zögern oder ein kurzes Überlegen Nicoles hinzudeuten. Sie entscheidet sich dann für „die Fünfzehn“, wobei sie das negative Vorzeichen der 15 nicht ausspricht. Es ist möglich, dass sie dabei das negative Vorzeichen durchaus ‚mitdenkt‘, also -15 für größer erachtet als 12, dass sie jedoch beim Äußern das Minuszeichen nicht erwähnt, weil sie seine Erwähnung bspw. vergisst oder für unnötig hält. Es wäre möglich, dass sie davon ausgeht, dass die Interviewerin auch ohne die explizite Erwähnung wisse, dass es sich um -15 handele. Weitere Gründe sind hier denkbar. Es ist jedoch ebenso möglich, dass sie das Zahlzeichen zunächst übersieht oder dass sie das Minuszeichen nicht als Zahlzeichen wahrnimmt, es daher nicht berücksichtigt und darum die natürliche Zahl 15 mit der Zahl 12 vergleicht. Ob sie das negative Vorzeichen bereits als Zahlzeichen deuten kann und lediglich in ihrer Äußerung nicht erwähnt, oder ob sie es bei ihrer Entscheidung nicht berücksichtigt, ist an dieser Stelle nicht ersichtlich. Es kann an dieser Stelle lediglich festgehalten werden, dass sie sich zunächst darauf festlegt, dass 15 größer ist als 12. Diese Festlegung bezieht sich unmittelbar auf die konkreten Zahlenwerte der abgebildeten Zahlen; Nicole macht keine allgemeinen Aussagen über Zahlen mit und ohne Minuszeichen per se. Damit kann für Nicole an dieser Stelle mit „Bei 12 und -15 ist (-)15 größer“ eine ***situationsbezogene Festlegung*** rekonstruiert werden (vgl. Abb. 6.3). Da nicht ersichtlich ist, inwiefern Nicole das negative Vorzeichen der -15 in der Wahrnehmung der Situation und in ihrer Entscheidung ‚mitdenkt‘, wird dieses an dieser Stelle in Klammern notiert.

Situationsbezogene Festlegung:
Bei 12 und -15 ist (-)15 größer.

Abbildung 6.3 Sinneinheit A.2

Es ist denkbar, dass Nicole sich in ähnlichen Situationen – wie bspw. dem Zahlvergleich von -8 und 5 oder -35 und 25 – auch in ähnlicher Weise darauf festlegen würde, dass jeweils die Zahl, vor der das Minuszeichen steht und welche die betraglich größere ist, die größere Zahl ist – also in diesen Fällen 8 und 35. Diese Festlegungen bezögen sich dann zwar, bedingt durch die unterschiedlichen Zahlenwerte, je auf eine andere vorliegende Situation, ihnen würde jedoch ein gleiches invariantes Urteil zugrunde liegen. Um den Gebrauch von Festlegungen über einzelne Situationen hinweg betrachten zu können, wird daher der situationsbezogenen Festlegung „Bei 12 und -15 ist (-)15 größer" ein *potentielles zugrunde liegendes Urteil* zugewiesen, welches generalisiert formuliert wird (vgl. Kap. 5.5.2) und über einzelne Situationen hinweg – für eine Klasse von Situationen und darüber hinaus – betrachtet werden kann. Inwiefern der situationsbezogenen Festlegung „Bei 12 und -15 ist (-)15 größer" der Schülerin Nicole tatsächlich ein solches situationsinvariantes Urteil zugrunde liegt, muss sich im Verlauf des Interviews durch wiederholtes Äußern entsprechender Festlegungen und das jeweilige Zuweisen des situationsinvarianten Urteils zeigen. Als ***potentielles situationsinvariantes Urteil*** wird für Nicole an dieser Stelle *„Bei a und -b ($a,b \in \mathbb{N}$, $|a|<|b|$) ist (-)b größer" (SU-Nvor01)* festgehalten (vgl. Abb. 6.4).

Situationsbezogene Festlegung:
Bei 12 und -15 ist (-)15 größer.

Pot. situationsinvariantes Urteil: *SU-Nvor01*
Bei a und -b ($a,b \in \mathbb{N}$, $|a|<|b|$) ist (-)b größer.

Abbildung 6.4 Sinneinheit A.3

Welche ***Fokussierung*** handlungsleitend für das Kundtun der Festlegung „Bei -15 und 12 ist (-)15 größer" ist, wird nicht ersichtlich – zumal Nicole im weiteren Verlauf ihre Festlegung nicht erläutert oder begründet.

Es sind darüber hinaus keine Rückschlüsse dahingehend möglich, ob Nicole die ***Darstellungsform*** der Aufgabenstellung wechselt oder ob sie bei der formal-symbolischen Darstellung verbleibt: Weder wird dies an dieser Stelle offenkundig, noch wird im Folgenden eine inferentielle Gliederung explizit, die Rückschlüsse auf einen Wechsel der *Fokussierungsebenen* zulassen würde. Daher kann an dieser Stelle keiner der vier Fokussierungsebenen (formal-symbolisch, ordinale Anordnung, kardinale Mengendarstellung, kontextuell) sicher zugeordnet werden.

Im weiteren Verlauf des Interviews zeigt sich, dass das hier festgehaltene potentielle situationsinvariante Urteil nicht noch einmal rekonstruiert werden kann. Dies steht womöglich in Zusammenhang mit dem im Folgenden dargestellten Verwerfen der situationsbezogenen Festlegung durch Nicole. Es wird daher davon ausgegangen, dass es sich bei dem potentiellen situationsinvarianten Urteil *„Bei a und -b (a,b ∈ ℕ, |a|<|b|) ist (-)b größer" (SU-Nvor01)* nicht um ein tatsächlich situationsinvariantes Urteil Nicoles handelt.

<u>2. Teil</u>: Nein die Zwölf,
weil da bei- *[A] da vor der Fünfzehn ist ja-*[E] (*schaut nach oben*)
[A] minus f,ünfzehn steht da ja[E] (*schaut zur Interviewerin*)

Nicole scheint – nach längerem Überlegen – die vorherige Antwort zu verwerfen: Sie äußert „Nein die Zwölf". An dieser Stelle kann für sie die ***situationsbezogene Festlegung*** „Bei 12 und -15 ist 12 größer" rekonstruiert werden. Entsprechend wird auch das ***potentielle situationsinvariante Urteil*** *„Bei a und -b (a,b ∈ ℕ, |a|<|b|) ist a größer" (SU-Nvor02)* festgehalten, welches das vorherige Urteil abzulösen scheint (vgl. Abb. 6.5).

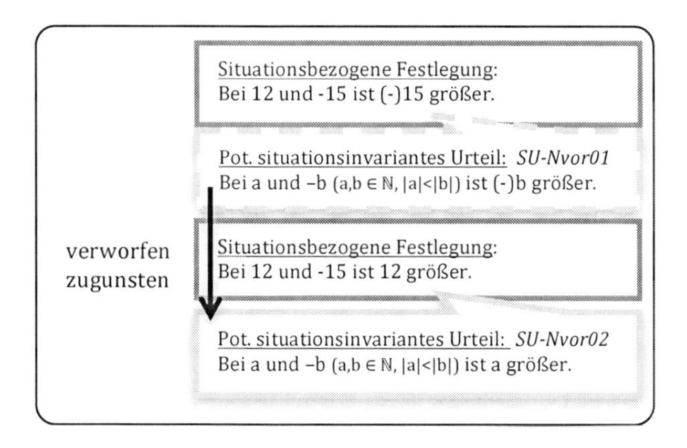

Abbildung 6.5 Sinneinheit A.4

Im Folgenden wird ersichtlich, dass sie nun das Minuszeichen der 15 zu berücksichtigen scheint. Angeführt von einem „weil" begründet sie offenbar die Festlegung auf 12 als die größere Zahl, indem sie auf das Minuszeichen verweist (vgl. *Turn 2*). Ihre Äußerung, in der sie die Aussage dreimal zu beginnen scheint („da bei-", „vor der Fünfzehn ist ja-" und „minus fünfzehn steht ja da"), scheint auf Unsicherheiten hinzudeuten. Diese könnten sich auf den Inhalt der Aussage oder auf die Formulierung der Gedanken beziehen; daneben sind weitere Gründe wie Schüchternheit, Hemmungen, Unkonzentriertheit u. v. m. denkbar. In der schließlichen Formulierung „minus fünfzehn steht da ja" könnte – in Zusammenhang mit der Äußerung „Nein die Zwölf" – das „Ja" am Ende darauf hindeuten, dass Nicole erstaunt ist, dass vor der 15 ein Minuszeichen steht; dies würde den Rückschluss nahe legen, dass Nicole bei der vorherigen Festlegung darauf, dass 15 größer sei, das Minuszeichen womöglich nicht berücksichtigt hatte. Das „Ja" könnte daneben auch als Modalpartikel fungieren, mit dem bspw. ausgedrückt wird, dass Nicole davon ausgeht, dass dieser Sachverhalt auch der Interviewerin bekannt ist.

Für Nicole kann mit „Bei 12 und -15 steht vor der 15 ein Minus" eine ***situationsbezogene Festlegung*** sowie als ***potentielles situationsinvariantes Urteil*** entsprechend *„Bei a und -b* $(a,b \in \mathbb{N}, |a|<|b|)$ *steht vor b ein Minus" (SU-Nvor03)* rekonstruiert werden. Das Minuszeichen scheint die wesentliche Kategorie und somit die handlungsleitende ***Fokussierung*** für Nicoles Festlegung darzustellen (vgl. Abb. 6.6).

Die beiden rekonstruierten Festlegungen sind ***inferentiell gegliedert*** – Nicole berechtigt offenbar, angeführt durch ein „weil", die Festlegung *„Bei 12 und -15 ist 12 größer"* mit *„Bei 12 und -15 steht vor der 15 ein Minus"*. 12 ist demnach größer, *weil* vor der 15 ein Minus steht. Auf der Ebene der *Urteile* kann eine ebensolche inferentielle Gliederung zwischen *SU-Nvor02* und *SU-Nvor03* rekonstruiert werden (vgl. Abb. 6.6). Die Inferenz, welche bei der Berechtigung von *SU-Nvor02* durch *SU-Nvor03* genutzt wird und welche die inferentielle Gliederung kennzeichnet, wird als ***potentielles situationsinvariantes Urteil*** festgehalten: *„Bei a und -b* $(a,b \in \mathbb{N}, |a|<|b|)$ *ist a größer als -b, weil vor b ein Minus steht" (SU-Nvor04)*. Welches zugrunde liegende Urteil es ist, das diese Inferenz stützt, wird an dieser Stelle im Transkript (noch) nicht ersichtlich: Sie könnte das Minuszeichen bspw. durch lebensweltliche Vorerfahrungen als Zahlzeichen interpretieren, sie könnte es ebenso auch als Hinweis für das Durchführen einer Rechenoperation deuten. Sie expliziert hier jedoch lediglich, dass es das *Minuszeichen* ist, welches sie zu der Annahme, dass 12 größer ist, veranlasst.

Im Anschluss äußert Nicole „dann muss es die Zwölf sein" und scheint auch hier aus der vorherigen Hervorhebung des Minuszeichens der -15 zu folgern. Aus der Aussage wird die ***situationsbezogene Festlegung*** *„Bei 12 und -15 ist 12 größer"* rekonstruiert, die sie aus der Festlegung *„Bei 12 und -15 steht vor* *der 15 ein Minus"* herzuleiten scheint. Entsprechendes ***potentielles situationsinvariantes Urteil*** ist *„Bei a und -b* $(a,b \in \mathbb{N}, |a|<|b|)$ *ist a größer"*, welches dem bereits zuvor rekonstruierten Urteil *SU-Nvor02* entspricht. Die nochmalige Begründung des Urteils, dass die 12 die größere Zahl sei, kann als ***inferentielle Relation*** rekonstruiert werden. Es handelt sich um die gleiche inferentielle Relation wie bereits zuvor: *„Bei a und -b* $(a,b \in \mathbb{N}, |a|<|b|)$ *ist a größer als -b, weil vor b ein Minus steht"* (*SU-Nvor04).*

Mit der Fokussierung auf das Minuszeichen bezieht sich Nicoles Sprechhandeln hier im Wesentlichen auf die formal-symbolische ***Darstellung***, in welcher die vorliegenden Zahlen gegeben sind: Die situationsbezogene Festlegung *„Bei 12 und -15 steht vor der 15 ein Minus" (vgl. SU-Nvor03)* zeugt durch die gewählte Fokussierung des Minuszeichens von einer formal-symbolischen Darstellung. Durch die Berechtigung von *SU-Nvor02* durch *SU-Nvor03* werden die Fokussierung und die Fokussierungsebene, die für *SU-Nvor03* rekonstruiert wurden, ebenso auch für *SU-Nvor02* rekonstruiert: *SU-Nvor02* ‚erbt' die Fokussierung und Fokussierungsebene von seinem inferentiellen Vorgänger.

Die situationsbezogenen Festlegungen und die potentiellen situationsinvarianten Urteile sind in Abbildung 6.6 in der chronologischen Reihenfolge ihres Auftretens, von oben nach unten angeordnet dargestellt. Die inferentiellen Relationen sind dabei als Pfeile visualisiert, die mit dem Wort „berechtigt" versehen sind: SU-Nvor03 berechtigt sowohl SU-Nvor02, welcher zuvor geäußert wurde, als auch SU-Nvor02, welches im Anschluss geäußert wird. Die inferentiellen Relationen selbst sind als Urteile SU-Nvor04 dargestellt: Dass es sich dabei um die inferentielle Relation handelt, wird durch die Pfeilspitzen an den „berechtigt"-Pfeilen ersichtlich. Der unmittelbare Bezug der Urteile zu Fokussierungen ist durch eine schwarze, gepunktete Linie visualisiert. Die „geerbten" Fokussierungen sind durch graue, gepunktete Linien dargestellt.

Das Urteil *„Bei a und -b* $(a,b \in \mathbb{N}, |a|<|b|)$ *ist a größer" (SU-Nvor02*) kann für Nicole im Laufe des Interviews auch in den Situationen, bei den Zahlen 9 und -6, 14 und -13 sowie 4 und -3 die größere zu bestimmen, wiederholt rekonstruiert werden. Es scheint sich in der Tat um ein Urteil zu handeln, das Nicoles situationsbezogenen Festlegungen situationsinvariant zugrunde liegt; dies ist in Abbildung 6.6 durch eine durchgezogene Rahmenlinie – anstelle einer gestrichelten – angezeigt. Auch die Urteile *„Bei a und -b* $(a,b \in \mathbb{N}, |a|<|b|)$ *steht vor b ein Minus" (SU-Nvor03)* sowie *„Bei a und -b* $(a,b \in \mathbb{N}, |a|<|b|)$ *ist a größer als -b, weil vor b ein Minus steht" (SU-Nvor04)* können für Nicole in weiteren Situationen – beim Zahlvergleich von 9 und -6 sowie 4 und -3 – rekonstruiert werden und scheinen ebenso situationsinvariant.

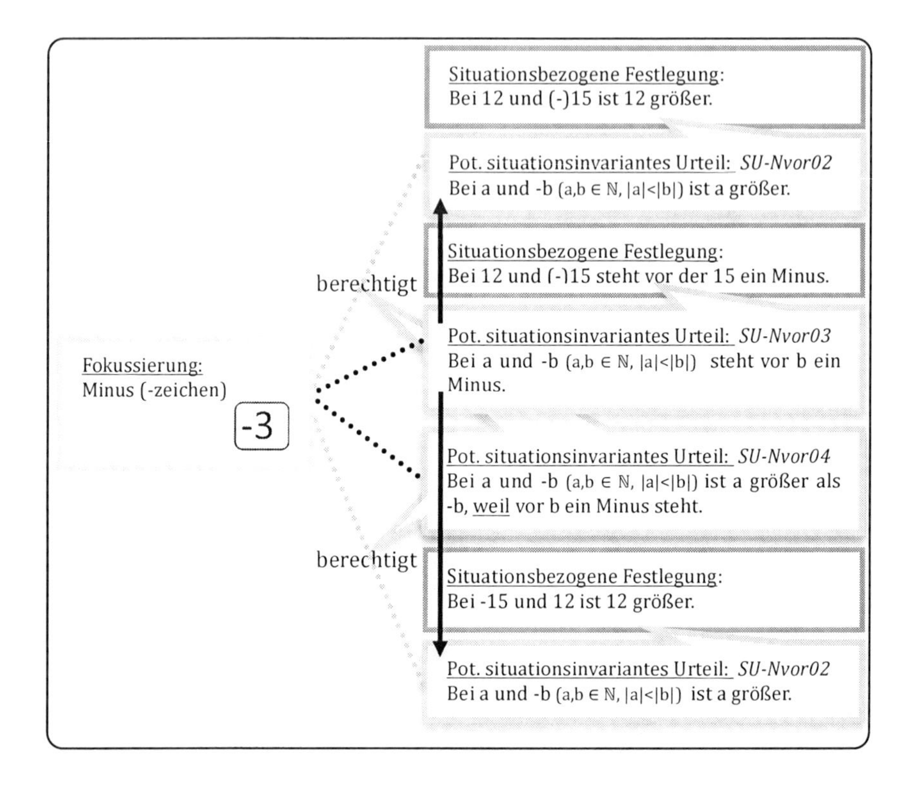

Abbildung 6.6 Sinneinheit A.5

Obwohl sich im Verlauf des Interviews die dargelegte Situationsinvarianz der rekonstruierten Urteile *SU-Nvor02*, *SU-Nvor03* und *SU-Nvor04* zeigen lässt, ist jedoch keineswegs davon auszugehen, dass es sich bereits zu dem hier betrachteten Zeitpunkt im Interview um konsolidierte Urteile handelt, auf welche Nicole sicher zurück greift. Noch weniger kann angenommen werden, dass Nicole sich ihrer Situationsinvarianz bewusst ist. Da es sich bei dem betrachteten Interviewausschnitt womöglich um Nicoles erste Versuche handelt, Zahlen mit einem vorangestellten Minuszeichen zu betrachten, ist vielmehr davon auszugehen, dass die Festlegungen, die Nicole eingeht, sich durch das Handeln in den vorliegenden Situationen zunehmend konsolidieren, dass jedoch die Urteile an dieser Stelle durchaus noch nicht stabil sind und Nicole keineswegs in einer generalisierten Form bewusst sein müssen.

Zusammenfassung

Die Analyse zeigt auf, dass Nicole sich zwar zunächst auf die 15 als größere Zahl festlegt, dass sie das Festlegen auf die 15 jedoch anschließend als Irrtum wahrzunehmen scheint: sie verwirft diese Festlegung und geht sie auch im weiteren Interviewverlauf nicht mehr ein. Sie legt sich nachfolgend darauf fest, dass 12 die größere der beiden Zahlen ist. Durch die Betrachtung und das Rekosntruieren von Fokussierung, Festlegungen, Urteilen und inferentiellen Relationen können an dieser Stelle Gründe für ihre Entscheidung aufgezeigt werden: Die wesentliche Basis für ihre Festlegung liegt in der Fokussierung des Minuszeichens vor der Zahl 15. Die inferentielle Relation, dass die Zahl 12 größer ist, *weil* vor 15 ein Minuszeichen steht, scheint für Nicole maßgeblich für das Festlegen auf die 12 als größere Zahl. Die Berechtigung ihrer Festlegung verbleibt an dieser Stelle auf formal-symbolischer Fokussierungsebene – Nicole macht in ihrer Begründung nicht von einem Kontext oder einer Darstellung Gebrauch, welche die Anordnung oder Kardinalität der Zahlen betrifft. Bei der Betrachtung des gesamten Interviewverlaufs zeigt sich, dass die Urteile und die Inferenz, die wesentlich für Nicoles Entscheidung in dieser Situation zu sein scheinen, sich offenbar im Laufe der weiteren Interviewsequenzen konsolidieren: Sie begründet wiederholt auf diese Weise.

Prozessanalyse der Turns 3 und 4 (Sinneinheit B)

3	I	Mhm', wie stellst du dir das vor?
4	N	Also *(legt die Karte mit -15 ab)* sagen wir jetzt mal wenn man jetzt also *(legt die Karte mit 12 links von der Karte mit -15 ab)* zwölf *(zeigt auf die Karte mit 12)* minus fünfzehn *(zeigt auf die -15)* jetzt nehmen würde dann würde man ja auch weniger *(macht mit der Hand eine Bewegung in der Luft)* haben als zwölf. *(zeigt auf die Karte mit 12, macht mit der Hand eine Bewegung in der Luft, schaut dann zur Interviewerin)* *[A]Und dann ist die Zwölf größer.*[E] *(zeigt auf die Karte mit 12) (schaut weiter zur Interviewerin)*

Im Folgenden werden die in den sich anschließenden zwei Turns rekonstruierten Urteile und Fokussierungen der Schülerin Nicole dargestellt. Während im letzten Abschnitt neben der Betrachtung der inferentiellen Netze vor allem auch der *interpretative Prozess des Rekonstruierens* von inferentiellen Netzen aus den Äußerungen der Schülerin dargelegt wurde, erfolgte die Prozessanalyse auf der Basis der rekonstruierten Fokussierungen, Urteile und Inferenzen, um die Fragestellungen dieser Arbeit fokussierter in den Blick zu nehmen.

Nachdem sich in *Sinneinheit A* das *Minuszeichen* als wesentliche Fokussierung für die für Nicole rekonstruierten Urteile erwies, ermöglicht die Analyse ihres inferentiellen Netzes in der sich anschließenden Sinneinheit (*Turns 3-4*, vgl. Abb. 6.7) einen detaillierteren Einblick in ihre Deutung des Minuszeichens und die damit einhergehende Vorgehensweise.

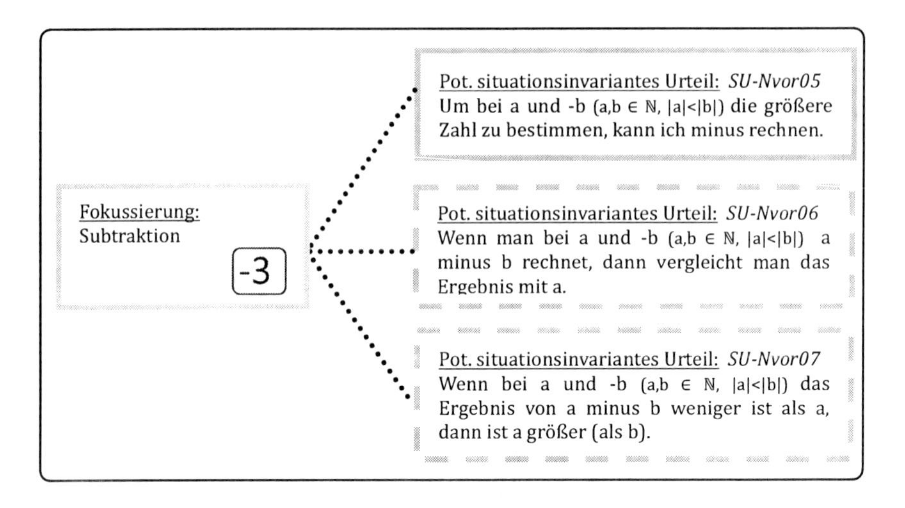

Abbildung 6.7 Inferentielles Netz Sinneinheit B

Die ***Fokussierung*** auf die *Subtraktion* scheint handlungsleitend, welche sie offenbar mit dem Minuszeichen in Verbindung bringt. Wesentlich und charakterisierend für ihr Handeln scheint das ***potentielle situationsinvariante Urteil*** *„Um bei a und -b (a,b ∈ ℕ, |a|<|b|) die größere Zahl zu bestimmen, kann ich minus rechnen“ (SU-Nvor05)*, welches sich durch die Rekonstruktion in verschiedenen Situationen (vgl. *Turn 40*) in der Tat als Urteil erweist, dass Nicoles Handeln situationsinvariant zugrunde zu liegen scheint[30]. Während die Urteile und Fokussierung in Sinneinheit A die Interpretation zuließen, das Nicole das Minuszeichen als Zahlzeichen interpretiert, wird in Sinneinheit B offensichtlich, dass sie es offenbar – aus ihrem Vorwissen heraus – als *Operationszeichen* deutet. Nicole scheint zu versuchen, die vorliegenden Zahlen zu subtrahieren. Das Urteil *„Wenn man bei a und -b (a,b ∈ ℕ, |a|<|b|) a minus b rechnet, dann vergleicht man das Ergebnis mit a“* (*SU-Nvor06*) stellt einen ersten Verweis darauf dar, wie sie dabei vorzugehen scheint. Nicole bringt offenbar zwei Fokussierungen zusammen: sie fokussiert auf der einen Seite auf die *Subtraktion*, und zum anderen nimmt sie den Vergleich der beiden Zahlen vor, welcher in der Situation durch die Aufforderung, die größere Zahl zu bestimmen, vorgegeben

30 Um die Situationsinvarianz anzuzeigen, ist das Urteil *SU-Nvor05* in Abbildung ‚Inferentielles Netz Sinneinheit B‘ mit durchgezogener Rahmenlinie dargestellt.

ist.[31] Dass Nicole die Subtraktion als Fokussierung wählt, scheint mit ihrer Deutung des Minuszeichens in Zusammenhang zu stehen: Das Minuszeichen zeigt für sie eine Subtraktion an. Sie scheint in dieser Situation bestrebt, ihre Deutung des Minuszeichens – als Indikator für eine Subtraktion – mit der Aufforderung zum Zahlvergleich in Einklang zu bringen. Anscheinend kennt sie die mögliche Funktion des Minuszeichens als Zahlzeichen noch nicht. Dies ist zum Zeitpunkt des durchgeführten Interviews vor einer unterrichtlichen Einführung negativer Zahlen nachvollziehbar und dem Unterrichtsgang entsprechend. Um die vorliegende Situation zu bewältigen, scheint sie zu urteilen, dass man zunächst subtrahieren und das Ergebnis dann mit einer Zahl vergleichen müsse *(SU-Nvor06)*. Es kann vermutet werden, dass sie das hier angedeutete Vorgehen entwickelt, um die für sie unbekannte Situation zu handhaben: Es ist interessant, wie bemüht Nicole offenbar bei ihrem ersten Kontakt mit einer solchen Darstellung negativer Zahlen ist, um die Situationen zu bewältigen, da sie das Minuszeichen offenbar noch nicht in seiner Funktion als Zahlzeichen kennt und deuten kann. Warum Nicole das Ergebnis schließlich mit dem Minuenden vergleicht – und nicht etwa mit dem Subtrahenden – wird an dieser Stelle nicht ersichtlich. *SU-Nvor07* verweist darauf, wie in dem von ihr entwickelten Vorgehen die größere Zahl schließlich zu finden ist: „*Wenn bei a und -b* $(a,b \in \mathbb{N}, |a|<|b|)$ *das Ergebnis von a minus b weniger ist als a, dann ist a größer (als b)*" *(SU-Nvor07)*.

Die Urteile, die für Nicole in *Sinneinheit B* rekonstruiert werden können, spiegeln wider, wie Nicole in der vorliegenden Situation vorzugehen scheint (s. o.). In dieser Sinneinheit können keine inferentiellen Relationen, sondern vielmehr Urteile rekonstruiert werden, die „wenn..., dann..."-Verknüpfungen widerspiegeln. Das Vorliegen von regelgeleiteten Handlungen, die miteinander gebraucht werden, um ein Ziel zu verfolgen, deutet auf das Vorliegen eines Schemas hin (vgl. Kap. 2.4.1). Das mögliche Schema Nicoles kann im Zusammenspiel aus *SU-Nvor06* und *SU-Nvor07* wie folgt zusammengefasst werden: Es muss zuerst die Differenz aus a und b berechnet und diese mit dem Minuenden verglichen werden; ist die Differenz dann kleiner als a, so ist a größer als b.

Für die Urteile *SU-Nvor06* und *SU-Nvor07* kann insofern eine Situationsinvarianz gezeigt werden, als im weiteren Verlauf des Interviews Urteile rekonstruiert werden können, bei denen der Kern des Schemas, die Differenz zu bil-

31 Da der Vergleich der Zahlen in Bezug auf ihre Größe maßgeblich durch die Situation, die größere Zahl zu bestimmen, vorgegeben ist, wird der Zahlvergleich im Hinblick auf die größer-kleiner-Relation nicht als gesonderte Fokussierung der Schülerin aufgeführt.

den und diese mit einer Zahl zu vergleichen, erhalten bleibt (vgl. Analyse Turns 32 und 34).[32]

Zu bemerken ist, dass für Nicole in der vorliegenden Sinneinheit kein Urteil darüber rekonstruiert werden kann, *wie* man das Ergebnis des Subtraktion „a minus b" (mit $|a|<|b|$) bestimmt. Nicole scheint sich zwar darauf festzulegen, *dass* man „a minus b" rechnen und das Ergebnis für den Zahlvergleich nutzen könne (vgl. Urteile *SU-Nvor06* und *SU-Nvor07*), jedoch gibt sie an dieser Stelle das Ergebnis selbst nicht an und macht zudem nicht explizit, wie das Ergebnis zu bestimmen ist (vgl. Abbildung 6.7). Jedoch wäre die Erkenntnis darüber, wie Nicole das Ergebnis bestimmt, erforderlich, um eingrenzen zu können, in welchen Situationen ihr Handeln zu Ergebnissen führt, die *nicht* mit den aus konventioneller Sicht ‚richtigen' Ergebnissen überein stimmen – bei denen das in *SU-vor06* und *SU-Nvor07* angedeutete Vorgehen ‚schief geht'. Die Analyse des weiteren Interviews zeigt auf, dass Nicole sich später darauf festlegt, dass sechs minus neun drei sei (vgl. Analyse turn 56), wobei das Urteil *„Bei a und -b (a,b* $\in \mathbb{N}$*,* $|a|<|b|$*) ist „a minus b" c (=b-a)" (SU-Nvor41)* handlungsleitend zu sein scheint. Da sich aber zwischen *Sinneinheit B* und *Turn56* die Zahlenwerte und damit die Situationen ändern (von 12 und -15 zu 9 und -6) und Nicole zwischen den Sinneinheiten verschiedene Festlegungen eingeht und somit eine Entwicklung der inferentiellen Netze angenommen werden kann, kann dieses Urteil Nicole in *Sinneinheit B* nur unter Vorbehalt unterstellt werden. Dass sie sich für die vorliegenden Zahlenwerte darauf festlegt, dass die 12 größer sei als 12-15 (vgl. Transkript, Turn 4) legt offen, dass sie von einem Ergebnis ausgeht, das kleiner als 12 ist. Es ist zu vermuten, dass das Ergebnis von 12-15 in Nicoles Sinn 3 ist.

Es ist davon auszugehen, dass das für Nicole rekonstruierte Vorgehen nicht immer zu Ergebnissen führt, die aus fachlicher Perspektive betrachtet ‚richtig' sind: Auch wenn sich in diesem Fall eine aus fachlicher Perspektive ‚richtige' Lösung ergibt, führte es für a und -b mit $|b|>|2a|$ vermutlich zu der Annahme, dass a kleiner sei: Für die Zahlen 5 und -15 würde wohl 5-15=10 berechnet, die Zahl mit dem negativen Zeichen durch 10 ersetzt und es ergäbe sich der Schluss, dass 5 die kleinere Zahl sei (da $5<10$). Für a und -b mit $|b|=|2a|$ – bspw. für 3 und -6 – führte es vermutlich zu der Annahme, beide Zahlen seien gleich groß.

Betrachtet man rückblickend noch einmal das Urteil *„Bei a und -b (*$|a|<|b|$*) ist a größer als -b, weil vor b ein Minus steht"* (*SU-Nvor04*) in Turn 2 (Sinneinheit A), so kann die Analyse des Turns 4 (Sinneinheit B) dazu beitragen, aufzudecken, warum Nicole das Urteil *SU-Nvor04* eingeht:

32 Dass jedoch die Urteile nicht in genau dieser Form noch einmal zugewiesen werden können, ist in Abbildung ‚Inferentielles Netz Sinneinheit B' durch eine gestrichelte Rahmenlinie visualisiert.

Es ist davon auszugehen, dass – ebenso wie in Turn 4 – auch in Turn 2 bereits die Subtraktion als Fokussierung Nicoles Handeln leitete und auch dort bereits die Urteile *SU-Nvor05*, *SU-Nvor06* und *SU-Nvor07* als Stütze für die in *SU-Nvor04* dargestellte inferentielle Relation dienten. Womöglich hatte Nicole in Turn 2 zunächst nur eine Idee davon, dass das Minuszeichen mit der Subtraktion zusammenhängt, und sie entwickelte daraufhin das Schema, welches in Turn 4 explizit wird. Ob sie das Schema erst in Turn 4 entwickelt und sie sich damit ihre Entscheidung auf die 12 in Turn 2 *rückblickend* selbst erklärt, oder aber ob diese Berechtigung bereits in Turn 2 eine implizite materiale Stütze für die inferentielle Relation bildete, kann an dieser Stelle nicht rekonstruiert werden. Dennoch erläutert Nicole mit den Urteilen in Turn 4 – initiiert durch die Nachfrage der Interviewerin „Mhm', wie stellst du dir das vor?" (Turn 3) – unmittelbar die Urteile aus Turn 2. Zwar weisen an dieser Stelle keine sprachlichen Marker auf eine berechtigende Inferenz zwischen den Urteilen in Turn 4 und jenen in Turn 2 hin – dennoch deuten die Gehalte der Urteile darauf hin, dass sie die Urteile *SU-Nvor05*, *SU-Nvor06*, *SU-Nvor07* in einer berechtigenden bzw. stützenden Funktion zu gebrauchen scheint. Sie scheint sie als *materiale Stütze* für das Urteil *SU-Nvor04* in Turn 2 anzuführen und sie scheint sie spätestens zum Zeitpunkt der Turn 4 selbst als Stütze wahrzunehmen.

Die Gegebenheit, dass sich eine Deutung des Minuszeichens als *Zahlzeichen* im Laufe des Interviews durch ein Rekonstruieren entsprechender inferentieller Netze *nicht* bestätigt, spricht gegen eine entsprechende Interpretationsmöglichkeit, die Schülerin habe in Sinneinheit A das Minuszeichen als *Zahlzeichen* gedeutet. Auch die detailliertere Betrachtung der Äußerungen Nicoles legt nahe, dass sie über die beiden Sinneinheiten hinweg die gewählten Fokussierungen beibehält, da sie auf die Frage der Interviewerin, wie sie sich dies (bezogen auf die Urteile *SU-Nvor02, SU-Nvor03, SU-Nvor04*) vorstelle, ausgehend durch ein „also" mit den Urteilen *SU-Nvor05*, *SU-Nvor06*, *SU-Nvor07*, erläutert. Dies wird gestützt durch die zeitliche Nähe zwischen den Urteilen *SU-Nvor02*, *SU-Nvor03*, *SU-Nvor04* und *SU-Nvor05*, *SU-Nvor06*, *SU-Nvor07*.

Zusammenfassung Sinneinheiten A und B

Übergreifend über die *Sinneinheiten A* und *B* können für Nicole Urteile rekonstruiert werden, die für ihre Entscheidung für die 12 als größere Zahl sowie ihre Vorgehensweise maßgeblich sind (vgl. Abb. 6.8). In Abbildung 6.8 sind auf der linken Seite die in Turn 2 rekonstruierten Urteile – in der Chronologie ihres Auftretens von oben nach unten angeordnet – dargestellt; auf der rechten Seite sind die in Turn 4 in gleicher Weise abgebildet. Dass Nicole mit den Urteilen *SU-Nvor05*, *SU-Nvor06* und *SU-Nvor07* anführt, warum sie die in Turn 2 angeführte Inferenz eingeht, ist durch einen Pfeil visualisiert, der die materiale Stütze repräsentiert.

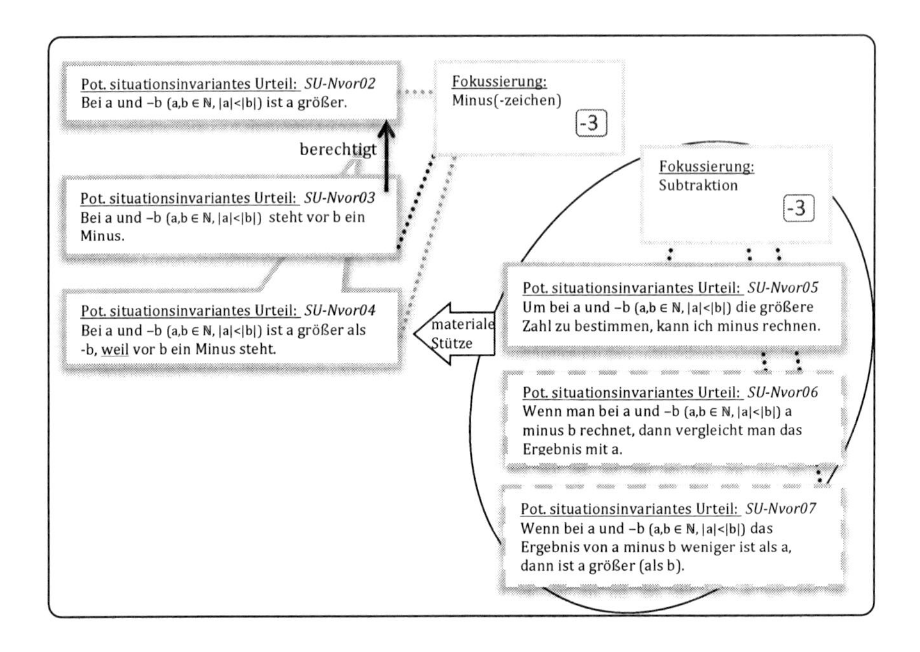

Abbildung 6.8 Inferentielles Netz zu Sinneinheiten A und B

Nicoles inferentielles Netz ist durch die Fokussierungen auf das Minuszeichen sowie auf die Subtraktion geprägt. In *Sinneinheit A* konnten zunächst Urteile rekonstruiert werden, welche in Zusammenhang mit der Fokussierung des *Minuszeichens* stehen (vgl. Urteile auf der linken Seite der Abbildung). Prägnant ist das Urteil *„Bei a und -b (|a|<|b|) ist a größer als -b, weil vor b ein Minus steht“* (*SU-Nvor04*). Mit den in *Sinneinheit B* rekonstruierten Urteilen gibt sie an, warum sie die Inferenz in *Sinneinheit A* eingeht. Bei den in *Sinneinheit B* rekonstruierten Urteilen *SU-Nvor05*, *SU-Nvor06* und *SU-Nvor07* handelt es sich um eine materiale Stütze für die Inferenz *SU-Nvor04* in *Sinneinheit A*. Durch diese Stütze wird ersichtlich, dass Nicole das Minuszeichen aus ihren Vorerfahrungen heraus als Operationszeichen zu deuten scheint. Um die Situation, welche für sie neu und unbekannt ist, zu handhaben, scheint sie ein Schema zu entwickeln, in der sowohl die *Subtraktion* als auch der *Zahlvergleich* Berücksichtigung finden. Dieses kann wie folgt festgehalten werden:

Für a und -b (a,b ∈ ℕ, |a|<|b|)		
Rechne a-b	=> Ergebnis c	(Fokussierung: Subtraktion)
⇨ Vergleiche c mit b		(Vergleichen)
⇨ falls c<a	=> a ist größer	

Die Analyse der Turns 1 bis 4 deutet darauf hin, dass Nicole das Minuszeichen im Sinne seiner ,binary function' als Operationszeichen deutet (vgl. Kap. 3.1.6), was sie dazu veranlasst, zu subtrahieren (vgl. dazu auch Kap. 6.1.2). Dies ist aus ihrer individuellen Perspektive sinnvoll und plausibel, da sie sich zum Zeitpunkt des Vorinterviews vor einer unterrichtlichen Einführung negativer Zahlen befindet und ihr Vorwissen zur Subtraktion zu aktivieren scheint. Der mit der Einführung der negativen Zahlen zusammenhängende Schritt, dem Minuszeichen eine weitere Funktion zuzuweisen, in der es als *Zahlzeichen* einer Zahl zugeordnet wird, hat sich bei ihr im Vorfeld offenbar noch nicht vollzogen: Es ist selbstredend, dass dies für den Zeitpunkt im Lernprozess angemessen ist. Es liefert jedoch für den mathematikdidaktischen Gegenstandsbereich der negativen Zahlen interessante Einblicke: Während bisherige empirische Untersuchungen darauf hindeuten, Schülerinnen könnten in der Regel bereits vor einer unterrichtlichen Einführung die formal-symbolische Schreibweise negativer Zahlen deuten (vgl. Kap. 3.1, Kap. 5.2.1), gibt die vorliegende Untersuchung detaillierte Aufschlüsse über die individuellen Sinnkonstruktionen von Schülerinnen, denen eine solche Deutung aus ihrem Vorwissen heraus noch nicht gelingt.

6.1.2 Phänomenanalyse des inferentiellen Netzes

Während im vorherigen Abschnitt ein Einblick in die Prozessanalyse gegeben wurde, erfolgt die Darstellung im Folgenden phänomenologisch.

Für die folgende Darstellung der Analyse ist es von Bedeutung, dass sich im Rahmen der Feinanalyse heraus stellte, dass sich das inferentielle Netz, das Nicole in den vorliegenden Situationen aktiviert, wesentlich auf *natürliche Zahlen* und die *Subtraktion* zu beziehen scheint. In der vorangehenden Darstellung der Prozessanalyse deutete sich dies bereits an. Die weitere Analyse weist darauf hin, dass die Schülerin Zahlen der Form -4 noch nicht als negative Zahlen deuten kann, sondern das Minuszeichen als Operationszeichen deutet. Weitere Urteile, wie z. B., dass es vor der Null keine Zahlen gebe, weisen darauf hin, dass Nicole in den gegebenen Situationen noch keine Vorerfahrungen zu negativen Zahlen aktivieren kann. Für den Zeitpunkt im Lernprozess *vor* einer unterrichtlichen Einführung negativer Zahlen ist es selbstredend völlig angemessen, dass die Schülerin negative Zahlen in ihrer formal-symbolischen und in ihrer Darstellung an der Zahlengerade noch nicht zu (er-)kennen scheint – es ist jedoch ein aufschlussreiches Ergebnis vor dem Hintergrund, dass verschiedene empirische Untersuchungen darauf hindeuten, Schülerinnen könnten in der Regel bereits vor einer unterrichtlichen Einführung die formal-symbolische Schreibweise negativer Zahlen deuten (vgl. Kap. 3.1, Kap. 5.2.1). Im Rahmen dieser Arbeit ergibt sich die Möglichkeit, einen detaillierten Einblick in die Sinnkonstruktionen einer Schülerin zu erhalten, die negative Zahlen in ihrer formal-symbolischen Darstellung noch nicht zu kennen scheint.

Im Folgenden werden das für Nicole rekonstruierte inferentielle Netz und die individuellen Klassen von Situationen dargestellt, die einen aufschlussreichen Einblick in die Sinnkonstruktionen der Schülerin ermöglichen. Die Darstellung erfolgt entlang der von der Schülerin unterschiedenen Klassen von Situationen. Hierfür werden rekonstruierte Festlegungen, Urteile, Fokussierungen und Inferenzen aufgeführt. Neben den Teilen der inferentiellen Netze, die zur Bewältigung der Situationen gebraucht wurden und die die Herangehensweise Nicoles betreffen, wurden verschiedene weitere Festlegungen, Urteile, Fokussierungen und Inferenzen rekonstruiert, mit denen bestimmte Phänomene charakterisiert werden können: Diese betreffen z. B. die Invarianz bei der Subtraktion und die Reihenfolge der Zahlen bei der schriftlichen Subtraktion. Um die Herangehensweisen der Schülerinnen im Rahmen dieser Arbeit fokussiert zu untersuchen und die Arbeit stringent hierauf auszurichten, werden diese Phänomene im Folgenden jedoch nicht näher ausgeführt, sondern es wird ein Fokus auf die Herangehensweisen der Schülerin gelegt. Bei der Darstellung des hierfür rekonstruierten inferentiellen Netzes werden nicht sämtliche rekonstruierten Urteile aufgeführt. Die große Anzahl der für Nicole im Vorinterview rekonstruierten Urteile macht es vielmehr erforderlich, Urteile auszuwählen, um die verschiedenen Zugänge der Schülerin widerzuspiegeln.

6.1.2.1 Zwei Zahlen der Form a und -b ($a, b \in \mathbb{N}$, $|a|<|b|$) vergleichen

Die vorliegende Phänomenanalyse bezieht sich auf zwei ***Situationen***, in denen Nicole je die größere zweier Zahlen bestimmt: zum einen für 12 und -15, zum anderen für 6 und -9. Für Nicole kann die Festlegung rekonstruiert werden, dass sie diese beiden Situationen in eine *gleiche* Klasse von Situationen einordnet (vgl. Transkript, Turn 36), während sie bspw. die Situation, die Zahlen 14 und -13 zu vergleichen, hiervon abgrenzt, da hier die Zahl ohne negatives Zahlzeichen den größeren Betrag hat. Nicole gebraucht in den beiden Situationen (12 und -15 bzw. 6 und -9) miteinander kompatible Urteile und es können für sie mehrere über diese beiden Situationen invariante Urteile rekonstruiert werden. Die Datenbasis für die folgenden Ausführungen stellen mit den Situationen, 12 und -15 sowie 6 und -9 zu vergleichen, die Turns 1 bis 61 dar.

Zunächst soll beleuchtet werden, welche ***Fokussierungen*** Nicole dazu veranlassen, in der vorliegenden Situation zu subtrahieren. Nicole scheint die gegebenen Situationen als „Matheaufgabe“ zu deuten:

5	I	Mhm' .. okay jetzt hast du da grade so eine Rechenaufgabe draus gemacht, ne?
6	N	*(lächelt, atmet hörbar aus und nickt, schaut dann auf die Karten)*
7	I	Wie kommst du darauf die Rechenaufgabe daraus zu machen?

8 N Weil *^A da ja, so halt*^E *(zeigt auf das Minuszeichen, schiebt die beiden Karten so nah nebeneinander, dass kein Platz mehr dazwischen ist)* das so sag ich jetzt mal ausgeschnitten ist. *^A Weil ja die *^A Zwölf*^E (*schaut kurz zur Interviewerin, danach wieder auf die Karten auf dem Tisch*) ha- ist ja ne Zahl*^E *(zeigt auf die Karte der 12)* und *^A dann Minus hat man ja dann schon*^E *(zeigt auf das Minuszeichen)* und dann f m f minus fünfzehn und dann er ist das eigentlich eine *^A Matheaufgabe*^E *(lachend) (schaut zur Interviewerin)*

Dass Nicole die Fokussierung der *Matheaufgabe* vornimmt, steht in Zusammenhang mit den zugrunde liegenden, die beiden vorliegenden Zahlen betreffenden Fokussierungen *(natürliche) Zahl*, *Minus(-zeichen)* und *Subtraktion* (vgl. Abb. 6.9): Zum einen fokussiert sie auf die Zahlen, die sie bereits kennt, und urteilt, dass a (mit a ∈ ℕ) eine Zahl sei (*„a (a ∈ ℕ) ist eine Zahl", SU-Nvor11*). Es kann vermutet werden, dass sie, ihren Vorerfahrungen entsprechend, mit „Zahl" eine natürliche Zahl meint, dass also – aus fachlicher Perspektive – die Kategorie der natürlichen Zahl handlungsleitend ist. Neben der Fokussierung auf (natürliche) Zahlen sind – Nicole ergänzt jeweils durch ein „und dann" – die Fokussierung auf das *Minuszeichen* bei -b sowie auf die *Subtraktion* bedeutsam. Nicole scheint zu urteilen, man brauche eine Zahl (*SU-Nvor11*) und ein Minuszeichen (*SU-Nvor12*) und rechne dann minus b (*SU-Nvor13*). Diese drei Urteile gibt sie gemeinsam als Berechtigung für das Urteil, dass es sich um eine ausgeschnittene Mathematikaufgabe handele, an. Es können zudem die Urteile *„Die Zahlen a und -b (a,b ∈ ℕ, |a|<|b|) sind eine Matheaufgabe" (SU-Nvor08a)* sowie *„Aus a und -b (a,b ∈ ℕ, |a|<|b|) mache ich eine Matheaufgabe"(SU-Nvor08)* rekonstruiert werden.[33] Die inferentielle Relation, mit der sie das Vorliegen einer Matheaufgabe begründet, ist in *SU-Nvor14* (*„Bei den Zahlen a und -b (a,b ∈ ℕ, |a|<|b|) handelt es sich um eine ausgeschnittene Matheaufgabe, weil a eine Zahl ist und man das Minuszeichen von -b hat und man minus b rechnet"*) und *SU-Nvor15* (*„Wenn man eine Zahl a hat und ein Minuszeichen vor einer Zahl b hat und minus b rechnet, dann ist das eine Matheaufgabe"*) festgehalten. Damit, dass es sich um eine ausgeschnittene Matheaufgabe handelt, begründet sie, dass sie aus den Zahlen eine Matheaufgabe macht: *„Aus a und -b (a,b ∈ ℕ, |a|<|b|) mache ich eine Matheaufgabe, weil es sich dabei um eine ausgeschnittene Matheaufgabe handelt" (SU-Nvor10)*.

Die Urteile, mit denen Nicole ihr Vorgehen, eine Mathematikaufgabe aus den Zahlen zu erstellen, begründet, sind in ihrer individuellen Perspektive nachvollziehbar: Sie fokussiert auf jene Aspekte der Situation, die sie bereits kennt, und schlussfolgert hieraus, dass es sich um eine zerschnittene Mathematikaufgabe handelt (vgl. Abb. 6.9). Während das Urteil *SU-Nvor11* (*„a (a ∈ ℕ) ist eine Zahl"*) mit der Fokussierung auf (natürliche) Zahlen *mathematisch tragfähig* ist, führen die Urteile *SU-Nvor12 („Das Minus der Matheaufgabe bei a und*

33 Die Ähnlichkeit ist durch die Nummerierung 08 bzw. 08a gekennzeichnet.

-b (a,b ∈ ℕ, |a|<|b|) hat man von -b") und *SU-Nvor13 („Bei a und -b (a,b ∈ ℕ, |a|<|b|) rechnet man minus b")* zu einem Vorgehen, welches aus fachlicher Perspektive *nicht tragfähig* ist: Sie fokussiert auf das Minuszeichen und in diesem Zuge auf die Subtraktion. Diese Fokussierungen und die damit zusammenhängenden Urteile *SU-Nvor12 („Das Minus der Matheaufgabe bei a und -b (a,b ∈ ℕ, |a|<|b|) hat man von -b"*) und *SU-Nvor13 („Bei a und -b (a,b ∈ ℕ, |a|<|b|) rechnet man minus b"*) scheinen grundlegend dafür zu sein, dass sie ein Schema zur Subtraktion der vorliegenden Zahlen entwickelt, welches im Folgenden skizziert wird.

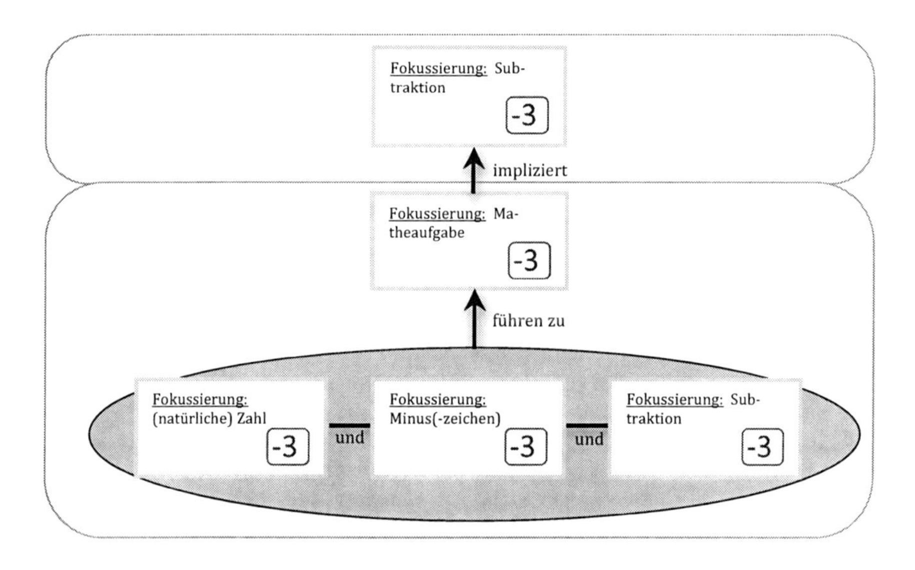

Abbildung 6.9 Fokussierungen im Zusammenhang mit der Subtraktion

Das Urteil *„Ich weiß nicht, woher ich weiß, dass ich bei a und -b (a,b ∈ ℕ, |a|<|b|) a minus b rechnen kann/muss, und denke mir das einfach so" (SU-Nvor22),* das im Anschluss an die Nachfrage der Interviewerin *„und woher weißt du das?" (Turn 15) bzw. „und woher weißt du das mit dem Minuszeichen?" (Turn 19)* rekonstruiert werden kann, deutet darauf hin, dass es sich bei der Aufgabe, bei den vorliegenden Zahlen die größere Zahl zu bestimmen, für Nicole um eine Aufgabe zu handeln scheint, welche sie mit den ihr vorhandenen Mitteln zu diesem Zeitpunkt noch nicht sicher deuten kann. Sie scheint bestrebt, die Aufforderung zum Zahlvergleich mit der ihr bekannten Subtraktion in Einklang zu bringen. Später gibt Nicole an, diese Aufgaben erinnerten sie an Aufgaben aus dem Grundschulunterricht, bei denen eine Zahl fehlt:

19	I	Okay, und woher weißt du das mit dem Minuszeichen?
20	N	.. Ich hab das *[A]schonmal ähm er Grundschule schonmal so gemacht*[E] *(lächelnd)* also *[A]dann hatten wir auch Aufgaben und dann stand da nur minus, s sechs sag ich jetzt mal, hinten*[E] *(zeigt mit Daumen und Zeigefinger (Zangengriff) auf eine Stelle auf dem Tisch)* *[A]und dann muss man die vordere Zahl herausfinden. *[A]Das wäre fast das Gleiche.*[E] *(leiser, wackelt leicht mit dem Kopf hin und her)* .*[E] *(schaut zur Interviewerin)*
21	I	Ah. Okay du meinst so eine Aufgabe mit, *[A]irgendwas minus sechs.*[E] *(zeigt dabei auf dem Tisch bei jedem Wort auf eine Stelle auf dem Tisch, immer weiter rechts)*
22	N	Ja. *(nickt, schaut zur Interviewerin)*

Sie legt sich darauf fest, die Aufgaben erinnerten sie an Aufgaben der Form „□ - b =   “, bei denen man die vordere Zahl herausfinden muss (*SU-Nvor25* bis *SU-Nvor28*). Es scheint, als suche sie nach einer Analogie, um auf die Nachfrage der Interviewerin ihr Vorgehen nachträglich zu begründen und rechtfertigen, indem sie sich auf ähnliche Aufgaben im Grundschulunterricht beruft.

Die Analyse von Nicoles inferentiellem Netz im Vorinterview liefert einen großen Umfang an Urteilen, die durch ihre Verknüpfungen und Verkettungen ein ***Subtraktionsschema*** widerspiegeln.

Für eine Darstellung von Nicoles Subtraktionsschema muss berücksichtigt werden, dass Nicole die Reihenfolge der Aussprache des Minuenden und Subtrahenden bei Nicole variiert – teilweise spricht sie den Minuenden zuerst, teilweise den Subtrahenden (vgl. *SU-Nvor20* vs. *SU-Nvor20a* oder *Nvor37* vs. *SU-Nvor41*). Die unterschiedlichen Sprechweisen scheinen durch die Struktur der Situationen hervorgerufen zu sein: Sie legt sich darauf fest, dass bspw. bei 6 und -9 diese zwar in der Reihenfolge 6 -9 vorliegen *müssen* (vgl. *SU-Nvor16*) und sie in der Reihenfolge -9 6 keine Matheaufgabe darstellen, weil auf diese Weise kein Plus- oder Minuszeichen als Rechenzeichen vorhanden ist (vgl. *SU-Nvor18*). Aus ihrem Vorwissen heraus scheint sie jedoch die Zahlen in der Reihenfolge 9-6 zu subtrahieren *(„9 wird um 6 kleiner“* vgl. *SU-Nvor40)*. Sie scheint sich in der Reihenfolge der Aussprache der Zahlen teilweise an der Reihenfolge, in der sie vorliegen (6-9), und teilweise an der Reihenfolge bei der Berechnung (9-6) zu orientieren (vgl. auch *SU-Nvor38*).

Um in der folgenden Darstellung einen fokussierten Einblick in das Subtraktionsschema der Schülerin zu ermöglichen, werden ausgewählte Urteile der Schülerin strukturiert dargestellt. Dies erfolgt anhand eines schematischen Schaubildes, welches zentrale Urteile beinhaltet (vgl. Abb. 6.10) und welches im Folgenden sukzessiv erläutert wird.

Die Abbildung 6.10 stellt des Subtraktionsschemas Nicoles dar, indem die regelgeleiteten Handlungen in ihrer Durchführungsreihenfolge aufgeführt sind. Ausgehend von der Situation (oben angeordnet in Abb. 6.10), sind die grauen Kästen von oben nach unten angeordnet in der Reihenfolge, in der sie für das Subtraktionsschema relevant sind. Nebeneinander stehende Kästen sind entsprechend im Prozess gleichzeitig von Bedeutung.

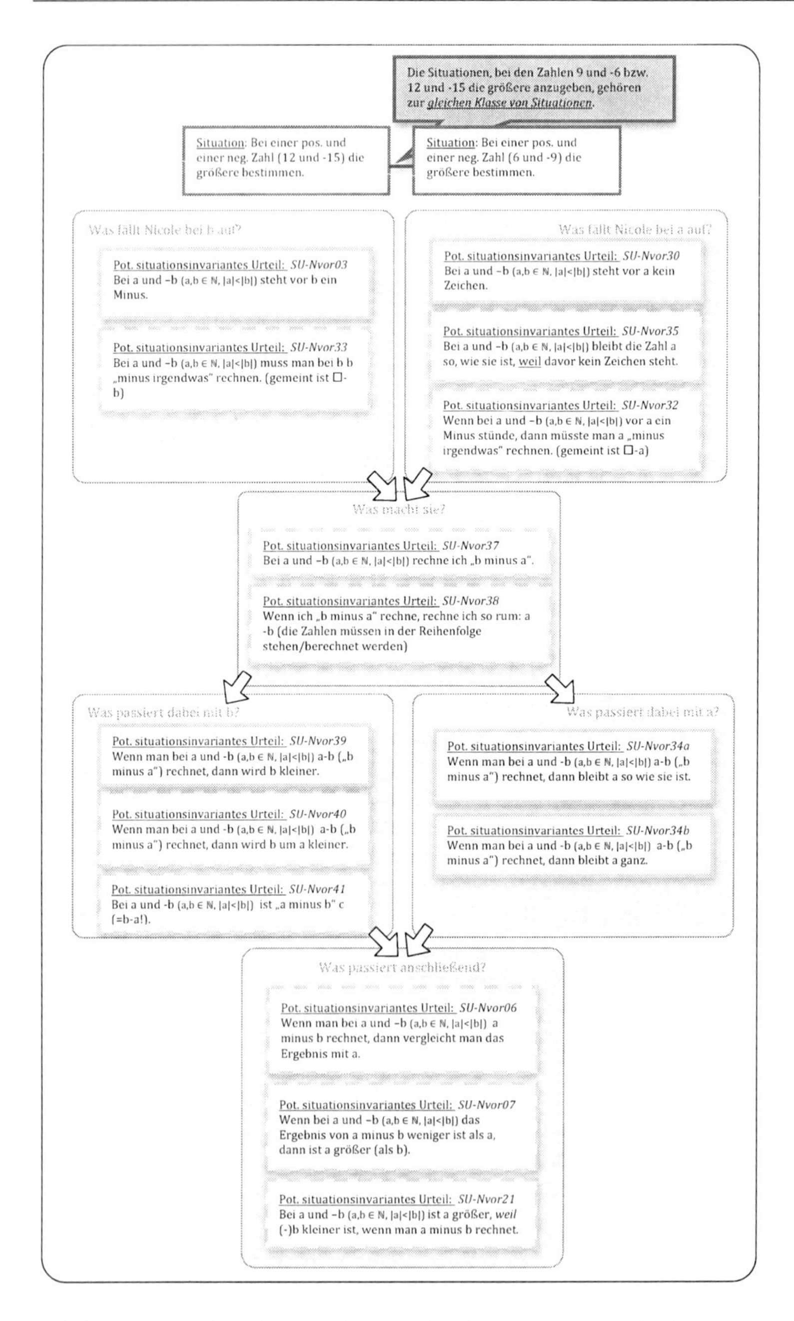

Abbildung 6.10 Nicoles Schema für Zahlen der Form a und -b (a,b ∈ ℕ, |a|<|b|)

Nicoles Subtraktionsschema kann in verschiedene Segmente untergliedert werden, welche jeweils mit unterschiedlichen Fokussierungen, die Nicole vornimmt, in Zusammenhang stehen. Die nachfolgende Darstellung erläutert die Abbildung 6.10 und gebraucht zur Illustration weitestgehend die konkreten Zahlenwerte einer der Situationen, in der die Schülerin das Schema angewendet hat (6 und -9), um eine Nachvollziehbarkeit zu erleichtern.

Zunächst nimmt Nicole die beiden vorliegenden Zahlenkarten 6 und -9 in den Blick (vgl. Abb. 6.11). Bei der Betrachtung der Karte -9 (vgl. Kasten ‚Was fällt Nicole bei b auf?' in Abb. 6.10) fällt ihr auf, dass vor dieser Zahl ein Minus steht (*SU-Nvor03*). Das *Minuszeichen* stellt an dieser Stelle die wesentliche Kategorie und den Ausgangspunkt für das Urteil dar, sie müsse hier subtrahieren (*SU-Nvor33*). Sie stellt an anderer Stelle dar, dass sie dies an eine ausgeschnittene Matheaufgabe aus dem Grundschulunterricht erinnere, bei denen nur die hintere Zahl mit Minuszeichen gegeben sei und man die vordere Zahl herausfinden müsse (vgl. *SU-Nvor25, SU-Nvor26*).

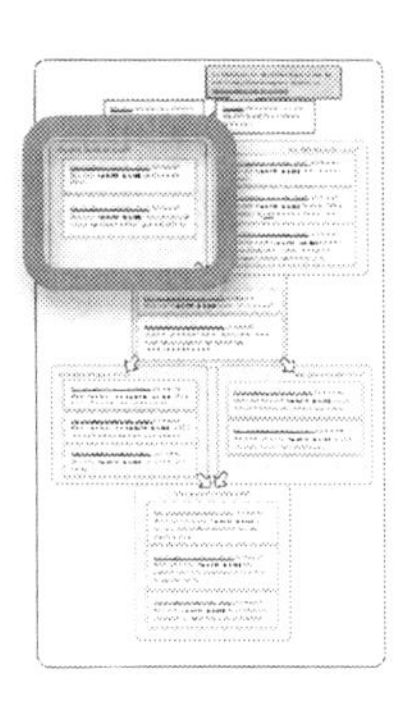

Abbildung 6.11 Schema Teil I

Während Nicole für die Zahl -9 offenbar das Minuszeichen fokussiert, stellt sie für 6 fest, dass hier kein Minuszeichen vorhanden ist (vgl. Kasten ‚Was fällt Nicole bei a auf?' in Abb. 6.10, vgl. Abb. 6.12). Sie urteilt, dass nur dann subtrahiert werden müsse, wenn vor dieser Zahl auch ein Minus stünde (*SU-Nvor32*) und dass die Zahl so bleibe, wie sie sei, weil davor kein Zeichen steht (*SU-Nvor35*).

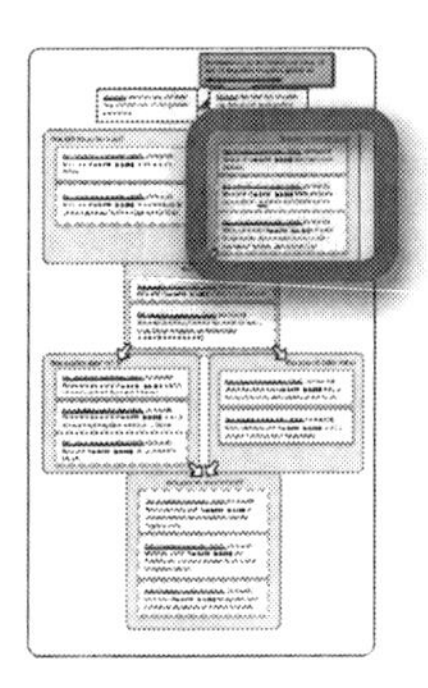

Abbildung 6.12 Schema Teil II

Die Fokussierung auf das *Minuszeichen*, welche für die Strukturierung der Situation in Zusammenhang mit der Fokussierung *Matheaufgabe* ausschlaggebend ist, leitet Nicole zu der Fokussierung auf die *Subtraktion*, welche leitend für ihr Handeln wird. Sie urteilt offenbar in der Form: *„Um bei a und -b (a,b ∈ ℕ, |a|<|b|) die größere Zahl zu bestimmen, kann ich minus rechnen"* (*SU-Nvor05*) und gibt auch an, wie sie dies genau tut: Sie rechnet 9-6 (*SU-Nvor37*, vgl. Kasten ‚Was macht sie?' in Abb. 6.10, vgl. Abb. 6.13), wobei die Zahlenkarten in der Reihenfolge 6-9 vorliegen müssen (*SU-Nvor38*, s. o.).

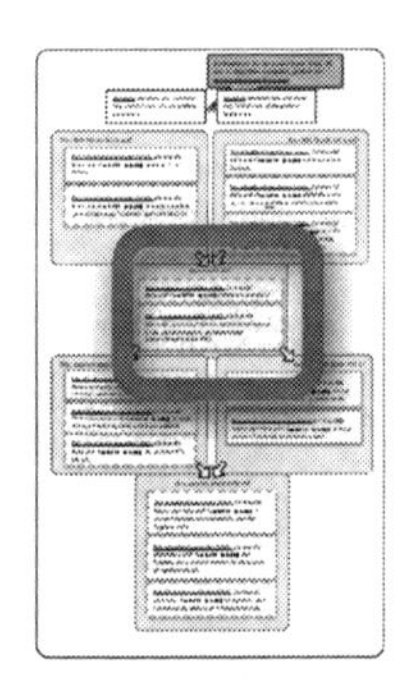

Abbildung 6.13 Schema Teil III

Ausgehend von dieser *Subtraktion* ergeben sich für sie *Veränderungen der Zahlenwerte* von 6 und -9, auf welche sie fokussiert (vgl. Abb. 6.14). Die Zahl, vor der ein Minuszeichen steht (hier 9), verändert sich. Sie wird bei der *Subtraktion* kleiner *(SU-Nvor40)* und zwar um die andere Zahl (hier 6) *(SU-Nvor40)*. Es ergibt sich 3 *(vgl. SU-Nvor41)*. Es kann vermutet werden, dass dies mit zugrunde liegenden Urteilen in Zusammenhang steht, in denen die Subtraktion a-b=c im Sinne einer Struktur ‚Status+Variation=Status' (vgl. Vergnaud 1982b, 42, Bruno & Martinón 1999) als Veränderung eines Status hin zu einem neuen Status interpretiert wird: Die 9 wird durch die Subtraktion von 6 zur 3. Die Zahl ohne Minuszeichen bleibt hingegen bei der Subtraktion unverändert. Sie bleibt, wie sie ist (*SU-Nvor34a*), bleibt „ganz" (*SU-Nvor34b*).

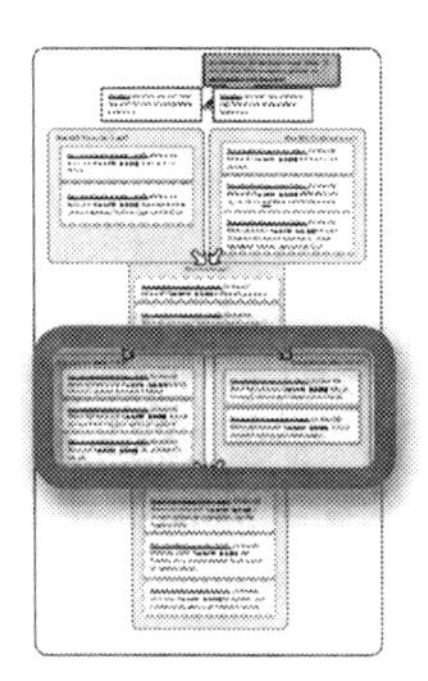

Abbildung 6.14 Schema Teil IV

Hiernach vergleicht Nicole ausgehend von der *Subtraktion* die Zahlen (vgl. Kasten ‚Was passiert anschließend?' in Abb. 6.10, vgl. Abb. 6.15). Anstelle die Zahl 9 mit 6 zu vergleichen, vergleicht sie nun (9-6=) 3 mit 6. Dies scheint auf dem Urteil zu basieren, dass 9 zuvor um 6 kleiner wurde (*SU-Nvor40*), dass also 9 zu 3 wurde. Anstelle die Zahl b mit a zu vergleichen, vergleicht sie die zu b_{neu} veränderte Zahl mit a. Wenn nun b_{neu} kleiner ist als a, dann ist a die größere der beiden Zahlen (*SU-Nvor07*): 6 ist in diesem Fall die größere Zahl, weil 9 kleiner wird (zu 3), wenn man zuvor 9-6 rechnet (*SU-Nvor21*) und 3 kleiner als 6 ist.

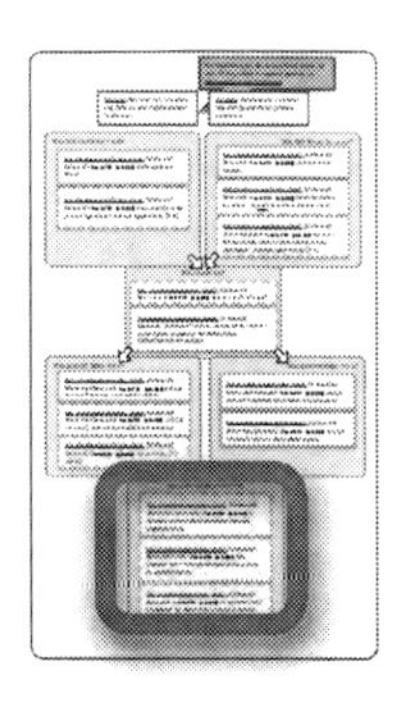

Abbildung 6.15 Schema Teil V

Damit ergibt sich für Nicole, dass die Zahl, vor der das Minuszeichen steht, bei den vorliegenden Zahlenwerten die kleinere Zahl ist und die Zahl ohne Minuszeichen entsprechend die größere.[34]

Wesentlich durch das Urteil *„Die Zahlen a und -b* $(|a|<|b|)$ *bilden in der Reihenfolge -b a keine Matheaufgabe, weil kein Plus oder Minus vor der zweiten Zahl vorhanden ist“ (SU-Nvor18)* wird ersichtlich, dass die Fokussierung auf die „Matheaufgabe“ und das Schema, welches Nicole gebraucht, nicht aktiviert und gebraucht werden, wenn vor der zweiten Zahl kein Plus- oder Minuszeichen vorhanden ist:

9 I Mhm okay, verstehe. *[A]Und so rum wär das auch ne Matheaufgabe?*[E] *(legt die Karte der 12 nach rechts, sodass vorliegt: -15 12)*

10 N Nein. *(schüttelt leicht den Kopf)* Weil *[A]weil da ist ja*[E] *(zeigt auf die Karte mit 12)* *[A]kein Minus oder Plus vor.*[E] (*macht mit der Hand eine Bewegung in der Luft und schaut zur Interviewerin*)

Das (fehlende) *Minus*- oder *Pluszeichen* als Rechenzeichen stellt für Nicole eine ausschlaggebende Fokussierung dar. Nicole scheint diese als eine „Schlüsselkategorie“ zu nutzen, um verschiedene *Klassen von Situationen* voneinander zu unterscheiden: Nimmt Nicole ein *Minuszeichen* wahr, welches bei ihr mit der Fokussierung *Subtraktion* einhergeht, so scheint sie die Situation als *Matheaufgabe* wahrzunehmen, was sie in diesem Fall dazu veranlasst, zu subtrahieren. Auch ein *Pluszeichen* würde Nicole offenbar dazu veranlassen, die Situation als *Matheaufgabe* wahrzunehmen (vgl. SU-Nvor18) und vermutlich auf die *Addition* zu fokussieren. Ist hingegen kein Zeichen vorhanden, welches als Rechenzeichen dienen könnte, so wird von Nicole nicht die Fokussierung auf die Subtraktion (oder Addition) eingenommen und die Aufgabe nicht als Matheaufgabe wahrgenommen (*SU-Nvor18*).

Im Hinblick auf die ***Fokussierungsebenen*** ist für Nicole für diese Klasse von Situationen ausschließlich eine formal-symbolische Darstellung bedeutsam, es erfolgt kein Wechsel der Fokussierungsebenen. Die Schülerin wechselt insbesondere nicht in eine kontextuelle Fokussierungsebene, indem sie an lebensweltliche Erfahrungen anknüpft.

Die Urteile, welche das Vorhandensein eines Minuszeichens betreffen, sind aus fachlicher Sicht ***tragfähig***. Ausgehend von der Annahme, dass das Minuszeichen eine Subtraktion anzeige, scheint die Schülerin ein Schema zu entwickeln, welches nicht tragfähig ist, wenngleich es bei den gewählten Zahlenpaaren zu Lösungen führt, die aus fachlicher Perspektive ‚richtig' sind.

---

34 Womöglich würde sich bei Nicoles Subtraktionsschema die Zahl, vor der das Minuszeichen steht, dann als größere Zahl erweisen, wenn die Zahlenwerte so gewählt wären, dass b durch die Subtraktion von a nicht kleiner als a wird. Das heißt für $a, -b \in \mathbb{Z}$, $|b|>|2a|$ würde Nicole vermutlich urteilen, dass b größer ist als a.

6.1.2.2 Zwei Zahlen der Form a und -b (a, b ∈ ℕ, |a|>|b|) vergleichen

Nachdem Nicole die Aufgaben bearbeitet hat, bei den Zahlen 12 und -15 sowie bei 6 und -9 die größere Zahl zu bestimmen, bekommt sie die Aufgaben, einen Größenvergleich auch bei 14 und -13 sowie bei 4 und -3 vorzunehmen. Nicole scheint die zwei vorliegenden Situationen, die größere Zahl bei 14 und -13 sowie bei 4 und -3 zu bestimmen, einer gleichen Klasse von Situationen zuzuordnen. Hierauf deuten ähnliche Fokussierungen und Urteile (vgl. *SU-Nvor44* und *SU-Nvor44a*, *SU-Nvor48a* und *SU-Nvor48b*) sowie sprachliche Marker hin – wie bspw. ein „auch" in Bezug zur Gültigkeit des Urteils *„Bei a und -b (a,b ∈ ℕ, |a|>|b|) ist a größer" (SU-Nvor02a,* Turn 73) auch für die zweite Situation, sowie der Begründung, welche „wieder" über das Urteil *„Wenn man bei a und -b (a,b ∈ ℕ, |a|>|b|) a minus b rechnet, dann erhält man c (=a-b)" (SU-Nvor49a,* Turn 73) erfolgt.

Die Situationen, bei den Zahlen 14 und -13 sowie bei 4 und -3 die größere zu bestimmen, scheint die Schülerin gegenüber den vorherigen Situationen abzugrenzen, bei denen 6 und -9 sowie 12 und -15 vorlagen. Dies ist zum einen durch andere Fokussierungen (s. u.) und entsprechend unterschiedliche Urteile erkennbar. Zum anderen scheint sie, als sie sich zuerst in der Situation befindet, bei 14 und -13 die größere Zahl zu bestimmen, diese explizit von den vorherigen Situationen abzugrenzen:

62	I	*^A^Und diese beiden. Welche von beiden ist größer?*^E^ *(reicht Nicole zwei übereinanderliegende Karten auf denen steht: -13 und 14)*
63	N	*(nimmt die Karten entgegen, legt sie so auf den Tisch, dass die 14 links liegt und betrachtet sie) (14 sec)* Die Vierzehn würd ich jetzt sagen aber- *(5 sec)* *^A^m*^E^ *(nickt leicht)* die Vierzehn weil-, die ist da kommt also *^A^die ist ja um einen Punkt höher*^E^ *(zeigt von der Karte der 14 zur Karte der -13 und hält dort den Finger)(schaut kurz zur Interviewerin, die nickt)*, *^A^und jetzt kann man das ja nicht so, mi diese Zahlen mi also die Vierzehn minus der Dreizehn, nehmen.*^E^ *(fährt mehrfach mit dem Finger von der Karte der 14 zur Karte der -13) (schaut zur Interviewerin)*
64	I	Mhm'
65	N	*(schaut auf die Karten)* Deshalb wird dann, *^A^die Vierzehn größer sein.*^E^ *(etwas lauter, etwas lachend) (schaut zur Interviewerin)*

Sie scheint – vermutlich durch den nun größeren Betrag der Zahl ohne negatives Vorzeichen – irritiert und die in der vorherigen Situationsklasse dominierende Fokussierung der Subtraktion zunächst nicht anbringen zu können. Dass sie an dieser Stelle „vierzehn minus dreizehn" spricht und gleichzeitig äußert, dies könne man nicht rechnen, hängt vermutlich mit der Rechenrichtung zusammen, welche Nicole zuvor als ausgehend von der Zahl mit Vorzeichen vorgenommen hatte (vgl. *SU-Nvor38 „Wenn ich „b minus a" rechne, rechne ich so rum: a -b (die Zahlen müssen in der Reihenfolge stehen/berechnet werden)"*).

Die Klasse von Situationen, in denen bei zwei ganzen Zahlen a und -b die größere bestimmt werden soll, kann in Abhängigkeit von der Größe des Betrags der beiden ganzen Zahlen in Nicoles individueller Perspektive in zwei Unterklassen gegliedert (vgl. Abb. 6.16).

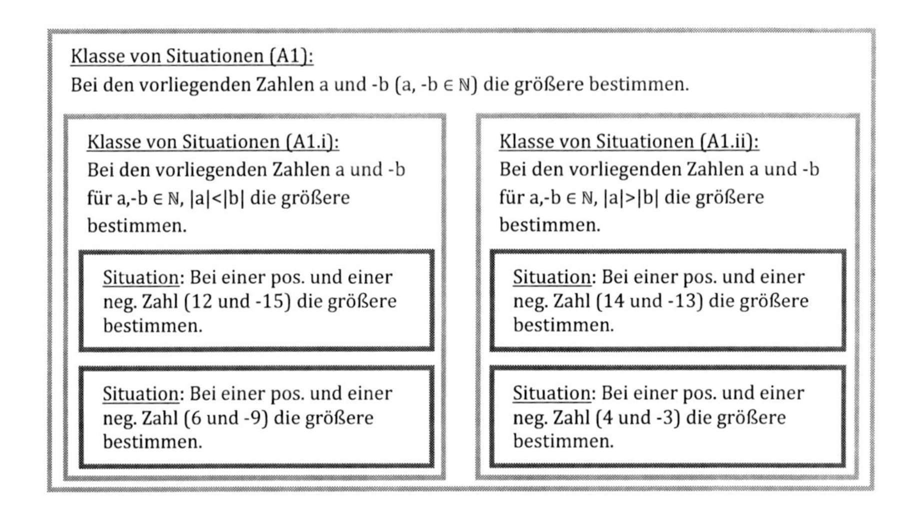

Abbildung 6.16 Individuelle Klassen von Situationen

Im Folgenden werden wesentliche Fokussierungen, Urteile und Inferenzen in Abbildung 6.17 dargestellt, die nachfolgend sukzessiv erläutert wird. In dieser Klasse von Situationen sind zwei verschiedene Herangehensweisen der Schülerin maßgeblich. Daneben konnten für Nicole in der vorliegenden Klasse weitere Fokussierungen, Urteile und Inferenzen rekonstruiert werden, die weitere Phänomene betreffen: ein alternatives Vorgehen, welches sie jedoch anschließend verwirft, und die Reihenfolge der Zahlen bei der schriftlichen Subtraktion. Diese Elemente des inferentiellen Netzes werden aus Gründen der Stringenz der Darstellung hier nicht im Detail beschrieben.

Die Darstellung in Abbildung 6.17 erfolgt in Orientierung an die Chronologie der rekonstruierten Fokussierungen und Urteile. Die Abbildung ist von oben nach unten zu lesen, wobei jene Fokussierungen und Urteile, die oben stehen, im Interviewverlauf vor jenen darunter stehenden expliziert wurden. Die Fokussierungen und Urteile betreffen zwei Fokussierungsebenen: die kardinale und die formal-symbolische Fokussierungsebene. Um die Fokussierungsebenen der Urteile im Überblick darzustellen, sind diese jeweils in einer entsprechenden Spalte angesiedelt, welche mit dem zugehörigen Symbol (vgl. Kap. 3.1.6) versehen ist.

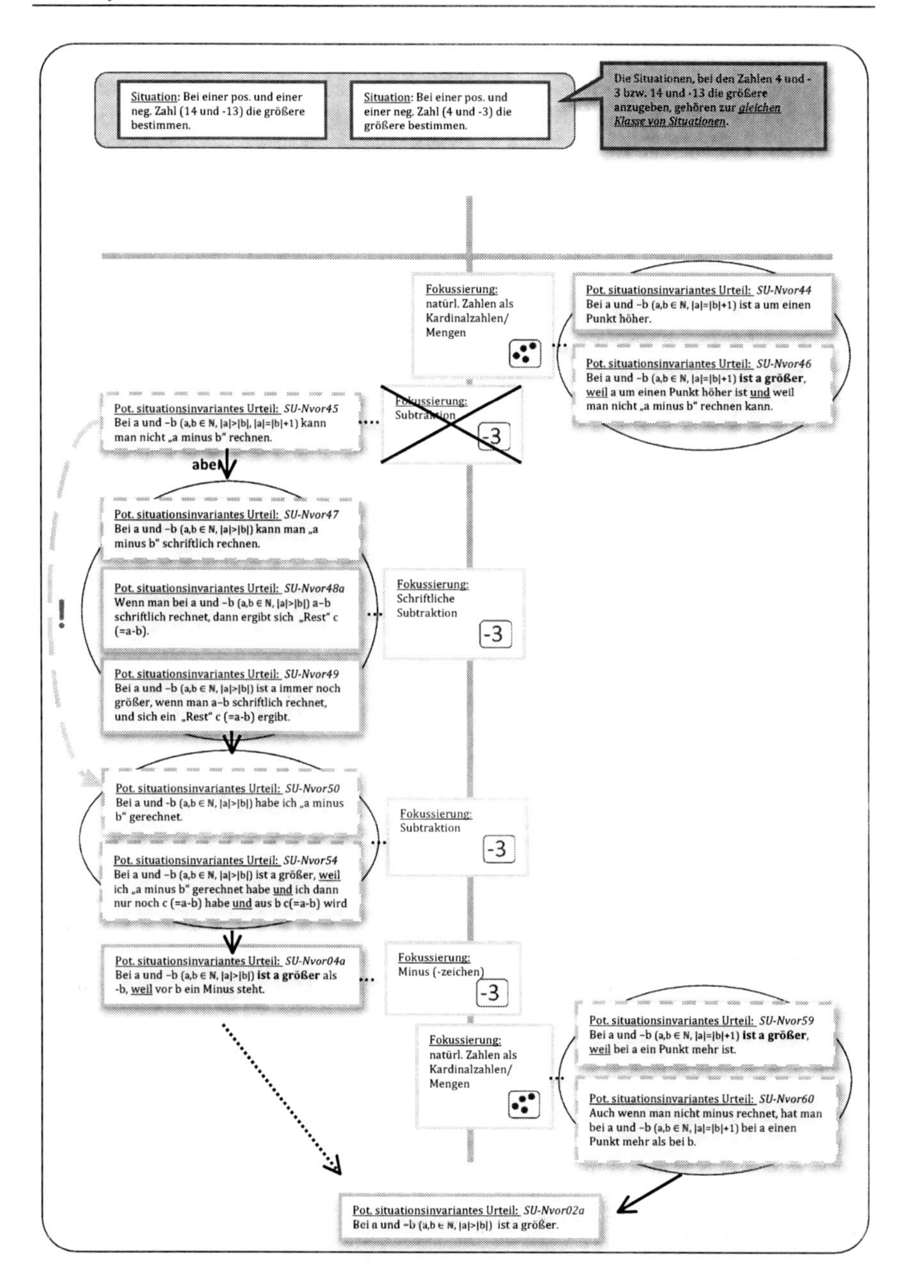

Abbildung 6.17 Inferentielles Netz zur Herangehensweise bei Zahlen der Form a und -b ($a, b \in \mathbb{N}, |a|>|b|$)

Für Nicole kann für die Situationen, bei 14 und -13 bzw. 4 und -3 die größere Zahl zu bestimmen, das Urteil *„Bei a und -b* ($a,b \in \mathbb{N}$, $|a|>|b|$) *ist a größer" (SU-Nvor02a)* rekonstruiert werden. Sie schließt zunächst die Subtraktion als handlungsleitende Kategorie für eine Begründung aus, indem sie angibt, man könne hier *nicht* subtrahieren (vgl. *SU-Nvor45,* siehe Abb. 6.18). Demnach stellt die formal-symbolische Ebene und mit ihr die Subtraktion hier nicht die Basis für eine inferentielle Gliederung. Stattdessen fokussiert Nicole in Zusammenhang mit dem rekonstruierten Urteil *„Bei a und -b* ($a,b \in \mathbb{N}$, $|a|>|b|$, $|a|=|b|+1$) *ist a um einen Punkt höher" (SU-Nvor44)* offenbar auf *natürliche Zahlen als Kardinalzahlen/Mengen*. Letzteres Urteil dient Nicole als Prämisse für die Konklusion, dass a größer sei als -b. Diese Inferenz ist im Urteil *SU-Nvor46 „Bei a und -b* ($a,b \in \mathbb{N}$, $|a|=|b|+1$) *ist a größer, <u>weil</u> a um einen Punkt höher ist <u>und</u> weil man nicht „a minus b" rechnen kann"* enthalten.

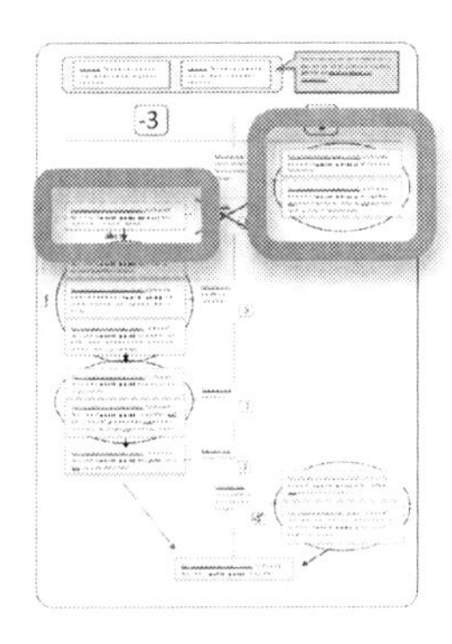

Abbildung 6.18 Herangehensweise I, Teil I

Obwohl sie die Subtraktion als handlungsleitende Kategorie zunächst ausgeschlossen hatte, betrachtet Nicole im Anschluss dennoch noch einmal die Subtraktion (vgl. Abb. 6.19) – jedoch nun in ihrem *schriftlichen* Algorithmus. Nicole urteilt offenbar, dass man die Aufgabe a-b *schriftlich* berechnen könne (*SU-Nvor47*) und dass sich dabei ein „Rest" c (mit c=a-b) ergebe (*SU-Nvor48a*, siehe auch *SU-Nvor48b*). Im konkreten Fall ergibt sich 01 bzw. 1 (vgl. Abb. 6.20). Für die Schülerin kann das Urteil *SU-Nvor49* rekonstruiert werden: *„Bei a und -b* ($a,b \in \mathbb{N}$, $|a|>|b|$) *ist a immer noch größer, wenn man a-b schriftlich rechnet, und sich ein „Rest" c (=a-b) ergibt"* Dieses ist durch die auffällige Wortwahl „immer noch" besonders interessant. Es ist zu vermuten, dass diese sich auf die ursprüngliche Fokussierung auf natürliche Zahlen als Mengen bezieht, dass Nicole also implizit urteilt, dass die Zahl, bei der ein Punkt mehr vorhanden ist, auch dann noch größer ist, wenn man schriftlich subtrahiert.

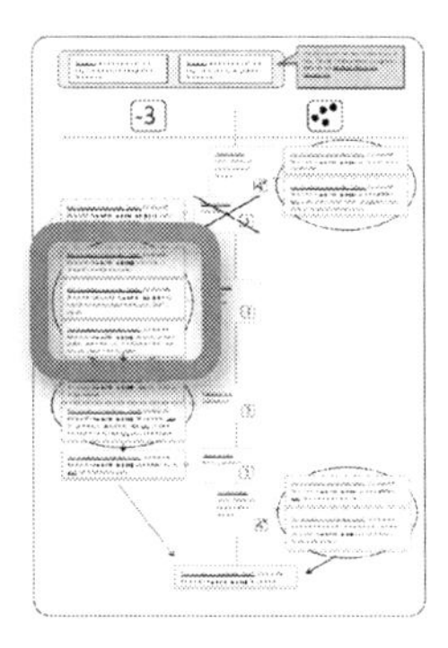

Abbildung 6.19 Herangehensweise I, Teil II

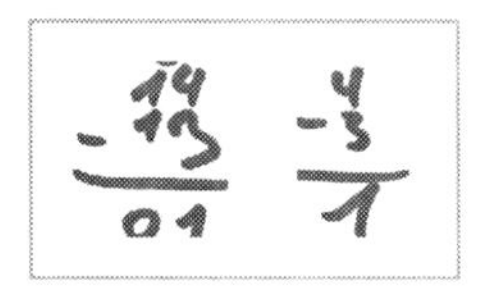

Abbildung 6.20 Schreibprodukt zur schriftlichen Subtraktion

Dass es Nicole gelingt, mittels der Fokussierung der schriftlichen Subtraktion a-b zu berechnen (vgl. Abb. 6.21), ermöglicht es ihr im Anschluss offenbar wieder, die *Subtraktion* in den Blick zu nehmen. Sie urteilt *„Bei a und -b (a,b ∈ ℕ, |a|>|b|) habe ich „a minus b" gerechnet" (SU-Nvor50)*. Dieses Urteil ist aus fachlicher Perspektive material inkompatibel mit dem eingangs eingegangenen Urteil *SU-Nvor45 („Bei a und -b (a,b ∈ ℕ, |a|>|b|) kann man nicht „a minus b" rechnen")*. Jedoch nutzt sie das Urteil *SU-Nvor55* im Folgenden als Prämisse für weitere Inferenzen und scheint diesem eine höhere Signifikanz beizumessen. Es scheint der Rückgriff auf die schriftliche Subtraktion zu sein, welche eine materiale Stütze für das Urteil darüber, ob man a-b berechnen kann, darzustellen scheint: Dem Ergebnis, welches sie aus der Fokussierung auf die *schriftliche Subtraktion* heraus erhält, misst sie anscheinend eine höhere Signifikanz bei, als jenem, welches sie durch die *Subtraktion ‚im Kopf'* erhalten hatte. Die *schriftliche Subtraktion* dient für Nicole in dieser Situation offenbar als *Stütze für die Subtraktion im Kopf*.

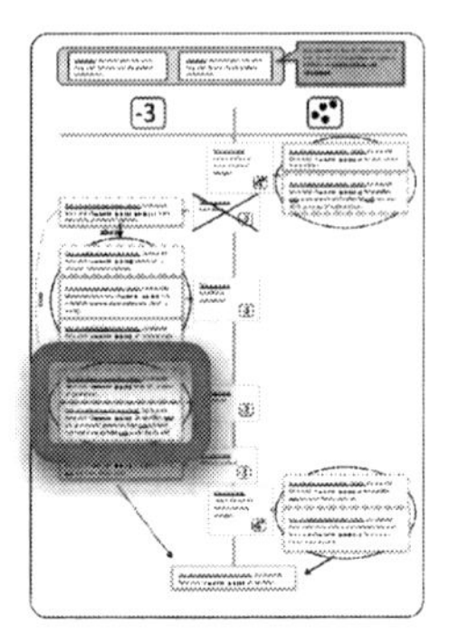

Abbildung 6.21 Herangehensweise I, Teil III

Nicole scheint im Folgenden ein ähnliches Schema wie in der Situationsklasse A.1.i auch in der Klasse A.1.ii zu gebrauchen. Dies wird in mehreren inferentiell gegliederten Urteilen ersichtlich, die in *SU-Nvor54* dargestellt sind: *„Bei a und -b (a,b ∈ ℕ, |a|>|b|) ist a größer, weil ich „a minus b" gerechnet habe und ich dann nur noch c (=a-b) habe und aus b c(=a-b) wird"*. Auch hier scheint sie für den Zahlvergleich b durch c zu ersetzen (aus b wird c, SU-Nvor53), wobei b – bedingt durch die im Zusammenhang mit der schriftlichen Subtraktion geänderte Rechenrichtung – in diesem Fall nicht mehr den Minuenden, sondern der Subtrahenden der Rechnung konstituiert. Es wird vermutet, dass Nicole beim Versuch, das zuvor gezeigte Schema für diese Klasse von Situation zu übertragen, ein implizites Urteil eingeht, dass die *Zahl mit Minuszeichen* diejenige ist, die kleiner und zum Ergebnis der Subtraktionsaufgabe wird.

Schließlich führt Nicole auf formal-symbolischer Ebene das Vorhandensein des Minuszeichens vor -b als Grund an, dass a größer sei (*SU-Nvor04a*, Abb. 6.22). Dieses Urteil zeugt durch die Analogie zu *SU-Nvor04* in der vorherigen Situationsklasse ebenfalls davon, dass Nicole hier versucht, das Schema für die vorliegende Klasse von Situationen zu übertragen.

Zugleich argumentiert Nicole jedoch, dass a größer sei, weil bei a ein Punkt mehr vorhanden sei als bei b (*SU-Nvor59*, vgl. Abb. 6.23). Somit ist das Urteil *SU-Nvor02a („Bei a und -b (a,b ∈ ℕ, |a|>|b|) ist a größer") mehrfach inferentiell gegliedert*. Es hat zwei inferentielle Vorgänger, die mit unterschiedlichen Fokussierungen einhergehen und die darüber hinaus auch unterschiedliche Darstellungsformen betreffen: Zum einen erfolgt eine Berechtigung über die Fokussierungen des Minuszeichen und der Subtraktion auf formal-symbolischer Fokussierungsebene, zum anderen über die Fokussierung der natürlichen Zahlen als Kardinalzahlen/Mengen auf Mengenebene.

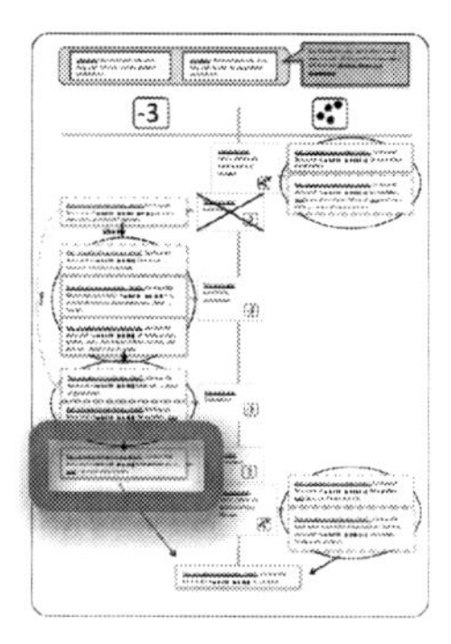

Abbildung 6.22 Herangehensweise I, Teil IV

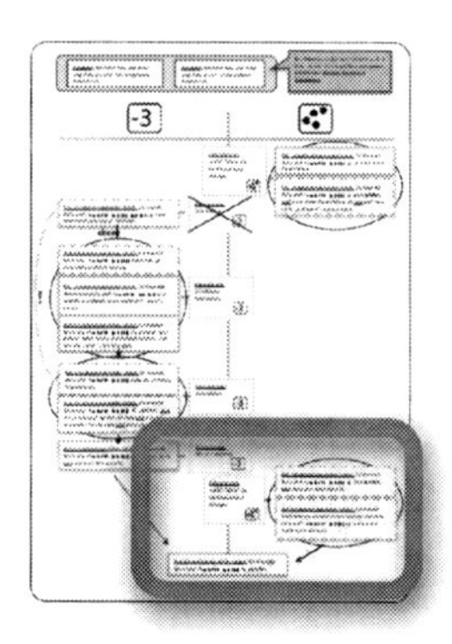

Abbildung 6.23 Herangehensweise I, Teil V

Nicole macht in *SU-Nvor60* jedoch die Prioritäten zwischen diesen Berechtigungen explizit: *„Auch wenn man nicht minus rechnet, hat man bei a und -b (a,b ∈ ℕ, |a|>|b|) bei a einen Punkt mehr als bei b"*. Sie scheint der Fokussierung der natürlichen Zahlen als Kardinalzahlen/Mengen eine größere Signifikanz einzuräumen und greift hiermit wieder ihre zuerst gesetzte Fokussierung auf.

Mit den beiden unterschiedlichen Herangehensweisen, die Nicole wählt, gehen zwei dominierende ***Fokussierungsebenen*** einher: Neben Fokussierungen, die auf formal-symbolischer Fokussierungsebene erfolgen, nimmt Nicole Fokussierungen auf kardinaler Fokussierungsebene vor.

Im Hinblick auf die ***Kompatibilität*** der Urteile konnte beobachtet werden, die unterschiedlichen Herangehensweisen, die Nicole wählt, an verschiedener Stelle zu inkompatiblen Urteilen führen: Bspw. ist das Urteil, dass beide Zahlen gleich groß seien nicht kompatibel mit dem Urteil, dass eine der beiden Zahlen größer ist. Nicole scheint jedoch um die Widersprüche zu wissen und die sich widersprechenden, inkompatiblen Urteile in Beziehung zueinander zu setzen (bspw. *„Obwohl es sein kann, dass bei a und -b ($a,b \in \mathbb{N}$, $|a|>|b|$) a und b gleich groß sind, sage ich trotzdem, dass a größer ist“ (SU-Nvor66)*). Das inferentielle Netz für die vorliegende Klasse von Situationen weist darüber hinaus an einer weiteren Stelle eine *Inkompatibilität* auf: Während Nicole zuerst urteilt, sie könne bei a und -b ($a,b \in \mathbb{N}$, $|a|>|b|$) „a minus b“ nicht rechnen *(SU-Nvor45)*, urteilt sie jedoch später, sie *habe* „a minus b“ gerechnet *(SU-Nvor50)*. Es handelt sich dabei um eine Diskontinuität, die in Zusammenhang mit der Reihenfolge des Minuenden und Subtrahenden bei der Subtraktion zu stehen scheint: Sie legt sich zuerst fest, man könne 14 minus 13 nicht rechnen, überprüft dies anschließend, indem sie „ausprobiert“, in welcher Reihenfolge sie die Zahlen bei der schriftlichen Subtraktion notieren muss, und legt sich später darauf fest, sie habe 14 minus 13 gerechnet. Der Rückgriff auf die schriftliche Subtraktion, auf welche sie fokussiert, scheint für sie einen Rückhalt darzustellen, aus welchem sie Informationen zur Reihenfolge bei der Subtraktion zieht.

Hinsichtlich der ***Tragfähigkeit*** ihres inferentiellen Netzes kann festgehalten werden, dass sie zwar jeweils über eine inferentielle Gliederung zu der Konklusion gelangt, dass bei a und -b ($a, b \in \mathbb{N}$, $|a|>|b|$) a größer sei als b – jedoch deckt eine Analyse des inferentiellen Netzes auf, dass sie nicht eine positive und eine negative Zahl im Hinblick auf ihre Größe vergleicht, sondern das negative Zeichen entweder ausblendet oder es als Anzeichen für eine Subtraktion deutet. Somit ist ihr Vorgehen aus fachlicher Perspektive nicht tragfähig.

6.1.2.3 Zwei Zahlen der Form -a und -b ($a, b \in \mathbb{N}$, $|a|<|b|$) vergleichen

Die Phänomenanalyse des inferentiellen Netzes, das für Nicole für das Bestimmen der größeren zweier negativer ganzer Zahlen rekonstruiert werden kann, bezieht sich auf zwei Situationen, in denen Nicole zum einen bei -27 und -31, zum anderen bei -1 und -4 die größere Zahl bestimmt. Zwar benennt sie die Analogie der beiden Situationen nicht explizit, jedoch sind die rekonstruierten Urteile vollständig miteinander kompatibel und weisen an keiner Stelle Abweichungen in Form von Inkompatibilitäten auf. Die geringeren Beträge der in der zweiten Situation vorliegenden Zahlen -1 und -4 führten *nicht* zu anderen Fokussierungen oder anderen Urteilen und Inferenzen.

Wie zu vermuten war, setzt Nicole sich mit Möglichkeiten auseinander, auch für die vorliegende Klasse von Situationen eine rechnerische Lösung zu bestimmen, und fokussiert dabei – wie zuvor – auf das *Minuszeichen*, die *Subtraktion* und die *schriftliche Subtraktion*, sowie darüber hinaus auf das *Rechnen* selbst, auf die *Addition* und die *Ziffern der Zahlen* auf *formal-symbolischer Fokussierungsebene*. Daneben kann jedoch erstmals eine *ordinale Anordnung* der Zahlen rekonstruiert werden, aus welcher offenbar die Fokussierungen auf *natürliche Zahlen als Ordinalzahlen* sowie auf eine *ordinale, waagerechte Anordnung* der natürlichen Zahlen entspringen.

Im Folgenden wird Nicoles inferentielles Netz für die vorliegende Situationsklasse anhand der für sie rekonstruierten Fokussierungen und anhand wesentlicher Urteile und Inferenzen erläutert, welche in Abbildung 6.24 visualisiert sind.

Die Urteile, die darüber hinaus im Rahmen der Analyse rekonstruiert werden konnten, sind hierzu material kompatibel. Die Darstellung orientiert sich erneut an der chronologischen Abfolge der rekonstruierten Fokussierungen, Urteile und Inferenzen.

Als Nicole aufgefordert wird, die größere der Zahlen -27 und -31 zu bestimmen, scheint sie sogleich das Urteil „*Bei -a und -b* ($a,b \in \mathbb{Z}$, $|a|<|b|$) *ist b größer*" *(SU-Nvor67)* einzugehen, für welches zugleich berechtigende Urteile rekonstruiert werden können (vgl. Abb. 6.25). Die in diesem Zusammenhang inferentiell gegliederten Urteile *SU-Nvor67, SU-Nvor68, SU-Nvor69 und SU-Nvor70* sind im Urteil *SU-Nvor72* festgehalten: „*Bei -a und -b* ($a,b \in \mathbb{N}$, $|a|<|b|$) *ist b größer als a, weil wenn man rechnet a zuerst und b danach kommt und b beim Rechnen als letztes von den beiden kommt*". Welche Zahl beim *Rechnen* zuerst und welche zuletzt an der Reihe sind, scheint für Nicole hier maßgeblich dafür, ob eine Zahl kleiner oder größer ist. Ausgehend von der Fokussierung des *Rechnens* scheint sie die Zahlen als Zähl- bzw. Ordinalzahlen zu betrachten und die Reihenfolge zu fokussieren. Dass alle Urteile, die für die Schülerin an dieser Stelle rekonstruiert werden, sich alleinig auf die Zahlenwerte und nicht auf das den Zahlen voranstehende Minuszeichen beziehen, weist darauf hin, dass Nicole – wie bereits in den vorangehenden Situationen – auf natürliche Zahlen fokussiert. Dies bestätigt sich zudem durch weitere Urteile im Interviewverlauf (v. a. auch das Urteil *SU-Nvor78*, s. u.). Sie scheint eine Fokussierung auf *natürliche Zahlen als Ordinalzahlen* bzw. auf die *Reihenfolge* der Zahlen vorzunehmen. Da die Position der Zahlen beim Zählen („zuerst" in *SU-Nvor68*, „nach" in *SU-Nvor69*, „letzte" in *SU-Nvor70*) offenbar für Nicoles Urteilen ausschlaggebend ist, scheint die Fokussierungsebene der ordinalen Anordnung der Zahlen grundlegend.

Es können darüber hinaus Urteile rekonstruiert werden, für die eine Fokussierung auf natürliche Zahlen als Ordinalzahlen und eine waagerechte ordinale Anordnung relevant sind:

86	I	Mhm und wie stellst du dir das vor?
87	N	Ja *[A]würd man jetzt die Reih-*[E] *(zeigt mit dem Stift auf dem Papier eine Linie von links nach rechts)* *[A]also von eins*[E] *(zeigt mit dem Stift auf eine Stelle auf dem Papier)* bis *[A]s ein,dreißig hinschreiben'*[E] *(zeigt auf die Karte mit der -31)* *[A]dann würd ja die Sieben,zwanzig*[E] *(zeigt auf die Karte mit der -27)* *[A] schon eher da, ankommen*[E] *(zeigt auf eine Stelle auf dem Papier, schaut zur Interviewerin, dann wieder auf den Tisch)* *[A]deshalb wird ist die dann kleiner*[E] *(zeigt auf die Karte mit der -27)* und weil *[A]die ja dann, äh le also l ä späterer kommt' deshalb ist die dann-größer*[E] *(zeigt auf die Karte mit der -31, schaut zur Interviewerin)*

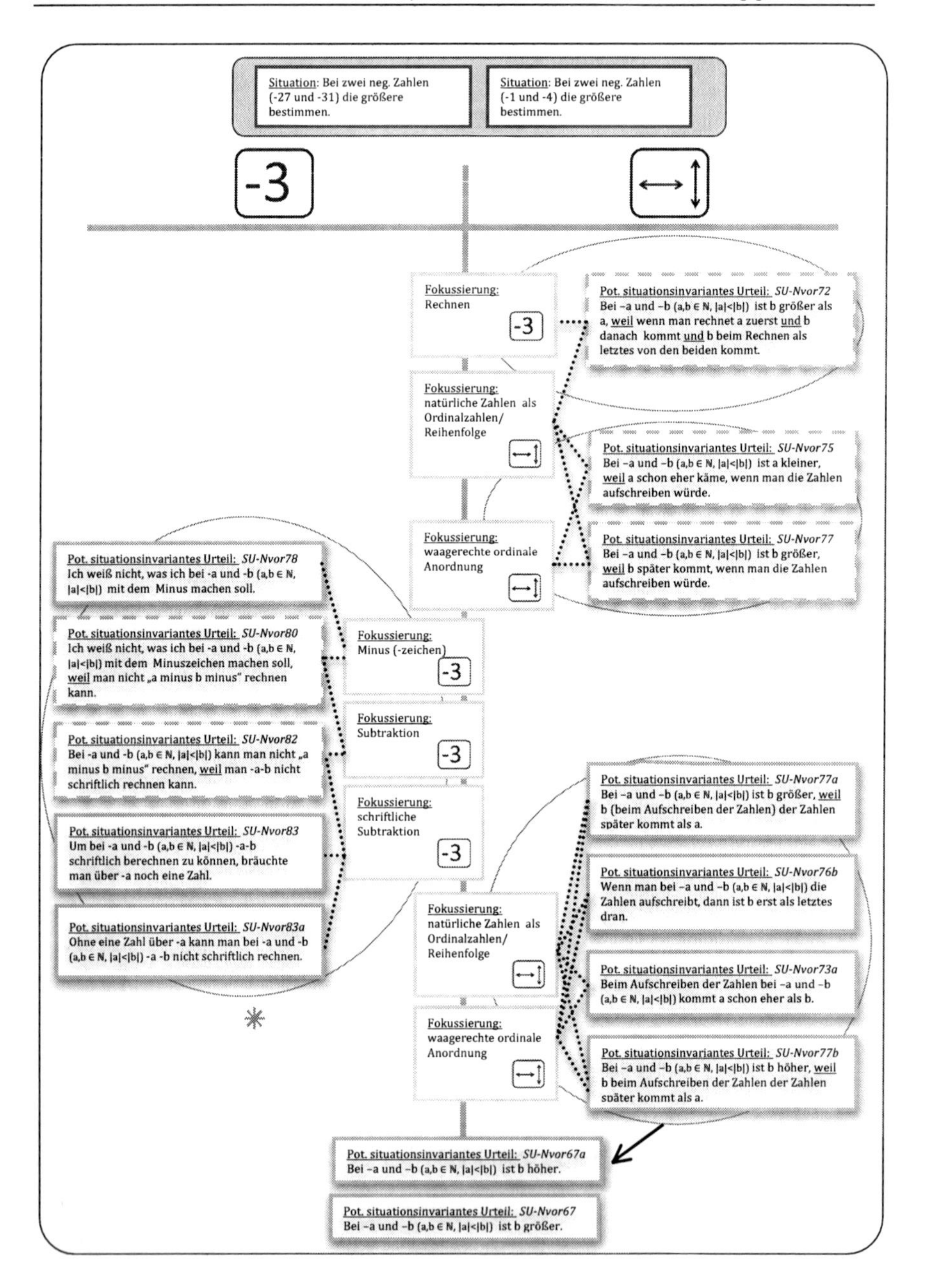

Abbildung 6.24 Inferentielles Netz zur Herangehensweise bei Zahlen der Form -a und -b (a, b ∈ ℕ, |a|>|b|)

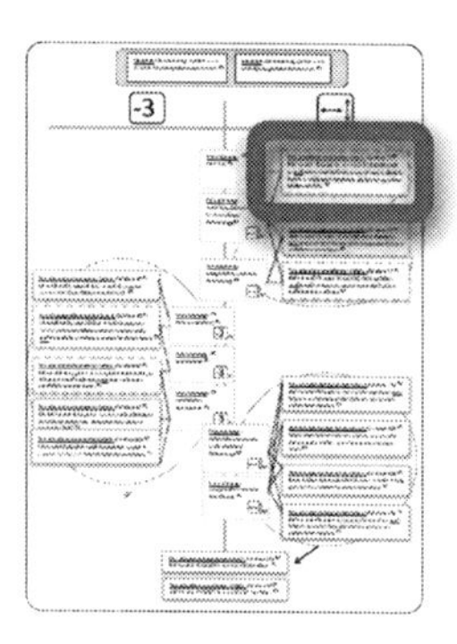

Abbildung 6.25 Herangehensweise II, Teil I

Dabei können die Urteile rekonstruiert werden, dass bei den vorliegenden Zahlen $-a$ und $-b$ ($a,b \in \mathbb{N}$, $|a|<|b|$) a schon eher komme, wenn man die Zahlen aufschreiben würde *(SU-Nvor73)* und dass daher a kleiner sei (*SU-Nvor74)*, welche als Inferenz in *SU-Nvor75* festgehalten sind (vgl. Abb. 6.26). Ebenso begründet sie, dass b größer sei *(SU-Nvor67)* darüber, dass b beim Aufschreiben später kommen würde als a *(SU-Nvor76)*, was als inferentielle Relation in *SU-Nvor77* festgehalten ist. Bei diesen Begründungen scheint neben der Fokussierung auf *natürliche Zahlen als Ordinalzahlen* eine *waagerechte ordinale Anordnung* der Zahlen als Fokussierung maßgeblich. Letztere wird aufgrund des Verweisens auf ein Aufschreiben der Zahlen sowie durch die Geste *„(zeigt mit dem Stift auf dem Papier eine Linie von links nach rechts)"* (Transkript, Turn 87), mit der sie auf die Reihe der Zahlen zu verweisen scheint, rekonstruiert.

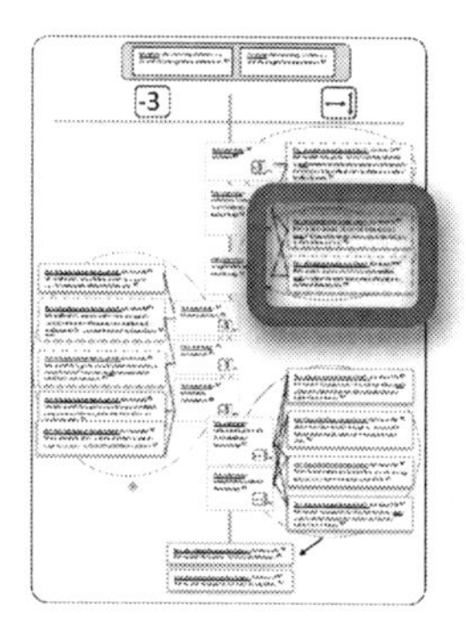

Abbildung 6.26 Herangehensweise II, Teil II

Nicole fokussiert daneben auf die *Minuszeichen*, die sie offenbar zuvor nicht berücksichtigt hatte:

88 I Mhm'
89 N Und wegen dem *^A^Minus*^E^ *(zeigt mit dem Stift auf der Karte der -31 das Minuszeichen) (zuckt mit den Schultern, verzieht das Gesicht)*, *^A^weiß ich jetzt nicht.*^E^ (*lacht, schaut zur Interviewerin*)

Sie urteilt, dass sie nicht wisse, was sie mit dem Minuszeichen machen solle *(SU-Nvor78*, siehe Abb. 6.27*)*. Es bestätigt sich erneut, dass sie das Minuszeichen offenbar noch nicht als Zahlzeichen kennen gelernt hat und deuten kann. Das Urteil *SU-Nvor78* ist über eine inferentielle Kette gestützt, in welcher die Fokussierungen des *Minuszeichens*, der *Subtraktion* und der *schriftlichen Subtraktion* von Bedeutung sind. Das Urteil *SU-Nvor78* wird durch *SU-Nvor79* berechtigt: Nicole urteilt offenbar, sie wisse nicht, was sie mit dem Minuszeichen machen solle, *weil* man nicht „a minus b minus" rechnen könne (vgl. *SU-Nvor80*). Das Urteil *SU-Nvor79* wird durch *SU-Nvor81* berechtigt: Man kann nicht „a minus b minus" rechnen, *weil* man -a-b nicht *schriftlich* berechnen kann. Die Urteile *SU-Nvor83* und *SU-Nvor83a* führen dies aus: Man bräuchte über -a noch eine Zahl, um schriftlich rechnen zu können, und ohne eine solche Zahl kann man -a-b nicht schriftlich berechnen.

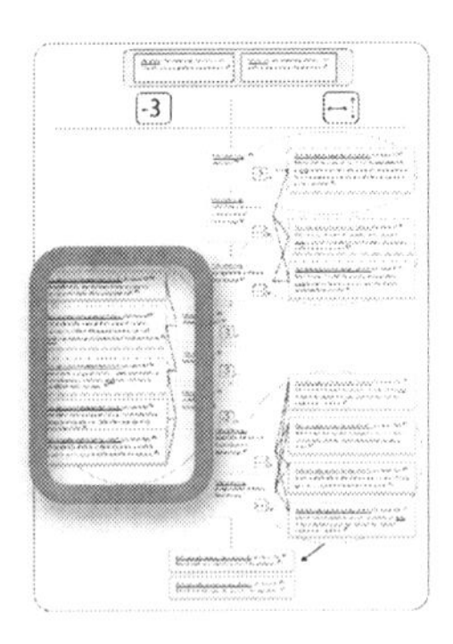

Abbildung 6.27 Herangehensweise II, Teil III

Nicole gebraucht an dieser Stelle die inferentielle Kette über die Fokussierungen Schriftliche Subtraktion -> Subtraktion -> Minuszeichen, erneut – diese konnte ihr bereits in der Situationsklasse, bei den Zahlen a, -b (a,b ∈ ℕ, |a|>|b|) die größere zu bestimmen, rekonstruiert werden. Die *schriftliche Subtraktion* scheint für Nicole wiederholt eine Kategorie darzustellen, die den Anfang inferentieller Ketten und damit den Ausgangspunkt von Begründungszusammenhängen darstellt. Offenbar handelt es sich um eine Kategorie, der Nicole eine große

Signifikanz beimisst – zumindest scheint die der schriftlichen Subtraktion beigemessene Signifikanz größer zu sein als die der Subtraktion im Kopf, da sie Urteile zur Subtraktion wiederholt über die schriftliche Subtraktion abzusichern oder zu begründen scheint.

Das Urteil, dass man bei den vorliegenden Zahlen nicht schriftlich rechnen könne, geht damit einher, dass für sie im Folgenden keine weiteren Fokussierungen oder Urteile rekonstruiert werden, welche die Subtraktion betreffen. Stattdessen fokussiert sie im Folgenden die *Ziffern der Zahlen* und versucht offenbar, über diese Fokussierung eine Berechnung mittels *Addition* oder *Subtraktion* durchzuführen. Die Schülerin scheint erneut bemüht, die gegebene Situation, welche sie nicht mit ihrem Vorwissen in Einklang bringen kann, zu bewältigen, verwirft diese Herangehensweise im Anschluss jedoch wieder. Die Fokussierungen, Urteile und Inferenzen, die mit dieser Herangehensweise einhergehen, werden an dieser Stelle nicht im Detail aufgeführt (siehe Abb. 6.28).

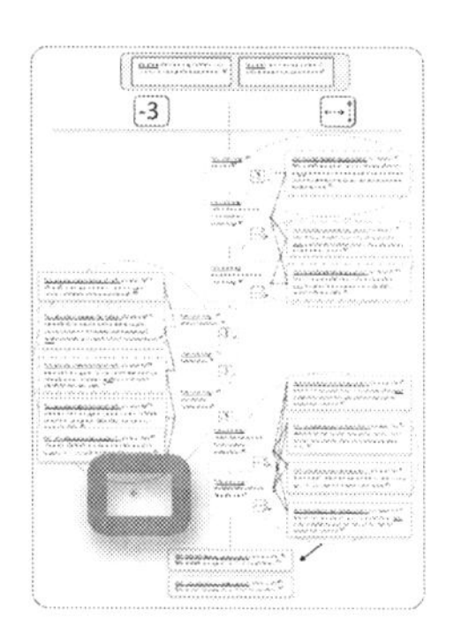

Abbildung 6.28 Herangehensweise II, Teil IV

Im Anschluss fokussiert Nicole wieder auf *natürliche Zahlen als Ordinalzahlen* sowie eine *ordinale waagerechte Anordnung* der Zahlen auf der *Fokussierungsebene der Anordnung* (vgl. Abb. 6.29):

96 I *(legt zwei übereinanderliegende Karten mit den Zahlen -1 und -4 vor Nicole auf den Tisch, dabei liegt die Karte der -4 über der Karte der -1)* Welche von beiden ist größer?

97 N *(zieht die Karten auseinander, sodass die Karte der -1 links liegt) (3 sec)* *[A]*Die Vier.**[E] *(zeigt auf die Karte mit der -4)* Weil die ja *[A]später drankommt.*[E] *(macht eine Bewegung mit dem rechten Zeigefinger in der Luft nach rechts)* Also wenn man, jetzt *[A]eins zwei drei vier*[E] *(greift erst zum Stift, lässt diesen aber liegen und zeigt dann mit dem Finger auf dem Papier 4 Mal nebeneinander von links nach rechts)* hinschreibt' dann *[A]ist ja die Vier als letztes, erst dran*[E] *(zeigt auf die Karte der -4, schaut dann zur Interviewerin auf)* also *[A]die kommt ja eher*[E] *(zeigt auf die Karte mit der -1)* *[A]die kommt ja erst später und deshalb ist dann, die höher.*[E] *(zeigt*

auf die Karte mit der -4, nickt leicht) (betrachtet die Karten, 11 sec) Mehr fällt mir da nicht zu ein. *(schüttelt den Kopf und lacht)*

Die Urteile, die für sie in diesem Zusammenhang rekonstruiert werden können, sind material kompatibel mit den Teilen des inferentiellen Netzes, welche bezüglich dieser Fokussierungen bereits zuvor rekonstruiert wurden. Sie scheint zu urteilen, dass bei -a und -b (a,b ∈ ℕ, |a|<|b|) b größer sei (*SU-Nvor67*), und zwar weil b beim Aufschreiben später komme (*SU-Nvor76a*, vgl. Inferenz in *SU-Nvor77*). Sie urteilt offenbar, dass b von den beiden vorliegenden Zahlen als letztes komme (*SU-Nvor76b*) und dass a schon eher komme (*SU-Nvor73a*) sowie dass die Zahl b, die später kommt (*SU-Nvor67*), daher auch höher sei (*SU-Nvor67a*, vgl. Inferenz in *SU-Nvor82b*).

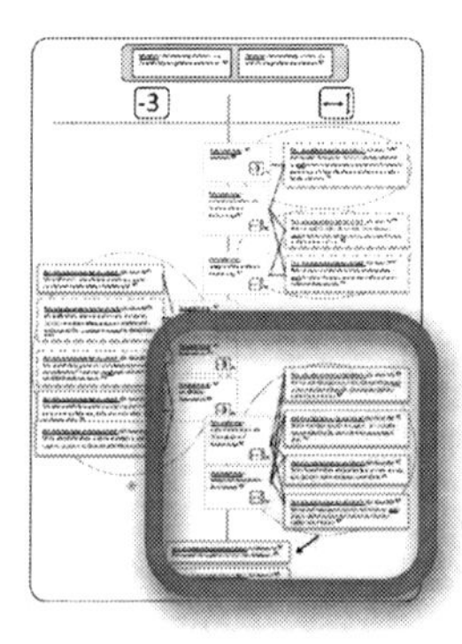

Abbildung 6.29 Herangehensweise II, Teil V

Bei der genaueren Betrachtung jener Teile des inferentiellen Netzes, welche die *Fokussierungsebene der ordinalen Anordnung* betreffen, ist im Interviewverlauf eine Entwicklung wahrnehmbar, die als ***Prozess der zunehmenden Konsolidierung*** gedeutet werden kann. Dieser wird aufgrund seiner Relevanz für den theoretischen Rahmen dieser Arbeit im Folgenden dargestellt.

Zunächst scheint Nicole in der Situation, die größere Zahl bei -27 und -31 zu bestimmen, auf das *Rechnen* zu fokussieren und dabei die *Reihenfolge der Zahlen* als weitere Fokussierung zu wählen. Nicole scheint zu urteilen, dass bei -a und -b (a,b ∈ ℕ, |a|<|b|) b größer sei (*SU-Nvor67*). Die Urteile, die als Begründung rekonstruiert werden können, stehen aufgrund der Formulierungen der Äußerungen Nicoles im Konditional. Sie urteilt: *wenn* man rechnet, *dann* kommt a zuerst bzw. b danach *(SU-Nvor68, SU-Nvor69)*. Es ist nicht ersichtlich, inwiefern Nicole sich bzgl. ihrer Fokussierungen sicher ist und inwiefern sie das mit der Bedingung „wenn man rechnet“ einhergehende Schema für angemessen hält. Sie scheint sich nicht sicher auf den Gehalt der im Konditional formulierten Urteile, dass a zuerst und b danach komme, festzulegen. In *SU-Nvor70* gebraucht sie jedoch den Indikativ, als sie sich fest legt, dass b die letzte Zahl *ist.*

Ausgehend von der Frage der Interviewerin danach, wie sie sich dies vorstelle, können Nicole weitere, ergänzende Urteile rekonstruiert werden. Diese haben nicht mehr das Rechnen als Fokussierung, sondern neben *natürlichen Zahlen als Ordinalzahlen* darüber hinaus nun auch eine *ordinale, waagerechte Anordnung*, die Nicole gestisch veranschaulicht. Jedoch bleibt sie auch hier – beginnend mit den Worten „Ja würd man die Reih- also von eins bis ein,dreißig hinschreiben dann…" (Turn 87) – im Konditional, was sich in den Formulierungen der Urteile widerspiegelt (vgl. *SU-Nvor73, SU-Nvor75, SU-Nvor76, SU-Nvor77*, siehe o.a. Transkriptausschnitt, Turn 87).

In der Situation, in der Nicole die größere der beiden Zahlen -1 und -4 bestimmt, ist zum einen auffällig, dass die Formulierungen in einem anderen Modus erfolgen als zuvor: Während die Urteile zuvor vielfach im Konditional standen und an die Bedingung gebunden waren, *dass* man rechnen bzw. die Zahlenreihe betrachten *würde*, erfolgen die Urteile an dieser Stelle – den Äußerungen der Schülerin entsprechend – größtenteils im Indikativ *(SU-Nvor76a, SU-Nvor77a, SU-Nvor73a, SU-Nvor76c, SU-Nvor77b,* siehe o.a. Transkriptausschnitt, Turn 97). Sie gebraucht die Festlegungen ferner zum praktischen Begründen. Beide Aspekte stellen Indizien dafür dar, dass die Urteile für Nicole nicht mehr nur bedingte Gültigkeit zu haben scheinen, sondern dass die Schülerin sich nunmehr mit größerer Gewissheit festzulegen scheint und die Urteile zunehmend ihre individuelle Wirklichkeit darzustellen scheinen: Es kann angenommen werden, dass Nicole die Gehalte der rekonstruierten Urteile zunehmend für wahr hält. Zudem gebraucht Nicole verstärkt Urteile und auch Gesten, die auf eine waagerechte, ordinale Anordnung hin deuten: Sie verweist auf das Aufschreiben der Zahlen 1, 2, 3, 4, sie tippt die Zahlen 1, 2, 3, 4 von links nach rechts auf den Tisch und sie zeigt in der Luft nach rechts. Dies scheint die Annahme der zunehmenden Sicherheit Nicoles zu bestätigen.

Es wird vermutet, dass jener Teil des inferentiellen Netzes, welcher die Fokussierungsebene der Anordnung betrifft, und in welchem die Urteile abnehmend im konditionalen Modus formuliert werden und zunehmend auf eine räumliche Anordnung verweisen, sich im Verlauf der Situationen konsolidiert.

Im Hinblick auf die ***Tragfähigkeit*** weist das inferentielle Netz für die vorliegende Klasse von Situationen – aus fachlicher Perspektive betrachtet – an verschiedener Stelle Inkompatibilitäten auf. Die Schülerin gelangt unter der Fokussierung der Ziffern und der Subtraktion nicht zu dem gleichen Ergebnis, wie unter Fokussierung der Reihenfolge der Zahlen beim Zählen. Dies stellt eine Diskontinuität in den Ergebnissen dar – diese scheint sie jedoch selbst zu erkennen und sie räumt der Fokussierung der Reihenfolge offenbar Priorität ein *(SU-Nvor88)*. Das Subtraktionsschema scheint sie indes ebenfalls zu verwerfen. Letztlich ist die Orientierung an der Reihenfolge der Zahlen ausschlaggebend für das Urteil *„Bei a und -b (a,b ∈ ℕ, |a|<|b|) ist b größer" (SU-Nvor67)* und alle *in diesem Zusammenhang* rekonstruierten Urteile sind zueinander kompatibel.

Bezüglich der ***Tragfähigkeit*** kann festgehalten werden, dass sowohl ein Addieren oder Subtrahieren der Ziffern als auch eine Subtraktion der beiden Zahlen, als auch eine Betrachtung der Reihenfolge der Zahlen ohne Vorzeichen im Zusammenhang mit dem Größenvergleich zweier Zahlen nicht zielführend bzw. nicht tragfähig sind.

6.1.2.4 Eine Zahl der Form -a oder a (a ∈ ℕ) mit 0 vergleichen

In der nachfolgend dargestellten Phänomenanalyse wird das inferentielle Netz Nicoles zu den Situationen, bei -9 und 0 sowie bei 9 und 0 die größere Zahl zu bestimmen, dargestellt. Nicole ordnet diese beiden Situationen offenbar *einer* Klasse von Situationen zu. Dies ist vor dem Hintergrund, dass Nicole das Minuszeichen nicht als Zahlzeichen und als Anzeichen für negative Zahlen deutet, plausibel und konsistent. Die wesentlichen Urteile und Fokussierungen sind in Abbildung 6.30 dargestellt, welche im Folgenden sukzessiv erläutert wird.

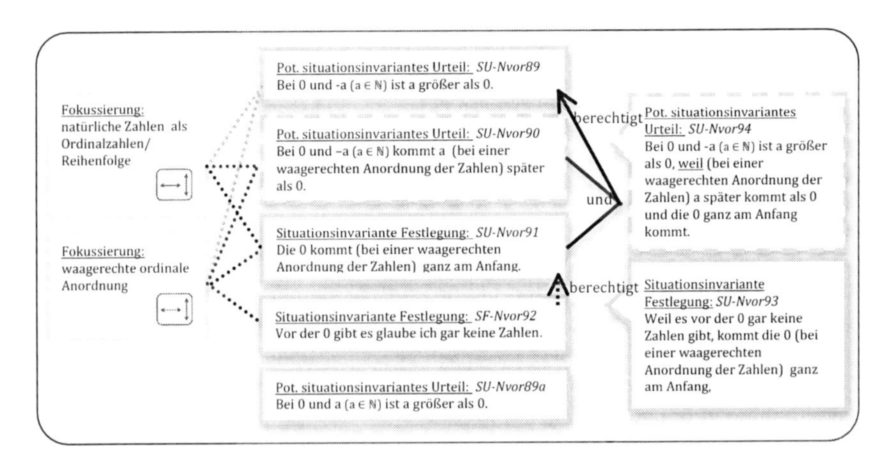

Abbildung 6.30 Inferentielles Netz zum Vergleich von -a und 0 sowie a und 0 (a ∈ ℕ)

Wie bereits für die Klasse von Situationen, bei zwei Zahlen mit Minuszeichen die größere Zahl zu bestimmen, fokussiert Nicole auch für die Situation, bei -a und null (a ∈ ℕ) die größere Zahl zu bestimmen, auf die *natürlichen Zahlen als Ordinalzahlen* sowie eine *waagerechte ordinale Anordnung*. Sie urteilt mehrfach, dass „die Neun" größer sei als Null (*SU-Nvor89*). Sie zieht das Minuszeichen von -9 offenbar nicht in Betracht, sondern scheint die natürliche Zahl 9 in den Blick zu nehmen. Durch das Verweisen auf die Anordnung der natürlichen Zahlen begründet sie ihr Urteil, dass 9 größer sei als Null: Sie urteilt, dass 9 später komme als null (*SU-Nvor90*). Dies visualisiert sie mithilfe einer Zahlenreihe in einer waagerechten Anordnung, für welche sie mit dem Finger auf dem Tisch von links nach rechts auf nebeneinander liegende Stellen zeigt und dazu spricht: 1, 2, 3 und dieses Zählen fortführt (vgl. Turn 101). Zudem urteilt sie, dass null bei dieser Zahlenreihe ganz am Anfang komme (*SU-Nvor91*). Beides bringt sie zusammen als Berechtigung für das Urteil, dass 9 größer sei, vor: „*Bei 0 und -a (a ∈ ℕ) ist a größer als 0, weil (bei einer waagerechten Anordnung der Zahlen) a später kommt als 0 und die 0 ganz am Anfang kommt“ (SU-Nvor94).*

Unmittelbar im Anschluss an das Urteil „*Die Null kommt (bei einer waagerechten Anordnung der Zahlen) ganz am Anfang“ (SU-Nvor91)* kann für Nicole eine Festlegung rekonstruiert werden, welche dieses Urteil zu berechtigen scheint: „*Vor der Null gibt es glaube ich gar keine Zahlen*“ (*SF-Nvor92*) Es handelt sich bei *SF-Nvor92* um eine für die interpretative Analyse essentielle Festlegung: Es wird hiermit ersichtlich, dass die Schülerin auch auf ordinaler Fokussierungsebene – an der Zahlengeraden – negative Zahlen noch nicht zu kennen scheint. In ihrem inferentiellen Netz scheinen somit negative Zahlen weder auf formal-symbolischer, noch auf ordinaler Fokussierungsebene eingebunden. Es bleibt offen, inwiefern Nicole negative Zahlen in kontextueller Darstellung – bspw. als negative Temperaturen – deuten könnte bzw. welche Festlegungen, Urteile und Inferenzen für sie hierzu rekonstruiert werden könnten. Dies liegt jedoch nicht im Hauptfokus der vorliegenden empirischen Untersuchung.

Die aufgrund der materialen Passung der Urteile rekonstruierte inferentielle Relation ist in *SU-Nvor93* (vgl. Abb. 6.30) dargestellt: Da die Zahl null die erste Zahl in einer ordinalen Anordnung konstituiert, muss die Zahl, vor der ein Minuszeichen steht, die größere sein.

Da sich das für die Situation, bei den Zahlen -9 und 0 die größere Zahl zu bestimmen, rekonstruierte inferentielle Netz nicht auf das der -9 voranstehende Minuszeichen bezieht und Nicole – ihrem Vorwissen entsprechend – die -9 als natürliche Zahl 9 aufzufassen scheint, ist es nicht verwunderlich, dass Nicole in der sich anschließenden Situation, bei den Zahlen 9 und 0 die größere zu bestimmen, unmittelbar äußert „Da ist die Neun auch größer“, da die Fokussierungen und Urteile sich offenbar bereits zuvor auf -9 als natürliche Zahl bezogen hatten. Nun, da Nicole die natürliche Zahl und null vorliegen hat, urteilt Nicole (wieder) „*Bei 0 und a (a ∈ ℕ) ist a größer als 0*“ (*SU-Nu89a*). Für dieses Urteil gibt Nicole in der vorliegenden Situation keine inferentielle Gliederung an, jedoch wird davon ausgegangen, dass Nicole deshalb keine Gründe vorbringt, weil sie diese bereits in der vorherigen Situation gegeben hatte und keine Notwendigkeit sieht, diese zu wiederholen.

In der Situation, bei der Zahl 9 und 0 die größere Zahl zu bestimmen, können Nicole darüber hinaus Urteile rekonstruiert werden, die Nicole an die Bedingung knüpft, dass man vor die Null eine Ziffer schreiben dürfte. Damit legt sie eine Fokussierung auf das *Hinzufügen von Ziffern*. Für 0 und 9 urteilt Nicole, dass, wenn man vor die Null eine Ziffer schreiben dürfe, die Null größer wäre *(SU-Nvor95)*, weil sich dann zum Beispiel die Zahl 20 (einer Zehnerzahl) ergeben würde *(SU-Nvor96)* und 9 dann kleiner wäre als 20 *(SU-Nvor97)* (vgl. *SU-Nvor98*, Abb.). Die Gültigkeit des Urteils, dass 0 dann größer wäre *(SU-Nvor95)*, schränkt die Schülerin jedoch im Anschluss ein, indem sie urteilt, dass die Null zwar größer wäre, wenn man vor sie eine Ziffer schreiben dürfte, dass sonst aber 9 größer ist als 0 *(SU-Nvor99)*. Damit schränkt sie auch den Gültigkeitsbereich dieses Urteile ein.

Hinsichtlich der ***Tragfähigkeit*** konnte festgestellt werden, dass Nicole für die vorliegende Klasse von Situationen ausschließlich auf natürliche Zahlen zu fokussieren scheint – daher ist ihr inferentielles Netz nicht tragfähig für den Vergleich einer negativen Zahl mit null.

6.1.3 Ergebnisse aus Nicoles Vorinterview

Im vorliegenden Kapitel werden die Ergebnisse, die aus dem Vorinterview mit Nicole im Hinblick auf die Forschungsfragen dieser Arbeit erlangt werden konnten, aufgeführt. Es werden zunächst die Ergebnisse hinsichtlich des inferentiellen Netzes Nicoles dargelegt, woran sich eine Darstellung lokaler Entwicklungsmomente anschließt.

6.1.3.1 Nicoles inferentielles Netz

Im Rahmen der Analyse stellte sich daraus, dass die Elemente

- der Klassen von Situationen,
- der Fokussierungen und
- der Urteile

und das Wechselspiel zwischen ihnen einen detaillierten Einblick in die Herangehensweisen der Schülerin sowie eine Beantwortung der Forschungsfragen ermöglichen.

Im Folgenden werden die Erkenntnisse, die sich im Hinblick auf die Forschungsfrage 1 (Über welche ***inferentiellen Netze*** verfügen die Schülerinnen im Zusammenhang mit dem Begriff der negativen Zahl – speziell mit der Ordnung?) sowie die Detailfragen nach den Situationsklassen, den zentralen Fokussierungen, Urteilen und Inferenzen, den Fokussierungsebenen, der Kompatibilität sowie der Tragfähigkeit (vgl. Forschungsfragen 1a bis 1f) ergaben, zusammenhängend dargestellt.

Es konnte für Nicole im Vorinterview eine Unterscheidung von vier Klassen von Situationen rekonstruiert werden (vgl. Tab. 6.1).

Tabelle 6.1 Klassen von Situationen Nicole Vorinterview

Klasse von Situationen	Situationen in Bezug auf die Zahlenwerte...
a, -b (a, b ∈ ℕ, |a|<|b|)	12 und -15, 9 und -6
a, -b (a, b ∈ ℕ, |a|>|b|)	14 und -13, 4 und -3
-a, -b (a, b ∈ ℕ)	-27 und -31, -1 und -4
0, -a (a ∈ ℕ) sowie 0, a (a ∈ ℕ)	-9 und 0, 9 und 0

Ein Vergleich mit den aus fachlicher Perspektive unterscheidbaren Klassen zeigt auf, dass die von der Schülerin unterschiedenen Klassen hiervon abweichen. Die Analyse des inferentiellen Netzes ermöglicht es, die individuellen Sinnkonstruktionen der Schülerin zu verstehen: Dies trägt zur Genese deskriptiver und verstehender Theorieelemente im Hinblick auf den Gegenstandsbereich der negativen Zahlen bei.

Im Rahmen der Analyse von Nicoles inferentiellem Netz konnte bestätigt werden, dass es Schülerinnen zu Beginn der 6. Klasse gibt, bei denen sich das inferentielle Netz, das im Zusammenhang mit dem Größenvergleich formal-symbolisch dargestellter ganzer Zahlen aktiviert wird, auf *natürliche* Zahlen konzentriert. Es konnte aufgezeigt werden, welche Fokussierungen und Urteile bei Nicole mit einer Deutung des Minuszeichens als *Operationszeichen* einhergehen, die das Minuszeichen noch nicht als *Zahlzeichen* zu deuten scheint (vgl. Vlassis 2004, 2008, Kap. 3.1.6). In anderen Situationen bezieht sie das Minuszeichen nicht in ihre Betrachtungen mit ein und fokussiert auf natürliche Zahlen als *Mengen* in kardinaler Fokussierungsebene oder aber sie betrachtet die *Reihenfolge* der natürlichen Zahlen auf ordinaler Fokussierungsebene, indem sie auf das *Zählen* und die gesprochene oder geschriebene *Zahl(wort)reihe* fokussiert. In Nicoles inferentiellem Netz scheint der Begriff der negativen Zahlen noch nicht involviert: das Minuszeichen wird unter der Fokussierung der *Subtraktion*, der *schriftlichen Subtraktion*, der *Matheaufgabe* oder des *Rechnens* im Zusammenhang mit natürlichen Zahlen fokussiert – oder aber es wird bei den Betrachtungen nicht berücksichtigt. Stattdessen werden die Zahlen ohne Minuszeichen als natürliche Zahlen – unter Fokussierung ihrer *Reihenfolge* oder der durch sie repräsentierten *Menge* – hinsichtlich ihrer Größe verglichen. Eine wesentliche Erkenntnis ergibt sich auch aus Nicoles Festlegung *„Vor der 0 gibt es glaube ich gar keine Zahlen" (SF-Nvor92)*. Nicole scheint offenbar noch nicht zu wissen oder sich nicht daran zu erinnern, dass es vor der Null negative Zahlen gibt. Dies bestätigt die Aussage Brunos (2001, 415), dass Schülerinnen bei einem Beginn mit negativen Zahlen zunächst fest verwurzelte Ideen der

Primarstufe überwinden müssen – insbesondere auch die Annahme dass es vor der Null keine Zahlen gebe.

Die Unterscheidung von Situationsklassen, die Nicole – nicht notwendig bewusst – vornimmt, steht mit der Deutung des Minuszeichens als Operationszeichen in Zusammenhang und kann durch die Betrachtung der Elemente des inferentiellen Netzes erklärt werden:

Die Urteile, Inferenzen und Fokussierungen zeigen bspw. auf, warum Nicole die Klassen, bei Zahlen der Form a und $-b$ ($a, b \in \mathbb{N}$, $|a|<|b|$) bzw. der Form a und $-b$ ($a, b \in \mathbb{N}$, $|a|>|b|$) die größere Zahl zu bestimmen, unterscheidet. Sie urteilt, dass sie in einer der beiden Situationen nicht subtrahieren kann – dies steht wiederum mit ihrem inferentiellen Netz zur Subtraktion in Zusammenhang.

Dass sie die Situationen der Form, bei 0 und $-a$ ($a \in \mathbb{N}$) sowie bei 0 und a ($a \in \mathbb{N}$) die größere Zahl zu bestimmen, *einer* Situationsklasse zuordnet, kann ebenfalls über die Analyse erklärt werden: Sie setzt gleiche Fokussierungen und fällt gleiche Urteile, da sie das Minuszeichen als Vorzeichen in diesem Fall ‚ausblendet'.

Darüber hinaus ist der dominante Fokus auf die Subtraktion, den die Schülerin Nicole – bewusst oder unbewusst – im Hinblick auf das Minuszeichen setzt, erwähnenswert. Die Schülerin scheint – zunächst in der Situationsklasse, bei Zahlen der Form a und $-b$ ($a,b \in \mathbb{N}$, $|a|<|b|$) die größere Zahl zu bestimmen – Elemente bereits gebildeter inferentieller Netze zu aktivieren, und in deren Zusammenspiel ein ***Schema*** zu entwickeln, mit welchem sie die vorliegende Situation handhabt. Dabei scheint sie vor allem auf ihr inferentielles Netz im Zusammenhang mit dem Begriff der *Subtraktion* und des *Minuszeichens* zurückzugreifen. Es ist naheliegend, dass die Schülerin das Schema in der Interviewsituation selbst entwickelt: Hierauf weist die Gegebenheit hin, dass Nicole, die ihr Vorgehen nicht begründet, nicht angeben kann, woher sie dieses kennt, und nicht darüber spricht, es bereits in vorherigen Situationen gebraucht zu haben. Nicole scheint in der Interviewsituation das Minuszeichen als Operationszeichen zu deuten und aus dieser Deutung heraus, unter Fokussierung auf die Subtraktion, das Subtraktionsschema zu entwickeln. Auch in weiteren Klassen von Situationen versucht Nicole, das Schema anzuwenden. Dies ist jedoch nicht ohne Weiteres – ohne Modifikationen des Schemas – möglich: In *einer* Klasse von Situationen gelingt ihr diese Anwendung nach anfänglichen Schwierigkeiten, unter leichter Modifikation des Schemas: Es findet ein Assimilationsprozess statt (vgl. Kap. 2.2.3). In einer weiteren Klasse gelingt ihr diese Assimilation nicht – sie verwirft das Schema schließlich und gebraucht andere Teile des inferentiellen Netzes, in denen sie maßgeblich auf die *Reihenfolge* der Zahlen beim Rechnen bzw. beim Aufschreiben fokussiert. Es vollzieht sich ein Akkommodationsprozess (vgl. Kap. 2.2.3).

Es stellte sich zudem heraus, dass bei Nicole im Vorinterview ein ***Ausprobieren*** verschiedener Ansätze zur Bestimmung der größeren zweier Zahlen rekonstruiert werden kann, welches je mit unterschiedlichen Fokussierungen, Urteilen und inferentiellen Relationen einhergeht. Das Ausprobieren ist wesentlich durch unterschiedliche Fokussierungen charakterisiert: In den Klassen von Situationen, *bei 0 und -a (a ∈ ℕ), bei 0 und a (a ∈ ℕ)* oder *bei -a und -b (a,b ∈ ℕ)* die größere Zahl zu bestimmen, haben die Fokussierungen auf der einen Seite ordinale, auf der anderen Seite formal-symbolische Bezüge. In der Klasse von Situationen, *bei a und -b (a,b ∈ ℕ, |a|>|b|) die größere Zahl zu bestimmen*, konkurrieren Ansätze mit Fokussierungen und Urteilen mit formal-symbolischen Bezügen mit solchen, welche einen kardinalen Bezug aufweisen. Schließlich verwirft Nicole ihre Ansätze vielfach oder relativiert deren Gültigkeit im Hinblick auf einen anderen Ansatz (bspw. *„Obwohl es sein kann, dass bei a und -b (a,b ∈ ℕ, |a|>|b|) a und b gleich groß sind, sage ich trotzdem, dass a größer ist“ (SU-Nvor66), „Wenn man vor die Null eine Ziffer schreiben dürfte, wäre bei 0 und a (a ∈ ℕ, a>0) 0 größer, aber sonst ist a größer als 0“ (SU-Nvor99))*.

Zusammenfassend kann bezüglich der ***Kompatibilität*** festgehalten werden, dass das inferentielle Netz für diese Klassen von Situationen insofern aus fachlicher Perspektive vielfach Inkompatibilitäten aufweist, als Nicole mit unterschiedlichen Herangehensweisen zu verschiedenen, nicht kompatiblen Urteilen über die Größe der Zahlen gelangt. Jedoch gelingt es ihr, die unterschiedlichen Vorgehensweisen zu gewichten und bewusst voneinander abzugrenzen. Das Hinzufügen von Ziffern scheint bspw. keine Herangehensweise darzustellen, welche sie ernsthaft in Erwägung zieht, da sie sie umgehend relativiert. Sie scheint die Widersprüche selbst wahrzunehmen. Hinsichtlich der ***Tragfähigkeit*** kann festgehalten werden, dass die Herangehensweisen und entsprechend viele der Urteile sich als nicht tragfähig erweisen. Dies steht in Zusammenhang damit, dass sie das Minuszeichen noch nicht als Vorzeichen zu deuten scheint.

Die Erkenntnisse aus dem Vorinterview mit Nicole erweitern die vorhandenen deskriptiven Theorieelemente zum Gegenstandsbereich der negativen Zahl um präskriptive Elemente: Während auf der Basis bisheriger Untersuchungsergebnisse (Malle 1988, Borba 1995) davon auszugehen war, dass die symbolische Schreibweise negativer Zahlen Schülerinnen i.d.R. vor einer Einführung negativer Zahlen bekannt ist, zeigt die vorliegende Analyse im Detail auf, welche individuellen Sinnkonstruktionen Nicole vornimmt, die diese Darstellungsform negativer Zahlen *noch nicht* deuten kann. Es ist selbstredend, dass Schülerinnen an dieser Stelle im Lernprozess noch nicht über ein Wissen über negative Zahlen verfügen *müssen*, jedoch ist es aus mathematikdidaktischer Perspektive interessant und wichtig, über diese Lernstände zu wissen, um Lernprozesse optimal gestalten zu können. Die Untersuchung mit dem Analyseschema liefert interessante Einblicke in das dabei herangezogene Vorwissen, insbesondere die Fokussierungen und Fokussierungsebenen, die mit einer Deutung des Minuszeichens als Operationszeichen in Zusammenhang stehen.

Interessant ist aus mathematikdidaktischer und forschungsmethodischer Perspektive darüber hinaus, dass ein Urteil der Form *„Bei a und $-b$ ($a,b \in \mathbb{N}$, $|a|>|b|$) ist a größer als $-b$, weil vor b ein Minus steht“ (SU-Nvor04a)* offenbar keineswegs zwangsläufig darauf verweist, dass die Schülerin negative Zahlen in den Blick nimmt und das Minuszeichen bereits als Zahlzeichen deutet. Bei Nicole verbirgt sich bekanntlich dahinter ein Subtraktionsschema (vgl. Kap. 6.1). Ohne einen detaillierteren Einblick in das inferentielle Netz der Schülerin hätte – aufgrund der richtigen Ergebnisse, welche Nicole mit ihrem Subtraktionsschema erlangt – angenommen werden können, sie verfüge über tragfähiges Wissen im Zusammenhang mit negativen Zahlen und ihrer Ordnung.

Für die vorliegenden Situationen, in denen Nicole angehalten ist, zwei Zahlen hinsichtlich ihrer Größe zu vergleichen, impliziert die Gegebenheit, dass sie die vorliegenden Zahlen noch nicht als negative Zahlen deuten kann, dass sie noch nicht über eine ***Ordnungsrelation*** speziell für *negative Zahlen* zu verfügen scheint. Nicole ist in den vorliegenden Situationen des Vorinterviews vielmehr bemüht, die Situationen mit den ihr zur Verfügung stehenden inferentiellen Netzen zu natürlichen Zahlen, zur Subtraktion, zum Minuszeichen etc. zu handhaben. Im Rahmen der interpretativen Analyse konnte herausgestellt werden, welche Elemente inferentieller Netze die Schülerin bei diesen Versuchen aktiviert und wie sie versucht, mit den Situationen umzugehen.

6.1.3.2 Entwicklungen des inferentiellen Netzes

Im Folgenden werden die Erkenntnisse, die sich im Hinblick auf die Forschungsfrage 2 (Wie lässt sich die Entwicklung der inferentiellen Netze der Schülerinnen beschreiben?) und die Detailfrage nach lokalen Entwicklungsmomenten ergaben, dargestellt. Die Entwicklungen, die im Hinblick auf das inferentielle Netz beobachtet werden konnten, betreffen ein Entstehen oder ein Verwerfen von Urteilen, Fokussierungen und damit einhergehenden Vorgehensweisen bzw. Schemata.

Im Rahmen der Analysen zeigte sich eine ***Entwicklung von einzelnen Urteilen***. In der Klasse von Situationen bei Zahlen der Form a und $-b$ ($a,b \in \mathbb{N}$, $|a|>|b|$) die größere Zahl zu bestimmen, zeigt sich eine Veränderung zwischen *SU-Nvor45* und *SU-Nvor50*, die sich in Form eines Festlegens auf ein Urteil, das material nicht kompatibel zu einem vorherigen Urteil ist, vollzieht: Während die Schülerin zunächst zu urteilen scheint *„Bei a und $-b$ ($a,b \in \mathbb{N}$, $|a|>|b|$, $|a|=|b|+1$) kann man nicht „a minus b“ rechnen“ (SU-Nvor45)*, urteilt sie anschließend *„Bei a und $-b$ ($a,b \in \mathbb{N}$, $|a|>|b|$) habe ich „a minus b“ gerechnet“ (SU-Nvor50)*. Diese Veränderung erfolgt im Zuge eines Rückgriffs auf eine weitere, material stützende Fokussierung der *schriftlichen Subtraktion* sowie damit einhergehende Urteile. Über die schriftliche Subtraktion als Referenz erfolgt eine Entwicklung des Urteils.

Es zeigten sich daneben Prozesse, die ein ***Verwerfen von Fokussierungen und Vorgehensweisen*** betreffen. Für die Klasse von Situationen, bei Zahlen der Form -a und -b (a, b ∈ ℕ) die größere Zahl zu bestimmen, sind bei Nicole im Vorinterview Entwicklungsmomente im Sinne eines Verwerfens von Fokussierungen und Urteilen und entsprechender Herangehensweisen rekonstruierbar. Auf ein Verwerfen kann mittels rekonstruierter Urteile geschlossen werden, die zum einen explizit benennen, dass diese Vorgehensweise nicht anwendbar ist *(„Ohne eine Zahl über -a kann man bei -a und -b (a,b ∈ ℕ, |a|<|b|) -a -b nicht schriftlich rechnen" (SU-Nvor83a))* und die zum anderen zugunsten eines anderen Ansatzes bzw. Ergebnisses relativieren *(„Obwohl es sein kann, dass bei -a und –(a,b ∈ ℕ, |a|<|b|) a größer ist, sage ich trotzdem, dass b größer ist" (SU-Nvor88))*. Auch in der Klasse von Situationen, bei Zahlen der Form 0 und -a *(a ∈ ℕ)* sowie 0 und a *(a ∈ ℕ)* die größere Zahl zu bestimmen, wirft Nicole eine alternative Herangehensweise auf, die durch die Fokussierung auf das Hinzufügen von Ziffern geprägt ist, relativiert diese jedoch umgehend: *„Wenn man vor die Null eine Ziffer schreiben dürfte, wäre bei 0 und a (a ∈ ℕ, a>0) 0 größer, <u>aber sonst</u> ist a größer als 0" (SU-Nvor99)*. Es kann festgehalten werden, dass sich offenbar während der Bearbeitungen der Schülerin Prozesse vollziehen, die ein Verwerfen von Herangehensweisen betreffen oder ihren Gültigkeitsbereich einschränken. Diese Prozesse können über eine Analyse der Urteile und Fokussierungen der Schülerin betrachtet werden.

Daneben konnte durch die Analyse mit dem Analyseschema ein ***Prozess der zunehmenden Konsolidierung*** rekonstruiert werden. In der Klasse von Situationen, bei Zahlen der Form -a und -b (a, b ∈ ℕ) die größere Zahl zu bestimmen, zeigt sich in Nicoles Vorinterview offenbar ein Prozess der *zunehmenden Konsolidierung des inferentiellen Netzes*. Die Schülerin urteilt in der Situation, bei -27 und -31 die größere Zahl zu bestimmen, anscheinend, dass bei -a und -b (a,b ∈ ℕ, |a|<|b|) b größer sei (*SU-Nvor67*). Die Urteile in Zusammenhang mit der Reihenfolge der Zahlen werden zunächst im Konditional formuliert: *Wenn* man rechnet, *dann* kommt a zuerst bzw. b danach *(SU-Nvor68, SU-Nvor69)*. Damit legt sie sich jedoch *nicht* mit Bestimmtheit darauf fest, dass das Rechnen oder die sich daraus ergebende Reihenfolge der Zahlen hier relevant oder angemessen sind. Sie gebraucht in *SU-Nvor70* erstmalig den Indikativ, als sie urteilt, dass b beim Rechnen die letzte Zahl *ist*. Im weiteren Verlauf ergänzt die Schülerin diese Urteile durch weitere Urteile. Sie verlagert im Folgenden die Fokussierung leicht – von der Reihenfolge beim Rechnen zur Reihenfolge bei einer ordinalen, waagerechten Anordnung. Die Urteile verbleiben jedoch allesamt im Konditional (vgl. *SU-Nvor73, SU-Nvor75, SU-Nvor76, SU-Nvor77*). In der Situation, bei den Zahlen -1 und -4 die größere Zahl zu bestimmen, erfolgen die Urteile weitestgehend im Indikativ *(SU-Nvor76a, SU-Nvor77a, SU-*

Nvor73a, SU-Nvor76c, SU-Nvor77b). Darüber hinaus gebraucht sie die Urteile hier auch zum praktischen Begründen und gliedert sie damit inferentiell. Die Schülerin scheint sich der Gehalte der Urteile zunehmend sicherer zu sein – die Urteile scheinen sich zu konsolidieren. Auch Gesten, die Nicole zunehmend zum Erläutern gebraucht (bspw. das Tippen der Zahlen 1, 2, 3, 4 von links nach rechts auf dem Tisch, das Zeigen nach links oder rechts), zeugen von dieser Konsolidierung, die sich offenbar im Laufe des Interviews zu vollziehen scheint.

6.2 Feinanalyse für Nicoles Nachinterview

Im Folgenden wird das inferentielle Netz dargelegt, das für Nicole im Nachinterview rekonstruiert wurde. Zwischen dem Vor- und dem Nachinterview hatte die Schülerin an einer Unterrichtsreihe zur Einführung negativer Zahlen teilgenommen (vgl. Kap. 5.1, 3.2.3). Wie bereits in der Darstellung der Phänomenanalyse für das Vorinterview werden im Folgenden Fokussierungen, Urteile und Inferenzen betrachtet, die im Rahmen der Transkriptanalyse rekonstruiert wurden. Um im Rahmen der Darstellung eine Nachvollziehbarkeit zu gewährleisten, erfolgt diese auf der Grundlage einer repräsentativen Auswahl der rekonstruierten Elemente, welche über Kompatibilität zu den im Folgenden nicht angeführten Urteilen verfügt.

Das Interviewdesign des Nachinterviews war analog zum Vorinterview (vgl. Kap. 5.2.1), jedoch mit leicht modifizierten Zahlenwerten. Damit wurde über den Vergleich der inferentiellen Netze im Vor- und Nachinterview eine Analyse von mittelfristigen Entwicklungen über die Unterrichtsreihe hinweg ermöglicht. Für eine der im Nachinterview gegebenen Situationen konnte darüber hinaus eine Entwicklung des inferentiellen Netzes Nicoles während des Interviews rekonstruiert werden. Damit wurde auch eine Entwicklung in kurzfristiger, lokaler Perspektive erfasst, welche in Kapitel 6.2.1 dargestellt ist. Neben der genannten Entwicklung weist das rekonstruierte inferentielle Netz im Nachinterview über die Klassen von Situationen hinweg eine weitaus höhere Homogenität auf als jenes des Vorinterviews. Dies hat Einfluss auf die Darstellung in Kapitel 6.2.2.

6.2.1 Entwicklungen des inferentiellen Netzes

Die Analyse zeigt für Nicoles Nachinterview eine Entwicklung auf, die wesentlich die Klasse(n) von Situationen betrifft: Während Nicole zunächst offenbar zwei Subklassen von Situationen unterscheidet, scheint sie diese dann – im Sinne einer reziproken Assimilation (vgl. Kap. 2.3.4) – zu *einer* Klasse zu vereinigen, wobei sich das inferentielle Netz innerhalb dieser Klasse im Anschluss noch einmal verändert. Diese Entwicklungen werden im Folgenden in chronologischer Reihenfolge dargestellt.

6.2.1.1 Inkompatible inferentielle Netze für zwei Klassen von Situationen

Zu Beginn des Interviews befindet sich die Schülerin in der Situation, bei den Zahlen -8 und -12 die größere Zahl zu bestimmen. Das inferentielle Netz, welches rekonstruiert werden kann, zeigt eine Zweiteilung, die im folgenden Transkript-ausschnitt ersichtlich wird.

1	I	Ich hab dir, zwei Zahlen mitgebracht und möchte dass du mir mal sagt, welche von beiden ist größer? *(reicht Nicole zwei übereinanderliegende Karten, auf denen steht: -8 bzw. -12)*
2	N	*(nimmt die Karten entgegen und hält die Karten in der Hand, die Karte der -12 rechts und die Karte der -8 links, und betrachtet sie, 5 sec)* Also, aufm Zahlenstrahl wäre die hier größer' *(deutet mit der Karte der -12 auf die Karte der -8)* .. aber *^sonst ist die größer.*^E *(tippt mit einem Finger auf die Karte der -12 und hält sie leicht zur Interviewerin gedreht, schaut dabei zur Interviewerin)*
3	I	Mhm'
4	N	*(legt die Karten ab, die Karte der -8 liegt links, betrachtet wieder die Karten)* Weil aufm Zahlenstrahl *^da ist ja minus'*^E *(zeigt auf das Minuszeichen auf der Karte vor der -8)* und wenn d *^wenn man dann so nen Zahlenstrahl hat*^E *(zeigt mit dem Finger auf dem Papier eine waagerechte Linie)* dann ist *^die em .. em größer*^E *(zeigt auf die Karte der -8)* und *^die dann kleiner*^E *(zeigt auf die Karte der -12)* und eh sonst ist *^die größer.*^E *(zeigt auf die Karte der -12) (schaut zur Interviewerin)*

Während sie offenbar urteilt, dass bei -a und -b (a,b $\in \mathbb{N}$, $|a|<|b|$) -a *am Zahlenstrahl* größer *wäre (SU-Nnach01)*, urteilt sie sogleich im Anschluss, dass „aber sonst" -b größer sei (*SU-Nnach03*, vgl. auch *SU-Nnach02, SU-Nnach03a*). Worauf sie mit „aber sonst" im Detail verweist, wird nicht explizit. Jedoch scheinen die Einschränkung der Urteils *SU-Nnach01* sowie sein Modus („wäre") im Vergleich zum Urteil *SU-Nnach02* eine Priorität zugunsten des Urteils, dass „aber sonst" -b größer sei, anzuzeigen. Die beiden nicht material kompatiblen Urteile, die sie selbst auch bewusst voneinander abzugrenzen scheint, stellen Anhaltspunkte dafür dar, dass es sich um zwei *verschiedene Klassen von Situationen* handelt. Die Schülerin unterscheidet offenbar die zwei Klassen von Situationen, bei zwei negativen Zahlen die größere *am* Zahlenstrahl und *ohne* Zahlenstrahl zu bestimmen. Erstere geht mit der Fokussierung auf eine *waagerechte Zahlengerade* einher, welche sie durch Gesten veranschaulicht (vgl. Turn 4).

Die Abbildung 6.31 stellt die von Nicole individuell vorgenommene Unterscheidung der zwei Klassen von Situationen dar. Die Fokussierungen und Urteile, die für die beiden Klassen rekonstruiert werden konnten, sind je in der entsprechenden Spalte angeordnet. Die Anordnung der Fokussierungen und Urteile in der Abbildung erfolgt in Anlehnung an den jeweiligen Äußerungszeitpunkt im Interviewverlauf: Je weiter unten eine Fokussierung bzw. ein Urteil angeordnet ist, desto später wurde es im Interviewverlauf geäußert bzw. rekonstruiert. Die Abbildung wird im Folgenden erläutert.

Für Nicole können für die Situation, die größere zweier negativer Zahlen an der Zahlengerade zu bestimmen, im Hinblick auf die Fokussierung der *waa-*

gerechten Zahlengerade, die sie stets als „Zahlenstrahl" bezeichnet, nachfolgend weitere Urteile rekonstruiert werden. Sie urteilt, dass es auf dem Zahlenstrahl Minuszahlen gibt *(SU-Nnach04)*. Dies ist zum Zeitpunkt nach der unterrichtlichen Behandlung negativer Zahlen nicht erstaunlich – da jedoch weder der Zahlenstrahl noch negative Zahlen im Vorinterview in ihren Fokussierungen

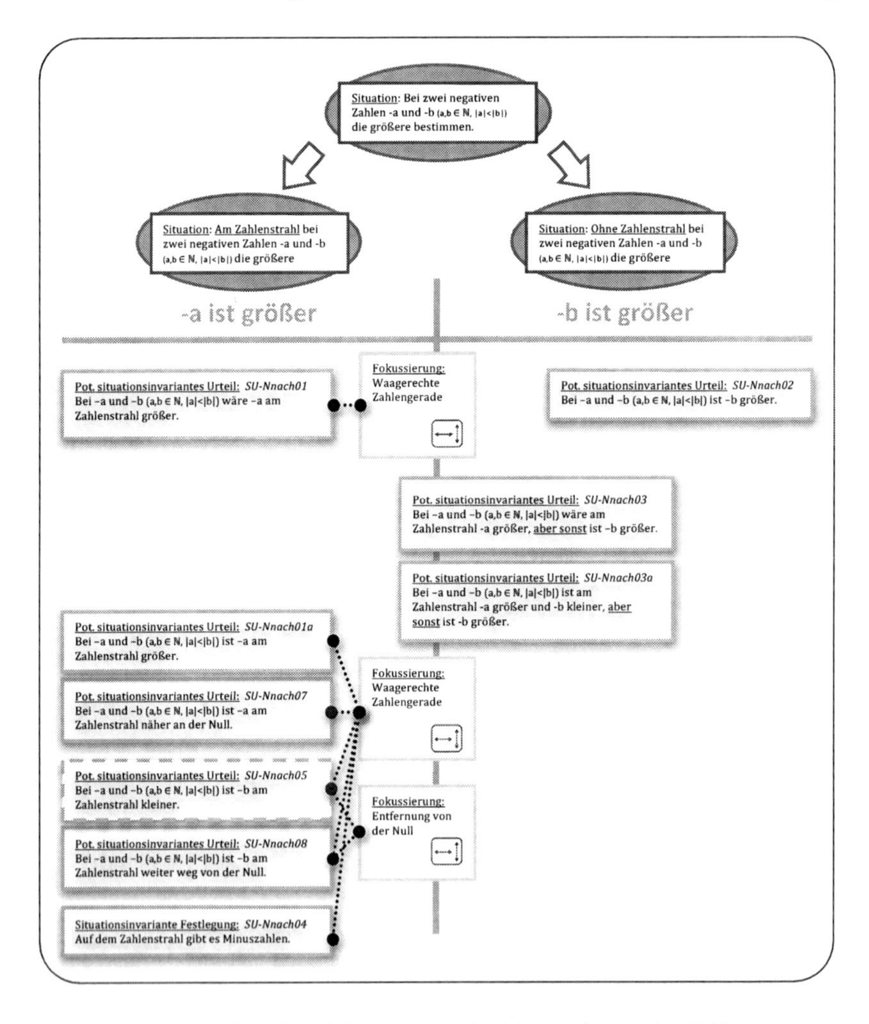

Abbildung 6.31 Nicoles Inferentielles Netz zum Vergleich zweier negativer Zahlen

oder Urteilen Berücksichtigung fanden, stellt dies eine wesentliche Veränderung von Nicoles inferentiellem Netz dar. Die Schülerin urteilt – unter der Prämisse, dass die Zahlengerade betrachtet wird – offenbar, dass am Zahlenstrahl -a größer *ist (SU-Nnach01a)* und dass -a am Zahlenstrahl näher an der Null ist *(SU-Nnach07)*. Offenkundig kompatibel hierzu sind die Urteile, dass -b am Zahlenstrahl kleiner *(SU-Nnach05)* und entsprechend weiter weg von der Null ist *(SU-Nnach08)*.

Es ist erstaunlich, dass Nicole zum Zeitpunkt nach einer Unterrichtsreihe zur Behandlung ganzer Zahlen eine Unterscheidung der o. g. Klassen mit und ohne Zahlengerade vorzunehmen scheint. Obwohl die Ordnungsrelation den Beginn der Unterrichtsreihe darstellte und anzunehmen war, dass sie sich über den Verlauf der Unterrichtsreihe stabilisiert, gebraucht sie die entstandenen Fokussierungen und Urteile zur einheitlichen Ordnung an der Zahlengeraden noch nicht dazu, Urteile mit einer *generellen Gültigkeit* für den Zahlvergleich zu fällen. Neben einer einheitlichen Ordnung, ist eine geteilte Ordnungsrelation, auf welche sie mit „aber sonst" verweist, für Nicole bedeutsam. Welche Fokussierung und welche Fokussierungsebene letzterer zugrunde liegen, kann nicht sicher rekonstruiert werden. Es ist nicht ausgeschlossen, dass sie mit „aber sonst" auf lebensweltliche Situationen oder aber auf den lebensweltlichen Kontext „Guthaben-und-Schulden" aus der Lernumgebung der Unterrichtsreihe verweist. Es wäre ebenso denkbar, dass sie dabei – ähnlich zum Vorinterview – auf den Betrag der natürlichen Zahlen fokussiert und das Minuszeichen außer Acht lässt – jedoch verweist die Analyse der weiteren Äußerungen darauf, dass sie an dieser Stelle sehr wohl die negative Zahl zu betrachten scheint. Unter dem Blickwinkel der fachlichen Tragfähigkeit ist jedoch bemerkenswert, dass der Ausschnitt des inferentiellen Netzes, der für Nicole unter Fokussierung der Zahlengerade rekonstruiert werden kann, aus fachlicher Perspektive tragfähig ist. Dies scheint ein Indiz dafür, dass die Zahlengerade eine einheitliche, und an den Zahlbereich der natürlichen Zahlen anschlussfähige Ordnungsrelation eher begünstigt. Die Ordnungsrelation, die für sie „aber sonst" gilt und welche sie präferiert, ist hingegen aus fachlicher Perspektive nicht tragfähig.

6.2.1.2 Entwicklung in Form einer Vereinigung von Klassen von Situationen

Im Anschluss daran kann eine *Entwicklung des inferentiellen Netzes* rekonstruiert werden. Diese vollzieht sich davon ausgehend, dass Nicole die Skizze einer Zahlengerade anfertigt (vgl. Abb. 6.32):

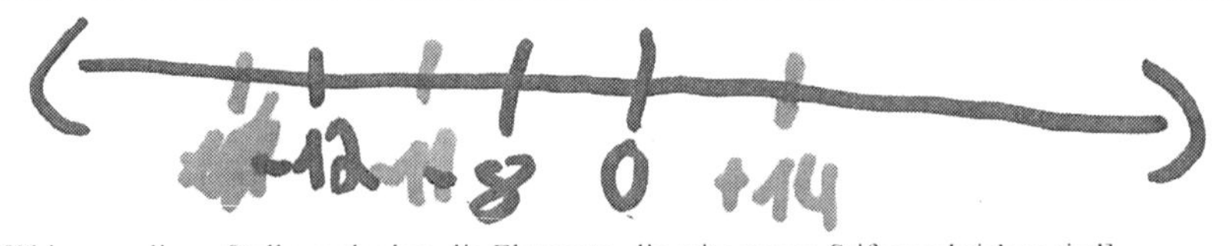

[Skizze an dieser Stelle noch ohne die Elemente, die mit grauem Stift geschrieben sind]

Abbildung 6.32 Zahlengerade Nicole Nachinterview

4 I Mhm kannst du mir den Zahlenstrahl mal aufzeichnen den du grade da so, *[A]auf das Blatt ge,zeigt hast?*[E] *(bewegt die Hand mehrfach auf dem Tisch von links nach rechts, lächelt beim Zeigen, währenddessen greift Nicole nach dem Stift)*

5 N *(atmet hörbar aus, zeichnet eine waagerechte Linie von links nach rechts, einen Pfeil am rechten Ende der Linie, einen Pfeil am linken Ende der Linie, zeichnet etwa in der Mitte der Linie kleinen senkrechten Strich und schreibt 0 darunter)* M *(zeichnet links daneben kleinen senkrechten Strich und schreibt -8 darunter, richtet sich etwas auf, schaut auf die Zahlengerade und hält den Stift über der Zahlengerade bevor sie links daneben einen kleinen senkrechten Strich zeichnet und -12 darunter schreibt)* Obwohl nein *[A]die minus Zwölf ist auch da größer.*[E] *(zeigt in Richtung der beiden Zahlenkarten)* *[I1]Weil em die Acht ist zwar näher an der Null dran aber dann wär jetzt *[A2]die Acht *[E2]*(deutet mit der freien Hand zur Karte der -8)* kleiner-*[E1] *(zeigt mit der Spitze des Stiftes an der Zahlengerade schnell von der -8 zur Null und hält ihn dann dort)*, *[A]aber die Zwölf ist glaub ich auch da m größer.*[E] *(zeigt mit der Spitze des Stiftes auf die -12 an der Zahlengerade und hebt dann den Stift an)* *[A]Also, ist weiter weg*[E] *(schaut zur Interviewerin und dreht den Stift in der Luft einmal im Kreis)* *[A]deshalb größer.*[E] *(schließt den Stift, schaut auf das Blatt und zur Interviewerin)*

Unmittelbar nach dem Skizzieren eines Ausschnitts der Zahlengeraden mit 0, -8 und -12 urteilt die Schülerin, ausgehend von einem „obwohl nein…“, dass -12 *auch am Zahlenstrahl* die größere Zahl sei *(SU-Nnach09)*. Sie urteilt in dieser Situation offenbar erneut, dass bei -a und -b (a,b ∈ ℕ, |a|<|b|) -a am Zahlenstrahl näher an der Null sei (*SU-Nnach07*), gebraucht es jedoch nicht weiter in Zusammenhang mit dem Urteil, dass -a *größer* sei *(SU-Nnach07)*. Sie urteilt nun vielmehr, dass -a zwar am Zahlenstrahl näher an der Null, aber *dennoch* kleiner ist *(SU-Nnach11)*. Während die Fokussierungen auf die *waagerechte Zahlengerade* und die *Entfernung von der Null* wie auch das Urteil bezüglich der Lage auf der Zahlengerade erhalten bleiben, scheint sie diese nun in einer anderen inferentiellen Relation zu gebrauchen: Sie urteilt nun *„Bei -a und -b (a,b ∈ ℕ, |a|<|b|) ist -a am Zahlenstrahl zwar näher an der Null, aber kleiner“ (SU-Nnach11)*.

Entsprechend urteilt Nicole – ebenso wie zuvor –, dass bei -a und -b (a,b ∈ ℕ, |a|<|b|) -b weiter weg von der Null sei (*SU-Nnach08*), nutzt dies jedoch nun als Berechtigung dafür, dass -b am Zahlenstrahl größer sei: *„Bei -a und -b (a,b ∈ ℕ, |a|<|b|) ist -b am Zahlenstrahl größer, weil sie weiter weg von der Null ist“*

(SU-Nnach12). Während zuvor zwischen der Entfernung von der Null und der Größe der negativen Zahl ein Zusammenhang in Form von „Wenn eine Zahl näher an der Null ist, dann ist sie größer" bestand, scheint nun „Wenn eine Zahl näher an der Null ist, dann ist sie kleiner" die Stütze für die Inferenzen darzustellen.

Die Teile des inferentiellen Netzes für die Bestimmung der größeren Zahl am Zahlenstrahl und „sonst", welche zuvor in Bezug auf die Ordnungsrelation nicht kompatibel zueinander waren, scheinen nun vereinbar: Die Schülerin scheint die Ordnungsrelation, auf die sie sich zuvor für die Situation am Zahlenstrahl festgelegt hatte, zu verwerfen („obwohl nein...") und diesen Teil des inferentiellen Netzes mit jenem zur Situation ohne Zahlenstrahl im Sinne einer reziproken Assimilation zu vereinen *(SU-Nnach09)*. Das Zusammenführen verweist auf ein ebensolches Vereinigen der Klassen von Situationen: Während zuvor zwischen den Klassen von Situationen, *am* Zahlenstrahl und *ohne* Zahlenstrahl die größere Zahl zu bestimmen, Inkompatibilitäten existierten, werden diese nun zu *einer* Klasse von Situationen, in denen die Urteile zur Größe der Zahlen kompatibel sind, vereint. Interessant ist, dass Nicole sich für das Beibehalten der – aus fachlicher Perspektive nicht tragfähigen – Ordnungsrelation der Klasse *ohne Zahlenstrahl* entscheidet. Obwohl sie die vorliegende Zahlengerade betrachtet, verwirft sie eine Ordnungsrelation, die einer einheitlichen Ordnung entsprechen würde. Die Zahlengerade genügt für sie in diesem Moment offenbar als Anschauungsmittel nicht, um eine einheitliche Ordnung zu fördern bzw. zu unterstützen.

6.2.1.3 Entwicklung in Form einer inferentiellen Restrukturierung

Im Laufe des Interviews kann ein weiteres Mal eine *Entwicklung des inferentiellen Netzes* Nicoles rekonstruiert werden. Nicole befindet sich im Anschluss an den Zahlvergleich von -12 und -8 in der Situation, bei -11 und 14 die größere Zahl zu bestimmen. Sie legt sich in dieser Situation darauf fest, dass 14 größer sei und dass die Zahl, die sie auf den rechten Teil der Zahlengerade zeichnet und mit +14 beschriftet, im Plusbereich sei. In diesem Moment verweist sie auf die vorherige Situation, bei -12 und -8 die größere Aufgabe zu bestimmen, und äußert „Aber ich möchte mich nochmal verbessern" (Turn 13).

13 N *(sehr schneller Anschluss)* *^A^Aber ich möchte nochmal verbessern*^E^ *(sehr schnell, verzieht das Gesicht)* *^A^hier*^E^ *(zeigt mit der Stiftspitze auf die linke Seite der Zahlengerade)* weil em wenns dann *^A^plus ist*^E^ *(zeigt mit dem Stift auf den rechten Teil der Zahlengerade)* *^A^dann ist die Acht doch größer, als die Zwölf*^E^ *(zeigt mit dem Stiftende auf die -8 in der Zeichnung, fährt dann bis zur -12 in der Zeichnung und wieder zurück zur -8)* weil *^A^man muss das ja so sehen dass das zu plus geht*^E^ *(hält den Stift erst genau auf der Zahlengeraden und führt ihn dann mit der Hand und dem Arm über die Zahlengerade hinaus nach rechts, dreht den Oberkörper mit) (schließt den Stift und schaut zur Interviewerin) (schaut wieder auf die Zahlengerade)* *^A^und dann*^E^ *(schließt den Stift und schaut zur Interviewerin, schaut wieder auf*

> *die Zahlengerade)* , ist die e *[A]minus Acht*[E] *(zeigt mit dem Stift auf -8 in der Zeichnung)* da f grad f eh größer gewesen' und *[A]hier ist dann *[A1]plus vierzehn, größer.*[E1] *(leiser)* *[E] *(zeigt mit dem Stift auf die +14 in der Zeichnung) (schaut zur Interviewerin)*

Einhergehend mit der zu diesem Zeitpunkt erfolgten Fokussierung auf den *Plusbereich* an der Zahlengerade urteilt sie anscheinend: *„Wenn rechts von der Null (am Zahlenstrahl) der Plusbereich ist, dann ist bei -a und -b* $(a,b \in \mathbb{N}, |a|>|b|)$ *-a* <u>*doch*</u> *größer als -b" (SU-Nnach20)* Die Beziehung zwischen der Lage der Zahlen auf der Zahlengeraden und der Größe der Zahlen wechselt im Vergleich zu vorher. Handlungsleitend scheint dabei die Festlegung: *„Bei der Größe der Zahlen im Minusbereich muss man das Gehen bis zum Plusbereich (am Zahlenstrahl) betrachten" (SF-Nnach21)* Dieses Urteil und seine inferentielle Gliederung führen offenbar für Nicole dazu, als Fokussierung das *Gehen bis zum Plusbereich* zu wählen. Die Urteile weisen darauf hin, dass mit der Betrachtung des positiven Zahlbereichs und dessen Berücksichtigung für den Zahlvergleich zweier negativer Zahlen eine Veränderung der Ordnungsrelation einhergeht. Diese Veränderung vollzieht sich zugunsten einer einheitlichen Ordnung der ganzen Zahlen. Für Nicole können in diesem Zusammenhang weitere Urteile rekonstruiert werden. Sie scheint zu urteilen: *„Wenn man (am Zahlenstrahl) im Minusbereich ist, dann sind die Zahlen kleiner als im Plusbereich" (SF-Nnach28)* und *„Im Plusbereich geht es (am Zahlenstrahl) hoch" (SU-Nnach24)*. Das Urteil, dass bei -a und -b $(a,b \in \mathbb{N}, |a|<|b|)$ -a näher an der Null sei *(SU-Nnach07a)*, wird nochmals neu inferentiell gegliedert: Gemeinsam mit der Festlegung darauf, dass es bei Pluszahlen hoch geht *(SF-Nnach24)* berechtigt es Nicole zu dem Urteil, dass bei -a und -b $(a,b \in \mathbb{N}, |a|<|b|)$ -a größer ist als -b *(SU-Nnach01c)*. Sie führt daneben auch das Urteil, dass -a näher am Plusbereich sei *(SU-Nnach26)*, als Berechtigung für *SU-Nnach01b* an.

Nicole gibt ihre Erkenntnis zum Zusammenhang zwischen der Entfernung vom positiven Zahlbereich und der Größe der Zahlen auch als situationsinvariante Festlegung an, welche in *SF-Nnach29* festgehalten ist: *„Wenn man (am Zahlenstrahl) näher am Plusbereich/näher oben ist, dann ist die Zahl größer"*.

Die Entwicklung des inferentiellen Netzes der Schülerin an dieser Stelle betrifft nicht wie zuvor die Modifikation der *Klassen von Situationen*. Es ist vielmehr die inferentielle Relation zwischen der Lage an der Zahlengeraden und der Größe der Zahlen, die sich gewandelt hat. Während zuvor der Zusammenhang in Form von „Wenn eine Zahl näher an der Null ist, dann ist sie kleiner" festgehalten werden konnte (s. o.), ist nun die Relation in der Form „Wenn eine Zahl näher an der Null ist, dann ist sie größer" handlungsleitend. Diese inferentielle Umstrukturierung der Urteile kennzeichnet die Entwicklung des inferentiellen Netzes, die durch die Betrachtung des positiven Zahlbereichs schließlich zu einer einheitlichen Ordnungsrelation geführt zu haben scheint.

Im Rahmen der Analyse des Interviews gibt es Indizien dafür, dass diese inferentielle Restrukturierung eine nachhaltige Entwicklung von Nicoles inferentiellem Netz für das Bestimmen der größeren zweier negativer Zahlen darzustellen scheint: Als Nicole in einer erneuten Situation im Interview (Zahlvergleich -28 und -33, Turns 31ff.) wieder die größere zweier negativer Zahlen bestimmt, gebraucht sie die Urteile und Fokussierungen erneut – ohne sie zu modifizieren. Es kann situationsübergreifender Gebrauch vieler der Urteile nachgewiesen werden. Auch das Eingehen mehrerer situationsinvarianter Festlegungen *(SF-Nnach21, SF-Nnach24, SF-Nnach28, SF-Nnach29)* zum Zusammenhang von Lage und Größe der Zahlen ist ein Indiz für die Annahme einer Situationsinvarianz des modifizierten inferentiellen Netzes.

Für die Analyse der Begriffsbildungsprozesse ist bedeutsam, welche Fokussierungen für die Restrukturierung des inferentiellen Netzes handlungsleitend sind. Die Fokussierungen, die in diesem Zusammenhang von Nicole vorgenommen werden, sind zunächst der *Plusbereich (SU-Nnach20)*, dann das *Gehen bis zum Plusbereich (SU-Nnach21 & SU-Nnach22)* sowie die *Entfernung von der Null* (u. a. *SU-Nnach07a*) und *vom Plusbereich* (u. a. *SU-Nnach26 & SU-Nnach29*), wobei die Entfernung von der Null und vom Plusbereich von Nicole ähnlich gebraucht werden. Interessant und wegweisend für die oben dargestellten Modifikationen der inferentiellen Relationen ist, dass die Schülerin aus der Betrachtung des positiven Zahlbereichs heraus das „Gehen" bis zum positiven Zahlbereich für negative Zahlen in den Blick nimmt. Diese dynamische Sichtweise auf die Entfernung von den positiven Zahlen scheint für sie einen *Ankerpunkt hinsichtlich einer einheitlichen Ordnungsrelation* darzustellen. Die hierauf aufgebauten Urteile sind zum einen aus fachlicher Perspektive tragfähig, zum anderen für Nicole so stabil, dass sie sie auch im weiteren Verlauf des Interviews weiterhin gebraucht und nicht weiter variiert. Dies steht offenbar in Zusammenhang mit der Anschlussfähigkeit an die Ordnung positiver Zahlen und der Tragfähigkeit: Nicole scheint auf diese Weise bei der Betrachtung der gesamten Zahlengeraden keine Widersprüche mehr zu sehen. Es ist nicht eindeutig, aus welchem Grund gerade das dynamische Gehen als Einstieg in eine trag- und anschlussfähige Ordnungsrelation für Nicole fungiert: Es ist denkbar, dass sie sich bei dem „Gehen" auf der Zahlengeraden an die Lernsituationen der vorangehenden Unterrichtsreihe erinnert, in denen die Schülerinnen im Spiel mit Spielpüppchen auf der Kontostandsleiste (Zahlengerade) „gingen". Es ist ebenso möglich, dass eine dynamische Vorstellung des Abstands für Nicole leichter nachzuvollziehen und zugänglicher ist als eine statische Vorstellung als Entfernung. Dem *Gehen bis zum Plusbereich* folgt als Fokussierung die *Entfernung vom Plusbereich* bzw. *von der Null*, wobei die Null für Nicole den Beginn des Plusbereichs markiert.

Diese Fokussierungen sind in Abbildung 6.33 dargestellt, in der die Reihenfolge der Fokussierungen durch Pfeile symbolisiert ist. Die Fokussierung des

Gehens auf den Plusbereich stellt den Ausgangspunkt der inferentiellen Restrukturierung dar.

Nicole wechselt von einer dynamischen zu einer statischen Fokussierung des Abstands, welche sie im Folgenden fortwährend beibehält. Das *Gehen bis zum Plusbereich* wird hingegen nicht länger explizit gebraucht. Möglicherweise dient das Gehen bis zum Plusbereich im Sinne eines Ankerpunkts als Auftakt in eine statische Fokussierung des Abstands und fungiert für die Schülerin somit als Gelenkstelle bei der Fortsetzung der Ordnungsrelation aus dem Plusbereich in den Minusbereich hinein.

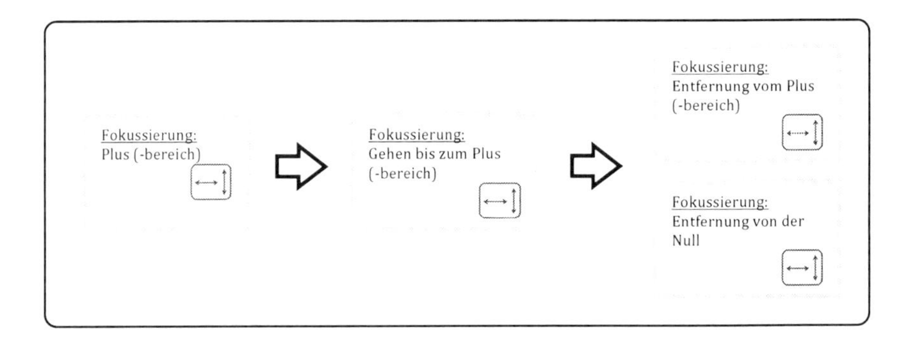

Abbildung 6.33 Fokussierungen zur einheitlichen Ordnung

Für die Klasse von Situationen, die zuvor im Hinblick auf das Bestimmen der größeren zweier negativer Zahlen, vereinigt wurde (s. o.), spiegelt das inferentielle Netz nun eine einheitliche Ordnungsrelation wider. Diese entspricht der Ordnungsrelation, die sich bereits eingangs in Nicoles inferentiellem Netz für die Klasse von Situationen *am Zahlenstrahl* widergespiegelt hatte.

6.2.2 Inferentielles Netz zur Ordnung der ganzen Zahlen

Im vorliegenden Kapitel wird das Ziel verfolgt, das inferentielle Netz, welches für Nicole im Nachinterview nach den in Kapitel 6.2.1 dargestellten Entwicklungen rekonstruiert wurde, im Überblick aufzuführen. Nach den vorangehend dargestellten Entwicklungen erwies sich das inferentielle Netz – insbesondere für den Vergleich einer negativen und einer positiven Zahl, einer negativen Zahl und Null sowie einer positiven Zahl und Null – als stabil. Es ist insbesondere durch eine Vernetzung über die Klassen von Situationen hinweg geprägt: Die Teile des inferentiellen Netzes für die verschiedene Klassen von Situationen stehen häufig in engem Zusammenhang miteinander, da die im Rahmen der Analyse rekonstruierten Fokussierungen und Urteile oftmals nicht nur für *eine* der genannten Klassen von Situationen, sondern für verschiedene Klassen Bewandtnis haben.

Um das inferentielle Netz Nicoles darzulegen, eignet sich eine Darstellung, die ebenfalls übergreifend über die verschiedenen Klassen von Situation erfolgt. Alle rekonstruierten Fokussierungen und die wesentlichen Urteile werden daher in einem Netzwerk dargestellt. In dieses Netzwerk werden auch jene Elemente des inferentiellen Netzes einbezogen, welche für Nicole zuletzt für die Klasse von Situationen, bei zwei negativen ganzen Zahlen die größere zu bestimmen, rekonstruiert wurden. Denn diese stehen in einem engen Zusammenhang mit den übrigen Elementen des inferentiellen Netzes und scheinen – wie oben dargestellt – stabil. Auf diese Weise kann ein breiteres Spektrum des inferentiellen Netzes Nicoles zur Ordnung ganzer Zahlen abgebildet werden. Jene Festlegungen und Fokussierungen, die Nicole zuvor verworfen hatte (bspw. *„Bei -a und -b (a,b ∈ ℕ, |a|<|b|) ist am Zahlenstrahl -a größer und -b kleiner, aber sonst ist -b größer“ (SU-Nnach03))* werden in diesem Zuge nicht berücksichtigt.

Das inferentielle Netz, welches für die vier Situationsklassen rekonstruiert werden konnte, ist aus fachlicher Perspektive in vollem Umfang durch materiale Kompatibilitäten geprägt und erweist sich als tragfähig. Dass neben den rekonstruierten Urteilen auch weitere, implizite Urteile Nicoles Handeln in dieser und auch in weiteren Situationen lenken, ist selbstredend. Im Folgenden wird zunächst das inferentielle Netz der Schülerin Nicole zur Ordnung ganzer Zahlen in Abbildung 6.34 dargestellt und im Anschluss sukzessiv erläutert.

Für die Analyse des inferentiellen Netzes erweist es sich als sinnvoll und günstig, zunächst die *Fokussierungen* für einen Überblick des Netzes zu betrachten, um über die Analyse der *Urteile* einen detaillierteren Einblick zu erhalten.

Die von der Schülerin für die Ordnung ganzer Zahlen gewählten ***Fokussierungen*** können in vier Gruppen gegliedert werden (vgl. gruppierte Anordnung der Fokussierungen in Abb. 6.34).

Die erste Gruppe der Fokussierungen (oben mittig in Abb. 6.34) betrifft die ***Zahlengerade***. Sie umfasst die Fokussierungen *waagerechte Zahlengerade*, *Lage an der waagerechten Zahlengerade* und *Lage bezüglich der Null*. Während die Fokussierung *waagerechte Zahlengerade* lediglich die Zahlengerade ohne expliziten Bezug auf die Lage von Zahlen an der Zahlengerade betrifft (vgl. *„Auf dem Zahlenstrahl gibt es Minuszahlen“ (SF-Nnach04))*, betrifft die Fokussierung auf die *Lage an der waagerechten Zahlengerade* im Wesentlichen die Position von Zahlen auf der Zahlengerade, jedoch ohne expliziten Bezug zur Null (z. B. *„-a (a ∈ ℕ) ist am Zahlenstrahl hinten (im Minusbereich) und nicht vorne (im Plusbereich)“ (SU-Nnach42)*). Die Fokussierung *Lage bezüglich der Null* betrifft ebenfalls die Position der Zahlen, jedoch mit Referenz zur Null (über/unter/vor/hinter der Null, bspw. *„Am Zahlenstrahl liegt -a (a ∈ ℕ) links von der Null“ (SU-Nnach06))*. Wie an den verbindenden Kanten in Abbildung

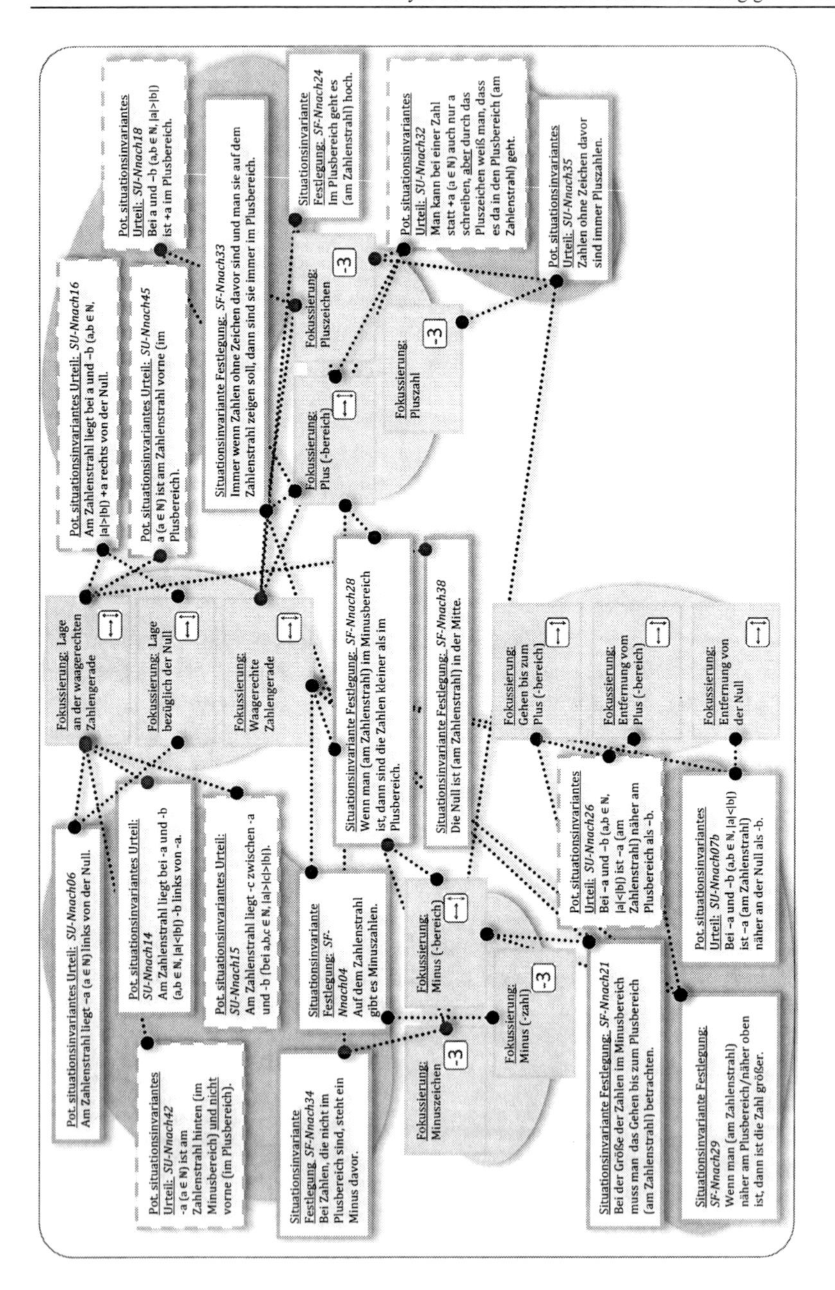

Abbildung 6.34 Nicoles inferentielles Netz zur Ordnung zweier ganzer Zahlen

6.34 ersichtlich ist, steht nahezu jedes Urteil bzw. jede Festlegung in Zusammenhang mit einer Fokussierung, die die Zahlengerade betrifft. Für Nicole stellt die Zahlengerade, die sie stets waagerecht anordnet, eine sehr häufig involvierte und damit elementare Fokussierung für die Ordnung ganzer Zahlen dar. Die Fokussierungen, welche die Zahlengerade betreffen, sind auf der Fokussierungsebene der ordinalen Anordnung (vgl. Kap. 3.1.6) angesiedelt .

Eine weitere Gruppe von Fokussierungen umfasst das, was Nicole als ***„plus"*** bezeichnet (rechts angeordnet in Abb. 6.34): den *Plusbereich* an der Zahlengeraden, *Pluszahlen* als positive Zahlen, sowie im Besonderen das *Pluszeichen* als Zahlzeichen der positiven Zahlen. Diese drei Fokussierungen stehen in enger Wechselbeziehung, welche durch den Gebrauch als Prädikate in Urteilen Ausdruck findet. Die Fokussierungen *Pluszeichen* und *Plusbereich* dienen bspw. in *SU-Nnach18 („Bei a und -b (a,b ∈ ℕ, a>b) ist +a im Plusbereich")* als Prädikate und stehen über dieses Urteil in Relation zueinander. Ein Zusammenhang der Fokussierungen *Pluszahl* und *Pluszeichen* ist bspw. in *SF-Nnach35 („Zahlen ohne Zeichen davor sind immer Pluszahlen")* ersichtlich.[35] Während die Fokussierung des *Plusbereichs* die *Fokussierungsebene* bezüglich einer ordinalen Anordnung der Zahlen betrifft, sind die Fokussierungen *Pluszahl* und *Pluszeichen* für sich betrachtet auf der formal-symbolischen Fokussierungsebene angesiedelt: Mit der Fokussierung *Pluszeichen* nimmt die Schülerin spezifisch die symbolische Schreibweise in den Blick, die Fokussierung *Pluszahl* betrifft für sich genommen ebenso nicht eine Anordnung der Zahlen.

Eine auffallende Ähnlichkeit zur Gruppe der Fokussierungen in Bezug auf das „plus" weist die Gruppe der Fokussierungen hinsichtlich des ***„minus"*** auf (links angeordnet in Abb. 6.34). Diese umfasst analog die Fokussierungen des *Minusbereichs* an der Zahlengeraden, der *Minuszahlen* als negative Zahlen und des *Minuszeichens* als Zahlzeichen. Wenngleich die Fokussierung des *Minuszeichens* lediglich für zwei Festlegungen rekonstruiert wurde, bei dem die Schülerin explizit auf die Zeichen verweist *(z. B. „Bei Zahlen, die nicht im Plusbereich sind, steht ein Minus davor" (SF-Nnach34))*, scheint die Fokussierung auf das *Minuszeichen* als Zahlzeichen dennoch für weitere Urteile grundlegend: Bei den Urteilen, die auf der linken Seite der Abbildung angeordnet sind und welche die Lage der Zahlen der Form -a (a ∈ ℕ) betreffen (z. B. *„Am Zahlenstrahl liegt -a (a ∈ ℕ) links von der Null" (SU-Nnach06))*, ist womöglich auch die Fokussierung auf das Minuszeichen als Zahlzeichen involviert und grundlegend, da die Schülerin hieraus die Information entnimmt, dass die Zahl links von der Null

35 Es konnte für Nicole zwar kein Urteil rekonstruiert werden , das unmittelbar eine Relation zwischen den Fokussierungen *Pluszahl* und *Plusbereich* aufzeigt, jedoch kann unter Betrachtung des inferentiellen Netzes in seiner Gesamtheit angenommen werden, dass Nicole sich bei gezielterer Nachfrage darauf festgelegt hätte. dass Pluszahlen im Plusbereich seien, und damit einen Zusammenhang hergestellt hätte.

liegt. Diese Relation kann jedoch nicht sicher rekonstruiert werden. Die Fokussierungen betreffen – analog zu den Fokussierungen zum „plus" – die *Fokussierungsebenen* der ordinalen Anordnung und die formal-symbolische Darstellung.

Eine weitere Gruppe von Fokussierungen betrifft den ***Abstand zum Plusbereich*** (unten angeordnet in Abb. 6.34). Es wurde bereits dargestellt, dass Nicole über die Fokussierung des *Gehens bis zum Plusbereich* zu der Fokussierung der *Entfernung vom Plusbereich* und *von der Null* gelangt. Diese Fokussierungen stehen in Relation zu jenen Urteilen und Festlegungen, die die Größe zweier negativer Zahlen betreffen und sind auf der *Fokussierungsebene* der ordinalen Anordnung, speziell an der Zahlengeraden, angeordnet.

Mithilfe der Betrachtung der vier oben genannten Gruppen von Fokussierungen (Zahlengerade, Plus, Minus, Abstand zum Plusbereich) kann der in Abbildung 6.34 dargestellte Ausschnitt des inferentiellen Netzes besprochen werden. Die rekonstruierten potentiell situationsinvarianten ***Urteile*** können grob unterschieden werden in

- jene, die die Lage der negativen Zahlen an der Zahlengerade betreffen (Ellipse oben links),
- jene, die die Lage der positiven Zahlen an der Zahlengeraden betreffen (Ellipse oben rechts),
- jene, die eine Verknüpfung zwischen positiven und negativen Zahlen auf der Zahlengerade betreffen (mittig),
- jene, die die Zeichen der positiven Zahlen betreffen (Ellipse rechts unten) und
- jene, die im Wesentlichen die Größe von negativen Zahlen betreffen (Ellipse unten links).

Wesentlich für Nicoles inferentielles Netz ist seine durch eine große Vernetzung von Urteilen und Fokussierungen gekennzeichnete Struktur. Wenngleich für das Ziel, einen Überblick über das inferentielle Netz der Schülerin zu geben, auf die Aufführung sämtlicher inferentieller Relationen verzichtet wird, werden Zusammenhänge, auf welche die Schülerin sich festlegt, in vielen Urteilen ersichtlich: durch Formulierungen wie „wenn… dann…" (bspw. *SU-Nnach28*), „nicht" oder „und nicht" (z. B. *SU-Nnach42)*, „aber" (*SU-Nnach32)*.

Die Lage der Zahlen

Die ***Fokussierungsebene*** *der Anordnung*, im Speziellen an der *Zahlengerade*, ist für das rekonstruierte inferentielle Netz dominierend, denn alle rekonstruierten Urteile haben einen Bezug zu einer Fokussierung auf Fokussierungsebene der Anordnung (bis auf *SU-Nnach35 „Zahlen ohne Zeichen davor sind immer Pluszahlen"*). Daneben ist auch die formal-symbolische Fokussierungsebene durch Fokussierungen wie die des *Minuszeichens* involviert. Dass die Urteile jedoch i.d.R. auch mit einer Fokussierung der ordinalen Anordnungsebene in

Relation stehen, führt dazu, dass sie – obwohl sie teilweise durchaus auch formal-symbolische Aspekte betreffen – vorwiegend der ordinalen Darstellungsebne zugeordnet werden.

Die Betrachtung von Nicoles inferentiellem Netz – speziell der Urteile – zeigt auf, inwiefern für Nicole beim Ordnen ganzer Zahlen der „Zahlenstrahl“ bedeutsam ist. Im Folgenden werden einige der Urteile, welche die Zahlengerade und die Lage der Zahlen an der Zahlengerade betreffen, aufgeführt. Die Zahlengerade selbst enthält in der Mitte eine Null *(SF-Nnach38)* und auf ihr gibt es auch Minuszahlen *(SF-Nnach04)*. Pluszahlen, die die Form a oder +a haben können (vgl. *SU-Nnach30*, Analyse), sind am Zahlenstrahl im Plusbereich (*SU-Nnach18*, *SU-Nnach33*), sind „vorne“ *(SU-Nnach45)* und werden rechts von der Null angeordnet *(SU-Nnach16)*. Zwar kann man für Pluszahlen nur „a“ schreiben, aber durch das Pluszeichen davor weiß man, dass es bei ihnen in den Plusbereich geht *(SU-Nnach32)*. Die Zahlen, die nicht im Plusbereich sind, haben ein Minuszeichen davor *(SU-Nnach34)*. Minuszahlen sind am Zahlenstrahl hinten *und nicht* vorne *(SU-Nnach42)* und werden links von der Null angeordnet *(SU-Nnach06)*. Wenn man zwei Zahlen, die Minuszeichen haben, betrachtet, dann ist die Zahl mit dem größeren Betrag am Zahlenstrahl links *(vgl. SU-Nnach14)* und bei drei Zahlen liegt die Zahl mit dem mittleren Betrag in der Mitte *(vgl. SU-Nnach15)*.

Die bis hierher paraphrasierten Urteile, die in Zusammenhang mit der Lage der Zahlen an der Zahlengerade stehen, sind weitestgehend aus fachlicher Perspektive tragfähig. Nicole ordnet alle Zahlen – sowohl positive, als auch verschiedene negative als auch die Null – richtig an der Zahlengerade an, sie weiß auch, dass es für die Lage der Zahlen unerheblich ist, ob sie ohne oder mit positivem Vorzeichen aufgeführt sind, gibt jedoch an, dass das Pluszeichen offenbar besser auf die Lage Plusbereich verweise *(SU-Nnach32)*. Inwiefern die Festlegung, dass die Null am Zahlenstrahl in der Mitte sei *(SF-Nnach38)* eine allgemeine Einsicht über den symmetrischen Aufbau der ganzen Zahlen oder vielmehr Nicoles Annahme widerspiegelt, dass die Null bei jedem Ausschnitt einer Zahlengeraden in der Mitte sein müsse – womit sie nicht tragfähig wäre –, kann nicht bestimmt werden.

Die oben aufgeführten Urteile betreffen vornehmlich die *Lage der Zahlen* an der Zahlengeraden und umfassen noch keine Urteile, welche die *Größe der Zahlen* betreffen. Auch wenn das inferentielle Netz bezüglich der Lage der Zahlen tragfähig ist, ist es möglich, dass die Urteile bezüglich der Größe der Zahlen nicht tragfähig sind. Diese beiden Ebenen müssen bei der Betrachtung von inferentiellen Netzen im Zusammenhang mit der Ordnung von ganzen Zahlen offenbar getrennt voneinander untersucht werden, wie auch die aufgezeigten Entwicklungen in den vorhergehenden Abschnitten zeigen.

Die Größe der Zahlen

Hinsichtlich der *Größe der Zahlen* geht Nicole davon aus, dass die Zahlen, wenn man im Minusbereich ist, kleiner sind, als im Plusbereich *(SF-Nnach28)*. Wenn man jedoch die Größe zweier Zahlen im Minusbereich in den Blick nimmt, dann muss man das Gehen bis zum Plusbereich betrachten *(SF-Nnach21)*: Wenn man am Zahlenstrahl näher am Plusbereich ist, dann ist die Zahl größer *(SF-Nnach29)* – man muss nicht so weit „gehen". Die Zahl, die den kleineren Betrag hat, ist näher am Plusbereich (*SU-Nnach26)* und näher an der Null *(SU-Nnach07a)*. Die Annahmen, die sich in Nicoles inferentiellem Netz auf die Größe von Zahlen beziehen, stehen in engem Zusammenhang mit den Inferenzen, die für Nicole bei dem Bestimmen der größeren zweier Zahlen (bei -a und -b; bei a und -b; bei -a und 0 und bei a und 0) rekonstruiert werden konnten. Diese werden nachfolgend dargelegt.

Das Bestimmen der größeren Zahl in den individuellen Klassen von Situationen

Nachdem vorangehend die Fokussierungen und Urteile aufgeführt wurden, welche Nicole in Zusammenhang mit der Lage der Zahlen an der Zahlengeraden und der Größe der Zahlen rekonstruiert werden konnten, wird nachfolgend dargestellt, welche Begründungen in Form berechtigender Inferenzen die Schülerin jeweils für das Bestimmen der größeren Zahl in den jeweiligen Klassen von Situationen anführt. Dies ist in Abbildung 6.35 dargestellt, welche im Folgenden – den Klassen von Situationen entsprechend – kurz erläutert wird.

Für die Klassen von Situationen, ***bei a und -b (a,b ∈ ℕ, |a|>|b|) die größere Zahl zu bestimmen*** (oben links in Abb. 6.35), urteilt Nicole, dass a bzw. +a größer sei *(SU-Nnach13, SU-Nnach13a)*. Sie gibt als Gründe hierfür an, dass +a im Plusbereich liege (*SU-Nnach19*, vgl. auch *SU-Nnach18*) und dass +a am Zahlenstrahl weiter rechts liege (*SU-Nnach17*, vgl. auch *SU-Nnach16*). Sie gebraucht damit Urteile aus dem rekonstruierten inferentiellen Netz als Gründe für ihr Urteil über die Größe der Zahl. Ebenso wie die Urteile des inferentiellen Netzes tragfähig sind, ist die sich ergebende Konklusion, dass bei a und -b (a,b ∈ ℕ, |a|>|b|) a bzw. +a größer sei, aus fachlicher Perspektive tragfähig. Als Gründe für das Urteil, dass a bzw. +a größer sei, nutzt Nicole neben *SU-Nnach16 und SU-Nnach18* implizit vermutlich auch weitere Urteile zur Lage der positiven und der negativen Zahlen an der Zahlengeraden – wie etwa, dass -b links von der Null liege (vgl. *SU-Nnach06*). Auch die situationsinvariante Festlegung *„Wenn man (am Zahlenstrahl) im Minusbereich ist, dann sind die Zahlen kleiner als im Plusbereich" (SF-Nnach28)* deutet darauf hin.

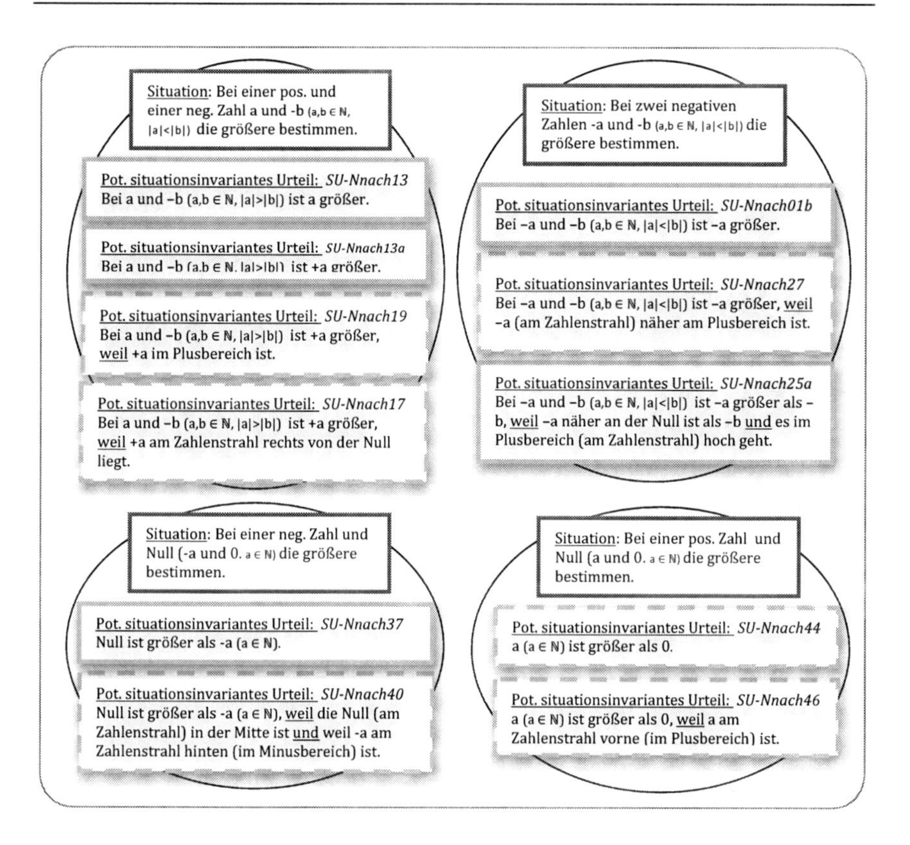

Abbildung 6.35 Berechtigungen der Urteile zur Größe der Zahlen

Für die Klasse von Situationen, ***bei* -a *und -b (a,b ∈ ℕ, |a|<|b|) die größere Zahl zu bestimmen*** (oben rechts in Abb. 6.35), urteilt die Schülerin, dass -a größer sei *(SU-Nnach01b)* und berechtigt dies durch das Urteil, dass diese Zahl näher am Plusbereich sei (*SU-Nnach27*, vgl. auch *SU-Nnach26* in Abb. 6.33). Darüber hinaus führt sie in verschiedenen Situationen an, dass -a aus dem Grunde größer sei, weil -a näher an der Null sei *und* es im Plusbereich hochginge *(SU-Nnach25a)*. Hinter diesem Urteil verbirgt sich eine inferentielle Relation, bei der das Urteil *SU-Nnach07b („Bei -a und -b (a,b ∈ ℕ, |a|<|b|) ist -a (am Zahlenstrahl) näher an der Null als -b")* und die Festlegung *SF-Nnach24 („Im Plusbereich geht es (am Zahlenstrahl) hoch")* in Verbindung zueinander als Berechtigung für *SU-Nnach01b* dienen.

Um ***bei -a und 0 (a ∈ ℕ) die größere Zahl zu bestimmen*** (unten links in Abb. 6.35), gebraucht Nicole Urteile, die sich auf die Lage der Zahlengerade beziehen. Sie nutzt erneut zwei Urteile in Ergänzung zueinander, um ein drittes Urteil zu berechtigen. Sie urteilt, dass weil die Null in der Mitte des Zahlenstrahls sei *(SF-Nnach38)* und weil -a am Zahlenstrahl hinten (im Minusbereich) sei *(SU-Nnach39)*, somit die Null größer sei als -a (*SU-Nnach37*, siehe *SU-Nnach40*). Auch dies ist aus fachlicher Sicht tragfähig.

In einer ähnlichen Weise begründet die Schülerin für die Klasse von Situationen, ***bei a und 0 (a ∈ ℕ) die größere Zahl zu bestimmen*** (unten rechts in Abb. 6.35), dass a größer sei als Null. Diese ähnliche Begründungsweise ist durch die gleiche Fokussierung und eine ähnliche Berechtigung gekennzeichnet ist: Nicole fokussiert wieder auf die *Lage an der Zahlengeraden* und gibt als Urteil an, dass a größer sei als Null, weil a am Zahlenstrahl vorne sei *(SU-Nnach46)*. Sie gebraucht damit *SU-Nnach45* als Berechtigung für *SU-Nnach44*.

Für das Angeben der größeren Zahl in den vier verschiedenen Klassen von Situationen konnte stets eine inferentielle Gliederung rekonstruiert werden und es konnte aufgezeigt werden, dass jeweils eins oder auch *mehrere* Urteile des inferentiellen Netzes der Schülerin die Berechtigungen darstellten.

6.2.3 Ergebnisse aus Nicoles Nachinterview

Im vorliegenden Kapitel werden die Ergebnisse bezüglich der Forschungsfrage 2 (Wie lässt sich die Entwicklung der inferentiellen Netze der Schülerinnen beschreiben?) dargestellt. Es werden sowohl die Veränderungen des inferentiellen Netzes zwischen dem Vor- und dem Nachinterview, als auch lokale Entwicklungsmomente während des Nachinterviews aufgeführt.

6.2.3.1 Zu den Veränderungen von Nicoles inferentiellem Netz

Wie bereits für das Vorinterview erwies sich die Analyse inferentieller Netze auch für das Nachinterview mit Nicole als aufschlussreich. Im Vergleich der inferentiellen Netze für das Vor- sowie für das Nachinterview zeigen sich wesentliche Veränderungen, die auf einen Lernprozess während der Unterrichtsreihe hindeuten.

Im Nachinterview Nicoles vollziehen sich im Nachgang zur Unterrichtsreihe noch maßgebliche lokale Entwicklungsmomente, die in Kapitel 6.2.1 aufgeführt wurden und im Rahmen der Ergebnisdarstellung in Kapitel 6.2.3.2 diskutiert werden. Für die folgende Betrachtung der globalen Veränderungen über die Unterrichtsreihe hinweg werden im Wesentlichen jene Elemente des inferentiellen Netzes des Nachinterviews heran gezogen, welche für Nicole *nach* diesen Entwicklungsmomenten rekonstruiert wurden, um eine Nachvollziehbarkeit zu erleichtern.

Für die Betrachtung der Veränderungen zwischen Vor- und Nachinterview ist vor allem die Betrachtung der von Nicole unterschiedenen Situationsklassen interessant. Während Nicole im *Vorinterview* die ***Klassen von Situationen***,

- *bei a, -b (a, b ∈ ℕ, |a|<|b|) die größere Zahl bestimmen,*
- *bei a, -b (a, b ∈ ℕ, |a|>|b|) die größere Zahl bestimmen,*
- *bei -a, -b (a, b ∈ ℕ) die größere Zahl bestimmen sowie*
- *bei 0 und -a (a ∈ ℕ) sowie bei 0 und a (a ∈ ℕ) die größere Zahl bestimmen,*

unterschied und für jede Klasse von Situationen ein durch verschiedene Fokussierungen und Urteile geprägtes Vorgehen entwickelte (vgl. Kap. 6.1.2 und 6.1.3), das durch unterschiedliche Versuche geprägt war, die sie teilweise wieder verwarf, scheint sie im *Nachinterview* über ein übergreifendes inferentielles Netz zu verfügen, aus dem sie – je nach vorliegender Situation – geeignete Urteile auswählt, um sie als Prämissen für die Urteile über die Größe der beiden Zahlen zu gebrauchen. Die rekonstruierten Urteile haben vielfach über einzelne Situationen und Klassen von Situationen hinaus Relevanz. Über die Betrachtung der inferentiellen Relationen können die Klassen von Situationen bestimmt werden, die – im Gegensatz zum Vorinterview – nun mit den aus fachlicher Sicht tragfähigen Klassen von Situationen überein stimmen. Diese sind

- bei einer positiven und einer negativen Zahl die größere bestimmen,
- bei zwei negativen Zahlen die größere bestimmen,
- bei einer negativen Zahl und Null die größere bestimmen sowie
- bei einer positiven Zahl und Null die größere bestimmen.

Für jede der Klassen von Situationen zieht sie Urteile aus ihrem inferentiellen Netz heran, um die Entscheidung über die je größere zweier Zahlen praktisch zu begründen (vgl. Abb. 6.35, Kap. 6.2.2).

Die Analyse des inferentiellen Netzes deutet zudem darauf hin, dass die Schülerin über die Unterrichtsreihe hinweg ein inferentielles Netz zum Begriff der negativen Zahl entwickelt hat, welches sie bei der Betrachtung von Zahlen der Form -4 aktivieren kann. Im *Vorinterview* hatte sie noch kein inferentielles Netz aktivieren können, welches auf eine Deutung von Minuszeichen als Zahlzeichen und auf eine Deutung der vorliegenden Zahlen als negative Zahlen verwiesen hätte (vgl. Kap. 6.1.3).

Im *Nachinterview* können hingegen Festlegungen wie *„Auf dem Zahlenstrahl gibt es Minuszahlen" (SF-Nnach04)* und *„Bei der Größe der Zahlen im Minusbereich muss man das Gehen bis zum Plusbereich (am Zahlenstrahl) betrachten" (SF-Nnach21)* oder *„Wenn man (am Zahlenstrahl) im Minusbereich ist, dann sind die Zahlen kleiner als im Plusbereich" (SF-Nnach28)* rekonstruiert werden. Die Schülerin scheint über ein komplexes inferentielles Netz zum Begriff der ganzen Zahl zu verfügen, in welchem sowohl natürliche *als auch negative Zahlen* relevant und miteinander vernetzt sind. Über die Feinanalyse des inferentiellen Netzes kann aufgezeigt werden, dass Nicole über die Unterrichtsreihe hinweg ***einen Begriff zur negativen Zahl entwickelt*** hat, den sie bei der Betrachtung von Zahlen der Form -a (a ∈ ℕ) aktivieren kann. Dies spiegelt sich auch in Fokussierungen wie der *Minuszahl* und des *Minusbereichs* sowie in vielen weiteren Festlegungen und Urteilen wider, die darauf hindeuten, dass die Schülerin nun negative Zahlen offenbar als eigenständige Art von Zahlen *wahrnimmt* und das Minuszeichen als Vorzeichen deuten kann.

Die im Vergleich zwischen Vor- und Nachinterview beobachtet maßgebliche ***Verlagerung und Vernetzung der Fokussierungsaspekte*** ermöglicht eine detaillierte Einsicht in die Entwicklung des individuellen Begriffs: Über die Unterrichtsreihe hinweg ergibt sich eine Verschiebung der Fokussierungsaspekte zugunsten ordinaler Bezüge, insbesondere zum Gebrauch der *Zahlengeraden*: Während bei Nicole vor der Unterrichtsreihe die formal-symbolische Fokussierungsebene dominierte, sind nach der Unterrichtsreihe ordinale Bezüge dominierend – im Speziellen nutzt sie die Darstellung an der Zahlengeraden, sinnvoll begleitet durch Fokussierungen mit formal-symbolischen Bezügen. Dies ist vor dem Hintergrund interessant, dass in der Lernumgebung der Kontext Guthaben und Schulden essentiell war. Während an anderer Stelle gezeigt wurde, dass durch den Kontext Guthaben und Schulden die Zahlengerade eher weniger gebraucht wird als durch andere Kontexte (vgl. Bruno 2001, Bruno 1997), kann dies für Nicole unter Verwendung der genutzten Lernumgebung nicht bestätigt werden. Es ist möglich, dass der konsequente Gebrauch der Zahlengerade in der Lernumgebung dazu beigetragen hat, dass die Schülerinnen vielfach auf diese Fokussierungsebene zurückgreift. Einen Kontext aktiviert Nicole sowohl im Vor- als auch im Nachinterview nicht. Dies ist erstaunlich, als die Unterrichtsreihe sich stark am Kontext Guthaben und Schulden orientierte (vgl. Kap. 3.2.3). Offenbar scheint der Gebrauch eines Kontextes nicht zwangsläufig eine Dominanz dieses Kontextes für das inferentielle Netz der Schülerinnen zu implizieren. Während das inferentielle Netz Nicoles im Nachinterview entsprechend keine Elemente enthält, die auf den in der Lernumgebung maßgeblichen Kontext verweisen, scheint die Zahlengerade, die in der Lernumgebung essenziell ist, als Fokussierung von Nicole aufgegriffen zu werden und im Nachinterview zentrale Bedeutung für das inferentielle Netz Nicoles zu haben.

Es ist darüber hinaus interessant, dass das inferentielle Netz, das für Nicole im Nachinterview bezüglich einer Ordnungsrelation für ganze Zahlen rekonstruiert werden kann, auch *nach der Unterrichtsreihe* noch nicht gefestigt zu sein scheint. Nicole, die vor der Unterrichtsreihe noch keine Urteile oder Fokussierungen im Zusammenhang mit negativen Zahlen hatte aktivieren können, scheint zwar einen Begriff der negativen Zahl entwickelt und damit einen wesentlichen Begriffsbildungsprozess vollzogen zu haben (s. o.), jedoch ist das gebildete inferentielle Netz zur Ordnung offenbar noch nicht stabil. Nicole unterscheidet im Nachinterview im Speziellen, ob ein Zahlvergleich am Zahlenstrahl oder ohne Zahlenstrahl erfolgt. Damit gehen unterschiedliche Ordnungsrelationen einher. Nicole scheint über die Unterrichtsreihe hinweg ein inferentielles Netz ausgebildet zu haben, in dem eine Ordnungsrelation gemäß der Beträge maßgeblich ist. Ihr inferentielles Netz scheint sich jedoch (noch) nicht konsequent im Sinne einer einheitlichen Ordnung fortentwickelt zu haben. Es scheint vielmehr zu einem Nebeneinander der zwei miteinander inkompatiblen inferentiellen Netze gekommen zu sein: Jenem, in welchem eine einheitliche Ordnung maßgeblich ist und jenem, in welchem eine geteilte Ordnungsrelation zugrunde liegt. Nicole geht mit diesen Inkompatibilitäten um, indem sie zwei Klassen von Situationen unterscheidet: Jene Klasse von Situationen, in der Zahlen an der Zahlengerade verglichen werden und in der eine einheitliche Ordnungsrelation gilt, und jene Klasse von Situationen, in der Zahlen ohne die Verwendung einer Zahlengeraden verglichen werden und an der eine geteilte Ordnungsrelation gemäß der Beträge gilt. Sie räumt der Ordnung gemäß der Beträge jedoch Priorität ein, indem sie den Geltungsbereich der einheitlichen Ordnung eingrenzt: *„Bei -a und -b ($a,b \in \mathbb{N}$, $|a|<|b|$) wäre am Zahlenstrahl -a größer, aber sonst ist -b größer"* (SU-Nnach03, vgl. auch SU-Nnach03a). Nicoles Einzelfallanalyse zeigt auf, dass Schülerinnen auch *nach* einer Unterrichtsreihe durchaus einer Ordnungsrelation gemäß der Beträge noch eine höhere Signifikanz beimessen können als einer einheitlichen Ordnung für ganze Zahlen. Die Ergebnisse der Grobanalyse zeigen auf, dass auch eine weitere Schülerin sich noch an der Ordnung der natürlichen Zahlen orientiert (vgl. Kap. 6.5.2) und damit eine betragliche Ordnung vornimmt.

Es ist festzuhalten, dass es offensichtlich Schülerinnen gibt, die auch *nach* dem Abschluss einer Unterrichtsreihe zur Einführung ganzer Zahlen noch nicht über eine gefestigte Ordnungsrelation verfügen und dass mithilfe des Analyseschemas ein detaillierter Einblick in die damit einhergehende Unterscheidung von Situationsklassen, in die Fokussierungen, Urteile, Inferenzen ermöglicht wird, der dazu beiträgt, diese Unsicherheiten zu *verstehen*.

Nicoles inferentielles Netz im Nachinterview unterliegt noch einer weiteren Entwicklung, für die sie selbst die Anlässe sieht (s. u.). Es ist interessant, dass sie diese Entwicklung, die schließlich in einer vereinten, einheitlichen Ordnungsrelation für ganze Zahlen mündet, aus sich heraus anstößt. Es ist jedoch auch interessant, dass ein solcher Impuls Nicole offenbar noch nicht während der Unterrichtsreihe zu einer nachhaltigen Entwicklung einer einheitlichen Ordnungsrelation angeregt hatte.

Die Analyse von Nicoles inferentiellem Netz zeigt auf, dass eine Betrachtung der Fokussierungen und Urteile, die sich auf die *Lage der Zahlen* beziehen, und jenen, die sich auf die *Größe der Zahlen* beziehen, für eine systematische Analyse der Ordnungsrelationen gewinnbringend zu sein scheint.

Bezüglich der ***Lage der ganzen Zahlen*** hat Nicole über die Unterrichtsreihe hinweg offenbar ein inferentielles Netz entwickelt, welches schließlich auch die Lage von negativen Zahlen betrifft und aus fachlicher Perspektive tragfähig ist. Sie legt sich im Nachinterview z. B. darauf fest, dass es auf der Zahlengeraden auch Minuszahlen gibt *(SF-Nnach04)*, dass Zahlen ohne oder mit positivem Vorzeichen am Zahlenstrahl im Plusbereich sind (*SU-Nnach18*, *SU-Nnach33*), dass Zahlen mit einem Minuszeichen links von der Null sind *(SU-Nnach06)* und dass darüber hinaus bei zwei Zahlen mit Minuszeichen die Zahl mit dem größeren Betrag weiter links liegt *(SU-Nnach14)* (vgl. Kap. 6.2.2). Die Schülerin kann ganze Zahlen offenbar in tragfähiger Weise an der Zahlengeraden anordnen – dies gelang ihr vor der Unterrichtsreihe lediglich für natürliche Zahlen, da sie davon ausging, dass es vor der Null keine Zahlen gebe *(SU-Nvor92)*.

Bezüglich der ***Größe der ganzen Zahlen*** hat sich über die Unterrichtsreihe hinweg ebenfalls eine Entwicklung des inferentiellen Netzes vollzogen. Während für Nicole im Vorinterview kein inferentielles Netz, in welchem negative Zahlen bedeutsam gewesen wären, rekonstruiert werden konnte, legt sie sich im Nachinterview – nach den aufgeführten lokalen Entwicklungsmomenten – darauf fest, dass Zahlen im Minusbereich kleiner seien als Zahlen im Plusbereich *(SF-Nnach28)* und gebraucht bei der Betrachtung zweier Zahlen im Minusbereich das *Gehen bis zum Plusbereich* als Fokussierung *(vgl. SF-Nnach21)*. Sie legt sich zudem darauf fest, dass wenn man am Zahlenstrahl näher am Plusbereich bzw. näher oben ist, dann die Zahl größer sei *(SF-Nnach29)* – man müsse nicht so weit „gehen". In diesem Zusammenhang können für Nicole verschiedene Urteile und Festlegungen rekonstruiert werden, aus welchen sie je verschiedene auswählt und gebraucht, um sie als Berechtigung für die Wahl der je größeren Zahl in den verschiedenen Situationen anzugeben. Dies findet in verschiedenen inferentiellen Relationen Ausdruck (bspw. *„Bei -a und -b ($a,b \in \mathbb{N}$, $|a|<|b|$) ist -a größer als -b, weil -a näher an der Null ist als -b und es im Plusbereich (am Zahlenstrahl) hoch geht" (SU-Nnach25a))*. In diesem Zuge kann eine Zunahme der berechtigenden inferentiellen Relationen bei der Bestimmung der größeren zweier Zahlen zwischen Vor- und Nachinterview festgehalten werden.

Im Hinblick auf die ***Kompatibilität*** der Urteile und der ***Tragfähigkeit*** des inferentiellen Netzes konnte beobachtet werden, dass Nicoles inferentielles Netz im *Vorinterview* an verschiedenen Stellen Inkompatibilitäten aufwies, dass es Nicole jedoch gelang, konkurrierende Ansätze und Vorgehensweisen zu gewichten, Versuche zu relativieren und zu verwerfen: Sie wusste offenbar um die Widersprüche der Urteile. Nicole war im Vorinterview bemüht, die für sie noch unbekannten Situationen zu handhaben, indem sie ihr schulisches Vorwissen aktivierte. Da sie die vorliegenden Zahlen jedoch aus ihrem Vorwissen heraus noch nicht als negative Zahlen deuten konnte und überdies davon ausging, es gebe vor der Null keine Zahlen, waren ihre Vorgehensweisen vielfach nicht tragfähig. Im *Nachinterview*, welches weniger stark durch *unterschiedliche* Fokussierungen und Vorgehensweisen geprägt ist, sind die Urteile des inferentiellen Netzes jedoch schließlich *tragfähig* und es gelingt Nicole, jeweils die größere zweier Zahlen zu bestimmen.

6.2.3.2 Zu lokalen Entwicklungsmomenten des inferentiellen Netzes Nicoles im Nachinterview

Neben den Entwicklungen, die sich für Nicoles inferentielles Netz über die Unterrichtsreihe hinweg vollzogen, konnte die Analyse auch Einblicke in die Entwicklungen des inferentiellen Netzes *während* des Nachinterviews aufzeigen. Diese Entwicklungen betreffen die Klassen von Situationen bzw. die Ordnungsrelation im Sinne der inferentiellen Gliederung.

Während des Nachinterviews Nicoles können Entwicklungen des rekonstruierten inferentiellen Netzes in Form einer ***Vereinigung der inferentiellen Netze zweier Klassen von Situationen*** zu einer Klasse von Situationen – im Sinne einer *reziproken Assimilation* – rekonstruiert werden (vgl. Kap. 2.2.3):

Für die Klasse von Situationen, bei zwei Zahlen der Form -a und -b ($a,b \in \mathbb{N}$) die größere zu bestimmen, scheint Nicole zunächst zwischen den Klassen von Situationen, zu unterscheiden, *am Zahlenstrahl* oder *ohne Zahlenstrahl* die größere der beiden Zahlen zu bestimmen. Dies wird in abgrenzenden Urteilen *„Bei -a und -b ($a,b \in \mathbb{N}$, $|a|<|b|$) wäre am Zahlenstrahl -a größer, aber sonst ist -b größer“ (SU-Nnach03)* und *„Bei -a und -b ($a,b \in \mathbb{N}$, $|a|<|b|$) ist am Zahlenstrahl -a größer und -b kleiner, aber sonst ist -b größer“ (SU-Nnach03a)* ersichtlich. Für die beiden Klassen gelten für sie in ihrer individuellen Perspektive unterschiedliche Ordnungsrelation für negative Zahlen. Die Urteile, die für die Klasse von Situationen, die Zahlen am Zahlenstrahl zu vergleichen, rekonstruiert werden konnten, sind sowohl bezüglich der *Lage* der negativen Zahlen an der Zahlengeraden als auch bezüglich der *Größe* der Zahl tragfähig. Dies spiegelt eine tragfähige einheitliche Ordnungsrelation für diese Klasse von Situationen wider (vgl. Kap. 6.2.1).

Ausgehend von der Anfertigung einer Skizze einer Zahlengeraden, in der die Schülerin die Lage der zwei Zahlen -8 und -12 korrekt an der Zahlengeraden bestimmt, urteilt Nicole jedoch, ausgehend von einem „obwohl nein…“, dass -12 *auch am Zahlenstrahl* die größere Zahl sei. Nicole scheint bestrebt, die zwei Klassen von Situationen zu vereinen. Die Urteile bezüglich der *Lage* der Zahlen an der Zahlengeraden bleiben bestehen, jedoch ändern sich die Urteile bezüglich der Größe der Zahlen: Diejenige Zahl, die näher an der Null ist, war zuvor die größere – nun ist sie die kleinere. Die Zahl, die weiter weg von der Null liegt, war zuvor die kleinere und ist nun die größere. Die geänderte, nun nicht mehr tragfähige Ordnungsrelation für Zahlen an der Zahlengerade stimmt mit jener Ordnungsrelation für Zahlen ohne Zahlengerade überein. Offenbar hatte die Zahlengerade als Anschauungsmittel allein nicht genügt, um die Ordnungsrelation *zugunsten einer einheitlichen Ordnung* zu vereinen. Die Vereinigung der Klassen von Situationen scheint Nicole bewusst; sie scheint mit einem „auch“ hierauf zu verweisen und in diesem Zuge die Klassen von Situationen, die sie zuvor mit den Urteilen *SU-Nnach03* und *SU-Nnach03a* (s. o.) voneinander abgegrenzt hatte, zu vereinen. Es kann festgehalten werden, dass sich im Rahmen des Nachinterviews ein *Prozess der Vereinigung der Klassen von Situationen* im Sinne einer *reziproken Assimilation* vollzogen zu haben scheint.

Im weiteren Interviewverlauf des Nachinterviews Nicoles zeigt sich eine nochmalige Entwicklung des inferentiellen Netzes, in Form einer ***Restrukturierung des inferentiellen Netzes im Hinblick auf die Ordnungsrelation,*** in der die inferentielle Gliederung zwischen den Urteilen zur Lage der negativen Zahlen an der Zahlengerade und den Urteilen zur Größe neugegliedert wird. Die Schülerin scheint die Ordnungsrelation der zuvor vereinten Klasse von Situationen abzuwandeln. Dieser Entwicklungsmoment vollzieht sich im Anschluss an die Situation, in der Nicole bei -11 und 14 die größere Zahl bestimmt und sich darauf festlegt, dass 14 größer sei und dass die Zahl 14, welche sie in den positiven Bereich an der Zahlengeraden einzeichnet und mit einem positiven Vorzeichen versieht, im Plusbereich sei. An dieser Stelle äußert sie, bezogen auf die Situation, bei Zahlen der Form -a und -b (a,b $\in \mathbb{N}$) die größere Zahl zu bestimmen: „Aber ich möchte mich nochmal verbessern" (Turn 13). Daraufhin wird für sie die Fokussierung auf das *Gehen bis zum Plusbereich* maßgeblich und die rekonstruierten Urteile spiegeln wider, dass eine Ordnungsrelation der Form *„Je näher am Plusbereich bzw. je näher an der Null, desto größer ist die Zahl"* zugrunde zu liegen scheint. Damit geht eine Entwicklung der Ordnungsrelation von einem ‚divided number line model' zu einem ‚continuous number line model' einher (vgl. Peled et al. 1989, Mukhopadhyay 1997). Auf struktureller Ebene bedeutet dies eine inferentielle Neu-Gliederung zwischen den Urteilen bezüglich der Lage der Zahlen an der Zahlengerade und der Größe der Zahlen.

Damit können gleichzeitig Anhaltspunkte zu möglichen ***Anlässen für eine Entwicklung einer einheitlichen Ordnungsrelation*** rekonstruiert werden. Aus der Feinanalyse des Fallbeispiels Nicoles ergibt sich, dass die Fokussierung auf *positive Zahlen* an der Zahlengerade offenbar hilfreich für die Entwicklung einer einheitlichen Ordnungsrelation sein kann. Aus der Betrachtung positiver Zahlen an der Zahlengerade heraus entwickelt Nicole offenbar das Bedürfnis, ihre Fokussierung auch für negative Zahlen zu revidieren: *„Wenn rechts von der Null (am Zahlenstrahl) Plus ist, dann ist bei -a und -b (a, b $\in \mathbb{N}$, $|a|<|b|$) -a <u>doch</u> größer als -b, <u>weil</u> man bei der Größe der Zahlen im Minusbereich das Gehen bis zum Plusbereich (am Zahlenstrahl) betrachten muss" (SU-Nnach22.)* Sie fokussiert auf ein *Gehen bis zum Plusbereich,* welches sie zu einer Fokussierung auf die *Entfernung vom Plusbereich* bzw. *von der Null* weiter zu entwickeln scheint. Diese Fokussierung auf ein *Gehen bis zum Plusbereich* scheint hilfreich, um lokale Entwicklungsmomente zugunsten einer einheitlichen Ordnungsrelation anzustoßen und sie bietet offenbar die Chance, als Fokussierung *die Entfernung vom Plusbereich* bzw. die *Entfernung von der Null* in den Blick zu nehmen. Diese Beobachtung scheint für die Gestaltung von Lernprozessen im Zusammenhang mit der Ordnungsrelation für ganze Zahlen bedeutsam: Die dynamische Vorstellung des Abstands als das Gehen bis zum Plusbereich scheint zumindest für Nicole hilfreich, um schließlich zu einer statischen Vorstellung des Abstands als die *Entfernung* vom Plusbereich bzw. der Null zu gelangen. Die Fokussierungen, die Nicole vornimmt, und ihre Reihenfolge sind in Abbildung 6.36 visualisiert, in der von links nach recht die aufeinander folgenden Fokussierungen von Nicole dargestellt sind.

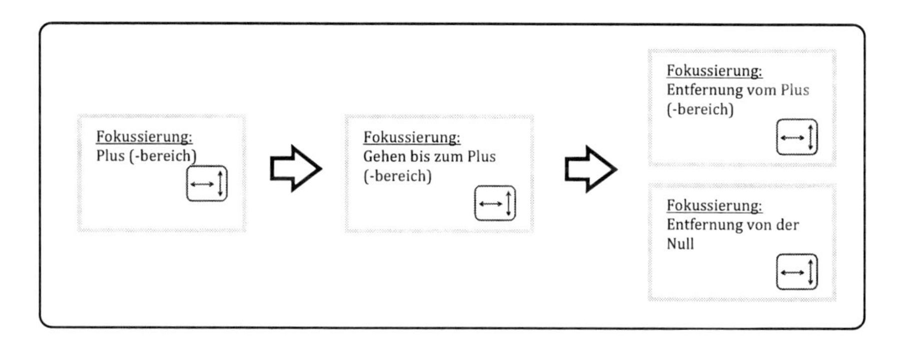

Abbildung 6.36 Fokussierungen zur einheitlichen Ordnung

6.3 Feinanalyse für Toms Vorinterview

Die Elemente des inferentiellen Netzes, die für Tom im Vorinterview rekonstruiert wurden, erweisen sich über die individuellen Klassen von Situationen hinweg als kompatibel und sind durch eine starke Vernetzung charakterisiert. Tom scheint viele Fokussierungen, Urteile und Festlegungen über die unterschiedlichen Klassen von Situationen hinweg zu gebrauchen und sie für die Entscheidung, welche der jeweils vorliegenden Zahlen die größere ist, flexibel als Gründe heranzuziehen. Es konnte bei Tom keine Modifikation bzw. Entwicklung des inferentiellen Netzes während des Vorinterviews – wie sie etwa im Vorinterview mit Nicole vorlag – rekonstruiert werden. Dass Tom offensichtlich Vorerfahrungen im Zusammenhang mit negativen Zahlen aktivieren kann, zeigt sich bereits unmittelbar zu Beginn des Interviews:

1	I	Ich habe dir, Karten mitgebracht, und auf den Karten sind zwei Zahlen. Und ich möchte dass du mir mal sagst welche von beiden Zahlen ist größer? *(reicht Tom zwei übereinanderliegende Karten auf denen steht: 12 und -15)*
2	T	*(nimmt die Karten entgegen und zieht die Karten ein Stück auseinander)* Also darf ich die jetzt so-
3	I	Mhm‘, kannst du nehmen-
4	T	*(betrachtet die Karten, hält sie dabei je in einer Hand, die Karte der -15 rechts)* *[A]Die Zwölf ist größer.*[E] *(tauscht die Karten in den Händen, sodass er dann die Karte der -15 links hält) (schaut zur Interviewerin)*
5	I	Mhm *(leise)*

6 T *(schaut auf die Karten, legt die Karte mit 12 ab)* Weil *[A]minus*[E] *(zeigt auf das Minuszeichen der Karte mit der -15, die er noch in der linken Hand hält)* *[A]ist unter null*[E] *(bewegt die freie Hand leicht nach unten und formt mit Daumen und Zeigefinger einen Kreis, schaut kurz zur Interviewerin auf, dann wieder auf die Karten und legt dabei die Karte mit der -15 auf den Tisch, links neben die Karte der 12)* und die Zwölf die ist ganz normal, die Zwölf. *(nimmt die Karte mit 12 wieder auf und hält sie so, dass die Interviewerin die Zahl lesen kann, schaut zu ihr, legt dann die Karte mit der 12 wieder an ihren Platz)*

Im Folgenden wird das auf Grundlage der Transkriptanalyse rekonstruierte inferentielle Netz Toms im Vorinterview dargelegt. Die Darstellung erfolgt auf der Grundlage einer Auswahl und Hervorhebung einiger Elemente des inferentiellen Netzes: Eine solche Reduktion und Fokussierung auf wesentliche Elemente muss erfolgen, um im Folgenden eine Nachvollziehbarkeit der Darstellung zu gewährleisten. Die nicht aufgeführten Elemente sind jedoch in vollem Umfang kompatibel zu den im Folgenden dargestellten Elementen.

Die sich anschließende Darstellung erfolgt zum Zwecke einer optimalen Nachvollziehbarkeit dreigeteilt.

Zunächst wird ein Ausschnitt von Toms inferentiellem Netz dargestellt, der vor allem die *Anordnung der Zahlen*, auch an der Zahlengeraden, sowie den von Tom diesbezüglich gebrauchten Kontext der Temperaturen betrifft.

In einem zweiten Teil werden *Temperaturvergleiche*, die Tom anstellt, sowie der damit einhergehende Fokus auf den Absolutwert der natürlichen Zahlen bzw. auf den Absolutwert der negativen Zahlen in den Blick genommen. Das Setzen eines solchen Fokusses ermöglicht einen detaillierten Einblick in die Strukturen, die im Zusammenhang mit einer geteilten Größenrelation für ganze Zahlen stehen.

In einem dritten Teil wird schließlich erörtert, welche der zuvor dargelegten Elemente des inferentiellen Netzes Tom jeweils heranzieht, um in den verschiedenen *Situationsklassen* zu entscheiden, welche der Zahlen die größere ist.

6.3.1 Negative und positive Zahlen und deren Lage

Nachfolgend wird ein Ausschnitt von Toms inferentiellem Netz dargestellt, der vor allem die *Lage* der negativen und der positiven Zahlen betrifft. Die hier dargestellten Elemente sind insofern bedeutsam, als sie Toms Handeln über weite Teile der im Interview gegebenen Situationen leiten. Sie entstammen unterschiedlichen Situationen, weisen jedoch allesamt eine materiale Kompatibilität auf und spiegeln – neben dem im folgenden Abschnitt dargestellten Ausschnitt von Toms inferentiellem Netz – die wesentlichen Aspekte des für Tom rekonstruierten inferentiellen Netzes wider.

Die Abbildung 6.37 ermöglicht einen Überblick über diesen Ausschnitt des inferentiellen Netzes sowie einen Einblick in die Zusammenhänge zwischen den Urteilen und Fokussierungen. Die Abbildung wird im Folgenden sukzessiv erläutert.

Fokussierungen und Fokussierungsebenen

Entscheidend für Toms Handeln sind die *Fokussierungen*, die er in den gegebenen Situationen vornimmt. Die Betrachtung der Fokussierungen ermöglicht einen ersten Überblick über das rekonstruierte inferentielle Netz. Daher werden die Fokussierungen und Fokussierungsebenen – ebenso wie in der Darstellung von Nicoles Nachinterviews – im Folgenden zunächst erläutert, bevor eine Darlegung der wesentlichen Urteile erfolgt, mit der das inferentielle Netz detaillierter betrachtet werden kann. Die Fokussierungen können für den vorliegenden Ausschnitt aus Toms inferentiellem Netz in drei Gruppen unterteilt werden.

Die Fokussierungen der ersten Gruppe beziehen sich auf die Lage der Zahlen und sind allesamt der ***Fokussierungsebene der ordinalen Anordnung*** zugeordnet. Die *Lage unter null* und die *Lage über null* sind Fokussierungen, mit denen Tom dichotom urteilt, in welchem Bereich sich Zahlen befinden: in dem Bereich, den er „unter null" nennt, und jenem, den er „über null" nennt. Diese stehen inhaltlich in engem Zusammenhang mit den Fokussierungen *Minusbereich* und *Plusbereich*. Daneben können für Tom die Fokussierungen *waagerechte* bzw. *schräge ordinale Anordnung* rekonstruiert werden: Diese gehen darauf zurück, dass Tom in verschiedenen Zusammenhängen gestisch auf eine Zahlengeraden-ähnliche Anordnung der Zahlen verweist, wie etwa, wenn er eine nach oben geöffnete Faust macht und mit ihr von einer Stelle auf dem Tisch nach schräg rechts oben fährt (vgl. Turn 13). Die Fokussierung *Lage an der waagerechten Zahlengerade* bezieht sich nicht nur auf eine ordinale Anordnung, sondern darüber hinaus auf die Position der Zahlen an der Zahlengerade selbst. Die Fokussierung *Lage bezüglich der Null* bezieht sich auf die Anordnung der Zahlen in direktem Verweis auf die Entfernung von der Null als markantem Punkt.

Weitere Fokussierungen, die für Tom rekonstruiert werden konnten, betreffen die Zahlen bzw. die Art der Zahlen. Sie beziehen sich damit vorrangig auf die ***formal-symbolische Fokussierungsebene***. Mit der Fokussierung *Minuszahl* (siehe links in Abb. 6.37) hängen jene Urteile zusammen, in denen Tom explizit auf negative Zahlen verweist (vgl. z. B. *SF-Tvor05*), da für Tom in diesem Fall sicher die Fokussierung auf *Minuszahlen* rekonstruiert werden kann.

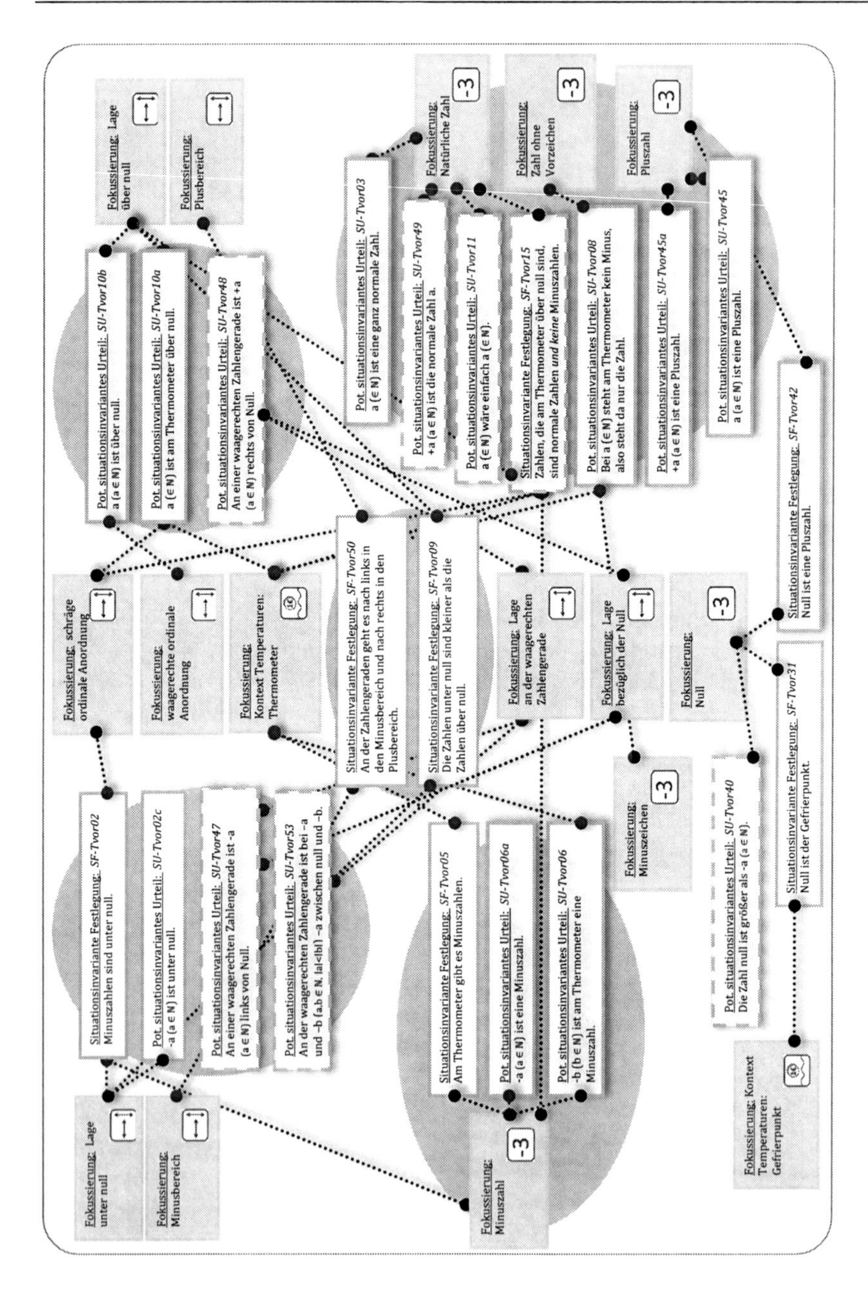

Abbildung 6.37 Inferentielles Netz Ordnung ganze Zahlen – Minus- und Pluszahlen und deren Lage

Auf der anderen Seite (siehe rechts in Abb. 6.37) nimmt Tom Fokussierungen vor, die sich auf positive Zahlen beziehen. Er scheint auf *natürliche Zahlen* zu fokussieren, die er in der Regel als „normale Zahlen" (vgl. z. B. *SU-Tvor03*) bezeichnet. Daneben fokussiert er auf natürliche Zahlen als *„Pluszahlen*" und hebt dabei ihre Eigenschaft, eine positive Zahl zu sein, hervor. Darüber hinaus kann die Fokussierung *Zahl ohne Vorzeichen* rekonstruiert werden. Diese steht in Zusammenhang mit der Fokussierung des *Minuszeichens*. Tom betrachtet hierbei die Zahlen offenbar bewusst ohne ihr Vorzeichen, blendet die Existenz eines Vorzeichens gewissermaßen für den Moment aus, um nur „die Zahl" zu betrachten – ohne ihr Vorzeichen zu berücksichtigen. Zuletzt sei noch die Fokussierung der *Null* erwähnt, die rekonstruiert wird, wenn er Urteile zur Null selbst trifft (z. B. in *SF-Tvor42*).

Daneben können für Tom im Rahmen der Betrachtungen der negativen und positiven Zahlen sowie der Lage der Zahlen Fokussierungen rekonstruiert werden, die den *Kontext Temperaturen* betreffen, welcher für den im Rahmen dieses Interviews rekonstruierten Ausschnitt von Toms inferentiellem Netz dominierend ist (vgl. dazu v. a. Kap. 6.3.2). Diese Fokussierungen beziehen sich auf die ***kontextuelle Fokussierungsebene***. Tom fokussiert zum einen auf das *Thermometer*, an dem er sich orientiert, um bspw. über die Existenz und die Lage von Minuszahlen Aussagen zu treffen. Darüber hinaus fokussiert er auf den *Gefrierpunkt* als Entsprechung der Null im Kontext Thermometer (vgl. *SF-Tvor31*).

Urteile

Die dargestellten Fokussierungen bilden das Grundgerüst für die Betrachtung des Ausschnitts von Toms inferentiellem Netz. Durch die sich nachfolgend anschließende Untersuchung der Urteile kann dieser erste Überblick präzisiert werden.

Bei der Betrachtung der rekonstruierten *Urteile* kann unterschieden werden zwischen jenen Urteilen, die sich auf negative Zahlen bzw. Zahlen unter null bzw. im ‚Minusbereich' beziehen und jenen, die sich auf positive bzw. natürliche Zahlen, d. h. auf Zahlen über null beziehen (vgl. linke und rechte Seite in Abb. 6.37). Daneben können situationsinvariante Festlegungen rekonstruiert werden, die eine Relation zwischen negativem und positivem Zahlbereich bzw. zwischen der Lage unter null und über null herstellen. Dies sind die Festlegungen *„An der Zahlengeraden geht es nach links in den Minusbereich und nach rechts in den Plusbereich" (SF-Tvor50)* sowie *„Die Zahlen unter null sind kleiner als die Zahlen über null" (SF-Tvor09)*. Während sich *SF-Tvor50* auf die *Lage* rechts und links an der Zahlengerade bezieht, scheint Tom mit *SF-Tvor09* über die *Größe* der Zahlen zu urteilen und sich darauf festzulegen, dass Zahlen unter null kleiner sind als Zahlen über null. Beide Festlegungen sind aus fachlicher Perspektive tragfähig.

Innerhalb der o. g. Einteilung der Urteile zu negativen und zu positiven Zahlen können weitere Subgruppen unterschieden werden. Im Bereich der Urteile zu negativen Zahlen beziehen sich einige der Urteile vornehmlich auf die *Lage* der Zahlen (siehe graue Ellipse oben links). Tom urteilt, dass Minuszahlen unter null sind *(SU-Tvor02)* bzw. dass Zahlen der Form -a (a ∈ ℕ) unter null sind *(SU-Tvor02c)*. In diesem Zusammenhang können darüber hinaus die Urteile rekonstruiert werden, dass -a (a ∈ ℕ) am Thermometer unter null ist *(SU-Tvor02b)* bzw. dass -a (a ∈ ℕ) unter null wäre (*SU-Tvor02a*, beide nicht in Abb. 6.37 dargestellt). Er scheint zudem in Bezug auf die waagerechte Zahlengerade zu urteilen, dass Zahlen der Form -a (a ∈ ℕ) links von null liegen *(SU-Tvor47)* und dass bei zwei Zahlen der Form -a und -b (a,b ∈ ℕ, |a|<|b|) die Zahl -a an der waagerechten Zahlengeraden zwischen null und -b liegt *(SU-Tvor53)*. Entsprechend zeichnet er bspw. die Zahlen -1 und -9 in die Zahlengerade ein: -1, die er nach -9 zusätzlich einzeichnet, liegt zwischen 0 und -9 (vgl. dazu auch Abb. 6.38).

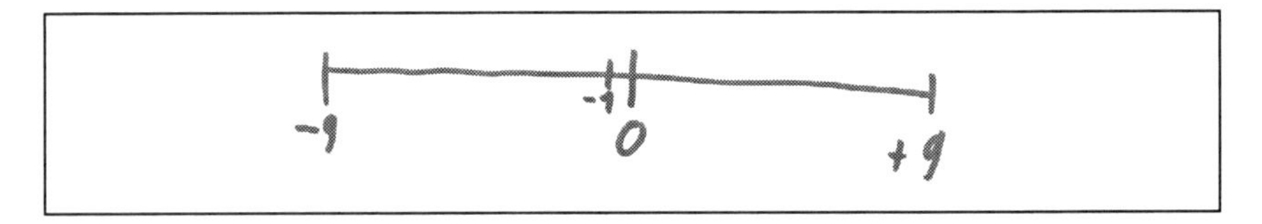

Abbildung 6.38 Zahlengerade Vorinterview Tom

Weitere Urteile, die für Tom im Zusammenhang mit negativen Zahlen rekonstruiert werden können, beziehen sich weniger auf die Lage als vielmehr auf die Existenz von negativen Zahlen bzw. auf ihre symbolische Gestalt. Tom legt sich darauf fest, dass es am Thermometer Minuszahlen gibt *(SF-Tvor05)*, er scheint zu urteilen, dass -a (a ∈ ℕ) eine solche Minuszahl ist *(SU-Tvor06a)* bzw. dass Zahlen der Form -a (a ∈ ℕ) am Thermometer Minuszahlen sind *(SU-Tvor06)*.

Im Zusammenhang mit positiven Zahlen kann ebenso unterschieden werden zwischen Urteilen, die sich vornehmlich auf die Lage der Zahlen beziehen (siehe graue Ellipse oben rechts) und jenen, die eher die generelle Existenz und die formal-symbolische Erscheinungsbild solcher Zahlen betreffen (siehe graue Ellipse unten rechts). Bezüglich der Lage geht Tom davon aus, dass Zahlen der Form a (a ∈ ℕ) über null liegen *(SU-T10b)*. Dies gilt auch für die Lage am Thermometer *(SU-T10a)*. Bei Betrachtung einer waagerechten Zahlengerade liegen die Zahlen der Form +a (a ∈ ℕ) rechts von der Null *(SU-Tvor48)*, wobei die Zahl +a (a ∈ ℕ) die normale Zahl a (a ∈ ℕ) ist *(SU-Tvor49)*. Zum Erscheinungsbild und zu den Eigenschaften der positiven bzw. natürlichen Zahlen können weitere Urteile rekonstruiert werden. Der Schüler urteilt, dass Zahlen der Form a (a ∈ ℕ) ganz normale Zahlen sind *(SU-Tvor03)*, dass sie „einfach“ a (a ∈

$\mathbb{N}$) sind *(SU-Tvor11)*. Hiermit scheint er darauf zu verweisen, dass es sich um Zahlen handelt, die er bereits kennt und daher gewissermaßen als „normal" erachtet. Auch die Festlegung, dass es sich bei Zahlen, die am Thermometer über null sind, um normale und nicht um Minuszahlen handelt *(SF-Tvor15)*, scheint hierauf zu verweisen. In Bezug auf das Thermometer scheint Tom zu urteilen, dass bei Zahlen der Form a ($a \in \mathbb{N}$) nur eine *Zahl* dort steht – ohne ein voranstehendes Minuszeichen *(SU-Tvor08)*. Diese Zahlen erachtet er als Pluszahlen *(SU-Tvor45)*, ebenso wie Zahlen der Form +a ($a \in \mathbb{N}$) *(SU-Tvor45a)*.

In Zusammenhang mit der Fokussierung auf die Null scheint Tom zu urteilen, dass die Zahl null größer ist als -a ($a \in \mathbb{N}$) *(SU-Tvor40)*. Dies steht in materialem Zusammenhang zu dem Urteil, dass null eine Pluszahl ist *(SU-Tvor42)* und wird von Tom auch gebraucht, um bei null und einer negativen Zahl die größere Zahl zu bestimmen (vgl. Kap. 6.3.3). Während die zuvor dargestellten Urteile aus fachlicher Perspektive tragfähig waren, ist das Urteil, dass es sich bei null um eine positive Zahl handele, nur bedingt tragfähig. Bezüglich der null legt Tom sich zudem darauf fest, dass die Null den Gefrierpunkt im Kontext Temperaturen darstellt *(SF-Tvor31)*, wobei abermals die Bedeutung des Kontexts Temperaturen für Toms inferentielles Netz ersichtlich wird.

Für das inferentielle Netz Toms im Vorinterview kommt dem ***Kontext Temperaturen*** eine große Bedeutung zu. In vielen Urteilen wird ersichtlich, dass Tom eine ***Kontextualisierung*** der vorliegenden Situationen vornimmt, die ihm gelingt. Er legt sich darauf fest, dass die Null der Gefrierpunkt ist *(SF-Tvor31)*. Dies bildet eine angemessene und tragfähige „Übersetzung", als der Gefrierpunkt mit null Grad tatsächlich durch die Null dargestellt werden kann. Unter null befinden sich laut Tom die Minuszahlen *(SF-Tvor02)* der Form -a ($a \in \mathbb{N}$) *(SU-Tvor02c)* bzw. -a° *(vgl. z. B. „Bei -a und -b ($a,b \in \mathbb{N}$, $|a|<|b|<5$) ist am Thermometer -a° ein bisschen wärmer als -b°", SU-Tvor25)*. Dass er vorwiegend ganze Zahlen betrachtet, ist vermutlich durch die im Rahmen des Interviews gegebenen Zahlenwerte hervorgerufen. In Festlegungen wie *SF-Tvor37 („Wenn es noch kälter wird als 0,5°, dann kommen die Minuszahlen")* wird ersichtlich, dass er zumindest für positive Zahlen teilweise auch Dezimalzahlen betrachtet. Tom urteilt, dass Zahlen der Form a ($a \in \mathbb{N}$) am Thermometer über null sind *(SU-Tvor10a)* und dass bei ihnen am Thermometer kein Minus steht *(SU-Tvor08)*. Die Zahlen der Form a ($a \in \mathbb{N}$) kontextualisiert er mit a° *(vgl. z. B. „Bei a° ($\in \mathbb{N}$) steht am Thermometer kein Minus, also steht da nur die Zahl" (SU-Tvor08a))*. Es ist zu vermuten, dass Tom seine individuellen Erfahrungen aus dem lebensweltlichen Kontext Temperaturen gebraucht, um die vorliegenden Situationen zu handhaben. Diese These wird durch verschiedene Festlegungen gestützt, bspw. durch *„Ich habe es einfach beobachtet, dass die Zahlen größer werden, wenn es draußen wärmer wird"* (*SF-Tvor33*) oder durch die Festlegung *„Ich vergleiche immer sich verändernde Temperaturen (für Zahlen $\in \mathbb{Q}_+$)"* (*SF-Tvor34*). Die Erfahrungen im lebensweltlichen Kontext scheinen inhaltlich eine Basis für seine Urteile zur Lage von negativen und positiven Zahlen sowie der Null – die für ihn eine positive Zahl ist *(SU-Tvor42)* – darzustellen. Das inferentielle Netz scheint im Kontext Temperaturen verwurzelt und hieraus zu entspringen.

Die ***Fokussierungsebenen*** der bis hierher dargestellten Elemente des inferentiellen Netzes sind sehr stark miteinander verknüpft. Neben dem *Kontext*, der – wie oben dargestellt – eine besondere Bedeutung für Tom zu haben scheint, nutzt der Schüler vielfach eine *ordinale Fokussierungsebene*. Dies erfolgt bspw. durch die Bezugnahme auf das Thermometer, an dem die Zahlen über oder unter null liegen (bspw. *SU-Tvor10a*), durch eine waagerechte/schräge Anordnung der Zahlen (bspw. *SF-Tvor02*) oder durch die Darstellung der Zahlen an einer waagerechten Zahlengerade (bspw. *SF-Tvor50*). Eine unterschiedliche Raumlage der ordinalen Anordnung der Zahlen – waagerecht, senkrecht oder schräg – scheint für Tom keine Hürde darzustellen: Es gelingt ihm ohne einen expliziten Verweis, die Raumlage der ordinalen Anordnung zu wechseln: „Oben" entspricht „rechts" (vgl. *SU-Tvor10a* und *SU-Tvor48*), „unten" entspricht „links" (vgl. *SU-Tvor02b* und *SU-Tvor47*). Während einige Urteile daneben ausschließlich die formal-symbolische Fokussierungsebene betreffen (bspw. *„-a (a ∈ ℕ) ist eine Minuszahl"*, *SU-Tvor06a*), da für sie keine Verbindung zu Kontext oder ordinaler Anordnung rekonstruiert werden kann, verbinden andere Urteile zwei oder drei Fokussierungsebenen. Die Festlegung *„Zahlen, die am Thermometer über null sind, sind normale Zahlen <u>und keine</u> Minuszahlen" (SF-Tvor15)* hat z. B. Einflüsse aller drei zuvor erwähnten Fokussierungsebenen: durch den Verweis auf das Thermometer (kontextuelle Fokussierungsebene), durch den Verweis auf „über null" (ordinale Fokussierungsebene) und durch den Verweis auf normale als natürliche Zahlen sowie auf Minuszahlen (formal-symbolische Fokussierungsebene).

Hinsichtlich einer ***Tragfähigkeit aus fachlicher Perspektive*** zeigt sich, dass die Urteile, die für Tom zu negativen und positiven Zahlen sowie zu deren Lage an der Zahlengerade rekonstruiert werden können, dieses Kriterium bis auf die Zuordnung der Null zu den positiven Zahlen *(SU-Tvor42)* erfüllen.

Vor dem Hintergrund des Zeitpunktes im Lernprozess *vor* der unterrichtlichen Behandlung negativer Zahlen ist das inferentielle Netz, das für Tom zu negativen und positiven Zahlen und deren Lage rekonstruiert werden kann, faszinierend. Tom hat – im Unterschied zu Nicole – bezüglich der Lage der negativen Zahlen bereits ein reichhaltiges Netz an Urteilen und Fokussierungen entwickelt, welches durch unterschiedliche Darstellungen gespeist wird und welches über den Zeitraum des Interviews stabil und konsolidiert wirkt. Die Urteile sind weitestgehend tragfähig, sie schließen gelungen an den Zahlbereich der natürlichen Zahlen an und sie sind anschlussfähig im Hinblick auf andere Zahlbereiche. In Zusammenhang mit der Fokussierung auf negative Zahlen, die er selbst „Minuszahl" nennt, wird ersichtlich, dass er das Minuszeichen bereits als Zahlzeichen deuten kann und dass er die Zahl mit ihrem Zahlzeichen bereits als eine Einheit, als ein eigenständiges Objekt, in den Blick nehmen und benennen kann. Der Kontext Temperaturen scheint einen wesentlichen Erfahrungsbereich hierfür darzustellen.

6.3.2 Temperaturvergleiche und die Größe der Zahlen

Nachdem Toms inferentielles Netz mit Fokus auf die *Lage* der Zahlen betrachtet wurde, werden im Folgenden jene Elemente hervorgehoben, die sich auf *Temperaturvergleiche* an der Zahlengeraden beziehen und bei denen Tom seine Erfahrungen aus dem lebensweltlichen Kontext Temperaturen gebraucht, um Urteile über die *Größe* der Zahlen zu treffen.

Einen Einblick in Toms Rückgriff auf lebensweltliche Erfahrungen ermöglicht ein Blick auf Toms Erläuterung dazu, warum bei 6 und -9 die 6 die größere Zahl ist:

15 T *(nimmt die Karten entgegen, hält sie in den Händen, wobei die Karte der 6 rechts ist, schaut sie kurz an und antwortet sehr schnell)* Die Sechs. (*schaut zur Interviewerin*) *[A]Das ist wieder wie grade ebend.*[E] *(lächelt, bewegt leicht die Karte der 6 in Richtung der Interviewerin und nickt ihr leicht zu)*

16 I Mhm. *(nickt leicht)*

17 T (*4 sec*) *(legt die Karten ab, dabei liegt die Karte der 6 rechts, schaut auf die Karten)*

18 I Sagst du das nochmal‘, von grade ebend?

19 T Also grade e,bend, *(nimmt erst beide Karten in die Hände, lässt dann aber die Karte mit 6 doch liegen und hält die Karte mit -9 in der linken Hand)* *[A]beim Thermometer ist ja*[E] *(bewegt die rechte Hand erst nach links, dann zurück nach rechts)* d wenn die Zahlen unter null sind *(legt die Karte mit der -9 wieder ab)* dann sind die, em, *[A]knapp unter dem Gefrierpunkt*[E] *(macht eine nach oben geöffnete Faust mit der rechten Hand und zeigt damit erst auf eine Stelle auf dem Tisch, dann an eine Stelle weiter links unten und dann wieder auf die Ursprungsstelle)*, *[A]und, beim*[E] *(nimmt kurz die Karte mit der 6 auf und legt sie wieder ab)*, *[A]über null*[E] *(macht eine lockere nach oben geöffnete Faust und fährt einer Stelle auf dem Tisch nach schräg rechts oben)*, *[A]sind sie dann halt, normale Zahlen.*[E] *(hält die Karte der 6 in der Hand, allerdings nur so hoch, dass ihr unterer Rand noch den Tisch berührt und legt sie dann wieder ab)* *[A]Und keine Minuszahlen.*[E] *(kratzt sich an der Nase und schaut dann zur Interviewerin)*

Die Fokussierungen, die im Zusammenhang mit dem Kontext Temperaturen stehen, sind auch in dem im Folgenden dargestellten Ausschnitt von Toms inferentiellem Netz dominierend. Der Kontext Temperaturen scheint für ihn subjektiv bedeutsam zu sein und die Urteile, die Tom aus diesem lebensweltlichen Kontext speist, hängen wesentlich mit seiner Ordnungsrelation zusammen, welche sich – aus fachlicher Perspektive betrachtet – an den Beträgen der Zahlen orientiert. Daher werden an dieser Stelle jene Teile des inferentiellen Netzes, die stärker im Zusammenhang mit einem Größenvergleich und gleichzeitig mit einer geteilten Ordnungsrelation stehen, hervorgehoben, bevor im nachfolgenden Abschnitt dargelegt wird, welche inferentiellen Relationen jeweils in den

Situationen, die größere zweier Zahlen zu bestimmen, zugrunde liegen. Die Abbildung 6.39 gibt einen Überblick hierzu und dient für die sich anschließende Erläuterung als Grundlage.

Fokussierungen und Fokussierungsebenen

Der vorliegende Ausschnitt des inferentiellen Netzes ist maßgeblich durch den ***Kontext Temperaturen*** geprägt. Jedes Urteil und jede Festlegung, die rekonstruiert werden können, haben einen Bezug zur kontextuellen Fokussierungsebene, als sie je mindestens eine Fokussierung haben, die im Kontext Temperaturen verortet ist. Bezüglich der vorgenommenen Fokussierungen können folgende Gruppen grob unterschieden werden:

Zum einen nimmt Tom jene bereits genannten Fokussierungen vor, die sich auf den Kontext Temperaturen beziehen (Abb. 6.39 oben Mitte) und sich somit auf ***kontextueller Fokussierungsebene*** befinden. Die Fokussierung auf *null Grad* entspricht im Wesentlichen der Fokussierung auf den Gefrierpunkt, die bereits zuvor rekonstruiert werden konnte. Die Formulierung „null Grad" entspricht der hier anderen Wortwahl des Schülers („null Grad" in Turn 47, „Gefrierpunkt" in Turn 19), die diesen Fokus leicht verlagert. Die Fokussierung *Thermometer* wird rekonstruiert, wenn er sich im Rahmen eines Urteils auf das Thermometer bezieht (bspw. *„Wenn es am Thermometer im Minusbereich kälter wird, dann steigen die „Zahlen"" (SF-Tvor29a)*). Die Fokussierung *Temperaturvergleiche bzw. -veränderungen* ist von Bedeutung, wenn der Schüler sich verändernde Temperaturen betrachtet oder zwei Temperaturen vergleicht – dies steht in der Regel in Zusammenhang mit dem Urteil darüber, wo es „kälter" oder „wärmer" ist (bspw. *„Wo es bei Minuszahlen kälter ist, da ist es größer", SF-Tvor29*).

Daneben sind Fokussierungen, die sich auf eine ***ordinale Anordnung*** der Zahlen beziehen, bedeutsam. Hierzu zählen, wie bereits in dem inferentiellen Netz zur Größe der Zahlen, die Fokussierungen *Lage an der waagerechten Zahlengerade*, die *waagerechte ordinale Anordnung*, der *Minusbereich* sowie der *Plusbereich* (vgl. Kap. 6.3.1).

Darüber hinaus sind Fokussierungen bedeutsam, die sich auf den Absolutwert der Zahlen beziehen. Tom bezeichnet diesen teilweise als den „Zahlenwert" (Turn 71) bzw. als den „Wert" (Turn 73): Mit der Fokussierung *Absolutwert der negativen Zahlen* fokussiert Tom auf die negativen Zahlen unabhängig von ihrem Zahlzeichen, er klammert dieses für die Betrachtung gewissermaßen aus, nimmt die Zahl losgelöst davon in den Blick und urteilt darüber, ob sie größer oder kleiner ist bzw. wird. Die Fokussierung auf den *Absolutwert der negativen Zahlen* steht in Zusammenhang mit einer entsprechenden Fokussierung auf den *Absolutwert der natürlichen Zahlen*, bei der Tom entsprechend den Zahlenwert der natürlichen Zahlen betrachtet, um über das Größer- bzw. Kleiner-Werden zu urteilen. Der Zusammenhang zwischen diesen beiden Fokus-

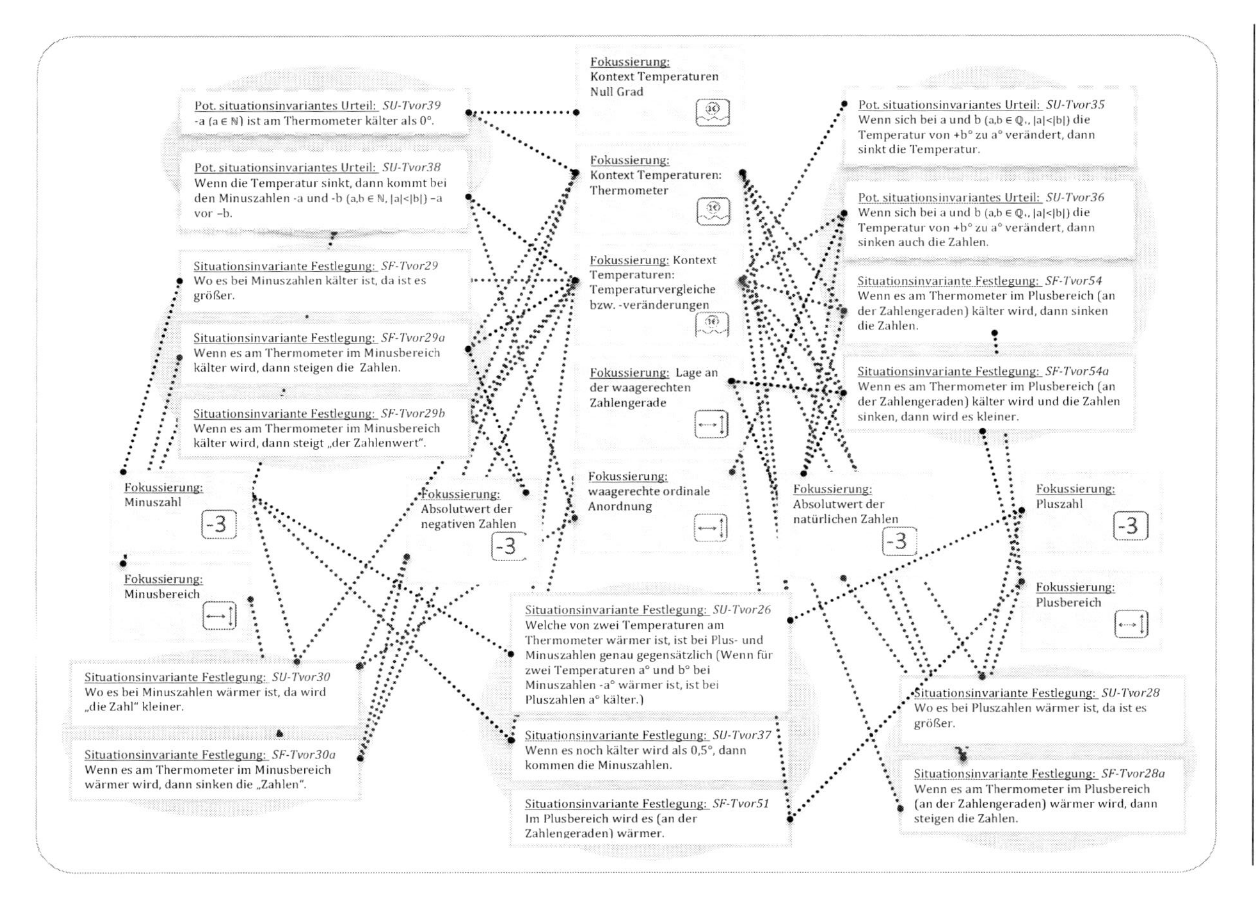

Abbildung 6.39 Inferentielles Netz Ordnung ganze Zahlen – Temperaturvergleiche und die Größe der Zahlen

sierungen wird bei der Erörterung der Urteile im Folgenden ausgeführt. Die Fokussierungen auf den Absolutwert von Zahlen werden auf formal-symbolsicher Fokussierungsebene angeordnet, da diese offenbar Toms Vorwissen aus dem arithmetischen Bereich entspringen und kein empirischer Beleg für eine ordinale oder kardinale Mengenebene vorliegt.

Die drei Gruppen von Fokussierungen bilden die Grundpfeiler für den rekonstruierten Ausschnitt des inferentiellen Netzes zur Größe der Zahlen im Zusammenhang mit Temperaturvergleichen.

Urteile

Im Folgenden werden die mit den Fokussierungen zusammenhängenden rekonstruierten Urteile dargelegt. Mit diesen wird eine eingehendere Betrachtung des inferentiellen Netzes von Tom ermöglicht.

Diese Urteile, die allesamt einen Bezug zur kontextuellen Fokussierungsebene aufweisen, werden im Folgenden gruppiert dargestellt und erläutert, um eine optimale Nachvollziehbarkeit zu gewährleiten. Die Urteile können grob unterteilt werden in Urteile, welche...

- ... sich auf das *Kälter-Werden* im *Plusbereich* beziehen (Ellipse oben rechts),
- ... sich auf das *Wärmer-Sein oder -Werden* im *Plusbereich* beziehen (Ellipse unten rechts),
- ... sich auf die Temperatur unter null Grad und die Reihenfolge der Zahlen beim Sinken der Zahlen beziehen (Ellipse oben links),
- ... sich auf das *Kälter-Sein oder -Werden* der Zahlen im *Minusbereich* beziehen (Ellipse links mittig),
- ... sich auf das *Wärmer-Sein oder -Werden* der Zahlen im *Minusbereich* beziehen (Ellipse unten links), sowie
- ... einen *Zusammenhang* zwischen den Temperaturen im *Plus- und Minusbereich* herstellen (Ellipse unten mittig).

Die Festlegungen, dass es im Plusbereich an der Zahlengeraden wärmer wird *(SF-Tvor51)* bzw. dass die Minuszahlen kommen, wenn es noch kälter als 0,5° wird *(SF-Tvor37)*, verweisen auf einen tragfähigen Zusammenhang zwischen dem positiven und dem negativen Zahlbereich hinsichtlich der Temperaturveränderungen und deuten darauf hin, dass Tom bzgl. der Temperaturveränderungen eine einheitliche Ordnung vorzunehmen scheint.

Für die Betrachtung der Temperatur im ***,Plusbereich'*** können für Tom die Urteile rekonstruiert werden, dass eine Veränderung der Temperaturen von +b° zu a° ($a,b \in \mathbb{Q}_+$, $|a|<|b|$) ein ***Sinken*** der Temperatur bedeutet *(SU-Tvor35)* und dass in diesem Zuge nicht nur die Temperatur, sondern auch die Zahlen sinken *(SU-Tvor36)*. Er legt sich zudem darauf fest, dass die Zahlen sinken, wenn es im Plusbereich kälter wird *(SF-Tvor54)* und dass es in diesem Fall kleiner wird

(SF-Tvor54a) – wobei er sich mit „es" abermals auf die Zahlen zu beziehen scheint. In materialer Kompatibilität hierzu legt Tom sich darauf fest, dass die Zahlen ***steigen***, wenn es am Thermometer im Plusbereich wärmer wird *(SF-Tvor28a)* und dass es dort, wo es größer ist, wärmer ist *(SF-Tvor28)*. Alle Urteile, die sich auf den positiven Zahlbereich beziehen, sind tragfähig. Das Herstellen eines Zusammenhangs zwischen Temperaturveränderungen und der Größe der Zahlen geht mit einer Fokussierung auf natürliche Zahlen, insbesondere auf ihren *Absolutwert,* den Tom teilweise als „Wert" der Zahl benennt (bspw. Turn 73), einher: Diese Fokussierung für die natürlichen Zahlen hat eine zentrale Rolle für Toms inferentielles Netz, als er die Fokussierung auf den Absolutwert auch für negative Zahlen zu gebrauchen scheint (s. u.).

Für die Fokussierung auf ***‚Minuszahlen'*** kann für Tom hinsichtlich der Betrachtung von Temperaturen das Urteil rekonstruiert werden, dass Zahlen der Form -a ($a \in \mathbb{N}$) kälter sind als 0° *(SU-Tvor39)*. In Bezug auf Temperaturvergleiche bzw. -veränderungen urteilt er, dass beim Sinken der Temperatur bei zwei Zahlen der Form -a und -b ($a,b \in \mathbb{N}$, $|a|<|b|$) die Zahl -a eher kommt als die Zahl -b *(SU-Tvor38)*. Hinsichtlich der *Größe* der Zahlen im Zuge von Temperaturvergleichen bzw. -veränderungen ist, ebenso wie für positive Zahlen, für Tom die *Größe der Zahlen ohne Vorzeichen* von zentraler Bedeutung. Er legt sich darauf festlegt, dass die Zahlen, wenn es im Minusbereich ***kälter*** wird, steigen *(SF-Tvor29a)*, dass der Zahlenwert dabei steige *(SF-Tvor29b)* und dass es dort, wo es kälter ist, größer ist *(SF-Tvor29)*. Entsprechend legt er sich darauf fest, dass dort, wo es ***wärmer*** ist, die Zahl kleiner werde *(SF-Tvor30)* und dass beim Wärmer-Werden die Zahlen sinken *(SF-Tvor30a)*.

Diese Festlegungen spiegeln eine geteilte Ordnungsrelation wider: Während ein Steigen der Temperaturen im positiven Zahlbereich die Zahlen größer werden lässt, lässt ein Steigen der Temperaturen im negativen Zahlbereich die Zahlen kleiner werden. Entscheidend ist hierfür die Fokussierung auf den Absolutwert für die Zahlen im negativen Zahlbereich die mit einer entsprechenden Analogie der Fokussierungen auf den Absolutwert der natürlichen Zahlen (für den positiven Zahlbereich) einherzugehen scheint. Die Festlegung *„Welche von zwei Temperaturen am Thermometer wärmer ist, ist bei Plus- und Minuszahlen genau gegensätzlich. (Wenn für zwei Temperaturen a° und b° bei Minuszahlen -a° wärmer ist, ist bei Pluszahlen a° kälter.)" (SF-Tvor26)* gibt einen Hinweis darauf, dass er die genannte Diskontinuität selbst wahrzunehmen scheint.

Die Erfahrungen, die der Schüler hinsichtlich der Temperaturveränderungen im lebensweltlichen Kontext gemacht hat, scheinen ihm u. a. zur Beschreibung dessen zu dienen, wie die Größe der Zahlen sich bei Temperaturveränderungen im negativen Zahlbereich ändert. Die geteilte Ordnungsrelation erweist sich für den Vergleich von Temperaturen für Tom als tragfähig und sinnvoll: Bei negativen Temperaturen wird für das Bestimmen der größeren Zahl betrachtet, welche Temperatur *kälter* ist – bei positiven entsprechend, welche Temperatur *wärmer* ist. Dass es neben der von ihm vorgenommenen Ordnung eine weitere Möglichkeit im Sinne einer einheitlichen Ordnung gäbe, scheint er nicht wahrzunehmen – es gibt aus seiner individuellen Perspektive auch keine Notwendigkeit, eine Umorientierung zu einer einheitlichen Ordnungsrelation vorzunehmen, da die geteilte Ordnungsrelation für den Kontext tragfähig ist. Die Erfahrungen im lebensweltlichen Kontext Temperaturen scheinen für Tom einen viablen Ausgangspunkt für die Entwicklung eines Begriffs der negativen Zahl darzustellen. Die Fokussierungen und Urteile, die Tom aus den kontextuellen Vorerfahrungen nutzt, spiegeln eine geteilte Ordnungsrelation wider. Für die Entwicklung einer einheitlichen Ordnungsrelation sind weitere oder andere Fokussierungen notwendig.

Für die Analyse der Ordnungsrelation bei Tom kann unterschieden werden, ob die *Lage* der Zahlen, die *Temperaturen* oder die *Größe* der Zahlen verglichen werden:

Hinsichtlich der ***Lage der Zahlen*** an der Zahlengeraden und am Thermometer verweist das rekonstruierte inferentielle Netz durch seine Vernetzung, seine Kompatibilität und Stabilität auf eine Sicherheit Toms im Anordnen der Zahlen. Die Anordnung, die er wählt, ist aus fachlicher Perspektive tragfähig und er scheint diesbezüglich sicher zu sein.

In Bezug auf ***Temperaturvergleiche*** scheint Tom auch sicher: Er kann für den positiven und negativen Zahlbereich angeben, wann es kälter und wärmer ist und wird. Hierauf deuten Urteile wie *„Bei -a und -b* ($a,b \in \mathbb{N}$, $|a|<|b|<5$) *ist am Thermometer -a° ein bisschen wärmer als -b°“ (SU-Tvor25)*, *„Bei a und b* ($a,b \in \mathbb{N}$, $|a|<|b|<5$) *ist am Thermometer a° ein bisschen kälter als b°“ (SU-Tvor27)*, *„Wenn sich bei a und b* ($a,b \in \mathbb{Q}_+$, $|a|<|b|$) *die Temperatur von +b° zu a° verändert, dann sinkt die Temperatur“ (SU-Tvor35)* oder *„Im Plusbereich wird es (an der Zahlengerade) wärmer“ (SF-Tvor51)*. Zwischen der Lage der Zahlen und der Höhe der Temperatur scheint Toms Urteilen implizit eine eindeutige Zuordnung in Form des Urteils „Je höher die Zahl am Thermometer/der Zahlengeraden ist, desto wärmer ist die Temperatur“ zugrunde zu liegen. Tom scheint ebenso wie für die Lage der Zahlen auch für die Wärmer- und Kälter-Relation über lebensweltliche Erfahrungen zu verfügen, aus denen heraus er tragfähige Urteile treffen kann.

Hinsichtlich der ***Größe der Zahlen*** in Zusammenhang mit ihrer Lage und der Höhe der Temperatur weist das inferentielle Netz Toms aus fachlicher Perspektive auf eine *geteilte Ordnungsrelation* hin: Die Festlegungen, dass die Zahlen unter null generell kleiner sind als die Zahlen über null *(SF-Tvor09)* und es entsprechend im Plusbereich wärmer ist *(SF-Tvor51)*, stellen zwar augenscheinlich Hinweise für eine einheitliche Ordnung der ganzen Zahlen der Form „Je höher/je wärmer, desto größer ist die Zahl“ dar; Urteile wie *„Wenn es am Thermometer im Minusbereich kälter wird, dann steigen die „Zahlen““ (SF-Tvor29a)* sowie *„Wo es bei Minuszahlen wärmer ist, da wird „die Zahl“ klei-*

ner" (SF-Tvor30) deuten jedoch darauf hin, dass Tom für *negative Zahlen* ein implizites Urteil der Form „Je höher bzw. je wärmer, desto ***kleiner*** ist die Zahl" eingeht. Für positive Zahlen scheint hingegen ein Urteil der Form „Je höher/je wärmer, desto ***größer*** ist die Zahl" (vgl. bspw. *SF-Tvor28, SU-Tvor27*) zugrunde zu liegen. Zwischen den Ordnungsrelationen für diese beiden Klassen von Situationen (zwei negative vs. zwei positive Zahlen vergleichen) besteht aus fachlicher Perspektive eine ***Diskontinuität,*** die ersichtlich wird, als Tom sich darauf festlegt, dass bei -1 und -9 die -9 größer ist *(SU-Tvor16)*, während bei 0 und -9 hingegen die 0 größer ist *(SU-Tvor40a)*. Diese Diskontinuität entsteht, weil für Tom null eine positive Zahl ist *(SF-Tvor42)* und er somit bei 0 und -9 eine positive und eine negative Zahl vergleicht, während er bei -1 und -9 – einhergehend mit der Fokussierung auf den *Absolutwert der negativen Zahlen* – zwei negative Zahlen vergleicht.

Die Unterscheidung der Betrachtung der Lage der Zahlen, der Auswirkung auf die Höhe der Temperatur und der Auswirkung auf die Größe der Zahlen ist an dieser Stelle hilfreich, um im Detail verstehen zu können, warum Tom von einer geteilten Ordnungsrelation ausgeht.

6.3.3 Die individuellen Klassen von Situationen

Für das Bestimmen der größeren zweier Zahlen können anhand der rekonstruierten Fokussierungen, Urteile und Inferenzen für Tom drei individuelle Klassen von Situationen rekonstruiert werden, die seine Herangehensweisen prägen. Die Inferenzen, die Tom für das Bestimmen der größeren Zahl in den drei Klassen von Situationen gebraucht, stehen in Zusammenhang mit der zuvor dargestellten Ordnungsrelation Toms: Je nachdem ob zwei positive, zwei negative oder eine positive und eine negative Zahl vorliegen, werden unterschiedliche Begründungen angeführt. Im Folgenden wird dargelegt, welche Urteile für Tom in Bezug auf das Bestimmen der größeren je zweier Zahlen rekonstruiert werden können, insbesondere wie er praktisch begründet. Die hierfür maßgeblichen Inferenzen sind in Abbildung 6.40 dargestellt und werden im Folgenden sukzessiv erläutert.

Eine der für Tom rekonstruierten individuellen Situationsklassen ist jene, ***bei a und -b (a,b ∈ ℕ) die größere Zahl zu bestimmen.*** Tom scheint die Situationen, 12 und -15 sowie 6 und -9 in eine gleiche Klasse von Situationen zu kategorisieren, was er in der Situation, bei 6 und -9 die größere zu bestimmen, explizit durch ein *„Das ist wie grade ebend" (Turn 15)* als Verweis auf die vorhergehende Situation zum Ausdruck bringt. Auch kompatible Urteile und Fokussierungen weisen darauf hin. Daneben gehört auch die Situation, bei +9 und -9 die größere Zahl zu bestimmen, offenbar zu dieser Klasse von Situationen.

Tom urteilt für diese Klasse von Situationen: *„Bei a und -b (a,b ∈ ℕ, |a|<|b|) ist a größer" (SU-Tvor01) bzw. „Bei +a und -a (a ∈ ℕ) ist +a größer als -a" (SU-Tvor52).* Als Gründe gibt er in Kombination *SF-Svor02* und *SU-*

Tvor03 an, die er durch ein „und" zu einer gemeinsamen Prämisse für die Konklusion *SU-Tvor01* gliedert. Diese inferentielle Relation ist in *SU-Tvor04* festgehalten: *„Bei a und -b (a,b ∈ ℕ, |a|<|b|) ist a größer, weil Minuszahlen unter null sind und a eine ganz normale Zahl ist" (SU-Tvor04)*. Grundlegend scheint die o. g. Relation „Jede Pluszahl ist größer als jede Minuszahl" (vgl. Kap. 6.3.2).

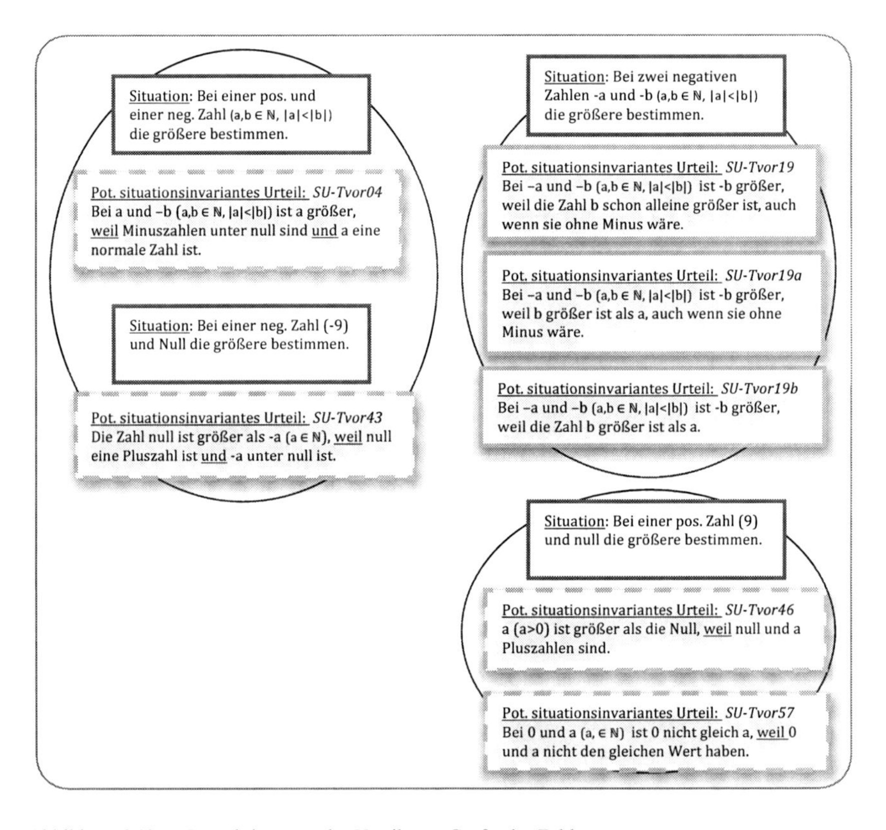

Abbildung 6.40 Berechtigungen der Urteile zur Größe der Zahlen

Auch die Situation, bei -9 und 0 die größere Zahl zu bestimmen, scheint Tom in diese Klasse von Situationen einzuordnen: Ausschlaggebend ist hierfür, dass er sich darauf festlegt, dass die Null eine Pluszahl ist *(SU-Tvor42)*. Somit liegen mit 0 und -9 je eine positive und eine negative Zahl vor, womit die Situation in diese Klasse von Situationen eingeordnet werden kann, in der eine positive und eine negative Zahl verglichen werden. Tom nutzt die Urteile *SF-Tvor42 („Null ist eine Pluszahl")* sowie *SU-Tvor02c („-a ($a \in \mathbb{N}$) ist unter null")* – verknüpft durch ein „und" – gemeinsam als Prämisse für die Konklusion, dass die Zahl null größer ist als -a ($a \in \mathbb{N}$). Dies ist als Inferenz in *SU-Tvor43* festgehalten: *„Die Zahl null ist größer als -a ($a \in \mathbb{N}$), weil null eine Pluszahl ist und -a unter null ist"* (vgl. Abb. 6.40).

Die Situationen, bei den Zahlen -27 und -31, bei -7 und -11 sowie bei -1 und -9 die größere Zahl zu bestimmen, scheint Tom in eine Klasse von Situationen zu ordnen, die darin besteht, ***bei -a und -b ($a,b \in \mathbb{N}$, $|a|<|b|$) die größere Zahl zu bestimmen.***[36] Dies wird bspw. dadurch ersichtlich, dass Tom in der Situation, in der er -7 und -11 betrachtet, äußert: *„ist wie grade ebend gewesen .. d die Zahlen sind wie grade ebend dass die eine Zahl größer ist als die andere. (4 sec) Elf ist auch größer als die Sieben" (Turn 25)*. In allen drei Situationen gebraucht er ähnliche Inferenzen, die stets als Konklusion beinhalten, dass bei -a und -b ($a,b \in \mathbb{N}$, $|a|<|b|$) -b größer ist *(SU-Tvor16)*. Es ist jeweils ausschlaggebend, dass die Zahl, die „alleine" bzw. ohne Minuszeichen größer ist, als größere Zahl gewählt wird. Wie bereits beschrieben, ist hierbei die Fokussierung auf den *Absolutwert der negativen Zahlen* – den „Zahlenwert" (vgl. Turn 71) – maßgeblich. Er nutzt als Prämisse die Urteile, dass die Zahl b schon alleine größer ist *(SU-Tvor17)* und dass b auch ohne Minus größer wäre als a *(SU-Tvor18, SU-Tvor18a)*, um jeweils die Konklusion, dass -b die größer Zahl ist *(SU-Tvor16)*, zu begründen. Die Urteile, die Tom als Prämissen gebraucht, sowie die inferentiellen Relationen zu *SU-Tvor16* sind in Abbildung 6.41 festgehalten (vgl. auch Abb. 6.40).

In der Situation, ***bei einer positiven Zahl und null die größere Zahl zu bestimmen***, urteilt Tom, dass die positive Zahl – hier 9 – größer ist *(„Bei 0 und a ($a \in \mathbb{N}$) ist a größer als 0", SU-Tvor44)* und begründet dies durch die Urteile, dass beide Zahlen Pluszahlen sind *(SU-Tvor45, SU-Tvor42)*. Welche Eigenschaft der positiven Zahlen es jedoch ist, die Tom dazu berechtigt, die 9 als größere der beiden positiven Zahlen zu bestimmen, wird nicht explizit. An anderer Stelle gibt er an, dass 0 und 9 nicht den gleichen Wert haben *(„0 und a ($a \in \mathbb{N}$) haben nicht den gleichen Wert", SU-Tvor56)*. Für dieses Urteil und die Inferenz *„Bei 0 und a ($a \in \mathbb{N}$) ist 0 nicht gleich a, weil 0 und a nicht den gleichen Wert haben" (SU-Tvor57)* kann eine Fokussierung auf die natürlichen Zahlen, im Speziellen auf den Absolutwert der natürlichen Zahlen rekonstruiert werden. Er scheint implizit zu urteilen, dass bei positiven Zahlen diejenige Zahl, die den größeren Zahlenwert hat, die größere Zahl ist.

---

36 In der Situation, in der Tom die Zahlen -1 und -4 vergleicht, scheint er sich für einen kurzen Augenblick an der Entfernung zur Null bzw. zur Fünf zu orientieren, wobei nicht eindeutig ersichtlich ist, ob er sich auf positive oder negative Zahlen bezieht (vgl. Turn 27). Anschließend scheint er diese Situation in die Klasse der übrigen Situationen zu integrieren, worauf die kompatiblen Urteile hinweisen.

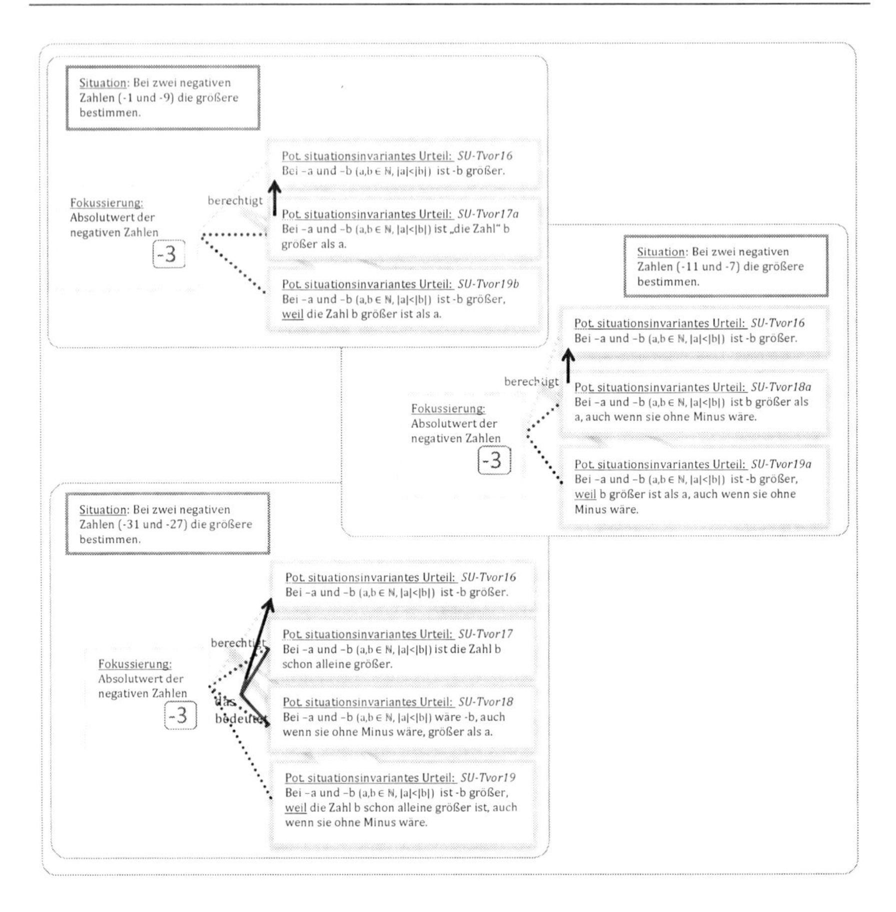

Abbildung 6.41 Inferenzen für das Bestimmen der größeren zweier negativer Zahlen

6.3.4 Ergebnisse aus Toms Vorinterview

Im Folgenden werden die Ergebnisse, die hinsichtlich der Forschungsfrage 1 (Über welche *inferentiellen Netze* verfügen die Schülerinnen im Zusammenhang mit dem Begriff der negativen Zahl – speziell mit der Ordnung?) aus der Analyse des Vorinterviews mit Tom erlangt werden können, zusammenfassend aufgeführt. Dazu wird zunächst das komplexe und bereits über die Klassen von Situationen konsistente inferentielle Netz beschrieben, bevor eine Darstellung der individuell unterschiedenen Klassen von Situationen erfolgt. Es schließt sich eine Darstellung jener verstehender Theorieelemente an, die aus dem Vorinterview mit Tom hinsichtlich einer geteilten Ordnungsrelation erlangt werden konnten.

Tom scheint – im Unterschied zu Nicole – bereits im Vorinterview über ein recht stabiles inferentielles Netz in Zusammenhang mit dem Begriff der negativen Zahl zu verfügen: Er kann negative Zahlen bereits als ‚Minuszahlen' benennen und aus seinem inferentiellen Netz Urteile schöpfen, mit denen er einen Größenvergleich von ganzen Zahlen vornimmt. Toms Beispiel zeigt, dass es offenbar durchaus Schülerinnen gibt, die bereits ein reichhaltiges und über weite Teile tragfähiges Netz von Fokussierungen, Urteilen, Festlegungen und Inferenzen im Zusammenhang mit negativen Zahlen *vor* einer unterrichtlichen Behandlung negativer Zahlen aufgebaut haben. Der Vergleich zwischen den beiden Fallbeispielen Nicole und Tom zeigt exemplarisch auf, wie groß die Bandbreite des Vorwissens der Schülerinnen sein kann. Die Analyse von Toms inferentiellem Netz gibt einen detaillierten Einblick in Sinnkonstruktion des Schülers und die aktivierten Vorerfahrungen.

Tom aktiviert für den Vergleich ganzer Zahlen vielfach lebensweltliche Vorerfahrungen, die sich an Fokussierungen wie die des *Thermometers*, des *Gefrierpunkts* und der *Temperaturvergleiche und -veränderungen* äußern. Der für sein inferentielles Netz dominierende ***Kontext Temperaturen*** stellt eine reichhaltige Quelle für viele tragfähige Urteile dar. Seinen Urteilen ist zu entnehmen, dass er das Thermometer, die positiven und negativen Zahlen daran, wie auch Temperaturveränderungen beobachtet hat *(vgl. SU-Tvor33)*. Es ist interessant, dass Tom das inferentielle Netz offenbar nicht etwa auf der Grundlage von Erklärungen anderer Personen, etwa ältere Geschwister, entwickelt zu haben scheint, sondern Erfahrungen aus dem lebensweltlichen Kontext Temperaturen aktiviert, um Urteile über die Größe ganzer Zahlen zu treffen. Die Dominanz des Kontexts Temperaturen für Toms inferentielles Netz ist interessant vor dem Hintergrund, dass es Forschungsergebnisse gibt, die aufzeigen, dass Schülerinnen den Kontext Temperaturen eher weniger für Begründungen gebrauchen (Human & Murray 1987, 441).

Es ist in diesem Zusammenhang faszinierend, dass Tom dazu in der Lage ist, zwischen formal-symbolischer, kontextueller und ordinaler Darstellung an der Zahlengerade zu wechseln. Es gelingt ihm insbesondere, Erfahrungen aus dem Kontext – bspw. zur Lage der Gradzahlen am Thermometer – im Hinblick auf die Lage der Zahlen an der Zahlengerade zu ***dekontextualisieren***. Dabei wechselt er überdies die Raumlage der Zahlengerade (waagerecht, senkrecht, schräg) flexibel. Dies zeigt, zu welchen Leistungen Schülerinnen mitunter bei der Begriffsbildung in der Lage sind. Dies ist interessant vor dem Hintergrund einer Untersuchung Murrays (1985, 149), die aufzeigte, dass bei Schülerinnen, die ohne eine Einführung negativer Zahlen formale Aufgaben lösten, keine der Schülerinnen das Modell der waagerechten Zahlengerade nutzte. Es war davon auszugehen, dass für den Zahlvergleich in Analogie dazu zu beobachten ist, dass die Schülerinnen nicht die waagerechte Zahlengerade, jedoch – wie die Schülerinnen in Murrays Untersuchung – eher die senkrechte Zahlengerade gebrauchen. Zudem ist der Gebrauch der Zahlengerade vor dem Hintergrund interessant, dass es in einer Untersuchung Malles (1988, 265) den Schülerinnen kaum gelang, sich insbesondere bei Begründungen vom Kontext Temperaturen zu lösen.

Während Mukhopadhyay et al. (1990, 281) feststellen: „However, in the case of negative numbers, it is not entirely clear what everyday experiences could serve as the basis for the development or relevant concepts", liefert die Reichhaltigkeit von Toms inferentiellem Netz einen Anhaltspunkt dafür, dass der Kontext Temperaturen offenbar einen fruchtbaren Boden für die Ausbildung eines inferentiellen Netzes darstellt, in welchem negative Zahlen eine Rolle spielen. Dies unterliegt jedoch der Einschränkung, dass Schülerinnen über lebensweltliche Erfahrungen mit negativen Temperaturen verfügen müssen – es gilt vermutlich nur für Schülerinnen in Ländern, in denen Temperaturen unterhalb des Gefrierpunkts häufiger vorkommen (vgl. auch Borba 1995). Toms inferentielles Netz scheint darüber hinaus zu bestätigen, dass der Kontext der Temperaturvergleiche – ebenso wie der Kontext Autostraße (vgl. Bruno 1997, 13) – den Gebrauch einer dekontextualisierten Zahlengerade für diesen Schüler zu erleichtern scheint. Eine solche Nähe zur ordinalen Fokussierungsebene liegt in der Struktur des Kontexts begründet.

Über den Vergleich der Fallbeispiele Tom und Nicole wird ersichtlich, dass die ***Fokussierungsebenen*** (kontextuell, formal-symbolisch, ordinal, kardinal), auf die Schülerinnen vor einer unterrichtlichen Einführung beim Größenvergleich ganzer Zahlen zurück greifen, sehr unterschiedlich sein können. Für Tom ist neben der ***kontextuellen*** die ***ordinale*** Fokussierungsebene – im Speziellen die Zahlengerade – bedeutsam. Er beschreibt die Lage der negativen und positiven Zahlen sowie der Null mit verschiedenen Festlegungen auf tragfähige Weise. Darüber hinaus ist die ***formal-symbolische*** Fokussierungsebene in einige der rekonstruierten Fokussierungen, Urteile und Festlegungen involviert, als in diesem Zusammenhang bspw. die Bedeutung der Vorzeichen thematisiert wird. Die Ergebnisse für Tom als Fallbeispiel zeigen auf, dass es Schülerinnen gibt, für welche die kontextuelle und die ordinale Fokussierungsebene an der Zahlengeraden maßgeblich sind. Die Fokussierungsebenen von Toms inferentiellem Netz scheinen die Ergebnisse Bruno und Cabreras (2005, 39) zu stützen, nach denen Schülerinnen zum Ordnen ganzer Zahlen entweder einen *Kontext* oder die *Darstellung an der Zahlengerade* nutzen. In der Feinanalyse von Toms inferentiellem Netz konnte zudem beobachtet werden, dass er auf das *Vorzeichen* der Zahlen auf formal-symbolischer Ebene fokussiert. Auch dies kann mit einer der gefundenen Strategien Bruno und Cabreras (2005) in Zusammenhang gebracht werden, die als „Vorzeichen beachten" bezeichnet wurde.

In der Analyse von Toms inferentiellem Netz zeigte sich, dass dieses Netz – im Unterschied zu Nicoles inferentiellem Netz – über die individuellen Klassen von Situationen hinweg weitestgehend konsistent ist und dass er viele Urteile über Situationsklassen hinweg gebraucht. Er scheint über ein inferentielles Netz zu verfügen, aus welchem er für die unterschiedlichen Situationen flexibel Urteile aktivieren und nutzen kann, um die Wahl für die größere der beiden Zahlen zu begründen. Hieraus ergibt sich für den theoretischen Rahmen dieser Arbeit der Rückschluss, dass die Kompatibilität der Urteile kein hinreichendes Kriterium für das Auffinden individueller Situationsklassen ist. Es sind weitere Kriterien notwendig, um individuelle Situationsklassen voneinander abgrenzen zu können. Es stellte sich heraus, dass das explizite Benennen von Analogien zwischen Situationen zum Auffinden von Situationsklassen beiträgt. Zudem konnte beobachtet werden, dass die inferentiellen Relationen von besonderer Bedeutung für das Auffinden von Situationsklassen sind: In Situationen, die – bewusst oder unbewusst – einer Klasse von Situationen zugeordnet werden, wird vielfach analog begründet, warum die eine oder die andere Zahl größer ist. Diese analogen Inferenzen waren in der Analyse auffällig.

Über die Analyse des inferentiellen Netzes anhand der drei genannten Kriterien konnte eine Unterscheidung von drei individuellen ***Klassen von Situationen*** rekonstruiert werden. Die Klassen und die jeweiligen rekonstruierten Fokussierungen, Urteile und Inferenzen spiegeln wider, dass Tom eine ***geteilte Ordnungsrelation*** vornimmt. Dass eine solche von Schülerinnen häufig vorgenommen wird, ist durchaus bekannt, denn es „zeigte sich, dass ziemlich viele Schülerinnen und Schüler die spiegelbildliche Anordnung bevorzugen" (Malle 2007a, 54). Es bestätigt auch die Forschungsergebnisse Thomaidis und Tzanakis (2007), die bei 16jährigen Schülerinnen bei den meisten Schülerinnen eine Ordnungsrelation in Form einer geteilten Zahlengerade fanden. Im Rahmen dieser Arbeit können diese deskriptiven Erkenntnisse durch die Analyse mit dem Analyseschema detailliert werden und es können über diesen genauen Einblick verstehende Theorieelemente generiert werden. Im Folgenden werden die für die Klassen jeweils zentralen Urteile festgehalten (vgl. Tab. 6.2).

Tabelle 6.2 Klassen von Situationen Tom Vorinterview

Klasse von Situationen	**Situationen in Bezug auf die Zahlenwerte...**
a, -b (a, b ∈ ℕ)	12 und -15, 9 und -6, +9 und -9, 0 und -9
-a, -b (a, b ∈ ℕ)	-27 und -31, -7 und -11, -1 und -9 (-1 und -4)
0, a (a ∈ ℕ)	9 und 0

Die Analyse des inferentiellen Netzes für die jeweiligen Situationsklassen liefert Einblicke in die relevanten Fokussierungen und Urteile. Es konnte beobachtet werden, dass eine geteilte Ordnungsrelation mit je spezifischen Urteilen zur Ordnungsrelation in den von Tom unterschiedenen Klassen einhergeht.

In der Klasse, bei Zahlen der Form ***a und -b (a,b ∈ N)*** die größere Zahl zu bestimmen, vergleicht Tom je eine positive und eine negative Zahl. Er gibt jeweils die positive Zahl als größere Zahl an und gliedert dies inferentiell, indem er jeweils ein Urteil zur positiven und zur negativen Zahl verknüpft und als Berechtigung anführt. Er legt sich bspw. darauf fest, dass 12 größer ist als -15, weil Minuszahlen unter null sind und weil 12 eine normale Zahl ist *(SU-Dvor04)*. Dass er die Situation, 0 und -9 zu vergleichen, ebenfalls dieser Klasse zuordnet, steht mit der Festlegung in Zusammenhang, dass null eine positive Zahl ist (*„Null ist eine Pluszahl" (SF-Tvor42)*). Für diese Situationsklasse, einen Vergleich einer *positiven und einer negativen Zahl* vorzunehmen, kann die Ordnungsrelation in Form des zentralen Urteils „Jede Pluszahl ist größer als jede Minuszahl" festgehalten werden. Dieses erweist sich – trotz der geteilten Ordnungsrelation – als tragfähig.

Für das Bestimmen der größeren Zahl bei ***0 und a (a ∈ N)*** gibt Tom die positive Zahl als größere Zahl an, wenngleich er sich darauf festlegt, dass die Null auch eine positive Zahl ist. Er führt als Gründe hierfür an, dass 0 und 9 beide Pluszahlen seien (vgl. SU-Tvor46) und dass sie nicht den gleichen Wert haben (vgl. SU-Tvor57), und es scheint auch hier der *Absolutwert* der positiven Zahl zu sein, der als Fokussierung handlungsleitend ist. Für die Situationsklasse, *zwei positive Zahlen* zu vergleichen, liegt eine Ordnungsrelation vor, die mit dem zentralen Urteil „Je höher die Zahl an der Zahlengeraden, desto größer ist sie" festgehalten werden kann, welches ebenfalls tragfähig ist.

In der Klasse, bei Zahlen der Form ***-a und -b (a,b ∈ N, |a|<|b|)*** die größere Zahl zu bestimmen, fokussiert er jeweils auf den *Absolutwert der negativen Zahlen* auf vorwiegend formal-symbolischer Fokussierungsebene. Er urteilt jeweils, dass die Zahl mit dem größeren Absolutwert die größere Zahl ist und begründet entsprechend. Es kann vermutet werden, dass Tom eine Fokussierung auf den Absolutwert in Anlehnung an Größenvergleiche von natürlichen Zahlen vornimmt und dass er die Fokussierung auf natürliche Zahlen bzw. ihren Absolutwert nun in die Situation, Größenvergleiche für negative Zahlen vorzunehmen, transferiert. Auch die Erfahrungen mit Temperaturvergleichen scheinen dies zu stützen: Für negative Zahlen wird die Zahl als größer erachtet, die *kälter* ist. Die Ordnungsrelation für diese Klasse, die mit dem zentralen Urteil „Je höher die Minuszahl an der Zahlengeraden, desto kleiner ist sie" festgehalten werden kann, erweist sich für den Kontext der Temperaturen als viabel und hierfür tragfähig – es liegt dabei jedoch eine *geteilte Ordnungsrelation* zugrunde, welche mit einer *Fokussierung auf den Absolutwert der negativen Zahlen* in Zusammenhang steht.

Da die zentralen Urteile in den Situationsklassen, bei zwei positiven oder einer positiven und einer negativen Zahl die größere Zahl zu bestimmen, zu

Ergebnissen führen, die aus fachlicher Perspektive richtig und tragfähig sind, erweist sich die Betrachtung der Klasse von Situationen, bei *zwei negativen Zahlen* die größere zu bestimmen, sowie ihre Wechselwirkung mit den anderen Situationsklassen als besonders aussagekräftig und spannend, um erklärende und präskriptive Theorieelemente für das Vorliegen einer geteilten Ordnung und den Aufbau einer einheitlichen Ordnungsrelation zu generieren.

Aus der Feinanalyse für Toms Vorinterview können zudem Anhaltspunkte dazu erlangt werden, welche Umstrukturierungen hilfreich sein können, um eine Entwicklung von Fokussierungen und Urteilen anzuregen, die mit einer einheitlichen Ordnungsrelation einhergehen. Bei der Betrachtung der Ordnungsrelation für ganze Zahlen entsteht im Rahmen von Toms Vorinterview eine Diskontinuität, als Tom bei den Zahlen -9 und 0 und anschließend -9 und -1 die größere Zahl bestimmt, denn eine geteilte Ordnungsrelation birgt eine Diskontinuität: Während 0 größer ist als alle negativen Zahlen, ist -1 kleiner als alle anderen negativen ganzen Zahlen. Diese Diskontinuität entsteht aufgrund der Unterscheidung der Situationsklassen, zwei negative Zahlen oder eine negative Zahl mit null zu vergleichen, in denen für Schülerinnen bezüglich der Größe der Zahlen *unterschiedliche Urteile* gelten. Für eine Entwicklung einer einheitlichen Ordnungsrelation scheint das Erkennen dieser Diskontinuität eine mögliche Gelenkstelle darzustellen. Es ist denkbar, dass das Wahrnehmen der entstehenden Diskontinuität die Schülerinnen dazu anregt, die Ordnungsrelation zu hinterfragen. Tom scheint jedoch die Diskontinuität nicht zu erkennen oder sie scheint zumindest keinen Impuls für ihn darzustellen, die geteilte Ordnungsrelation zu hinterfragen. Dies scheint ein Indiz dafür zu sein, dass das Erkennen des Diskontinuität sowie dessen Thematisierung im Mathematikunterricht gezielt angeregt werden müssten, um eine einheitliche Ordnungsrelation zu fördern.

In Toms Vorinterview konnte – ebenso wie in Nicoles Nachinterview (vgl. Kap. 6.2.3) – beobachtet werden, dass für eine dezidierte Analyse der Ordnungsrelationen von Schülerinnen für ganze Zahlen die Fokussierungen und Urteile zur *Lage* der Zahlen an der Zahlengerade und jene zur *Größe* der Zahlen getrennt voneinander betrachtet werden müssen.

Betrachtet man die ***Tragfähigkeit*** des inferentiellen Netzes im Detail, so kann festgehalten werden, dass es Tom offenbar aus lebensweltlichen Erfahrungen im Kontext Temperaturen heraus gelingt, das Minuszeichen als Zahlzeichen zu deuten, negative und positive Zahlen sowie insbesondere die Null entsprechend der Konvention an der Zahlengeraden anzuordnen und tragfähige Urteile über Temperaturveränderungen zu treffen. Ihm gelingt in diesem Zusammenhang auch eine Dekontextualisierung seiner Urteile und Fokussierungen aus dem Zusammenhang mit dem Thermometer, indem er die Urteile mühelos auf die waagerecht angeordnete Zahlengerade überträgt. Einzig die Zuordnung von der Lage der Zahlen zur Größe, welche im Kontext für Tom tragfähig ist, ist aus *fachlicher* Perspektive noch nicht tragfähig, da er – dem Umgang mit natürlichen Zahlen entsprechend – auf die *Absolutwerte der negativen Zahlen* fokussiert und entsprechend von einer geteilten Ordnungsrelation ausgeht.

6.4 Feinanalyse für Toms Nachinterview

Im Folgenden wird das inferentielle Netz erörtert, das für Tom im Rahmen der Transkriptanalyse des Nachinterviews rekonstruiert wurde. Zwischen dem Vor- und dem Nachinterview hat Tom an einer Unterrichtsreihe zur Einführung negativer Zahlen (Kap. 5.1, 3.2.3) teilgenommen.

Im Rahmen der für das *Vorinterview* dargestellten Analysen wurde zunächst ein Überblick über das inferentielle Netz von Tom gegeben. Es schloss sich eine Darstellung jener Inferenzen an, welche im Zuge des Bestimmens der größeren zweier Zahlen für die verschiedenen Klassen von Situationen bedeutsam waren. Für eine solche Zweiteilung war die Komplexität des inferentiellen Netzes ausschlaggebend. Eine geringere Komplexität aufgrund eines insgesamt geringeren Umfangs des im Rahmen des *Nachinterviews* rekonstruierten inferentiellen Netzes Toms ermöglicht es an dieser Stelle jedoch, das inferentielle Netz *einschließlich* der für die verschiedenen Situationen bedeutsamen *Inferenzen* darzustellen. Gleichzeitig ist es realisierbar, in der Abbildung des rekonstruierten inferentiellen Netzes auch die inferentellen Relationen darzustellen, welche als Relationen zwischen den Urteilen durch Pfeile illustriert werden.

Das inferentielle Netz, das für Tom im Rahmen des Nachinterviews für die vorliegenden Situationen rekonstruiert werden kann, weist über die einzelnen Klassen von Situationen hinweg eine hohe Kompatibilität und Vernetzung auf. Verschiedene Fokussierungen, wie bspw. die *Lage über null*, sind in mehreren Situationsklassen relevant und handlungsleitend. Darüber hinaus sind auch einige Urteile, wie bspw. *SU-Tnach11 („a (∈ ℕ) ist über null“)*, über Situationsklassen hinweg relevant und handlungsleitend – bspw. in der Klasse, bei einer positiven und eine negativen Zahl sowie bei null und einer negativen Zahl die größere Zahl zu bestimmen.

Die Darstellung in Abbildung 6.42 erfolgt zum einen gegliedert nach den Klassen von Situationen, die Tom bezüglich der Bestimmung der größeren zweier ganzer Zahlen zu unterscheiden scheint. Zudem erfolgt hierin eine Gruppierung der Fokussierungen, die Tom teilweise über die Klassen von Situationen hinweg gebraucht. Die Abbildung wird im Folgenden sukzessiv erläutert.

Die folgende Erläuterung der Abbildung 6.42 erfolgt in zwei Schritten: Zunächst wird jener Ausschnitt des inferentiellen Netzes behandelt, der sich auf die Klasse von Situationen, zwei negative Zahlen zu vergleichen, bezieht (Kap. 6.4.1). Anschließend werden die Elemente des inferentiellen Netzes dargelegt, die für Tom im Zusammenhang mit den Klassen von Situationen, eine positive und eine negative Zahl, eine negative Zahl und null, sowie eine positive Zahl und null zu vergleichen, rekonstruiert werden konnten (Kap. 6.4.2).

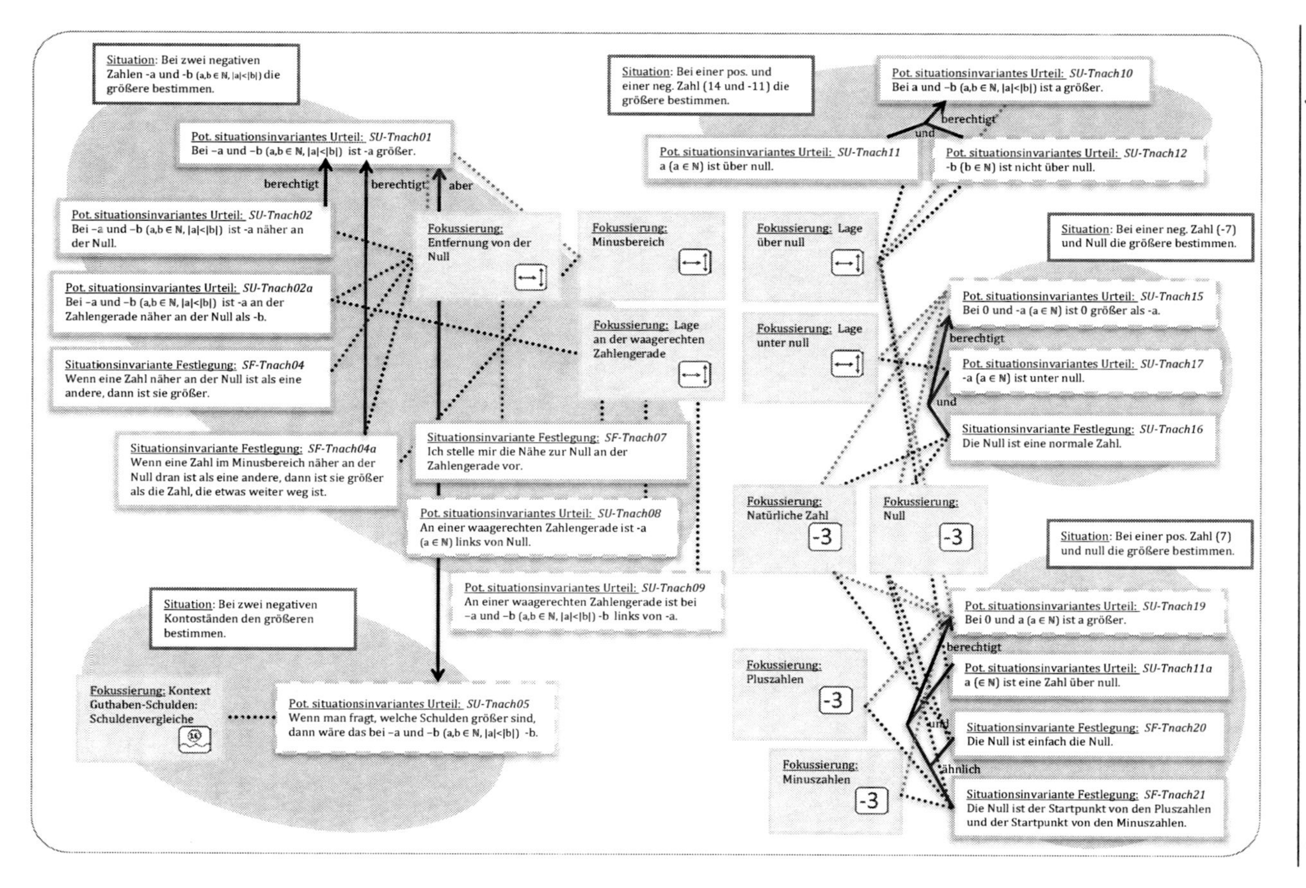

Abbildung 6.42 Inferentielles Netz Ordnung ganzer Zahlen

Eine Zweiteilung der Ausführungen bietet sich an, da die Fokussierungen und Urteile unterschiedliche Schwerpunkte haben: Während für die Klasse von Situationen, zwei negative Zahlen zu vergleichen, bspw. die Fokussierung *Entfernung von der Null* entscheidend ist, ist für die übrigen Situationsklassen vielmehr die Fokussierung auf die *Lage über bzw. unter null* maßgeblich.

6.4.1 Der Vergleich zweier negativer Zahlen

Tom scheint die Situationen, bei -8 und -12 sowie bei -28 und -33 die größere Zahl zu bestimmen, der gleichen Klasse von Situationen zuzuordnen. Hierauf verweisen identische und ähnliche Urteile *(SU-Tnach01, SF-Tnach04 und SF-Tnach04a, vgl.* Abb. 6.42), eine Kompatibilität der Urteile und Fokussierungen sowie die Äußerung „ich hab ja grade gesagt" in der Situation, bei -28 und -33 die größere Zahl zu bestimmen (vgl. Turn 14), die sich auf ein Urteil aus der vorherigen Situation bezieht. Eine Betrachtung der rekonstruierten Fokussierungen, Urteile und Inferenzen liefert Anhaltspunkte dafür, dass es sich um die Klasse von Situationen, ***bei -a und -b (a,b ∈ ℕ, |a|<|b|) die größere Zahl zu bestimmen***, handelt (vgl. Ellipse oben links in Abb. 6.42):

Die wesentliche von Tom vorgenommene Fokussierung scheint die ***Entfernung von der Null*** zu sein.

1 I Ich habe Dir, zwei Zahlen mitgebracht und möchte dass Du mir mal sagst, welche von beiden, ist größer. *(reicht Tom zwei übereinanderliegende Karten, auf denen steht: -8 bzw. -12)*

2 T *(Nimmt die Karten entgegen, hält sie nebeneinander in den Händen, wobei die Karte mit -12 in der linken Hand ist und schaut sie kurz an) (schnell)* Die minus Acht ist größer *[A]weil *(legt die Karten ab)* sie näher an der Null ist.*[E] *(hält das Papier fest, das vor ihm liegt) (5 sec) *[A]Ja und wenn eine Zahl näher an der Null ist dann ist sie größer*[E] (schiebt die beiden Karten so zusammen, dass sich die Kanten genau berühren)*

...

Die Festlegung *„Wenn eine Zahl näher an der Null ist als eine andere, dann ist sie größer" (SF-Tnach04)* sowie die im weiteren Verlauf rekonstruierte Festlegung *„Wenn eine Zahl im Minusbereich näher an der Null dran ist als eine andere, dann ist sie größer als die Zahl, die etwas weiter weg ist" (SF-Tnach04a)* zeigen auf, dass Tom für den Größenvergleich negativer Zahlen die Lage in Bezug auf die Null in den Blick nimmt und dass dabei eine Ordnungsrelation der Form *„Je näher an der Null, desto größer ist die Zahl"* zugrunde zu liegen scheint. Die Fokussierung auf den ***Minusbereich*** deutet darauf hin, dass sich diese Urteile auf negative Zahlen beziehen. Tom urteilt, dass bei zwei Zahlen -a und -b (a,b ∈ ℕ, |a|<|b|) -a näher an der Null ist *(SU-Tnach02)* bzw. dass -a an der Zahlengerade näher an der Null ist als -b *(SU-Tnach02a)*. Tom führt *SU-Tnach02* als Berechtigung für *SU-Tnach01* an, dass -a die größere Zahl ist. Die Inferenz ist in *SU-Tnach03* festgehalten: *„Bei -a und -b (a,b ∈ ℕ, |a|<|b|)*

ist -a größer, weil -a näher an der Null ist". Die zugrunde liegende Regel, dass eine Zahl dann größer ist, wenn sie näher an der Null ist als eine andere, macht Tom als Festlegung explizit (*SF-Tnach04*, siehe Interviewausschnitt, vgl. Abb. 6.43).

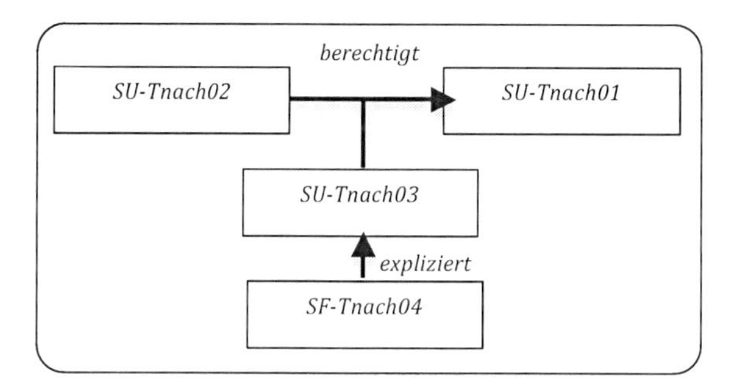

Abbildung 6.43 Inferentielle Gliederung (1)

An anderer Stelle führt Tom die Festlegung *SF-Tnach04a* als Berechtigung für das Urteil *SU-Tnach01* an (vgl. Abb. 6.44): Die Inferenz ist festgehalten als *„Bei -a und -b (a,b ∈ ℕ, |a|<|b|) ist -a größer, weil eine Zahl, wenn sie im Minusbereich näher an der Null dran ist als eine andere, größer ist" (SU-Tnach14)*

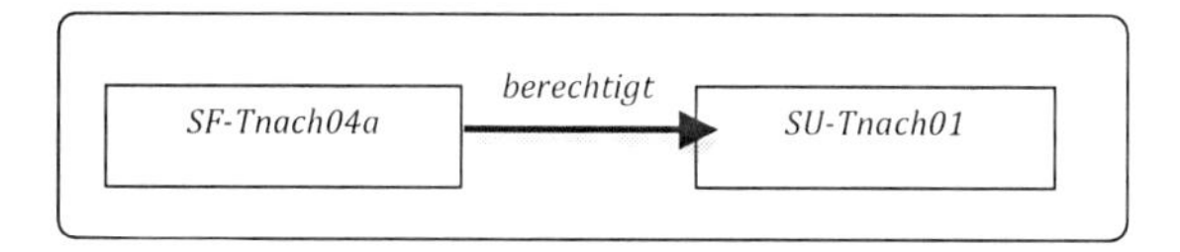

Abbildung 6.44 Inferentielle Gliederung (2)

Einhergehend mit der Fokussierung auf die Entfernung von der Null scheint für Tom auch die Fokussierung auf die *Lage an der waagerechten Zahlengerade* entscheidend. Darauf weist beispielsweise die Festlegung *„Ich stelle mir die Nähe zur Null an der Zahlengerade vor" (SF-Tnach07)* hin. Ausgehend von der Frage der Interviewerin, wie er sich die Nähe an der Null vorstelle, antwortete Tom *„Bei nem Diagramm also bei nem ner Zahlengerade', soll ich die aufzeichnen?" (Turn 4).* Er zeichnet daraufhin eine Zahlengerade, an der er die Zahlen -8 und -12 markiert (vgl. Abb. 6.45).

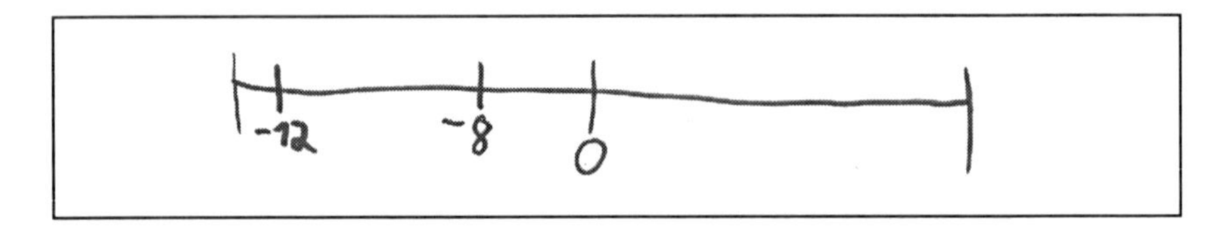

Abbildung 6.45 Zahlengerade Tom Nachinterview

In diesem Zusammenhang können die Urteile *„An einer waagerechten Zahlengerade ist -a (a ∈ ℕ) links von Null“ (SU-Tnach08)* sowie *„An einer waagerechten Zahlengerade ist bei -a und -b (a,b ∈ ℕ, |a|<|b|) -b links von -a“ (SU-Tnach09)* rekonstruiert werden. Die Urteile *SU-Tnach08* sowie *SU-Tnach09* stellen Anhaltspunkte dafür dar, dass Tom bezüglich der ***Lage*** der Zahlen über eine aus fachlicher Perspektive tragfähige Ordnungsrelation verfügt. Er scheint die negativen Zahlen entsprechend der Konvention *(für alle -a und -b (a,b ∈ ℕ, |a|<|b|) gilt: -b liegt links von -a.)* anzuordnen. Eine solche der fachlichen Perspektive entsprechende Zuordnung der Zahlen zu einer Lage an der Zahlengerade hatte er bereits im Vorinterview vorgenommen (vgl. Abschnitt 6.3.1).

Tom nimmt im Nachinterview offenbar darüber hinaus eine aus fachlicher Perspektive tragfähige Zuordnung zwischen der Lage der Zahlen und der ***Größe*** der Zahlen vor. Hierauf verweisen z. B. die Festlegungen *SF-Tnach04a („Wenn eine Zahl im Minusbereich näher an der Null dran ist als eine andere, dann ist sie größer als die Zahl, die etwas weiter weg ist“)* und *SF-Tnach04 („Wenn eine Zahl näher an der Null ist als eine andere, dann ist sie größer“)*. Auch die Inferenz, dass für -a und -b (a,b ∈ ℕ, |a|<|b|) -a größer ist, *weil* -a näher an der Null ist *(SU-Tnach03)*, stellt einen Beleg für die Ordnungsrelation der Form *„Je näher an der Null/je weiter oben im Minusbereich, desto größer ist die Zahl“* dar.

Tom grenzt diese Ordnungsrelation offenbar von der Betrachtung von Schulden ab (siehe graue Ellipse unten links in Abb. 6.45). Er scheint auf den ***Kontext Guthaben-Schulden***, im Speziellen auf *Schuldenvergleiche,* zu fokussieren (der Text in grauer Schrift war bereits auf S. 282 abgebildet):

1	I	Ich habe Dir, zwei Zahlen mitgebracht und möchte dass Du mir mal sagst, welche von beiden, ist größer. *(reicht Tom zwei übereinanderliegende Karten, auf denen steht: -8 bzw. -12)*
2	T	*(Nimmt die Karten entgegen, hält sie nebeneinander in den Händen, wobei die Karte mit -12 in der linken Hand ist und schaut sie kurz an) (schnell)* Die minus Acht ist größer *weil *(legt die Karten ab)* sie näher an der Null ist.*[E] *(hält das Papier fest, das vor ihm liegt) (5 sec)* *[A]*Ja und wenn eine Zahl näher an der Null ist dann ist sie größer*[E]* *(schiebt die beiden Karten so zusammen, dass sich die Kanten genau berühren)*
		w wenn jetzt aber da stehen würde we wenn jetzt sagen, äh *[A]welche Zahl, also welche Schulden sind jetzt größer*[E] *(hält das Papier fest, das vor ihm liegt)* dann *[A]wär das

die minus Zwölf.*[E] (*zeigt auf die Karte mit der -12*)

Tom scheint zu urteilen: *„Wenn man fragt, welche Schulden größer sind, dann wäre das bei -a und -b (a,b ∈ ℕ, |a|<|b|) -b“ (SU-Tnach05)*. *SU-Tnach05* stellt einen Hinweis dafür dar, dass Tom die Klasse von Situationen, bei zwei Schuldenkontoständen den größeren zu bestimmen, von der Klasse von Situationen, bei zwei negativen Zahlen die größere zu bestimmen, abgrenzt. Tom scheint mit *SU-Tnach05* zudem auf eine inverse Ordnungsrelation für negative Zahlen zu verweisen: Während bei der Betrachtung der negativen Zahlen -a und -b (a,b ∈ ℕ, |a|<|b|) -a größer ist, ist es bei der Betrachtung der Schulden -b. Dass er die Gegensätzlichkeit dieser beiden Ordnungsrelationen und des damit einhergehenden inferentiellen Netzes selbst wahrzunehmen scheint, wird durch die Abgrenzung explizit, die er selbst vornimmt: *„Bei -a und -b (a,b ∈ ℕ, |a|<|b|) ist -a größer, wenn man aber danach fragt, welche Schulden größer sind, wäre es -b“ (vgl. SU-Nnach06)*. *SU-Tnach05* sowie *SU-Tnach06* stellen Anhaltspunkte dafür dar, dass Tom für die Klasse von Situationen, *Schulden* zu vergleichen, von einer Ordnungsrelation der Form *„Je näher an der Null/je weiter oben im Schuldenbereich, desto kleiner sind die Schulden“* auszugehen scheint.

Die dargelegten Elemente des inferentiellen Netzes für die zwei Klassen von Situationen scheinen darauf hinzuweisen, dass Tom dazu in der Lage ist, unterschiedliche Blickwinkel auf negative Zahlen und deren Ordnungsrelation einzunehmen. Diese gehen mit unterschiedlichen Fokussierungen einher. Mit der Betrachtung der negativen Zahlen an sich geht eine einheitliche Ordnungsrelation einher, die anschlussfähig an die der positiven Zahlen ist und die maßgeblich auf einer ordinalen Anordnung an der Zahlengeraden zu fußen scheint. Mit dem Verweis auf die Höhe der Schulden scheint ein Fokus auf den Absolutwert der Zahlen einher zu gehen, welcher kontextuelle Plausibilität aufweist. Tom scheint flexibel im Hinblick darauf, welche Perspektive er auf die Ordnung negativer Zahlen einnimmt. Es scheint sich zwischen dem Vor- und dem Nachinterview ein gelungener Prozess des horizontalen Conceptual Changes (vgl. Prediger 2008) vollzogen zu haben, der es Tom ermöglicht, zwischen der ursprünglichen und der neu aufgebauten Ordnungsrelation zu unterscheiden und diese situationsadäquat zu gebrauchen.

6.4.2 Der Vergleich positiver und negativer Zahlen und der Vergleich mit der Null

Für die Situationen, in denen Tom bei den Zahlen 14 und -11, 0 und -7 sowie 0 und 7 die größere bestimmt, ist für den Schüler übergreifend die Lage der Zahlen über bzw. unter null in Form der Fokussierungen *Lage über null* und *Lage unter null* bedeutsam:

		...
9	I	[A]Und diese, beiden. Welche von beiden Zahlen ist größer?*[E] *(reicht Tom lächelnd zwei übereinanderliegende Karten, auf denen steht: -11 und 14, lächelt)*
10	T	*(lächelt, nimmt die Karten entgegen, hält die Karten in den Händen, die Karte mit -11 links, und schaut sie kurz an)* *[A]Die Vierzehn die ist größer*[E] (*legt die Karten auf den Tisch)* *[I]weil sie*[E] *(nimmt den Stift in die Hand und kratzt sich mit der anderen Hand am Hals*) über Null ist und die minus Elf ist nicht über Null.

Für Zahlen der Form -a (a ∈ ℕ) scheint Tom zu urteilen, dass diese nicht über null sind *(SU-Tnach12)* sowie dass diese unter null sind *(SU-Tnach17)*. Die beiden Urteile sind offenkundig material kompatibel zueinander. Für Zahlen der Form a (a ∈ ℕ) urteilt Tom offenbar im Gegenzug, dass diese über null sind *(SU-Tnach11)* bzw. dass es Zahlen über null sind *(SU-Tnach11a)*. Die aufgeführten Urteile werden maßgeblich durch die Fokussierungen *Lage unter* bzw. *Lage über null* gespeist. Dass sie über die genannten drei Situationsklassen hinweg rekonstruiert wurden, sowie ihr materialer Zusammenhang weisen auf eine Situationsinvarianz dieser Urteile hin. Mit den genannten Fokussierungen sind die Urteile der ***Fokussierungsebene der ordinalen Anordnung*** zuzuordnen.

Daneben können für Tom in den Situationen, bei -7 und 0 sowie 7 und 0 die größere Zahl zu bestimmen, Festlegungen rekonstruiert werden, in welchen die *Null* als Fokussierung tragend ist. Diese Fokussierung steht über verschiedene Festlegungen mit den Fokussierungen der *natürlichen Zahl*, der *Pluszahlen* und der *Minuszahlen* in Zusammenhang. Tom legt sich darauf fest, dass die Null eine ‚normale' Zahl ist *(SU-Tnach16)*. Vermutlich verweist er mit der Wortwahl „normale Zahl" darauf, dass es sich um eine *natürliche Zahl* handelt, die für ihn normal ist, weil er sie schon vor der Unterrichtsreihe zu ganzen Zahlen kannte. Die Formulierung „normale Zahl" hatte er bereits im Vorinterview in ähnlichem Zusammenhang gebraucht. Auch die Festlegung, dass die Null einfach die Null ist *(SF-Tanch20)*, scheint in Zusammenhang mit Vorerfahrungen zu stehen. Daneben legt der Schüler sich darauf fest, dass die Null der Startpunkt von den Pluszahlen und der Startpunkt von den Minuszahlen ist *(SF-Tnach21)*, was in Zusammenhang mit den genannten Fokussierungen auf *Pluszahlen* und *Minuszahlen* steht. Während die Urteile, die sich auf Zahlen der Form a oder -a (a ∈ ℕ) beziehen, maßgeblich die Fokussierungsebene der *ordinalen Anordnung* betrafen, ist im Gegensatz dazu bei den Festlegungen im Hinblick auf die *Null* mit den Fokussierungen *natürliche Zahl*, *Pluszahl* und *Minuszahl* die ***formal-symbolische Fokussierungsebene*** maßgeblich.

Die aufgeführten Fokussierungen, Urteile und Festlegungen zu den Zahlen der Form a oder -a (a ∈ ℕ) sowie der Null stellen einen Ausschnitt eines inferentiellen Netzes dar, welches über die Situationen hinweg stabil und vernetzt erscheint. Die Analyse der Urteile und Festlegungen zeigt, dass die Fokussierungen und die entsprechenden Fokussierungsebenen kompatibel sind und in Zusammenhang zueinander stehen – und zwar über verschiedene Situationsklassen hinweg.

Tom gebraucht die Urteile und Festlegungen für die Klassen von Situationen in unterschiedlicher Weise, als er sie in unterschiedlicher Kombination als Berechtigung für die Urteile darüber angibt, welche der Zahlen größer ist. Diese Unterschiede der Inferenzen zeugen davon, dass Tom bzgl. Situationen, bei 14 und -11, bei 0 und -7 sowie bei 0 und 7 die größere Zahl zu bestimmen, unterschiedliche Klassen von Situation zu unterscheiden scheint. Würde er diese Situationen einer gleichen Klasse von Situationen zuordnen (wie -28 und -33 sowie -8 und -12), so hätte er womöglich auch in ähnlicher Weise praktisch begründet (wie in *SF-Tnach04* und *SF-Tnach04a*).

Für die Klasse von Situationen, bei ***a und -b (a,b ∈ ℕ, |a|<|b|) die größere Zahl zu bestimmen***, urteilt Tom, dass a größer ist *(SU-Tnach10)* und berechtigt dies damit, dass a über null ist *(SU-Tnach11) und* -b nicht über null ist *(SU-Tnach12)*. Er gebraucht die oben bereits aufgeführten Urteile *SU-Tnach11* und *SU-Tnach12* – verknüpft durch ein „und" – als Berechtigung für *SU-Tnach10* (vgl. Abb. 6.46).

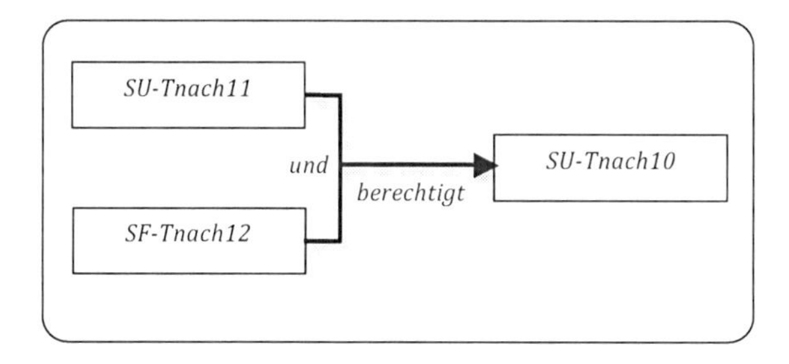

Abbildung 6.46 Inferentielle Gliederung

Diese Inferenz zu Zahlen über und Zahlen unter null, sowie der Vergleich gegenüber den im Folgenden dargelegten Inferenzen lässt darauf schließen, dass Tom die Situation der Klasse von Situationen, bei a und -b (a,b ∈ ℕ, |a|<|b|), also einer Zahl über null und einer Zahl unter null, die größere Zahl zu bestimmen, zuordnet.

Für die Situation, ***bei 0 und -a (a ∈ ℕ) die größere Zahl zu bestimmen***, scheint Tom zu urteilen, dass null größer ist als -a *(SU-Tnach15)*, und scheint dies damit zu berechtigen, dass -a unter null ist *(SU-Tnach17)* und dass die Null eine ‚normale' Zahl ist *(SF-Tnach16)*. Implizit scheint für diese Inferenz zudem die Annahme, dass die „normale" Zahl null nicht unter null liegt, eine Rolle zu spielen. Tom gebraucht auch in dieser Situation zwei Urteile seines inferentiellen Netzes in einer „und"-Verknüpfung, um ein drittes Urteil zu berechtigen (vgl. Abb. 6.47).

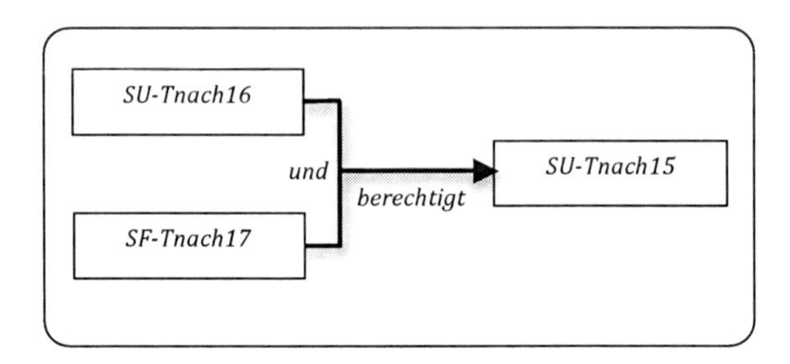

Abbildung 6.47 Inferentielle Gliederung für null und eine negative Zahl

Die aufgeführte Inferenz, in der Tom sich auf die Lage der Zahlen der Form -a (a ∈ ℕ) unter null sowie auf die „normalen" Zahl Null bezieht, sowie der Unterschied zu den Inferenzen in den anderen Situationen, stellen Anhaltspunkte dafür dar, dass Tom die Klasse der Situationen, bei -a und 0 (a ∈ ℕ), also einer Zahl unter null und Null, die größere Zahl zu bestimmen, bewusst oder unbewusst in die Klasse von Situationen, bei einer positiven („normalen") und einer negativen Zahl die größere Zahl zu bestimmen, einordnet.
Für die Situation, ***bei a (a ∈ ℕ) und 0 die größere Zahl zu bestimmen***, urteilt Tom, dass a größer ist *(SU-Tnach19)* und begründet dies darüber, dass zum einen a eine Zahl über null ist *(SU-Tnach11a)* und zum anderen die Zahl null „einfach die Null" ist *(SF-Tnach20)*, die er gleichzeitig auch als den Startpunkt von den Pluszahlen und den Startpunkt von den Minuszahlen bezeichnet *(SF-Tnach21)*. Die Festlegungen *SF-Tnach20* und *SF-Tnach21* scheinen für ihn ähnlich, als er mit *SF-Tnach21 SF-Tnach20* zu erläutern scheint. Die durch ihre Ähnlichkeit miteinander verknüpften Festlegungen *SF-Tnach20* und *SF-Tnach21* scheint er wiederum durch ein „und" mit *SU-Tnach11a* zu verknüpfen, um *SU-Tnach19* zu berechtigen (vgl. Abb. 6.48). Zudem scheint die Annahme, dass die Null als Startpunkt der Plus- und der Minuszahlen nicht über null liegt, der inferentiellen Relation implizit zugrunde zu liegen.

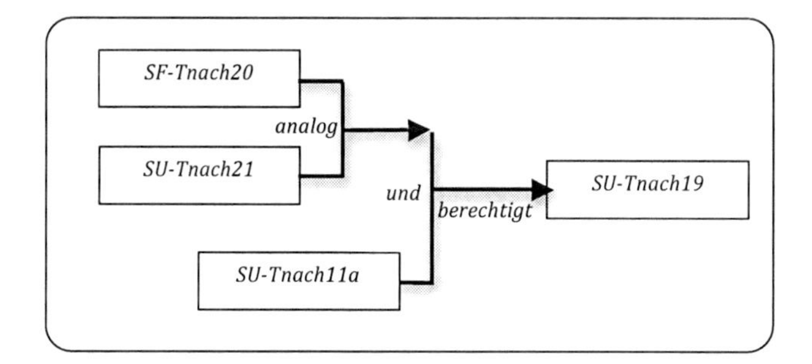

Abbildung 6.48 Inferentielle Gliederung für null und eine positive Zahl

Die Inferenz, welche die Null auf der einen und die Zahlen unter null auf der anderen Seite beinhaltet, scheint – in Gegenüberstellung der zuvor betrachteten Inferenzen – darauf hinzudeuten, dass Tom die Situation in die Klasse von Situationen, bei a und 0 (a ∈ ℕ), also bei einer Zahl über null und null, die größere Zahl zu bestimmen, einordnet. Dass er jedoch – wie bereits im Vorinterview – wieder urteilt, dass die Null eine normale Zahl ist (SU-Tnach16) scheint darauf hinzudeuten, dass es sich bei dem Vergleich einer positiven Zahl und null – wie im Vorinterview – um eine Situationsklasse handelt, die der Situationsklasse, *zwei positive Zahlen zu vergleichen*, als Unterklasse zugeordnet wird (vgl. Kap. 6.3).

Betrachtet man zusammenfassend die Klassen von Situationen, die Tom offenbar im Rahmen des Nachinterviews unterscheidet, so weisen die jeweiligen Urteile und Inferenzen darauf hin, dass er über eine einheitliche Ordnungsrelation bezüglich der Größe verfügt: Während bei negativen Zahlen die Zahl, die näher an der Null ist, größer ist *(SF-Tnach04)*, ist bei einer negativen Zahl und null die Null die größere *(SU-Tnach15)* sowie bei null und einer positiven Zahl die positive Zahl die größere Zahl *(SU-Tnach19)*. Im Vergleich einer negativen und einer positiven Zahl ist damit die positive Zahl die größere Zahl *(SU-Tnach10)*. Für alle Urteile spielt die Fokussierungsebene der ordinalen Anordnung eine Rolle – in keiner der von Tom angegebenen Inferenzen war diese unbeteiligt.

Somit kann schließlich angenommen werden, dass Tom über eine Ordnungsrelation bezüglich der ***Größe*** ganzer Zahlen der Form *„Je weiter oben/rechts eine Zahl liegt, desto größer ist sie"* verfügt. Der damit rekonstruierten Ordnungsrelation liegt zwar die im Rahmen dieses Interviews nicht sichergestellte Annahme zugrunde, dass Tom über eine aus fachlicher Perspektive tragfähige Ordnungsrelation auch im Vergleich zweier *positiver* Zahlen verfügt; da Tom über eine solche Ordnungsrelation jedoch bereits im Vorinterview verfügte, und eine solche nicht im Widerspruch zu dem im Nachinterview rekonstruierten Ausschnitt des inferentiellen Netzes steht, wird ihm diese unter Vorbehalt unterstellt.

6.4.3 Ergebnisse aus Toms Nachinterview

Im Folgenden werden Ergebnisse im Hinblick auf die Forschungsfrage 2b (Inwiefern verändern sich die inferentiellen Netze zum Begriff der negativen Zahl global über eine Unterrichtsreihe hinweg bzw. inwiefern bleiben sie stabil?) dargestellt, welche durch den Vergleich der im Vorinterview und Nachinterview rekonstruierten inferentiellen Netze von Tom gewonnen wurden.

Die Analyse von Toms inferentiellen Netzen zeigt auf, dass *auch* für Schülerinnen, die bereits *vor* einer Unterrichtsreihe zu negativen Zahlen über ein reichhaltiges inferentielles Netz im Zusammenhang mit negativen Zahlen verfügen, offenbar eine Entwicklung des inferentiellen Netzes im Sinne einer Veränderung zwischen den zwei Zeitpunkten rekonstruiert werden kann:

Da Tom bereits im Vorinterview über ein reichhaltiges und über weite Teile tragfähiges inferentielles Netz im Zusammenhang mit positiven und negativen Zahlen und der Lage der Zahlen verfügte, waren im Vorfeld Entwicklungen seines inferentiellen Netzes nicht in einem solch weitreichenden Umfang wie in Nicoles Fallbeispiel zu erwarten und es war von besonderem Interesse, inwiefern sich bei Tom – als einem Schüler mit recht reichhaltigem und tragfähigem Vorwissen – Veränderungen des inferentiellen Netzes ergeben. Die Analyse mit dem Analyseschema, in dem u. a. die individuellen Klassen von Situationen, die Fokussierungen und die Urteile und ihr Wechselspiel analysiert werden, ermöglichte eine detaillierte Einsicht in die individuellen Sinnkonstruktionen und Herangehensweisen.

Es konnte beobachtet werden, dass für Tom trotz seines je stabilen inferentiellen Netzes sowohl im Vor- als auch im Nachinterview zu beiden Zeitpunkten mehrere ***Klassen von Situationen*** rekonstruiert werden können. Diese individuellen Klassen von Situationen, die Tom – bewusst oder unbewusst – unterscheidet, scheinen sich über die Unterrichtsreihe hinweg kaum zu verändern: Je nachdem, ob er zwei negative Zahlen, eine positive und eine negative Zahl oder zwei positive Zahlen (bzw. eine positive Zahl mit der Null) vergleicht, gebraucht er unterschiedliche Fokussierungen und Urteile, um zu begründen. Bei dieser Einteilung der Klassen von Situationen ist zu berücksichtigen, dass er die Null sowohl im Vor- als auch im Nachinterview als „normale" bzw. positive Zahl bezeichnet und aufzufassen scheint. Aus diesem Grund werden die Klassen von Situationen, die Null und eine positive Zahl bzw. die Null und eine negative Zahl zu vergleichen, von Tom den Klassen, zwei positive Zahlen zu vergleichen bzw. eine positive und eine negative Zahl zu vergleichen, zugeordnet.

Im Folgenden werden für diese drei Klassen die wesentlichen Fokussierungen, Urteile und Inferenzen dargestellt, indem insbesondere die Veränderungen der inferentiellen Netze innerhalb dieser Klassen über die Unterrichtsreihe hinweg aufgeführt werden.

Für die Klasse von Situationen, ***bei zwei negativen Zahlen die größere Zahl zu bestimmen***, scheint sich über die Unterrichtsreihe hinweg eine Entwicklung vollzogen zu haben. Im ***Vorinterview*** hatte Tom auf den *Absolutwert der negativen Zahlen* fokussiert, was mit einer Ordnungsrelation der Form *„Je höher bzw. je wärmer, desto kleiner ist die Zahl"* für negative Zahlen einherging. Im ***Nachinterview*** scheinen hingegen die Fokussierungen auf die *Entfernung von der Null* sowie auf die *Lage an der waagerechten Zahlengerade* für Tom maßgeblich. Während die Anordnung der Zahlen auf der Zahlengeraden sowohl im Vor- als auch im Nachinterview tragfähig ist, nimmt Tom im Nachinterview darüber hinaus auch eine aus fachlicher Perspektive tragfähige Zuordnung zwischen der Lage der Zahlen und der ***Größe*** der Zahlen vor, die einer einheitlichen Ordnungsrelation entspricht. Tom scheint diese Ordnungsrelation für negative Zahlen bewusst von einer Ordnungsrelation, welche sich an den Beträgen orientiert, abzugrenzen: Für letztere scheint er auf den ***Kontext Guthaben-Schulden*** – im Speziellen auf ***Schuldenvergleiche*** – zu fokussieren, für welchen eine Ordnungsrelation der Form *„Je näher an der Null/je weiter oben im Schuldenbereich, desto kleiner sind die Schulden"* rekonstruiert werden kann. Während Tom im Vorinterview aufgrund der kontextuellen Tragfähigkeit ausschließlich von einer geteilten Ordnungsrelation ausging, scheint er im Nachinterview dazu in der Lage, unterschiedliche Blickwinkel auf negative Zahlen und deren Größe einzunehmen, und scheint diesbezüglich flexibel zu sein.

Für die weiteren Klassen von Situationen, ***bei zwei positiven Zahlen die größere Zahl zu bestimmen***, sowie ***bei einer positiven und einer negativen Zahl die größere Zahl zu bestimmen***, sind im ***Nachinterview*** die Fokussierungen *Lage über null* und *Lage unter null* dominierend. Diese werden von Tom sinnvoll durch Fokussierungen auf *natürliche* bzw. *positive* und *negative Zahlen* auf formal-symbolischer Fokussierungsebene ergänzt. Über die Klassen von Situationen, eine positive und eine negative Zahl sowie zwei positive Zahlen zu vergleichen, hinweg gebraucht er ähnliche Urteile in unterschiedlicher Weise, als er sie in verschiedener Kombination als Berechtigungen für die Urteile darüber angibt, welche der Zahlen größer ist. Er urteilt schließlich, dass im Vergleich einer negativen und einer positiven Zahl die positive Zahl die größere Zahl sei *(SU-Tnach10)*, während bei einer negativen Zahl und null die Null die größere Zahl darstelle *(SU-Tnach15)* und bei null und einer positiven Zahl die positive Zahl die größere Zahl sei *(SU-Tnach19)*. Diese Urteile unterscheiden sich nur geringfügig von jenen im ***Vorinterview***. Es ist jedoch im ***Nachinterview*** eine noch konsequentere Nutzung der ordinalen Fokussierungsebene feststellbar, die in *jeder* der für Tom rekonstruierten Inferenzen relevant ist.

Im Hinblick auf die ***Fokussierungsebenen*** ist auffallend, dass der Kontext Temperaturen, welcher im Vorinterview maßgeblich für Toms inferentielles

Netz war, im Nachinterview keine Erwähnung mehr findet. Während im ***Vorinterview*** die lebensweltlich-*kontextuelle Fokussierungsebene* dominierte und durch eine *ordinale Fokussierungsebene* an der Zahlengerade ergänzt wurde, ist im ***Nachinterview*** die *Zahlengerade* und damit die *ordinale Fokussierungsebene* dominierend. Es scheint, als habe Tom das Modell der Zahlengerade, welches in der Lernumgebung maßgeblich eingesetzt wurde, verinnerlicht: Sie scheint seine Urteile im Nachinterview durch Fokussierungen wie die *Entfernung von der Null*, *die Lage über und unter null* sowie die *Lage an der waagerechten Zahlengeraden* entscheidend zu speisen. Den Kontext der Lernumgebung, Guthaben und Schulden, gebraucht Tom offenbar, um auf eine Ordnungsrelation gemäß einer geteilten Zahlengeraden zu verweisen. Aus fachlicher Perspektive wäre es erstrebenswert, dass Tom die beiden möglichen Ordnungsrelationen nicht nur an unterschiedliche Fokussierungsebenen oder Kontexte knüpft, sondern bspw. auch *innerhalb* der kontextuellen Darstellung die möglichen Ordnungsrelationen unterscheiden könnte, indem er bspw. zwischen einer Fokussierung auf die *Größe der Schulden* und einer Fokussierung der *Höhe des Kontostandes* unterscheiden und flexibel wechseln kann. Eine solche Flexibilität im Zusammenhang mit der Ordnungsrelation für negative Zahlen scheint für einen erfolgreichen Umgang mit lebensweltlichen Kontexten ein bedeutsames Lernziel. Der Kontext Temperaturen wird im Nachinterview von Tom nicht mehr gebraucht. Es scheint, als habe der Kontext der Lernumgebung im Fallbeispiel Toms starken Einfluss auf jene Fokussierungen, Urteile und die inferentiellen Relationen, welche Tom nach der Unterrichtsreihe aktiviert und nutzt.

Über die Analyse der inferentiellen Netze wird ersichtlich, dass für Tom im ***Nachinterview*** über die genannten Klassen von Situationen hinweg eine Ordnungsrelation der Form *„Je weiter oben/rechts eine Zahl liegt, desto größer ist sie"* rekonstruiert werden kann. Im ***Vorinterview*** war er von einer geteilten Ordnungsrelation ausgegangen. Tom scheint über die Unterrichtsreihe hinweg eine Ordnungsrelation für ganze Zahlen entwickelt zu haben, welche als ‚einheitliche Ordnungsrelation' bezeichnet werden kann (vgl. Peled et al. 1989, Mukhopadhyay 1997, Kap. 3.1.4). Hinsichtlich der Forschungsfrage 1e (Inwiefern weisen die inferentiellen Netze der Schülerinnen für die Klassen von Situationen eine inferentielle Gliederung im Sinne einer Kompatibilität auf?) kann damit festgehalten werden, dass die im Vorinterview aus fachlicher Perspektive bestehende Diskontinuität, welche mit der Situationsklassenunterscheidung einherging (vgl. Kap. 6.3.4), im Nachinterview nicht mehr besteht und sich auch darüber hinaus keine Inkompatibilitäten zeigen. Welche lokalen Entwicklungsmomente sich im Rahmen der Unterrichtsreihe vollzogen, die bei Tom zu einer einheitlichen Ordnungsrelation geführt haben, ist jedoch aufgrund des Untersuchungsdesigns nicht einsehbar. Es kann aber beobachtet werden, dass Tom im Nachinterview eine Bewusstheit für die zwei möglichen Ordnungsrelationen zu haben scheint, die er explizieren kann: *„Bei -a und -b* ($a,b \in \mathbb{N}$, $|a|<|b|$) *ist -a* *größer, wenn man* <u>*aber*</u> *danach fragt, welche Schulden größer sind, wäre es die -b" (SU-Tnach06).* Es scheint sich ein Prozess des horizontalen Conceptual Change (Prediger 2008) vollzogen zu haben.

Das inferentielle Netz Toms und die sich darin widerspiegelnde Ordnungsrelation haben sich u. a. hinsichtlich ihrer Tragfähigkeit über die Unterrichtsreihe weiter entwickelt und es kann festgehalten werden, dass Tom im Nachinterview über ein vollständig tragfähiges inferentielles Netz verfügt. Dies zeigt auf, dass eine unterrichtliche Einführung der negativen Zahlen mit dem Kontext Guthaben und Schulden nicht zwangsläufig mit Schwierigkeiten der Schülerinnen im Sinne eines Modells der geteilten Zahlengerade einher geht (vgl. Mukhopadhyay et al. 1990).

Es kann ***zusammenfassend*** festgehalten werden, dass die Analyse von Toms inferentiellen Netzen aufzeigt, dass *auch* für Schülerinnen, die bereits *vor* einer Unterrichtsreihe zu negativen Zahlen über ein reichhaltiges inferentielles Netz im Zusammenhang mit negativen Zahlen verfügen, offenbar eine Veränderung im Sinne einer Entwicklung rekonstruiert werden kann. Eine Entwicklung kann insbesondere auch für *jene* Klassen von Situationen rekonstruiert werden, für die bereits *vor* der Unterrichtsreihe eine Tragfähigkeit der Urteile nachgewiesen werden konnte. Diese Entwicklungen können offenbar – wie hier in Toms Fall – im Wesentlichen die *Fokussierungen* und *Fokusssierungsebenen* betreffen: Tom gebrauchte im Vorinterview maßgeblich Fokussierungen auf kontextueller Ebene im Kontext Temperaturen, welche eine reichhaltige Quelle für viele Festlegungen und Fokussierungen darstellte. Daneben nutzte er die Darstellung an der Zahlengeraden mit ordinalem Bezug sowie die formal-symbolische Fokussierungsebene. Zwischen dem Vor- und dem Nachinterview haben sich die Gewichtungen verschoben: Im Nachinterview sind schließlich die Darstellung an der Zahlengeraden und damit die ordinale Fokussierungsebene über die Klassen von Situationen hinweg dominant, Tom verweist an geeigneter Stelle auf den Kontext Guthaben und Schulen und gebraucht die formal-symbolische Fokussierungsebene. Der Kontext Temperaturen, dem im Vorinterview eine zentrale Rolle zukam, wird im Nachinterview nicht gebraucht. Womöglich hat die gewählte Lernumgebung der Unterrichtsreihe sowie insbesondere der gewählte Kontext bei Tom starken Einfluss darauf, welche Fokussierungen und Fokussierungsebenen er im Nachinterview aktiviert.

6.5 Breitenanalyse der Vorgehensweisen

Neben der tiefenanalytischen Untersuchung der inferentiellen Netze wurde im Rahmen der Untersuchung eine kategorienentwickelnde Analyse der Vorgehensweisen der Schülerinnen vorgenommen, die zum einen dazu dient, das *Spektrum* der von den Schülerinnen gewählten Vorgehensweisen aufzuzeigen und damit einen Überblick zu geben, und die zum anderen eine *Einbettung* der von Tom und Nicole in den Feinanalysen bereits im Detail beschriebenen Herangehensweisen in die Ergebnisse der Gesamtstichprobe ermöglicht (vgl. Kap. 5.4). ‚Vorgehensweisen' werden dabei verstanden als Gesamtheit der sprachlichen und nicht-sprachlichen zielgerichteten Handlungen, die zur Bewältigung von Situationen gebraucht werden (vgl. Kap. 5.3). Sie sind zwar durch Fokussierungen und Urteile geprägt und stehen in Zusammenhang mit Schemata (vgl. Kap. 2.4.1) – jedoch wird im Rahmen der Breitenanalyse nicht ein solch tiefenanalytischer Blick eingenommen, der die Rekonstruktion spezifischen Fokussierungen und den Elementen von Schemata zum Ziel hat.

Mit der Analyse der individuellen Vorgehensweisen wird eine gröbere Analyse des Datenmaterials vorgenommen. Dennoch finden die im Rahmen der Feinanalysen betrachteten ‚Fokussierungsebenen' (vgl. Kap. 3.1.6) auch im Rahmen der Breitenanalysen Berücksichtigung, um eine Triangulation der beiden Analysemethoden zu erleichtern. Bei den Vorgehensweisen und den daraus entwickelten Typen von Vorgehensweisen wird stets betrachtet, welche Zahlaspekte bzw. welche Darstellungsformen (formal-symbolisch, kontextuell, ordinal, kardinal) wesentlich sind (vgl. Kap. 5.4). Dass neben den handlungsleitenden Zahlaspekten bzw. Darstellungsformen auch weitere Aspekte relevant sein können, ist selbstredend. Es handelt sich dabei lediglich um die für die Vorgehensweisenden prägnanten und dominierenden Aspekte.

Bei der Breitenanalyse der Vor- und Nachinterviews konnten vielfältige Vorgehensweisen der Schülerinnen rekonstruiert werden: Teilweise waren diese sich sehr ähnlich, vielfach unterschieden sie sich evident. Dies ermöglichte eine Klassifizierung der Vorgehensweisen, welche sechs verschiedene ***Typen*** liefert, die für den Zahlvergleich zweier ganzer Zahlen von den Schülerinnen vorgenommen wurden. Diese werden im Folgenden beschrieben.

6.5.1 Ergebnisse für die Vorinterviews

Die Datenbasis für die Breitenanalyse der Vorinterviews bestand aus den Transkripten und Schülerprodukten der Schülerinnen Emma (E), Jason (J), Linus (L), Michael (M), Nicole (N), Sebastian (S), Tom (T) und Valentin (V).

Die aus den Transkripten der Vorinterviews rekonstruierten Typen von Vorgehensweisen sind in Abbildung 6.49 aufgeführt, die im Folgenden erläutert wird.

In Abbildung 6.49 sind in den Spalten die *Klassen von Situationen* angeordnet, die aus fachlicher Perspektive unterschieden werden können (vgl. Kap. 3.1.5). In den Zeilen sind die *Typen von Vorgehensweisen* aufgeführt, die im Zuge der Kategorisierung der rekonstruierten Vorgehensweisen der Schülerinnen identifiziert werden konnten. Für die Typen von Vorgehensweisen ist in der Tabelle aufgeführt, welche Darstellungsformen bzw. Zahlaspekte (vgl. Kap. 3.1.6) jeweils handlungsleitend sind. Diese sind durch die gleichen Symbole dargestellt wie die Fokussierungsebenen im Rahmen der Feinanalysen:

- [-3] steht für formal-symbolische,
- [1€] für kontextuelle,
- für ordinale und
- steht für kardinale Bezüge der Vorgehensweisen.

Für alle Typen von Vorgehensweisen ist zudem vermerkt, inwiefern diese tragfähig sind (vgl. zweite Spalte). Darüber hinaus ist festgehalten, welche Schülerinnen welche Vorgehensweisen in welcher Klasse von Situationen gebraucht haben: Dies ist durch die Anfangsbuchstaben der Namen der Schülerinnen (s. o.) gekennzeichnet. Die in der Feinanalyse zentralen Schülerinnen Tom und Nicole sind dabei besonders kenntlich gemacht.

	Tragfähigkeit	Klassen von Situationen			
		Eine positive und eine negative Zahl vergleichen	Zwei negative Zahlen vergleichen	Null und eine negative Zahl vergleichen	Null und eine positive Zahl vergleichen
Vorgehensweisen					
Orientierung an der Lage der Zahlen	+	J L M S (T)	L	L (T)	J L M (T)
	–		J M (T)		
Orientierung an der Ordnung der natürlichen Zahlen [-3]	+		J		
	–		E ◇N◇ (T) V	◇N◇	
Kontextuelles Wissen nutzen [1€]	+				(T)
	–		(T)		
Mengen vergleichen	+				
	–	◇N◇			
Rechenoperation zum Zahlvergleich durchführen [-3]	+		L		
	–	E ◇N◇ S V	E ◇N◇ S V	E S V	
Wissen zu Zahlen und Zahlbereichen nutzen [-3]	+		L	J L	J L ◇N◇ S V
	–			E ◇N◇ M	E

Abbildung 6.49 Vorgehensweisen im Vorinterview

Im Folgenden werden die Typen der Vorgehensweisen aufgeführt und unter Angabe von Beispielen erläutert. Dabei wird an geeigneter Stelle auf die in der Fein-analyse betrachteten Fallbeispiele verwiesen. Bei den nachfolgend dargestellten Ergebnissen ist stets zu beachten, dass es sich bei der untersuchten Stichprobe um eine mit acht Schülerinnen sehr kleine Stichprobe handelt. Daher können die Ergebnisse, die für diese Schülerinnen erlangt wurden, nicht herangezogen werden, um Aussagen mit statistischer Signifikanz treffen zu können. Sie dienen dazu, einen Überblick über die untersuchte Stichprobe zu geben und die Ergebnisse der Feinanalysen einzubetten und sie können höchstens ansatzweise für generalisierte Aussagen für die Theoriebildung herangezogen werden.

6.5.1.1 Orientierung an der Lage der Zahlen

Vorgehensweisen, bei denen die Orientierung an der Lage der Zahlen maßgeblich ist, haben primär ordinale Bezüge. Hierbei wird die Lage der Zahlen betrachtet, es wird betrachtet, ob die Zahlen über oder unter der Null sind oder, wie weit sie von der Null entfernt sind. Die Vorgehensweisen, in denen die Lage der negativen Zahlen betrachtet wird, um ihre Größe zu bestimmen, scheint ähnlich der von Bruno und Cabrera (2005) gefundenen Strategie, die Zahlengerade für das Ordnen von Zahlen zu nutzen (Kap. 3.1.6). Die Ergebnisse der Breitenanalyse deuten darauf hin, dass Schülerinnen diese Vorgehensweisen durchaus bereits vor einer unterrichtlichen Einführung negativer Zahlen für das Vergleichen negativer Zahlen nutzen.

Im Rahmen der Analyse zeigten sich zwei Subkategorien: die Orientierung an der *Lage über bzw. unter der Null* sowie die Betrachtung der *Entfernung von der Null* (vgl. Abb. 6.50). Diese werden im Folgenden dargestellt.

Orientierung an der Lage unter und über der Null / oben und unten (dichotom)

Bei diesen Vorgehensweisen wird dichotom zwischen der Lage positiver und negativer Zahlen unterschieden – wie bspw. im Interview mit Jason:

1	I	Ich hab dir zwei Zahlen mitgebracht und möchte dass du mir mal sagst, welche von den beiden Zahlen, ist größer? *(reicht Jason zwei übereinanderliegende Karten mit den Zahlen 12 und -15)*
2	J	*(nimmt die Karten entgegen, hält die Karte mit der 12 in der linken und die Karte mit der -15 in der rechten Hand und betrachtet sie)* *[4]Die Zwölf.*[E] *(dreht die Karte mit der 12 ein wenig zur Interviewerin und schaut diese an)*
3	I	Warum?
4	J	Weil *[A]die minus Fünfzehn*[E] *(legt die Karte mit der -15 an die Tischkante, nimmt sie aber anschließend wieder in die Hand und hält die beiden Karten zusammen in beiden Händen)* da steht halt ein Minus vor also ist die schonmal unter null.
5	I	Mhm. Mhm unter null was meinst du damit?
6	J	Also em es gibt halt Plus und Minuszahlen. Minuszahlen die haben halt immer ein Minus davor weil die, weniger als null sind und Pluszahlen sind halt mehr als null.

		Da schreibt man halt kein Plus vor weil, eh das ist halt eindeutig wenns Minuszahlen wären würd ein Minus vorstehen.
7	I	Mhm und wie stellst du dir das vor mit den Plus und den Minuszahlen?
8	J	Em ja das halt, em null ist ja, die Mitte der ganzen Zahlen und dann gehts halt, *[A]negativ weiter*[E] *(deutet mit der linken Hand leicht nach rechts)* also minus und positiv plus.

	Tragfähigkeit	**Klassen von Situationen**			
		Eine positive und eine negative Zahl vergleichen	Zwei negative Zahlen vergleichen	Null und eine negative Zahl vergleichen	Null und eine positive Zahl vergleichen
Vorgehensweisen					
Orientierung an der Lage der Zahlen	+	J L M S (T)	L	L (T)	J L M (T)
	-		J M (T)		
- Orientierung an der Lage unter und über der Null / oben und unten (dichotom)	+	J L M S (T)		(T)	M (T)
	-				
- Betrachtung der Entfernung von der Null bzw. vom Plusbereich (graduell)	+		L	L	J L
	-		J M (T)		

Abbildung 6.50 Orientierung an der Lage der Zahlen

Zu diesem Typ von Vorgehensweisen zählt bspw. die Vorgehensweise *„Minuszahlen sind unter der Null"*, die u. a. von Tom genutzt wurde: Dabei wird die Zahl mit einem Minuszeichen als kleiner erachtet als die Zahl ohne Minuszeichen, weil sie unter der Null liegt. Insgesamt fünf der acht Schülerinnen nutzten eine solche Vorgehensweise, die sich an der Lage orientierte, für den Vergleich zweier ganzer Zahlen. Damit wurden Vorgehensweisen dieses Typs von den untersuchten Schülerinnen recht häufig genutzt. Dass diese Vorgehensweisen *nicht* für jene Klassen von Situationen genutzt wurden, in denen zwei negative Zahlen verglichen werden, liegt in der Struktur dieser Klasse von Situationen begründet: Der dichotome Vergleich zwischen positiven und negativen Zahlen ist hierfür als Vorgehensweise nicht zielführend. Alle Vorgehensweisen, die zu diesem Typ gehören, waren aus fachlicher Perspektive tragfähig und führten zu richtigen Ergebnissen. Diese Erkenntnisse deuten darauf hin, dass diese Vorgehensweisen bereits vor einer unterrichtlichen Einführung negativer Zahlen für Schülerinnen bedeutsam sein können und sich überdies als tragfähig erweisen. Die Lage der Zahlen scheint für diese Schülerinnen eine hilfreiche und erfolgreiche Orientierung für den Zahlvergleich ganzer Zahlen.

Betrachtung der Entfernung von der Null bzw. vom Plusbereich (graduell)

Im Gegensatz zum vorangehend aufgeführten Typ von Vorgehensweisen dient bei Vorgehensweisen dieses Typs die graduelle Entfernung der Zahlen von der Null als Orientierung, wie bspw. bei Michael:

23 I Und bei den beiden *^{A}Welche von beiden ist größer?*^{E} *(reicht Michael zwei übereinanderliegende Karten mit den Zahlen -31 und -27)*

24 M *(nimmt die Karten entgegen und hält die -31 links, die -27 rechts) (8 sec)* M .. Das ist *^{A} die 27*^{E} *(deutet mit der Karte der -31 auf die Karte der -27, legt dann die Karte mit der -31 ab und dreht die Karte mit der -27 etwas zur Interviewerin)* weil die *^{A} nicht so weit weg von der Null ist.*^{E} *(nimmt die Karte mit der -27 in die rechte Hand und bewegt diese nach rechts von sich weg)* *^{A}Und die 31, hat halt vier mehr.*^{E} *(nimmt die Karte der -31 in die linke Hand und deutet mit der Karte der -27 auf sie)*

...

Entsprechend wird diese Vorgehensweise von den untersuchten Schülerinnen nicht für den Vergleich einer positiven und einer negativen Zahl, sondern z. B. für den Vergleich zweier negativer Zahlen gebraucht. Eine der zu diesem Typ zugeordneten Vorgehensweisen, die u. a. von Tom genutzt wurde, ist: *„Entfernung von der Null im Minusbereich"*. Dabei wird bei zwei Zahlen im negativen Zahlbereich betrachtet, welche Entfernung sie bis zur Null haben. Die Zahl, die weiter von der Null entfernt ist, wird als die größere erachtet. Insgesamt vier der acht Schülerinnen nutzten Vorgehensweisen, welche diesem Typ zugeordnet werden konnten. Dabei waren die Vorgehensweisen für den Vergleich zweier negativer Zahlen bei drei von vier Schülerinnen nicht tragfähig: In diesem Fall lag – wie bei Tom – eine geteilte Ordnungsrelation zugrunde. Wie bereits im Rahmen der Feinanalyse von Tom herausgestellt wurde, ist eine geteilte Ordnungsrelation für Schülerinnen zu diesem Zeitpunkt im Lernprozess individuell sinnvoll und scheint offenbar eng mit dem Vorwissen zu natürlichen Zahlen verknüpft.

6.5.1.2 Orientierung an der Ordnung der natürlichen Zahlen

Bei Vorgehensweisen, welche diesem Typ zugeordnet wurden, ist die Ordnung der natürlichen Zahlen maßgeblich. Sie betreffen ordinale Aspekte, wenn die Schülerinnen bspw. die Reihenfolge der natürlichen Zahlen visualisieren, oder formal-symbolische Aspekte, wenn Schülerinnen ausschließlich auf die Analogie verweisen, ohne dabei die Lage der Zahlen zu erwähnen. Vorgehensweisen dieses Typs wurden von den Schülerinnen vorwiegend für den Vergleich zweier negativer Zahlen gebraucht. Für den Vergleich zweier negativer Zahlen wurde bspw. für Nicole (und für Valentin) die folgende Vorgehensweise rekonstruiert:

„Orientierung an der Ordnung der natürlichen Zahlen – ordinal“. Dabei wird betrachtet, welche Zahl ohne Minuszeichen beim Zählen später kommt. Diese Zahl ist die Größere.

Auch für Tom (sowie für Emma und Valentin) kann eine Vorgehensweise rekonstruiert werden, welche diesem Typ zugeordnet wurde:

„Orientierung an der Ordnung der natürlichen Zahlen“. Dabei wird betrachtet, welche Zahl ohne Minuszeichen die Größere ist. Die Zahl, die ohne Minuszeichen die Größere ist, wird mit Minuszeichen auch als die Größere betrachtet.

Insgesamt fünf Schülerinnen nutzten im Vorinterview eine Vorgehensweise, die diesem Typ zugeordnet werden konnte. Für den Vergleich zweier negativer Zahlen waren die Vorgehensweisen dieses Typs für vier von fünf Schülerinnen nicht tragfähig, als sie mit einer geteilten Ordnungsrelation einhergingen, welche von den Schülerinnen nicht bewusst thematisiert wurde.

Dies bestätigt die Ergebnisse von Peled et al. (1989), dass einige Schülerinnen vor einer Einführung negativer Zahlen auf der Grundlage ihres Vorwissens zu natürlichen Zahlen ein Modell der geteilten Zahlengeraden nutzen. Malle (2007a, 54) hält zusammenfassend fest: „In den empirischen Untersuchungen und Unterrichtsversuchen zeigt sich, dass ziemlich viele Schülerinnen und Schüler die spiegelbildliche Anordnung bevorzugen“. Dies scheint sich hier zu bestätigen. Eine solche Orientierung an der Ordnung der natürlichen Zahlen ist aus Sicht der Lernenden sinnvoll, da sie anschlussfähig an das Vorwissen der Schülerinnen zu natürlichen Zahlen ist. Tragfähig war sie nur in der Einzelfallanalyse für Jason:

18	I	Welche ist größer? *(reicht Jason zwei übereinander liegende Karten mit den Zahlen -27 und -31)*
19	J	*(nimmt die Karten und hält sie unter dem Tisch in den Händen, betrachtet sie, schaut dann zur Interviewerin)* Die minus 27 weil die halt äh näh- e *(schaut zu den Karten)* weil es sind beide inner- unter null und unter null da merk ich mir halt immer die Zahl wenn da- ich denk mir das minu- e Minus erst weg *(blickt Interviewerin an, die nickt, schaut dann wieder zu den Karten)* und da, die Zahl die da dann kleiner ist das ist halt die größere im Minusbereich. *(schaut zur Interviewerin)*

Dass Schülerinnen Vorgehensweisen dieser Art bei dem ersten Kontakt mit negativen Zahlen nutzen, muss bei der Gestaltung von Lernprozessen Berücksichtigung finden.

6.5.1.3 Kontextuelles Wissen nutzen

Bei diesen Vorgehensweisen aktivieren Schülerinnen aus sich heraus Wissen aus lebensweltlichen Kontexten, um zwei ganze Zahlen zu vergleichen. Im

Vorinterview war es nur Tom, der zum Zahlvergleich auf Kontexte zurück griff (vgl. auch Kap. 6.3). Außerdem verwies auch Michael auf Entfernungen in Metern und auf den Kontext Temperaturen, nutze dies jedoch nicht für die Vorgehensweisen zum Zahlvergleich selbst, sondern erwähnte die Kontexte ergänzend:

1	I	Welche von beiden ist größer? _(reicht Michael zwei übereinanderliegende Karten mit den Zahlen 12 und -15)_
2	M	_(nimmt die Karten entgegen, betrachtet sie in den Händen haltend, wobei er die 12 in der linken Hand hält)_ *[A]Die Zwölf.*[E] _deutet mit der Karte der -15 auf die Karte der 12 und blickt anschließend zur Interviewerin)_
3	I	Weil die Fünfzehn da ist ja das Minus *[A]also em wenn hier ein Plus vorstehen würd wärs ja noch größer.*[E] _(nimmt beide Karten n eine Hand und deutet dann mit der freien Hand auf die Karte mit der 12)_ deutet auf die 12, legt dann die Karten ab) *[A]Also wenn hier der Nullbereich ist, dann gehts da ja abwärts und da ja aufwärts.*[E] _(legt die Karten weg, die Karte der 12 liegt nun links neben der Karte der -15, nimmt sich den Stift und zeichnet 0, Pfeil nach unten rechts, Pfeil nach oben links, schaut anschließend zur Interviewerin)_
4	M	Weil die Fünfzehn da ist ja das Minus *[A]also em wenn hier ein Plus vorstehen würd wärs ja noch größer.*[E] _(nimmt beide Karten n eine Hand und deutet dann mit der freien Hand auf die Karte mit der 12)_ deutet auf die 12, legt dann die Karten ab) *[A]Also wenn hier der Nullbereich ist, dann gehts da ja abwärts und da ja aufwärts.*[E] _(legt die Karten weg, die Karte der 12 liegt nun links neben der Karte der -15, nimmt sich den Stift und zeichnet 0, Pfeil nach unten rechts, Pfeil nach oben links, schaut anschließend zur Interviewerin)_
5	I	Mhm‘ erklär das nochmal genauer.
6	M	Also, *[A] da ist die Null.*[E] _(zeigt auf die 0)_ *[A]Da gehts runter, die Zahlen gehen tiefer*[E] _(nimmt sich die Karte mit der -15 und hält sie mit einer Kante an den Pfeil nach unten)_ *[A] also wenn hier die Zwölf steht*[E] _(legt die Karte mit der 12 links neben die Zeichnung)_ *[A] elf zehn zwei und so ne?*[E] _(zeigt mit der Ecke der Karte der -15 zwischen der Karte mit der 12 und der 0 auf das Papier, schaut dabei zur Interviewerin, legt am Ende die Karte der -15 rechts neben die Zeichnung)_ *[A]Und hier wär dann minus eins und so.*[E] _(zeigt rechts neben die 0, also zwischen 0 und -15)_ Also wie Minusgrade.

Tom nutzte den Kontext Temperaturen unmittelbar und explizit für das Bestimmen der größeren Zahl:

30	I	Und wie stellst du dir das vor? Mit der minus Vier und der minus Eins?
31	T	Öm _(betrachtet die Karten, 6 sec)_ Also beim Thermometer wär ist ja *[A]eins*[E] _(zeigt auf die Karte der -1)_ *[A]n bisschen*[E] _(zeigt auf die Karte der -4)_ *[A]also minus ein Grad*[E] _(bewegt den Finger wieder leicht in Richtung der Karte mit der -1)_ *[A]ist ein bisschen wärmer als minus vier Grad.*[E] _(hebt die Karte der -4 leicht an) (schaut zur Interviewerin, die leicht nickt) (4 sec)_ Und äh bei Plus,zahlen *[A]ist das dann anders herum dass dann, eins n bisschen kälter ist als die, Vier. Also vier Grad, plus.*[E] _(hält beide Karten fest, hebt die Karten erst leicht an, schiebt sie dann zusammen und schiebt sie zur Interviewerin, schaut dabei einmal kurz zur Interviewerin)_
32	I	Okay .. *[A]und bei Pluszahlen*[E] _(legt die Karten wieder sichtbar übereinander, wobei die Karte der -4 oberhalb von der Karte der -1 liegt)_ ist dann *[A]die Vier.. wos wärmer ist ist größer ne?*[E] _(zeigt auf die Karte mit -4)_

33	T	*[A]mhm*[E] (*nickt leicht*)
34	I	*[A]Und bei Minuszahlen?*[E] (*zeigt auf die Karte mit -1*)
35	T	[A]Wo kälter ist ist es dann größer.*[E] (*hält beim Sprechen, auch nachfolgend das vor ihm liegende Papier mit beiden Händen fest*)
36	I	Mhm‘
37	T	Wo wärmer ist wird dann käl- *[A]em wird dann die Zahl kleiner.*[E] (*legt das Papier ab und fährt mit der rechten Hand von links nach rechts ein Stück über den Tisch, hält anschließend das Papier wieder fest*)

Ein Beispiel für eine für Tom im Rahmen der Feinanalyse rekonstruierte Vorgehensweise ist:

„Wärmer/kälter am Thermometer im Minusbereich (statisch)“: Dabei wird betrachtet, welche Zahl der kälteren bzw. wärmeren Temperatur im Minusbereich entspricht. Die Zahl, die der kälteren Temperatur im Minusbereich entspricht, wir als die Größere erachtet. Die Zahl, die der wärmeren Temperatur im Minusbereich entspricht, wird als die kleinere Zahl erachtet.

Dass dieser Typ von Vorgehensweisen nur für zwei der aufgeführten Klassen von Situationen für Tom rekonstruiert werden kann, liegt in der Analysetechnik begründet: Zwar verwies Tom auch in den weiteren Klassen durch Äußerungen auf den gewählten Kontext (vgl. Kap. 6.3) – seine *Vorgehensweisen* orientierten sich jedoch nicht hieran, sondern an der Lage der Zahlen (vgl. Abb. 6.49). Die Vorgehensweise, bei der Ordnung ganzer Zahlen auf kontextuelles Wissen zurück zu greifen, zeigte sich ebenfalls bei Bruno und Cabrera (2005, vgl. Kap. 3.1.6.). Es bleibt jedoch festzuhalten, dass dies im Rahmen der vorliegenden Untersuchung im Vorinterview nur für einen bzw. zwei Schüler beobachtet werden konnte. Dies scheint in Zusammenhang mit den Ergebnissen Murrays (1985, 165) zu stehen, in der sich ergab, dass bei Schülerinnen, die formale Aufgaben zu negativen Zahlen ohne eine vorherige formale Einführung bearbeiteten, nur wenige Schülerinnen auf den Kontext Temperaturen zurückgriffen.

Ob Schülerinnen vor einer unterrichtlichen Einführung negativer Zahlen aus sich heraus tatsächlich eher weniger häufig auf Kontexte zurückgreifen, um formal-symbolisch dargestellte Zahlen hinsichtlich ihrer Größe zu vergleichen, müsste jedoch eingehender untersucht werden.

6.5.1.4 Mengen vergleichen

Im Rahmen der Analyse konnte bei einem Einzelfall eine Vorgehensweise rekonstruiert werden, bei der kardinale Bezüge essentiell waren. Damit scheinen sich Ergebnisse zu bestätigen, nach denen Schülerinnen – im Zusammenhang mit der Addition und Subtraktion ganzer Zahlen – teilweise statt der Zahlengerade diskrete Modelle nutzen (vgl. Bruno 1997, 14).

Es handelte sich im vorliegenden Beispiel um die Schülerin Nicole, die auf „Punkte" verwies, welche durch die Zahlen repräsentiert werden (vgl. Kap. 6.1). Im Rahmen der Breitenanalyse wurde diese Vorgehensweise als *„Punkte betrachten"* bezeichnet und wie folgt beschrieben:

„Punkte betrachten". Wenn man eine Zahl mit Minuszeichen und eine Zahl ohne Minuszeichen vergleicht, dann betrachtet man die durch die Zahlenwerte repräsentierten Punkte. Die Zahl, bei der mehr Punkte sind, ist größer.

Die Vorzeichen der Zahlen werden dabei nicht berücksichtigt. Die Vorgehensweise ist entsprechend aus fachlicher Perspektive nicht tragfähig (vgl. auch Kap. 6.1).

6.5.1.5 Rechenoperationen zum Zahlvergleich durchführen

Bei Vorgehensweisen, welche diesem Typ zugeordnet wurden, führen die Schülerinnen Rechnungen durch, um die größere zweier negativer Zahlen zu bestimmen. Dabei sind formal-symbolische Bezüge dominierend. Die Feinanalyse Nicoles ermöglichte bereits einen detaillierten Einblick in ein Beispiel einer solchen Vorgehensweise. Insgesamt fünf der acht untersuchten Schülerinnen führten Rechenoperationen zum Zahlvergleich durch. Dabei nutzten insgesamt vier der Schülerinnen (Emma, Nicole, Sebastian und Valentin) sehr ähnliche oder identische Vorgehensweisen, welche – ebenso wie Nicoles Rechenstrategie im Vorinterview – nicht tragfähig waren. Es ist ein aufschlussreiches Ergebnis, dass die Hälfte der untersuchten Schülerinnen offenbar das Minuszeichen aus ihrem Vorwissen heraus noch nicht (sicher) als Vorzeichen deuten konnte, sondern es als Operationszeichen interpretierte und in der Folge Subtraktionsschemata entwickelte. Zwar ist bekannt, dass Schülerinnen das Minuszeichen, das sie zunächst als Operationszeichen kennen lernen, im Zuge der Begriffsentwicklung des Begriffs der negativen Zahl erst als Vorzeichen deuten lernen müssen (Malle 2007a), jedoch wird vielfach davon ausgegangen, dass dieser Prozess sich zumeist bereits *vor* der Einführung negativer Zahlen im Mathematikunterricht vollzogen hat: „Im Allgemeinen kennen Kinder aufgrund ihrer Alltagserfahrung auch schon die Vorzeichensymbole ‚+' und ‚–'" (Malle 2007a, 52, vgl. auch Malle 1988, Murray 1985, Kap. 5.2.1).

Einer der Schüler, Valentin, nutzte bei dem Vergleich zweier Zahlen eine rechnerische Vorgehensweise, bei der er im Speziellen auf *Dezimalzahlen* zurückgriff. Diese entstand im Zusammenhang mit der Vorgehensweise, zwei Zahlen voneinander zu subtrahieren (s. o.). Dezimalzahlen nutzt Valentin immer dann, wenn er eine betragsmäßig größere von einer betragsmäßig kleineren Zahl subtrahiert: beim Vergleich von 12 und -15 und bei 6 und -9. Er ermittelt das Ergebnis der Subtraktionsaufgabe. Dabei notiert er bspw. bei 6-9 zunächst eine Null und ein Komma, dann eine folgende Null (da es sich um einstellige Zahlen handelt) und anschließend eine Sechs. Es ergibt sich entsprechend 0,06. Diese Strategie ist vor dem Hintergrund interessant, dass sich in einer Studie von Mukhopahyay (1997, 48) ergab, dass einige Schülerinnen bei der Subtraktion zweier ganzer Zahlen auf *Bruchzahlen* zurückgriffen. Auch in einer Studie von Peled (1991, 165) ergab sich, dass ein Schüler bei der Subtraktion Dezimalzahlen gebrauchte: Dieser rechnete statt 3-7 erst 30-7 und dann 0,3-0,7. Alles in allem weisen die Vorgehensweisen, bei denen Schülerinnen auf Dezimalzahlen zurückgreifen, auf geringe Vorerfahrungen der Schülerinnen im Umgang mit negativen Zahlen hin. Dass das Verwenden von Dezimalzahlen nur bei einem der untersuchten Schülerinnen auftrat, scheint darauf hin zu weisen, dass ein solcher, nicht tragfähiger und nicht zielführender Gebrauch von Dezimalzahlen eher selten ist.

6.5.1.6 Wissen zu Zahlen und Zahlbereichen nutzen

Vorgehensweisen, die diesem Typ zugeordnet wurden, betreffen den Gebrauch von bereits vorhandenem, schnell abrufbarem Wissen zu Zahlen und Zahlbereichen. Bei diesen Vorgehensweisen werden keine Erläuterungen oder Begründungen von den Schülerinnen gegeben oder Äußerungen gemacht. Sie werden entsprechend der formal-symbolischen Darstellungsform zugeordnet. Ein Beispiel für eine solche Vorgehensweise zeigt sich im Vorinterview von Valentin.

140 I Okay. *[A]Und bei den beiden Zahlen? Welche von den beiden ist größer?*[E] *(legt die Karten mit den Zahlen 9 und 0 auf den Tisch vor Valentin, sodass die 0 rechts und nimmt die Karten mit 0 und -9 weg)*

141 V Das sind wieder neun und null. *(hält die linke Hand bei den Karten auf dem Tisch und blickt zur Interviewerin)*

142 I Mhm. *[A]Aber grade, grade da war da so, so ein Zeichen-*[E] *(legt die Karte mit der -9 nochmal auf den Tisch, sodass diese etwa über der Karte mit der 9 liegt, nimmt sie nachdem Valentin anfängt zu sprechen wieder weg)*

143 V /Minus. Ja da ist die Neun größer. Da brauch ich wieder das Krokodil. *[A]Da kann ich Klammer neun größer als null.*[E] *(schreibt >, davor 9 und dahinter 0)*

9>0

144 I ...

145 V ...
(wieder bezogen auf den Vergleich von 0 und 9) *[A]und da steht einfach nur die, neun, drauf*[E] *(schreibt unter die -9 eine 9)*

-9
9

und dann brauch ich nicht rechnen und da kann ich klar sagen, fertig *[A]neun*[E] *(zeigt mit der rechten Hand und dem Stift, den er in dieser hält, einmal kurz in die Luft)* ist größer.

Es wurde folgende Vorgehensweise festgehalten, die neben Valentin auch zwei weitere Schülerinnen gebrauchten:

„Zahlen ohne Minuszeichen sind größer als null". Beim Vergleich einer Zahl ohne Minuszeichen mit null ist die Zahl ohne Minuszeichen größer als null.

Insgesamt sieben der acht Schülerinnen nutzten Vorgehensweisen dieses Typs. Es ist auffällig, dass das meiste abgerufene Wissen den Vergleich einer positiven Zahl mit null betrifft. Ein Grund hierfür könnte darin liegen, dass diese Klasse von Situationen den Schülerinnen zum Zeitpunkt ihres Lernprozesses (vor der Behandlung negativer Zahlen im Unterricht) bekannter ist als die übrigen, was einen Abruf bekannten Wissens ermöglicht und begünstigt.

Zu den Vorgehensweisen dieser Kategorie gehören insbesondere auch jene Vorgehensweisen, die aus Schwierigkeiten mit der Null resultieren (vgl. Abb. 6.51). Diese werden nachfolgend erläutert.

		Klassen von Situationen			
	Tragfähigkeit	Eine positive und eine negative Zahl vergleichen	Zwei negative Zahlen vergleichen	Null und eine negative Zahl vergleichen	Null und eine positive Zahl vergleichen
Vorgehensweisen					
- Vorgehen, die aus Schwierigkeiten mit der Null resultieren	-			E N M	E

Abbildung 6.51 Schwierigkeiten mit der Null

Dass Schülerinnen im Zusammenhang mit Vorstellungen der Null und dem Rechnen mit der Null oftmals Schwierigkeiten haben, ist hinlänglich bekannt (vgl. bspw. Hefendehl-Hebeker 1982, Levenson, Tsamin & Tirosh 2007). Im Rahmen der Breitenanalysen der vorliegenden Arbeit wurden ebenfalls an verschiedener Stelle fachlich nicht tragfähige Annahmen zur Null ersichtlich, die Einfluss auf den Größenvergleich ganzer Zahlen hatten. Beim Vergleich einer negativen oder positiven Zahl und null wurde ersichtlich, dass drei der acht Schülerinnen Vorgehensweisen wählen, die in Zusammenhang mit Schwierigkeiten mit der Null stehen. Bei den Vorgehensweisen wird jeweils angenommen, dass die Null größer ist als alle anderen Zahlen, weil ...

- es vor der Null keine Zahlen gibt (Nicole),
- die Null keine Zahl ist und daher alle Zahlen größer sind als null (Emma) oder weil

- die Null plus und minus ist, man mit ihr nicht rechnen kann, aber alle Zahlen von ihr ausgehen und daher alle Zahlen größer sind (Michael).

Diese Vorgehensweisen sind aus fachlicher Perspektive nicht tragfähig. Für den Vergleich einer negativen Zahl und null muss diesen Vorgehensweisen besondere Aufmerksamkeit beigemessen werden, da die aus ihnen resultierenden Lösungen, dass jeweils die negative Zahl die größere sei, leicht als Orientierung an den Beträgen der Zahlen gedeutet werden können. Das Ergebnis, dass Annahmen zur Null für drei der Schülerinnen nicht tragfähig waren und darüber hinaus Einfluss auf den Größenvergleich zweier Zahlen hatten, deutet darauf hin, dass es sich dabei um eine durchaus ernstzunehmende Schwierigkeit handelt, die bei der Gestaltung von Lernprozessen zu berücksichtigen ist.

6.5.1.7 Zusammenfassung

Bei der Betrachtung der von den Schülerinnen gewählten Typen von Vorgehensweisen im Überblick (vgl. dazu auch Abb. 6.49) lassen sich zwei unterschiedliche, *schülerbezogene* Ausrichtungen der Vorgehensweisen unterscheiden. Diese können mithilfe der Fallbeispiele Toms und Nicoles beschrieben werden.

Die Vorgehensweisen, die *Tom* wählt, orientieren sich an der Lage der Zahlen: Er wählt sowohl Vorgehensweisen, die sich an der Lage über und unter der Null orientieren, als auch solche, die die Entfernung von der Null betreffen. Daneben orientiert er sich an der Ordnung der natürlichen Zahlen (vgl. Vorgehensweisen im oberen Teil der Abb. 6.49). Auch andere Schülerinnen nutzen vermehrt Vorgehensweisen, welche sich auf die Lage der Zahlen beziehen: bspw. Jason und Linus, die zusätzlich auf Wissen zu Zahlen zurückgreifen. Die Rechenstrategie, die Linus zusätzlich nutzt, ist hierzu kohärent: Er berechnet bei negativen Zahlen, wie viel man bis zur Null abziehen müsste. Auch der Schüler Michael gliedert sich in diese Gruppe von Schülern ein, da seine Vorgehensweisen sich maßgeblich an der Lage der Zahlen orientieren. Für diese Gruppe von Schülern kann festgehalten werden, dass die Lage der Zahlen für die Vorgehensweisen zum Zahlvergleich ganzer Zahlen dominierend ist. Toms Fallbeispiel stellt lediglich insofern eine Besonderheit dar, als er als einziger Schüler auch kontextuelle Vorgehensweisen nutzt.

Für die von *Nicole* genutzten Vorgehensweisen ist das Nutzen von Rechenoperationen relevant. Darüber hinaus orientiert sie sich an der Ordnung der natürlichen Zahlen und nutzt Vorgehensweisen, für die nicht tragfähige Annahmen zur Null wesentlich sind. Dieses Muster findet sich in sehr ähnlicher Weise bei Emma und Valentin: Auch sie führen Rechenoperationen durch und orientieren sich an der Ordnung der natürlichen Zahlen. Während Emmas Vorgehen – wie Nicoles – ebenfalls durch nicht tragfähige Annahmen zur Null gekennzeichnet ist (s. o.), nutzt Valentin für eine Klasse von Situationen zusätzlich

Dezimalzahlen (s. o.). Sowohl Valentin als auch Nicole greifen darüber hinaus beim Vergleich einer positiven Zahl und null auf Vorwissen zurück, welches zu einem tragfähigen Vorgehen führt. Es lässt sich festhalten, dass diese Gruppe von Schülerinnen das Minuszeichen offenbar noch nicht als Vorzeichen zu deuten scheint, weshalb diese Schülerinnen – wie Nicole (vgl. Kap. 6.1) – auf Rechenoperationen, eine Orientierung an der Ordnung der negativen Zahlen und auf Vorwissen zu natürlichen Zahlen zurückgreifen. Auch Sebastian kann – mit Einschränkungen – dieser Gruppe zugeordnet werden: Zwar gelingt ihm eine Orientierung an der Lage der Zahlen, jedoch nutzt er darüber hinaus verschiedene Rechenstrategien, welche insgesamt für seine Vorgehensweisen dominierend sind (vgl. Abb. 6.49) und greift für positive Zahlen auf Vorwissen zurück. Er scheint das Minuszeichen noch nicht *sicher* als Vorzeichen zu deuten und diesbezüglich Unsicherheiten zu haben, die ihn zur Wahl von Rechenstrategien veranlassen.

6.5.2 Ergebnisse für die Nachinterviews

Die Datenbasis für die Breitenanalyse der *Nach*interviews bestand aus den Transkripten und Schülerprodukten der Schülerinnen Emma (E), Jason (J), Linus (L), Michael (M), Nicole (N), Sebastian (S), Tom (T) und Valentin (V) und ist damit identisch mit jener des Vorinterviews.

Bei der Breitenanalyse der Nachinterviews wurde gleichermaßen verfahren wie in jener des Vorinterviews, jedoch wurde die Liste der Vorgehensweisen und der entsprechenden Typen, welche aus dem Vorinterview entstanden war, zugrunde gelegt und fortgeführt.

Es ist interessant, dass sich im Nachinterview im Wesentlichen die gleichen Typen von Vorgehensweisen zeigten wie im Vorinterview: Bis auf das Betrachten von Mengen konnten alle Typen erneut rekonstruiert werden. Die Liste für die Analyse der Nachinterviews musste zudem nicht ergänzt werden. Damit bestätigte sich die für die Analyse der Vorinterviews vorgenommene Typisierung für fünf der sechs Vorgehensweisen. Trotz der gleich gebliebenen Typisierung ist jedoch eine erhebliche Änderung der *Verteilung* der Vorgehensweisen zwischen Vor- und Nachinterview zu beobachten. Diese wird im vorliegenden Kapitel erläutert. In Abb. 6.52 sind die rekonstruierten Typen von Vorgehensweisen analog zum Vorinterview (vgl. Kap. 6.5.1) aufgeführt. Im Folgenden wird beschrieben, welche Veränderungen sich zwischen den im Vor- und Nachinterview rekonstruierten Typen von Vorgehensweisen ergaben.

6.5.2.1 Orientierung an der Lage der Zahlen

Die Ergebnisse der Nachinterviews zeigen – ebenso wie jene der Vorinterviews –, dass die Vorgehensweisen, die sich an der Lage der Zahlen orientieren und damit im Speziellen ordinale Bezüge aufweisen, in zwei Subkategorien unterteilt werden können (vgl. Abb. 6.53) . Diese werden im Folgenden dargestellt.

	Tragfähigkeit	**Klassen von Situationen**			
		Eine positive und eine negative Zahl vergleichen	Zwei negative Zahlen vergleichen	Null und eine negative Zahl vergleichen	Null und eine positive Zahl vergleichen
Vorgehensweisen					
Orientierung an der Lage der Zahlen	+	L N M S T	J L M N T	E J L N M T	E L N M S T
	–				
Orientierung an der Ordnung der natürlichen Zahlen -3	+				
	–		E		
Kontextuelles Wissen nutzen	+	L S V	M V T	V	V
	–				
Mengen vergleichen	+				
	–				
Rechenoperation zum Zahlvergleich durchführen -3	+				
	–		S	S	
Wissen zu Zahlen und Zahlbereichen nutzen -3	+	E J	J	J	J
	–		N	E	E

Abbildung 6.52 Vorgehensweisen im Nachinterview

Orientierung an der Lage unter und über der Null / oben und unten (dichotom)

Im Vergleich zum Vorinterview scheint diese Vorgehensweise für die untersuchten Schülerinnen an Bedeutung gewonnen zu haben: Während im Vorinterview fünf der acht Schülerinnen die Orientierung an der Lage unter und über der Null bzw. oben und unten für den Zahlvergleich nutzten, sind dies im Nachinterview sieben der Schülerinnen. Einzig ein Schüler, Valentin, nutzt diese Strategie nicht – dies scheint bei Valentin in Zusammenhang mit der Dominanz kontextueller Vorgehensweisen zu stehen (s. u.). Wie sich bereits in den *Fein*analysen für die Schülerinnen Tom und Nicole ergab, bestätigt sich hier, dass die Schülerinnen offenbar zunehmend auf eine ordinale Darstellung der Zahlen zurück greifen. Dies scheint mit dem konsequenten Einbezug des Modells der Zahlengerade in der Lernumgebung und der Unterrichtsreihe, an welcher die Schülerinnen teilnahmen, zusammen zu hängen.

	Tragfähigkeit	Klassen von Situationen			
		Eine positive und eine negative Zahl vergleichen	Zwei negative Zahlen vergleichen	Null und eine negative Zahl vergleichen	Null und eine positive Zahl vergleichen
Vorgehensweisen					
Orientierung an der Lage der Zahlen	+	L N M S T	J L M N T	E J L N M T	E L N M S T
	-				
- Orientierung an der Lage unter und über der Null / oben und unten (dichotom)	+	L N M S T		E J L N M T	E L N M T
	-				
- Betrachtung der Entfernung von der Null bzw. vom Plusbereich (graduell)	+		J L M N T		L S
	-				

Abbildung 6.53 Orientierung an der Lage der Zahlen

Betrachtung der Entfernung von der Null bzw. vom Plusbereich (graduell)

Vorgehensweisen dieses Typs wurden im Nachinterview von den untersuchten Schülerinnen häufiger genutzt als im Vorinterview. Während im Vorinterview lediglich ein Schüler eine entsprechende Vorgehensweise für den Vergleich zweier negativer Zahlen nutzte, waren dies im Nachinterview fünf – darunter Tom und Nicole. Auch hierfür scheint der konsequente Einbezug der Zahlengerade in der Lernumgebung und Unterrichtsreihe bedeutsam.

Der vermehrte Gebrauch der beiden Typen von Vorgehensweisen, welche die Lage der Zahlen betreffen, ist anschlussfähig an jene Forschungsergebnisse, die davon zeugen, dass Schülerinnen teilweise die Zahlengerade für das Lösen algebraischer Berechnungen nutzen (Vlassis 2004, 478), und insbesondere, dass Schülerinnen die Berechnungen formal-symbolisch dargestellter Aufgaben leichter fallen und sie eine größere Sicherheit haben, wenn sie die Zahlengerade gebrauchen (Bruno 2001, 425, Bruno & Martinón 1997, 257). Auch der vermehrte Gebrauch der Zahlengerade beim *Größenvergleich* ganzer Zahlen scheint auf eine Sicherheit der Schülerinnen im Umgang mit der Zahlengeraden hinzudeuten. Darüber hinaus scheint sich – wie bereits angedeutet – im vermehrten Gebrauch der Zahlengeraden der Gebrauch der Zahlengeraden in der zugrundeliegenden Lernumgebung (vgl. Kap. 3.2.3) widerzuspiegeln. Die Schülerinnen greifen das Modell der Zahlengeraden offenbar vielfach für ihre Vorgehensweisen auf. Dass diese Vorgehensweisen sich als tragfähig erweisen, bekräftigt die Wahl des Modells der Zahlengeraden in der Lernumgebung. Das Modell scheint in der genutzten Form (Kap. 2.3.2) für die Schülerinnen nachvollziehbar und anwendbar zu sein und sich daher positiv auf ihre individuellen Vorgehensweisen auszuwirken.

6.5.2.2 Orientierung an der Ordnung der natürlichen Zahlen

Vorgehensweisen, bei denen eine Orientierung an der Ordnung der natürlichen Zahlen erfolgt, verweisen auf eine zugrunde liegende geteilte Ordnungsrelation. Es war im Vorfeld zu erwarten, dass Vorgehensweisen dieser Art sich über die Unterrichtsreihe hinweg reduzieren würden. Im Vergleich zwischen Vor- und Nachinterview kann in der Tat beobachtet werden, dass im Nachinterview nur noch eine Schülerin (Emma) eine solche Orientierung an der Ordnung der natürlichen Zahlen gebraucht – während es im Vorinterview vier Schülerinnen waren. Dennoch ist es interessant, dass diese Schülerin – ebenso wie Nicole (vgl. Feinanalyse) – *nach* der abgeschlossenen Unterrichtsreihe zu negativen Zahlen für den Vergleich zweier negativer Zahlen noch immer an der Orientierung an der Ordnung der natürlichen Zahlen festhält – zumal sie für den Vergleich zweier negativer Zahlen keine anderen Vorgehensweisen nutzt. Dies bekräftigt die zusammenfassende Aussage Malles (2007a, 54, Hervorh. M. S.): „In den empirischen Untersuchungen und Unterrichtsversuchen zeigte sich, dass ziemlich viele Schülerinnen und Schüler die spiegelbildliche Anordnung bevorzugen *und trotz Unterricht relativ lange an dieser festhalten. Es fällt ihnen schwer, die alten Vorstellungen von negativen Zahlen aufzugeben*". Für Emma hat sich dieser Prozess offenbar noch nicht vollzogen, auch nachdem sie bereits u. a. die Addition und Subtraktion ganzer Zahlen im Unterricht behandelt hat. Dies deutet darauf hin, wie fest verwurzelt die Annahmen von Schülerinnen mitunter sein können und dass es notwendig zu sein scheint, die Ordnung ganzer Zahlen explizit zu thematisieren.

6.5.2.3 Orientierung an der Ordnung der natürlichen Zahlen

Es ist erfreulich, dass es den Schülerinnen nach der Unterrichtsreihe vielfach gelingt, lebensweltliche Kontexte beim Vergleich formal-symbolisch dargestellter Zahlen zu aktivieren und für Vorgehensweisen zu nutzen. Dabei gebrauchen die Schülerinnen die Kontexte *Guthaben-und-Schulden* bzw. *Gut-und-Schlecht*, wie bspw. Michael:

7 I *[A]Und bei den beiden: Welche ist größer?*[E] *(legt zwei Karten mit den Zahlen -28 und -33 vor Michael auf den Tisch, wobei die Karte mit der -28 auf der Karte mit der -33 liegt)*

8 M *(nimmt die obere von der unteren Karte weg und legt sie rechts daneben, sodass die -33 links liegt, betrachtet die Karten)* Die *[A] minus 28.*[E] *(zeigt auf die Karte mit*

-28) *^{A} Das ist*^{E} *(zeigt auf die Zahlengerade aus der Aufgabe mit -8 und -12)* wieder das Beispiel.

9 I *^{A}Mhm'*^{E} *(nickt)*

10 M *(schaut kurz zur Interviewerin, anschließend wieder auf die Karten und die zuvor erstellte Skizze)* Also .. wie soll ich das sagen. *(7 sec)* *^{A}Da ist .. der nicht so gute. Da der gute.*^{E} *(zeichnet einen traurigen und einen lachenden Smiley)*

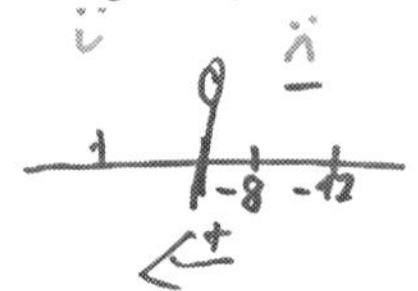

^{A}Und dann ist die 28^{E} *(zeigt mit dem Stift auf die Karte mit der 28)*, der hat, hier, wir hatten da Namen *^{A1}Ole m hat zwölf, Euro, Schulden. *(4 sec)* Und, *^{A2}hier*^{E2} *(leiser)*, Mia oder so hieß die, die hatte dann 20 Euro, Schulden. Und dann-*^{E1} *(schreibt Ole 12€ Schulden und Mia 20€ Schulden)*

Ole 12€ Schulden
Mia 20€ Schulden

dann ist em *(schaut zur Interviewerin)* Ole ja besser. Weil er e wenn er e 20 Euro auf die Bank gibt hat er dann acht Euro Guthaben. Aber sie hat dann e wenn sie 20 Euro auf die Bank gibt null Guthaben.

11 I *^{A}Ja.*^{E} *(nickt)* Das stimmt. *^{A}Also ist die minus 28 auch größer,*^{E} *(zeigt auf die Karte mit der -28)* besser als die minus 33.

12 M /*^{A}Ja.*^{E} *(nickt)*

Beispiele für Vorgehensweisen dieses Typs sind:

„Guthaben ist mehr als Schulden" (Tom) Bei dem Vergleich einer positiven und einer negativen Zahl wird dabei die positive Zahl als Guthaben und die negative Zahl als Schulden interpretiert. Daher ist die positive Zahl größer.

„Plus ist gut, minus ist schlecht" (Linus) Minuszahlen werde als größer erachtet als Pluszahlen, weil Pluszahlen oben und Minuszahlen unten sind und weil das Gute oben und das Schlechte unten ist.

Insgesamt scheint der Gebrauch dieser beiden Kontexte im Nachinterview darauf hinzudeuten, dass der Kontext der Lernumgebung – Guthaben-und-Schulden – Einfluss auf die Vorgehensweisen der Schülerinnen im Nachinterview, sowie insbesondere auf die aktivierten Kontexte zu haben scheint. Es ist im Speziellen interessant, dass Tom, der im Vorinterview mehrfach den Kontext Temperaturen aktivierte, auf diesen im Nachinterview nicht mehr zurückgreift, sondern den Kontext Guthaben-und-Schulden nutzt (vgl. Kap. 6.4). Darüber hinaus ist erwähnenswert, dass Valentin im Nachinterview ausschließlich Vorgehensweisen nutzt, die am Kontext orientiert und hierin verankert sind. Für diesen Schüler scheint der Kontext auch *nach* der Unterrichtsreihe noch sehr dominant. Wenngleich seine Vorgehensweisen tragfähig sind und – obwohl es sich um den Kontext Guthaben-und-Schulden handelt – eine tragfähige, einheitliche Ordnungsrelation zugrunde liegt, wäre es für den Lernprozess erstrebenswert, dass es dem Schüler abschließend gelingt, sich vom Kontext zu lösen.

Es bleibt festzuhalten, dass neben dem gewählten Modell der Zahlengerade (s. o.) auch der Kontext der Lernumgebung offenbar auf die Vorgehensweisen der Schülerinnen Einfluss nimmt. Diese kontextualisierten Vorgehensweisen erweisen sich als tragfähig. Dies scheint darauf hinzudeuten, dass die Kombination aus dem Kontext Guthaben-und-Schulden und dem Modell der Zahlengerade, welche in der gestalteten Lernumgebung grundlegend war (vgl. Kap. 2.3.2), sich als günstig für die Vorgehensweisen der Schülerinnen zum Zahlvergleich ganzer Zahlen erweist.

6.5.2.4 Mengen vergleichen

Die Vorgehensweise, beim Vergleich zweier Zahlen die durch sie repräsentierten (Punkte-)Mengen zu betrachten, wird im Nachinterview nicht mehr gebraucht. Es zeigen sich daneben auch keine weiteren Vorgehensweisen, die darauf schließen lassen, dass die untersuchten Schülerinnen im Nachinterview diskrete Punktmengen (vgl. Kap. 6.5.1.3) vergleichen. Dies scheint in Zusammenhang damit zu stehen, dass in der vorhergehenden Unterrichtsreihe das Modell der Zahlengeraden genutzt wurde – und keine diskreten „Ausgleichs"-Modelle (vgl. Kap. 3.2.1 und 3.2.3). Auch dies scheint zu bestätigen, dass das gewählte Modell die Vorgehensweisen der Schülerinnen beeinflusst.

6.5.2.5 Rechenoperationen zum Zahlvergleich durchführen

Während im Vorinterview vier der acht Schülerinnen Rechenoperationen zum Zahlvergleich durchführten, wird dies im Nachinterview nur noch von einem Schüler vorgenommen. Dass sich die Anzahl der Schülerinnen, welche – entsprechend einer Deutung des Minuszeichens als Operationszeichen – ein Subtraktionsschema nutzen, über die Unterrichtsreihe hinweg verringert, war anzunehmen. Einzig der Schüler Sebastian nutzt im Nachinterview noch Rechenstrategien. Er subtrahiert jedoch nicht die beiden vorliegenden Zahlen voneinander, sondern subtrahiert die Zahlen von einem Vergleichswert:

		…
1	I	Ich hab dir zwei Zahlen mitgebracht und möchte dass du mir mal sagst, welche von beiden ist größer? *(legt zwei Karten mit den Zahlen -8 und -12 übereinander liegend vor Sebastian auf den Tisch, sodass nur die -8 sichtbar ist)*
2	S	*(legt die Karten so auseinander, dass die Karte mit der -12 links und die Karte mit der -8 rechts liegt, nimmt beide Karten in die Hand, hält sie weiter nebeneinander und betrachtet sie) (12 sec) (wirft die Karte mit -8 auf den Tisch und schaut zur Interviewerin)* Die.
3	I	Warum? *(lächelt)*
4	S	*(lächelt auch)* Weil wenn man jetzt wieder hier so eine, Nullreihe hat, *(nimmt den Stift,*

schreibt Null) und dann ist hier ja wieder *(zeigt auf dem Papier mit dem Stift auf die Seite rechts neben der 0)* dann wär da zum- *A1 *2über*E2 *(leiser)* dann wär da über null die Hundert*E1 *(schreibt 100, rechts neben die 0)* und da wär *(zeigt auf dem Papier mit dem Stift auf die Seite links neben der 0)* unter null *(schreibt 100, links neben die 0)* also jetzt, minus, *(schreibt ein Minuszeichen über die linke 100)* und das wär plus. *(schreibt ein Pluszeichen über die rechte 100)*

Und das (,?) bei minus zwölf wenn man jetzt null minus zwölf rechnet wär das so viel wie *(schaut zur Interviewerin)* 88 also minus 88.

5 I *(nickt)* *AMhm.*E *(leise)*

6 S *AUnd wenn man das mit der Acht macht, wär das minus 92*E *(hält den Stift weiter in der Hand, setzt an, um links von der Null etwas in der Skizze einzutragen, schaut dann aber zur Interviewerin und schließt den Stift)* dann wär die 92 größer.

Es wurde die folgende Vorgehensweise rekonstruiert:

„Subtraktion von Vergleichswert“. Zwei Zahlen werden verglichen, indem sie beide von der gleichen Zahl (hier 100) abgezogen werden. Es wird verglichen, welche der beiden Differenzen größer ist. Die größere Zahl ist näher an der 100, sie *liegt* näher an der Null.

Diese Vorgehensweise gebrauchte Sebastian – neben der Vorgehensweise, in der er die Zahlen *von*einander subtrahierte – bereits im Vorinterview. Ihr Gebrauch im Nachinterview scheint mit Unsicherheiten im Zusammenhang mit negativen Zahlen zusammen zu hängen.

Der Typ ‚Dezimalzahlen nutzen’, welcher im Vorinterview nur von Valentin genutzt wurde, kann im Nachinterview nicht mehr rekonstruiert werden. Die Vorgehensweise Valentins im Vorinterview war nicht tragfähig und stand in Zusammenhang mit der Subtraktion zweier Zahlen voneinander. Da Valentin im Nachinterview ausschließlich kontextuelle Vorgehensweisen gebraucht (s. o.) und keine Subtraktionsstrategien mehr verwendet, wird diese Vorgehensweise nicht mehr gebraucht.

6.5.2.6 Wissen zu Zahlen und Zahlbereichen nutzen

Während Vorgehensweisen dieses Typs im Vorinterview vorwiegend und gehäuft für den Vergleich einer positiven Zahl mit null genutzt wurden, betreffen diese im Nachinterview alle Klassen von Situationen, werden jedoch für alle Klassen von Situationen nicht häufig genutzt. Diese Vorgehensweisen sind oftmals tragfähig.

Die Vorgehensweise, die Nicole für den Vergleich zweier negativer Zahlen nutzt, ist zu Beginn des Nachinterviews nicht tragfähig (vgl. Kap. 6.2). Diese Vorgehensweise wird in der Breitenanalyse festgehalten als:

„Beträge betrachten". Bei zwei negativen Zahlen wird diejenige als größer erachtet, die betragsmäßig die größere ist.

Daneben zeigte sich, dass Emma eine Vorgehensweise gebraucht, die in Zusammenhang mit nicht tragfähigen Annahmen zur Null steht – im Vorinterview hatten drei Schülerinnen eine solche Vorgehensweise gebraucht. Dass die Anzahl der Schülerinnen, welche eine solche Vorgehensweise wählen, sich über die Unterrichtsreihe hinweg verringert, war – ebenso wie bei Rechenstrategien – anzunehmen. Emmas Vorgehensweise im Nachinterviews weist auf noch immer vorhandene Schwierigkeiten bzw. Unsicherheiten im Zusammenhang mit der Null hin:

18	I	*[A]Und welche von den beiden ist größer?*[E] *(legt Emma zwei Karten mit den Zahlen 0 und -7 hin, wobei die 0 auf der -7 liegt, sodass diese nicht zu sehen ist)*
19	E	*(schiebt die Karte mit der 0 etwas nach links und oben weg, sodass die -7 rechts unter der 0 liegt, schaut auf die Karten)* Sieben weil null ist keine Zahl. *(schaut zur Interviewerin)*
20	I	(...) *[A]Und bei den beiden? Welche ist größer?*[E] *(legt Emma zwei Karten mit den Zahlen 0 und 7 hin, wobei die 7 auf der 0 liegt, sodass diese nicht zu sehen ist)*
21	E	*(nimmt die Karte mit der 7 und legt sie weiter oben auf den Tisch, sodass nun beide Zahlen auf den Karten zu sehen sind)* Ja sieben weil *[A]null ist keine Zahl.*[E] *(lacht)*

Es wurde die Vorgehensweise rekonstruiert:

„Alle Zahlen sind größer als null". Dabei wird davon ausgegangen, dass alle Zahlen größer als die Null sind, weil die Null keine Zahl ist.

Es ist bemerkenswert, dass diese Vorgehensweise über die Unterrichtsreihe hinweg invariant zu sein scheint. Emma hat anscheinend die Annahme, dass die Null keine Zahl sei, beibehalten. Im Zusammenhang mit den Vorstellungen der Schülerinnen zur Null scheint eine erhöhte didaktische Aufmerksamkeit und Unterstützung sinnvoll und – zumindest für Emma – notwendig.

6.5.2.7 Zusammenfassung

Zusammenfassend kann festgehalten werden, dass die Vorgehensweisen der Schülerinnen im Nachinterview ein einheitlicheres Gesamtbild zeichnen als im Vorinterview (vgl. auch Abb. 6.52). Dabei erweisen sich die Vorgehensweisen

- der Orientierung an der Lage der Zahlen sowie des
- Gebrauchs kontextuellen Wissens

als dominierend (vgl. Abb. 6.52), welche sich bei den untersuchten Schülerinnen als tragfähig erweisen. Es ist anzunehmen, dass die zugrunde liegende Lernumgebung und Unterrichtsreihe, in welcher das Modell der Zahlengerade und der Kontext Guthaben-und-Schulden essentiell waren (vgl. Kap. 3.2), Einfluss auf die Vorgehensweisen der Schülerinnen hatte und sich insbesondere günstig auf die Entwicklung tragfähiger Vorgehensweisen zum Zahlvergleich ganzer Zahlen auswirkte. Dies deutet darauf hin, dass das gewählte Modell und der gewählten Kontext in dieser Kombination positiven Einfluss auf die individuellen Vorgehensweisen der Schülerinnen beim Zahlvergleich hatte. Aufgrund des gewählten Forschungsfokusses und des entsprechenden Untersuchungsdesigns der vorliegenden Arbeit können jedoch über die Lernprozesse selbst und die Einflüsse des gewählten Modells und Kontextes keine Aussagen getroffen werden.

Daneben werden im Nachinterview vereinzelt Vorgehensweisen gebraucht, bei denen Wissen zu Zahlen und Zahlbereichen genutzt wird. Auch diese erweisen sich vielfach als tragfähig (s. o.).

Interessant ist darüber hinaus, dass die übrigen Vorgehensweisen, welche nach der Unterrichtsreihe von den Schülerinnen gebraucht werden (Orientierung an der Ordnung der natürlichen Zahlen, Rechenoperation zum Zahlvergleich durchführen sowie auch jene Vorgehensweisen, die aus Schwierigkeiten mit der Null resultieren), aus fachlicher Perspektive nicht tragfähig sind und vorrangig von zwei Schülerinnen vorgenommen werden. Die beiden Schülerinnen, die diese Vorgehensweisen nutzen (Emma und Sebastian), scheinen nicht konsequent – d. h. nicht für alle Klassen von Situationen – auf das Modell und den Kontext der Lernumgebung zurück zu greifen und dafür ‚alte', bereits im Vorinterview genutzte Vorgehensweisen zu gebrauchen, die sie offenbar beibehalten haben. Beide Schülerinnen gebrauchen jedoch in zumindest einer Klasse von Situationen daneben *auch* Vorgehensweisen, die maßgeblich die Lage der Zahlen (an der Zahlengeraden) betreffen. Für diese beiden Schülerinnen wäre vermutlich eine noch eingehendere Thematisierung und bewusste Reflexion des Größenvergleichs und des Ordnens ganzer Zahlen an der Zahlengerade hilfreich.

7 Rückblick und Ergebnisse

Ein zentrales Erkenntnisinteresse dieser Arbeit besteht darin, individuelle Begriffsbildung in ihrem Wechselspiel mit gegebenen Lernsituationen zu verstehen. Im Zentrum dieses Interesses steht das Anliegen, – ausgehend von der Betrachtung fachlicher Strukturierungen – die von Schülerinnen vorgenommenen *individuellen Strukturierungen* und ihre Entwicklung nachzuvollziehen. Auf Seiten des Individuums werden solche Strukturierungsprozesse von Lerngegenständen und gleichzeitig von vorliegenden Situationen vorgenommen, mit dem Ziel, Situationen handhaben und bewältigen zu können.

7.1 Zusammenfassung der Arbeit

Im Rahmen dieser Arbeit wurde dazu der Gegenstandsbereich der negativen Zahlen in den Blick genommen. Dieser eignet sich aus verschiedenen Gründen für die Analyse individueller Strukturierungsprozesse. Zum einen steht die Entwicklung eines individuellen Begriffs der negativen Zahl in engem Zusammenhang zum Begriff der natürlichen Zahl, sodass die Schülerinnen in verschiedener Hinsicht auf Vorwissen zurückgreifen können, das sie für Strukturierungsprozesse konstruktiv nutzen können, das ihren Blick auf den neuen Zahlenbereich aber auch verstellen kann. Es kann davon ausgegangen werden, dass Schülerinnen erste Vorerfahrungen mit dem Begriff der negativen Zahl bereits vor einer unterrichtlichen Einführung machen: „Fast alle Kinder bringen heute schon in der Grundschule gewisse Vorerfahrungen über negative Zahlen aus ihrer Alltagserfahrung mit“ (Malle 2007a, 52). Dennoch handelt es sich um einen Begriff, dessen Entwicklung Schülerinnen verschiedene Schwierigkeiten bereiten kann. „Der erste Knackpunkt, an dem die Lernenden merken können, dass ihr Alltagsverständnis der negativen Zahlen nicht ausreicht, ergibt sich bei der Besprechung der Ordnung der ganzen Zahlen“ (ebd., 54). Darüber hinaus stellen u. a. ein kontextuelles Deuten der ganzen Zahlen und ihrer Rechenoperationen, die Unterscheidung von Zahlzeichen und Rechenzeichen und die Multiplikation und Division mit ganzen Zahlen weitere potentielle Hürden im Lernprozess dar. Das Spannungsverhältnis zwischen der Anschlussfähigkeit des Begriffs an die schulischen und außerschulischen Vorerfahrungen der Schülerinnen einerseits und der potentiellen Hürden im Lernprozess andererseits machen den Gegenstandsbereich der negativen Zahl geeignet, um individuelle Begriffsbildung zu untersuchen. Für das Anliegen der Untersuchung, Begriffsentwicklung als individuellen *Strukturierungsprozess* zu analysieren, ist es dabei besonders interessant, die Verwendung vorhandener Deutungsmuster der Schülerinnen aus vorunterrichtlichen Erfahrungen zu untersuchen und dabei im Detail zu betrachten, welche Deutungsmuster in welchen (neuen) Situationen herangezogen werden.

Um individuelle Begriffsbildung im Detail nachvollziehen zu können, wurde der Lerngegenstand weiter spezifiziert: Es wurde mit der *Ordnungsrelation* jener Aspekt des Gegenstandsbereichs in den Fokus genommen, der den Beginn des Lehrgangs mit negativen Zahlen und gleichzeitig den ersten möglichen „Knackpunkt" für die Begriffsbildung darstellt. Studien, in denen die Ordnungsrelation für ganze Zahlen untersucht wurde, weisen darauf hin, dass Schülerinnen – wie auch Lehramtsstudierende (vgl. Widjaja et al. 2011) – sich teilweise an einer geteilten Ordnung orientieren (vgl. Peled et al. 1989, Thomaidis & Tzanakis 2007) und dies argumentativ durch Kontexte aus ihrer Erfahrungswelt stützen. Die Gründe aufzudecken, warum Schülerinnen in der beschriebenen Weise vorgehen oder auch andere Wege gehen, die mit anderen Referenzen argumentativ gestützt werden, wie auch Bedingungen zu explorieren, die zu tragfähigen Begriffsbildungen führen, so dass die Lernenden ihre Vorstellungen situationsangemessen einsetzen und entwickeln können, ist das Hauptanliegen der vorliegenden Arbeit.

Ziel dieser Arbeit ist in diesem Sinne, in Ergänzung zu existierenden deskriptiven Theorieelementen *verstehende* Theorieelemente zu generieren (vgl. Prediger 2013). In einer Studie von Bruno und Cabrera (2005) wurden bereits Strategien beobachtet, die Schülerinnen zum Ordnen ganzer Zahlen gebrauchen: Schülerinnen machten teilweise Gebrauch von der Zahlengerade, nahmen das Vorzeichen der Zahlen in den Blick oder aktivierten Wissen aus einem lebensweltlichen Kontext (vgl. Kap. 3.1.6). Diese Ergebnisse geben einen ersten Einblick hinsichtlich verstehender Theorieelemente. Um die zugrundliegenden individuellen Strukturierungsprozesse der Schülerinnen zu verstehen und um auch in präskriptiver Hinsicht herauszufinden, welche Gesichtspunkte bspw. hilfreich für den Aufbau einer einheitlichen Ordnungsrelation sind, sind weitere, detailliertere Einblicke erforderlich. In der vorliegenden Arbeit wird daher besondere Aufmerksamkeit auf die Exploration der *Gründe* der Schülerinnen für ihre individuellen Strukturierungen und die daraus resultierenden Herangehensweisen gelegt und es werden die Konsequenzen, welche die Strukturierungen für die Schülerinnen nach sich ziehen, gezielt in den Blick genommen.

Um individuelle Begriffsbildung im Zusammenhang mit der Ordnungsrelation für ganze Zahlen zu verstehen, wurde im Rahmen dieser Arbeit – in Anlehnung an Hußmann und Schacht (2009) und Schacht (2012) – eine Hintergrundtheorie gewählt, die wesentlich durch den semantischen Inferentialismus Robert Brandoms (2000a, 2001a), die Theorie der begrifflichen Felder Gérard Vergnauds (1996a, 1996b) sowie unterschiedliche philosophische und psychologische Anleihen geprägt ist. Begriffe werden als inferentielle Netze betrachtet: als Strukturen aus individuellen Fokussierungen und Urteilen, die durch inferentielle Relationen gegliedert sind. Wesentlich für individuelle Begriffe und ihre Entwicklung ist das Wechselspiel von drei Arten von Elementen: den individuellen Situationen und Situationsklassen, den individuellen Fokussierungen sowie den Urteilen bzw. Festlegungen auf Seiten des Individuums. ***Urteile***, die propositionalen Gehalt haben und die entweder implizit bleiben oder in Form von ***Festlegungen*** expliziert werden können, leiten – gestützt durch individuelle Fokussierungen – das intentionale Handeln von Individuen. ***Fokussierungen*** sind Kategorien in Form von individuellen Ideen bzw. Konzepten (von Eigenschaften, Darstellungen, mathematischen Begriffen etc.), mit denen Situationen individuell strukturiert werden. Urteile stehen stets in Zusammenhang zu Fokussierungen, denn das Urteilen geht mit einer strukturierenden Auswahl der Informationen in gegebenen Situationen durch das Setzen von Fokussierungen einher. Gleichzeitig bestehen zwischen expliziten Urteilen ***inferentielle Relationen***: Festlegungen können durch weitere Festlegungen *berechtigt* werden, und sie können gleichzeitig auf weitere Festlegungen *verpflichten*. Zudem bestehen Inkompatibilitätsbeziehungen zwischen Festlegungen, wenn das Eingehen einer Festlegung die Berechtigung zu einer weiteren Festlegung ausschießt. ***Individuelle inferentielle*** Netze sind Strukturen aus Urteilen, die durch inferentielle Relationen zwischen Urteilen sowie zugrundeliegende Fokussierungen gegliedert sind. Das Verständnis eines *Begriffs* zeigt sich in den individuell verfügbaren inferentiellen Netzen. Individuelle inferentielle Netze haben dabei stets Relevanz für individuelle ***Klassen von Situationen***, welche Schülerinnen individuell – nicht notwendig bewusst – unterscheiden.

Die wesentlichen Elemente individueller Begriffe (individuelle Situationen und Situationsklassen, individuelle Fokussierungen, individuelle Urteile) stehen stets in Zusammenhang und Wechselbeziehung zueinander. Die Analyse der Wechselbeziehungen zwischen individuellen Situationsklassen, Fokussierungen und Urteilen ermöglicht es, die von Schülerinnen vorgenommenen individuellen Strukturierungen im Detail zu betrachten. Über den Vergleich der individuellen Klassen von Situationen mit den aus fachlicher Perspektive unterscheidbaren Situationsklassen kann ermittelt werden, inwiefern die Strukturierungen des Individuums mit den fachlichen Strukturierungen übereinstimmen bzw. inwiefern sie hiervon abweichen. Die Detailanalyse der Fokussierungen, Urteile und Inferenzen gibt darüber hinaus Aufschluss über die Gründe für Unterschiede zwischen individueller und fachlicher Strukturierung und zeigt auf, welches Vorwissen aktiviert wird und welche Deutungsmuster zugrunde liegen. Damit trägt die Analyse maßgeblich dazu bei, das Anliegen der vorliegenden Untersuchung zu verfolgen.

Um detaillierte Einblicke in die Ordnungsrelationen und die von Schülerinnen vorgenommenen Strukturierungen zu erhalten und damit dem o. g. erklärenden bzw. verstehenden Erkenntnisinteresse nachzugehen, wurde die Thematik der Ordnungsrelation für ganze Zahlen weiter eingegrenzt und zugespitzt, um spezifisch untersuchen zu können, wie Schülerinnen eine *bestimmte* Art von Situationen individuell strukturieren: Es wurde untersucht, wie Schülerinnen Situationen strukturieren, in denen ein Vergleich zweier ganzer Zahlen vorgenommen wird. Dabei wurde betrachtet, welche Strukturierungen bei einem Vergleich *formal-symbolisch dargestellter Zahlen* vorgenommen werden. Bisherige Untersuchungen (vgl. Malle 1988, Borba 1995, Peled et al. 1989) deuten darauf hin, dass Schülerinnen häufig bereits vor einer Einführung ganzer Zahlen die formal-symbolische Darstellungsform negativer Zahlen zu kennen scheinen. „Im Allgemeinen kennen Kinder aufgrund ihrer Alltagserfahrung auch schon die Vorzeichensymbole ‚+' und ‚–'" (Malle 2007a, 52). Es ist Ziel der vorliegenden Arbeit, diese deskriptiven Ergebnisse durch erklärende Theorieelemente zu ergänzen.

Um diesem Anliegen nachzugehen und dabei die inferentiellen Netze vor und nach einer unterrichtlichen Einführung negativer Zahlen aufzuzeigen und zu vergleichen, wurde eine Interviewstudie mit zwei Interviews für jede der acht untersuchten Sechstklässlerinnen durchgeführt (vgl. Abb. 7.1).

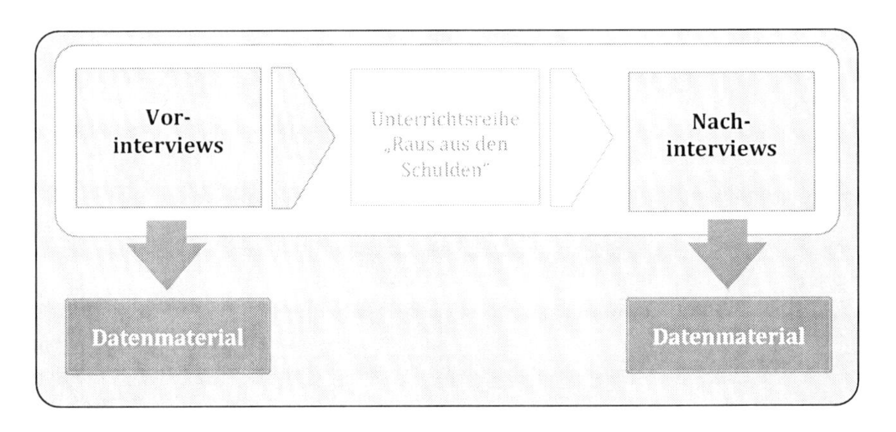

Abbildung 7.1 Design der Untersuchung

Um eine Detailanalyse der Wechselwirkungen von Situationsklassen, Fokussierungen und Urteilen zu ermöglichen, wurde für die tiefenanalytische (Fein-) Analyse mit dem entwickelten Analyseschema eine Auswahl der untersuchten Schülerinnen vorgenommen. Diese orientierte sich an einer zuvor erfolgten *Breitenanalyse* aller Vor- und Nachinterviews, bei der die *Herangehensweisen* der Schülerinnen beim Zahlvergleich vor und nach einer unterrichtlichen Einführung negativer Zahlen erhoben wurden, um einen Überblick über die Herangehensweisen und ihre Veränderungen zu erhalten. Im Rahmen der *Feinanalysen* konnten die Herangehensweisen der Schülerinnen in verschiedener Hinsicht spezifiziert werden. Auf diese Weise greifen die Ergebnisse der Fein- und Breitenanalyse ineinander: Während die Breitenanalyse einen Überblick über die

Herangehensweisen ermöglicht, liefert die Feinanalyse detaillierte Einblicke in diese Herangehensweisen, indem inferentielle Netze, d. h. Fokussierungen, Fokussierungsebenen, Urteile und inferentielle Relationen sowie ihre Entwicklungen im Detail betrachtet werden. Für die Untersuchung der inferentiellen Netze wurde zunächst eine fachlich-präskriptive Perspektive eingenommen, in der die aus fachlicher Perspektive unterscheidbaren Klassen von Situationen bestimmt wurden. Die Klassen von Situationen bilden eine Folie, vor deren Hintergrund die individuellen Strukturierungen – in Form von individuellen Situationsklassen, Fokussierungen und Urteilen – betrachtet werden können. Für den Vergleich zweier ganzer Zahlen können aus fachlicher Perspektive fünf Klassen von Situationen identifiziert werden. Dies sind die Klassen, zwei positive Zahlen, zwei negative Zahlen, eine positive und eine negative Zahl, eine positive Zahl mit null sowie eine negative Zahl mit null zu vergleichen. Die Situationsklasse, zwei positive Zahlen zu vergleichen, stand aufgrund des Forschungsanliegens dabei nicht im Fokus des Interesses.

7.2 Ergebnisse der Feinanalyse

Im Folgenden werden die Hauptergebnisse der Feinanalyse dargestellt.

Ein wesentliches Ergebnis der vorliegenden Arbeit ist die Erkenntnis, dass sich eine fachliche Strukturierung in die beschriebenen Klassen von Situationen als sinnvoll und geeignet erweist, um individuelle Strukturierungen zu betrachten. Im vorliegenden Kapitel wird dies detailliert, indem aufgezeigt wird, inwiefern die Analyse *individueller Klassen von Situationen, inferentieller Netze* sowie individueller *Fokussierungen und Fokussierungsebenen* sich als hilfreich erwies.

Es zeigte sich vornehmlich, dass die individuellen Situationsklassen, Fokussierungen und Urteile in engem Zusammenhang zueinander stehen und dass jeweils eine Änderung der Situationsklassen, geänderte Fokussierungen und Urteile nach sich ziehen (vgl. Abb. 7.2).

7.2.1 Einblicke in individuelle Klassen von Situationen

Die Analyse der individuellen *Klassen von Situationen* trug – in Gegenüberstellung zu den aus fachlicher Perspektive präskriptiv bestimmten Klassen von Situationen (Kap. 3.1.5) – dazu bei, die individuellen Sinnkonstruktionen und Herangehensweisen der Schülerinnen zu verstehen. Die individuellen Klassenbildungen stehen in Zusammenhang mit den Fokussierungsebenen und den Fokussierungen, die von Schülerinnen vorgenommen werden. Die Unterscheidung in die Klassen, bei Zahlen der Form

- a und -b ($a, b \in \mathbb{N}$, $|a|<|b|$),
- a und -b ($a, b \in \mathbb{N}$, $|a|>|b|$),

- -a und -b (a, b ∈ ℕ) sowie
- -a und 0 (a ∈ ℕ) oder der Form a und 0 (a ∈ ℕ)

die größere Zahl zu bestimmen (vgl. Kap. 6.1), steht bspw. in Zusammenhang mit Fokussierungen auf das *Minuszeichen*, die *Subtraktion* und die *schriftliche Subtraktion* auf der einen Seite sowie auf die *Reihenfolge* der Zahlen oder der durch sie repräsentierten *Mengen* auf der anderen Seite. Damit zusammenhängende Urteile spiegeln wider, dass mit den Fokussierungen rund um die Subtraktion eine Deutung des Minuszeichens als Operationszeichen – und noch nicht als Vorzeichen – einhergeht (vgl. ebd.). Die Fokussierungen auf die *Reihenfolge* oder die *Mengen* gehen mit Urteilen einher, die widerspiegeln, dass die Zahlen ohne das ihnen voranstehende Minuszeichen betrachtet werden. Durch die Betrachtung des Wechselspiels aus Fokussierungen, Urteilen und den Strukturierungen von Klassen von Situationen wird ersichtlich, dass in den gegebenen Situationen vornehmlich ein inferentielles Netz zu natürlichen Zahlen und zur Subtraktion aktiviert und gebraucht wird. Die Unterscheidung der Klassen, bei a und -b (a, b ∈ ℕ, |a|<|b|) oder bei a und -b (a, b ∈ ℕ, |a|>|b|) die größere Zahl zu bestimmen, die durch unterschiedliche Fokussierungen und Fokussierungsebenen, Urteile und Inferenzen geprägt sind, ist nicht willkürlich: Sie steht in Zusammenhang mit den individuellen Fokussierungen und Urteilen darüber, wie Zahlen subtrahiert werden können. Die entsprechende Schülerin urteilt, dass in der ersten Klasse die beiden Zahlen subtrahiert werden können *(SU-Nvor05)* und fokussiert entsprechend vielfach auf die Subtraktion, während sie in der zweiten Klasse zunächst davon ausgeht, dass nicht subtrahiert werden könne *(SU-Nvor45)* und die durch die Zahlen repräsentierbaren Anzahlen von Punkten betrachtet *(SU-Nvor44)*.

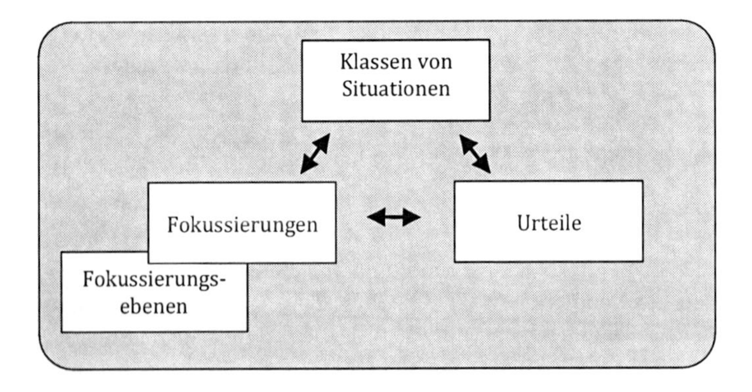

Abbildung 7.2 Zentrale Elemente individueller Begriffsbildung

Dass im gleichen Fallbeispiel hingegen der Vergleich von Zahlen der Form -a und 0 ($a \in \mathbb{N}$) oder der Form a und 0 ($a \in \mathbb{N}$) *einer* Klasse von Situationen zugeordnet wird, ist dadurch begründet, dass die Schülerin das Minuszeichen nicht als Vorzeichen deutet, sondern auf natürliche Zahlen in ihrer Reihenfolge fokussiert, und entsprechend die negative Zahl als natürliche Zahl deutet (vgl. ebd.).

Die Erkenntnis, dass es Schülerinnen gibt, deren inferentielle Netze bei der Betrachtung von Zahlen der Form -12 noch keine Fokussierungen und Urteile aktivieren, die ein Deuten des Minuszeichens als Vorzeichen und ein Deuten von Zahlen mit negativem Vorzeichen als negative Zahlen aufzeigen, verdeutlicht, dass die symbolische Schreibweise negativer Zahlen durchaus nicht alle Schülerinnen vor einer Einführung negativer Zahlen bekannt ist und sie hierzu tragfähige Fokussierungen, Urteile und Inferenzen gebrauchen können. Zwar kennen viele Schülerinnen „im Allgemeinen [...] aufgrund ihrer Alltagserfahrung [...] schon die *Vorzeichensymbole* ‚+' und ‚–'" (Malle 2007a, 52, Hervorh. M. S.), jedoch konnte in der vorliegenden Untersuchung erklärt werden, welche Fokussierungen, Urteile, Inferenzen und Situationsklassen relevant sein können, wenn hierzu keine Vorerfahrungen aktiviert werden können. Daneben deutet auch die Klasse von Situationen, bei Zahlen der Form -a und 0 ($a \in \mathbb{N}$) oder der Form a und 0 ($a \in \mathbb{N}$) die größere zu bestimmen, – in Zusammenhang mit dem Urteil, dass es vor der Null keine Zahlen gebe – und den entsprechenden, o. g. Fokussierungen darauf hin, dass noch kein aus fachlicher Perspektive tragfähiges inferentielles Netz zu negativen Zahlen entwickelt wurde.

Eine Unterscheidung der Klassen, bei Zahlen der Form

- bei zwei negativen Zahlen,
- bei einer positiven Zahl und null,
- bei einer negativen und einer positiven Zahl, sowie hierzu gehörig, bei einer negativen Zahl und null

die größere Zahl zu bestimmen, steht in Zusammenhang mit anderen Fokussierungen und Urteilen (vgl. Kap. 6.3). Dass die Klasse, bei einer negativen Zahl und null die größere Zahl zu bestimmen, der Situationsklasse, bei einer negativen und einer positiven Zahl die größere zu bestimmen, untergeordnet wird, geht mit dem Urteil einher, dass es sich bei der Null um eine positive Zahl handelt *(SU-Tvor42)*. Es handelt sich um eine spezifische Subklasse dieser Klasse von Situationen.

Diese Beispiele geben einen Einblick in den Gewinn, den das Auffinden individueller Situationsklassen für das Nachvollziehen individueller und subjektiver Sinnkonstruktionen in sich birgt: Wenn Schülerinnen in einer fachlichen Klasse von Situationen *unterschiedliche* Herangehensweisen wählen, sich auf Unterschiedliches festlegen und verschiedenartig begründen, so kann mit dem Aufspüren individueller Klassen von Situationen sichtbar gemacht werden, dass die Herangehensweisen nicht willkürlich sind. Wenn Schülerinnen in zwei aus fachlicher Perspektive unterscheidbaren Klassen von Situationen *analoge* Herangehensweisen wählen, so kann das Aufspüren der individuellen Situationsklassen dazu beitragen, zu erklären, dass und warum Schülerinnen diese Klassen zu einer größeren Klasse vereinen. Die Rekonstruktion individueller Klassen von Situationen scheint vor allem bei jenen Schülerinnen ertragreich, deren Fokussierungen, Urteile und Inferenzen willkürlich und inkonsistent wirken.

Die Analyse von Klassen von Situationen erwies sich ebenfalls als aufschlussreich für die Betrachtung von *Entwicklungen* inferentieller Netze.

Zum einen kann der Vergleich individueller Klassen von Situationen im Vor- und Nachinterview aufzeigen, dass diese sich über eine Unterrichtsreihe hinweg geändert haben (vgl. Kap. 6.2.3.1). Dies steht mit einer Annäherung der individuellen Situationsklassen an die aus fachlicher Perspektive vorgenommene Klassenunterscheidung in Zusammenhang.

Zum anderen können die konkreten Prozesse der Umstrukturierung individueller Situationsklassen mithilfe des Analyseschemas beobachtet werden – bspw. in Form einer Vereinigung der inferentiellen Netze zweier Klassen von Situationen zu einer Klasse von Situationen – im Sinne einer *reziproken Assimilation* (vgl. Kap. 2.2.3). Diese Umstrukturierung von Situationsklassen geht mit einer Änderung von Fokussierungen einher: Während zuvor unterschiedliche Fokussierungen gewählt wurden, führt die Einsicht, dass in beiden Klassen gleiche Fokussierungen und Urteile gelten, zu einer Vereinigung der Situationsklassen (vgl. Kap. 6.2.3.2.).

7.2.2 Einblicke in inferentielle Netze

Die Analyse inferentieller Netze der Schülerinnen ist gewinnbringend, um über die Betrachtung von Fokussierungen, Fokussierungsebenen und Urteile individuelle Herangehensweisen von Schülerinnen im Detail zu untersuchen und um mithilfe der Analyse inferentieller Relationen die Gründe für Herangehensweisen und das dabei aktivierte Vorwissen zu analysieren. Dabei kommt der Analyse berechtigender inferentieller Relationen ein hoher Stellenwert zu, als sie offenlegen, warum Schülerinnen in bestimmter Weise handeln. In diesem Zusammenhang werden vielfach die Fokussierungen, die Fokussierungsebenen und damit das aktivierte Vorwissen der Schülerinnen explizit. Gebraucht ein Schüler – wie in der vorliegenden Untersuchung – z. B. die Inferenz „Bei –7 und –11 ist -11 größer, *weil* 11 größer ist als 7, auch wenn sie ohne Minus wäre“ (vgl. *SU-Tvor19a*), so wird hierin ersichtlich, warum er sich darauf festlegt, dass -11 größer ist: Er orientiert sich anscheinend an den Absolutwerten der Zahlen – vermutlich auf der Grundlage seines Vorwissens zu natürlichen Zahlen. Urteilt eine Schülerin z. B., dass bei 4 und -3 die 4 die größere Zahl ist, *weil* bei 4 ein Punkt mehr vorhanden ist (vgl. *SU-Nvor59*), so wird ersichtlich, dass sie die 4 als größer erachtet, weil sie offenbar auf Mengenvergleiche fokussiert. Inferentielle Relationen erweisen sich in diesem Zusammenhang als hilfreich, um die

Sinnkonstruktionen und Herangehensweisen im Detail nachvollziehen und verstehen zu können.

Es konnte beobachtet werden, dass Schülerinnen über inferentielle Netze für individuelle Klassen von Situationen verfügen, es stellte sich jedoch zusätzlich heraus, dass die inferentiellen Netze sich teilweise über mehrere Klassen von Situationen erstrecken können (vgl. z. B. Kap. 6.4). Urteile stehen dabei teilweise flexibel in verschiedenen Situationsklassen (bspw. für den Vergleich einer negativen Zahl mit null und für den Vergleich einer negativen Zahl mit einer positiven Zahl) zur Verfügung und werden situationsentsprechend gebraucht.

Über die Analyse von Fokussierungen und Urteilen – im Zusammenhang mit den individuellen Klassen von Situationen – kann zudem aufgezeigt werden, dass Schülerinnen *unterschiedliche* Sinnkonstruktionen vornehmen und Herangehensweisen gebrauchen und gewissermaßen ausprobieren, welche Herangehensweisen sich eignen (vgl. Kap. 6.1). Die verschiedenen Ansätze gehen je mit unterschiedlichen Fokussierungen, Urteilen und inferentiellen Relationen einher. Das Ausprobieren ist wesentlich durch unterschiedliche Fokussierungen und Fokussierungsebenen charakterisierbar (vgl. ebd.).

Durch das Zusammenspiel von Urteilen in Klassen von Situationen können zudem *individuelle Handlungsschemata* von Schülerinnen rekonstruiert werden (Kap. 6.1). Diese bestehen u. a. aus Zielen, Fokussierungen, Urteilen und Regeln und sind maßgeblich durch regelgeleitete Handlungen bestimmt: Urteile sind dabei weniger inferentiell gegliedert als vielmehr konditional (Vergnaud 2007, 19), in „wenn..., dann"-Verknüpfungen (vgl. Kap. 2.4.1). Schülerinnen aktivieren bei einem Zahlvergleich zweier ganzer Zahlen teilweise Urteile aus ihren Erfahrungen heraus und setzen diese zu Schemata zusammen. Es konnte beobachtet werden, dass manche Schülerinnen das Minuszeichen als Operationszeichen deuten und aus dieser Deutung heraus – unter Fokussierung auf die Subtraktion – ein Schema entwickeln, in de, sie die Zahlen voneinander subtrahieren. Schemata entstehen dabei durch ein Erinnern von Urteilen und deren Verkettung in Form von Abfolgen, die oftmals als „wenn-dann"-Aussagen formuliert werden. Dabei wird versucht, das entwickelte Schema auch in weiteren Klassen von Situationen anzuwenden – es vollziehen sich Adaptationsprozesse (vgl. Kap. 2.3.3, Kap. 6.1).

Neben den aufgeführten Adaptationsprozessen speziell für Schemata konnten weitere *Entwicklungen* der inferentiellen Netze beobachtet werden.

So stellte sich heraus, dass mithilfe des Analyseschemas Entwicklungen im Sinne von Prozessen der *zunehmenden Konsolidierung* von Elementen von inferentiellen Netzen rekonstruierbar sind (Kap. 6.1). Eine Konsolidierung zeigt sich u. a. über den Modus der rekonstruierten Urteile, der von einer Formulierung im Konditional zu einer Formulierung im Indikativ wechselt, sowie durch eine zunehmende inferentielle Gliederung der Urteile.

Daneben kann über den Vergleich der inferentiellen Netze im Vor- und Nachinterview eine Veränderung bzw. Stabilisierung eines individuellen Begriffs der negativen Zahl beobachtet werden (vgl. Kap. 6.2.3). Wenn im Vorinterview keine Urteile, Inferenzen oder Fokussierungen rekonstruiert werden können, die auf ein Deuten des Minuszeichens als Vorzeichen oder auf ein Deuten der negativen Zahl als negative Zahl verweisen, und zudem Urteile wie *„Vor der 0 gibt es glaube ich gar keine Zahlen" (SU-Nvor92)* rekonstruiert werden, und im Nachinterview Fokussierungen wie bspw. der *Minuszahl* und des *Minusbereichs* gewählt werden und viele Urteile darauf hindeuten, dass negative Zahlen als eigenständige Art von Zahlen *wahrgenommen* werden, dann deutet dies auf die Entwicklung eines individuellen Begriffs der negativen Zahl über eine Unterrichtsreihe hinweg hin.

7.2.3 Einblicke in die Fokussierungen und Fokussierungsebenen

Die Analyse von Fokussierungen und Fokussierungsebenen ist für die Analyse individueller Herangehensweisen beim Vergleich zweier ganzer Zahlen sehr aufschlussreich. Fokussiert eine Schülerin bspw. auf die Subtraktion, das Rechnen, die schriftliche Subtraktion, so weisen diese Fokussierungen auf formal-symbolischer Ebene darauf hin, dass die Schülerin eine Herangehensweise wählt, bei der sie rechnend vorgeht (vgl. Kap. 6.1.2). Fokussiert ein Schüler hingegen auf Temperaturveränderungen und -vergleiche, auf das Thermometer, den Gefrierpunkt, so ist schnell ersichtlich, dass seine Herangehensweise sich auf kontextuelles Wissen stützt (vgl. Kap. 6.3). Es bestätigte sich die im theoretischen Teil dieser Arbeit aufgestellte Hypothese, dass die Fokussierungen im Zusammenhang mit dem Vergleich zweier ganzer Zahlen, wesentlich mit den dort aufgeführten Fokussierungsebenen (formal-symbolisch, kontextuell, kardinal und ordinal) in Zusammenhang stehen (vgl. Kap. 3.1.6, Abb. 7.3). Dies ist anschlussfähig an die Annahmen von Peled (1991), Bruno (1997) und Bruno & Martinón (1999) (vgl. Kap. 3.1.6).

Des Weiteren konnte beobachtet werden, dass die Fokussierungsebenen, auf die Schülerinnen zurückgreifen, sehr unterschiedlich sein können. Es stellte sich heraus, dass es Schülerinnen gibt, die zumeist in der formal-symbolischen Darstellungsform der vorgegebenen Zahlen verbleiben und nur selten auf ordinale und kardinale Aspekte zurückgreifen, indem sie bspw. natürliche Zahlen als *Punktmengen* vergleichen, oder auf natürliche Zahlen in ihrer *Reihenfolge* beim Zählen, Rechnen oder Aufschreiben fokussieren (vgl. Kap. 6.1). Es wurde zudem deutlich, dass es Schülerinnen gibt, die vielfach Gebrauch von der Zahlengeraden oder anderen ordinalen Darstellungen machen – für diese Schülerinnen sind ordinale Bezüge vielfach handlungsleitend (vgl. Kap. 6.3, 6.5.1). Dass es Schülerinnen gibt, die kardinale Bezüge nutzen, indem sie diskrete Punktmengen für den Zahlvergleich gebrauchen, kann in Zusammenhang mit dem Ergebnis Brunos (1997) gebracht werden, dass Schülerinnen teilweise diskrete

Modelle für das Lernen negativer Zahlen bevorzugen – der Gebrauch der Zahlengerade bestätigt die Erkenntnis Bruno und Cabreras (2005, 39), dass Schülerinnen zum Ordnen ganzer Zahlen teilweise die *Zahlengerade* nutzen.

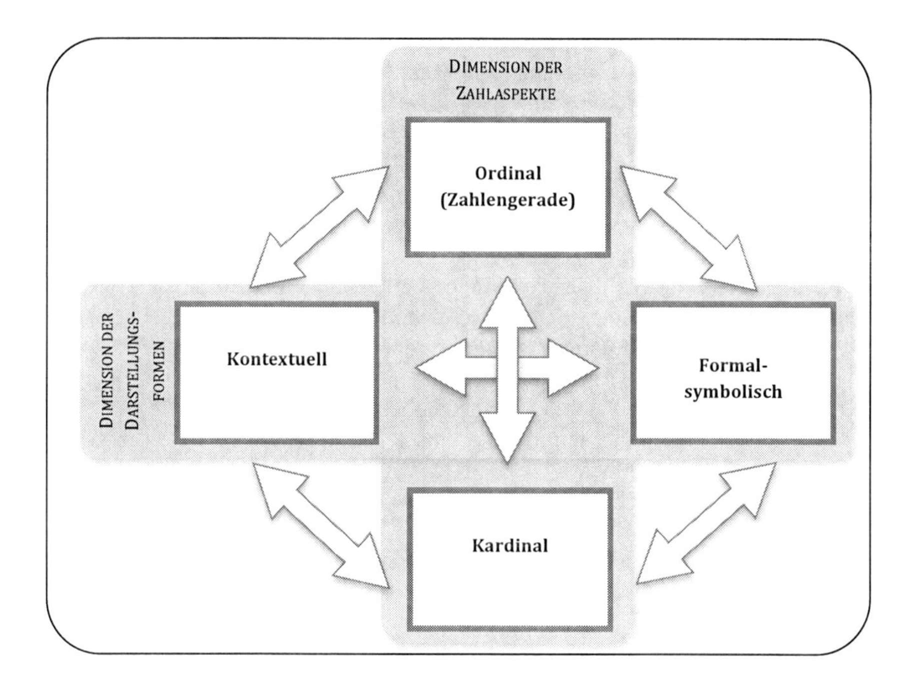

Abbildung 7.3 Fokussierungsebenen

In der Feinanalyse scheint sich darüber hinaus zu bestätigen, dass es Schülerinnen gibt, die zum Zahlvergleich Kontexte gebrauchen – in diesem Fall den Kontext Temperaturen (vgl. Kap. 6.3). Dies bestätigt das Ergebnis Bruno und Cabreras (2005, 39), dass Schülerinnen zum Ordnen ganzer Zahlen neben dem Gebrauch der Zahlengeraden und der Betrachtung der Vorzeichen als Strategie auch *Kontexte aktivieren*. Dabei zeigt sich insbesondere, dass der Kontext der Temperaturvergleiche – ebenso wie der Kontext Autostraße (vgl. Bruno 1997, 13) – offenbar den Gebrauch einer dekontextualisierten Zahlengerade eher zu erleichtern scheint. Eine solche Nähe zum ordinalen Zahlaspekt liegt in der Struktur des Kontexts begründet.

Auch der *kardinale Zahlaspekt* darf dieser für die Analyse von inferentiellen Netzen nicht außer Acht gelassen werden, da gezeigt wurde, dass Schülerinnen teilweise auf kardinale Bezüge zurückgreifen (vgl. Vorinterview, Kap. 6.1,

6.5.1). Die Ergebnisse deuten jedoch darauf hin, dass die kardinale Fokussierungsebene für die Schülerinnen weniger Relevanz hat als die formal-symbolische, die ordinale und die kontextuelle.

Über die Betrachtung der Fokussierungen und Fokussierungsebenen konnte zudem festgestellt werden, dass *auch* für Schülerinnen, die bereits *vor* einer einführenden Unterrichtsreihe über ein reichhaltiges inferentielles Netz im Zusammenhang mit negativen Zahlen verfügen, offenbar eine Veränderung im Sinne einer Entwicklung rekonstruiert werden kann, die im Wesentlichen die Fokussierungsebenen betrifft (vgl. Kap. 6.4.3). Eine Entwicklung kann insbesondere auch für *jene* Klassen von Situationen rekonstruiert werden, für welche bereits *vor* der Unterrichtsreihe eine Tragfähigkeit der Urteile nachgewiesen werden konnte. Es konnte beobachtet werden, dass sich bei einem Schüler, der im Vorinterview maßgeblich die kontextuelle Darstellungsform im Kontext Temperaturen gebrauchte, welche eine reichhaltige Quelle für viele Festlegungen und Fokussierungen darstellte, und der daneben die Zahlengerade mit ordinalem Bezug sowie die formal-symbolische Darstellungsform nutzte, über die Unterrichtsreihe die Gewichtungen verschoben: Im Nachinterview ist schließlich die Zahlengerade und damit der ordinale Zahlaspekt über die Klassen von Situationen hinweg dominant – der Schüler verweist zudem an geeigneter Stelle auf den Kontext Guthaben und Schulden und gebraucht die formal-symbolische Darstellungsform. Der Kontext Temperaturen, dem im Vorinterview eine zentrale Rolle zukam, hat in dem für das Nachinterview rekonstruierten inferentiellen Netz offenbar keine Relevanz (vgl. ebd.). Womöglich hat die gewählte Lernumgebung der Unterrichtsreihe sowie insbesondere der gewählte Kontext starken Einfluss darauf, welche Fokussierungen der Schüler im Nachinterview aktiviert und welche Fokussierungsebenen relevant sind. Das betrachtete Fallbeispiel zeigt auf, wie sinnvoll und wünschenswert es ist, dass Schülerinnen dazu in der Lage sind, die Fokussierungsebenen (kontextuell – formal-symbolisch, ordinal – kardinal) flexibel zu wechseln (vgl. Abb. 7.3). Die Fähigkeit des Schülers, die Fokussierungsebenen zu wechseln, zeigt zudem an, dass er sicher über einen Begriff der negativen Zahl verfügt: Das Verfügen über einen Begriff zeigt sich offenbar im Verfügen über ein inferentielles Netz, in dem der Begriff eine Rolle spielt, und welches *situationsangemessen* für die verschiedenen Klassen von Situationen gebraucht werden kann.

Auch die *Veränderungen der inferentiellen Netze* über eine Unterrichtsreihe hinweg betreffen vielfach die Fokussierungen und Fokussierungsebenen. Es konnte beobachtet werden, dass bereits über eine Analyse von geänderten *Fokussierungen* und *Fokussierungsebenen* eine Veränderung von inferentiellen Netzen schnell ersichtlich werden kann und es wurde auch deutlich, dass die Änderungen der Fokussierungen mit einem Wechsel bzw. mit einer Verlagerung der Fokussierungsebenen einhergehen können (vgl. Kap. 6.1.3, 6.4.3) – bspw. wenn im Vorinterview vielfach auf die Subtraktion auf formal-symbolischer

Fokussierungsebene fokussiert wurde und im Nachinterview vermehrt auf die Lage der Zahlen an der Zahlengerade auf ordinaler Fokussierungsebene fokussiert wird.

Wenngleich sich eine Betrachtung von Fokussierungen und Fokussierungsebenen für eine Charakterisierung der Herangehensweisen und einen Überblick über inferentielle Netze von Schülerinnen eignet, gibt sie jedoch für sich genommen keinen detaillierten Einblick in die Herangehensweisen und die individuellen Annahmen der Schülerinnen – insbesondere können mit ihnen nicht mit Bestimmtheit Aussagen über die Tragfähigkeit gemacht werden: Während die Fokussierung auf die Entfernung von der Null bspw. mit einem Urteil der Form „Wenn eine Minuszahl näher an der Null ist, dann ist sie größer" in Beziehung stehen kann und sich somit dahinter eine tragfähige, einheitliche Ordnungsrelation für ganze Zahlen verbirgt, kann die gleiche Fokussierungen mit Urteilen der Form „Wenn eine Minuszahl näher an der Null ist, dann ist sie kleiner" in Zusammenhang stehen und damit eine geteilte, mitunter nicht tragfähige Ordnungsrelation widerspiegeln (vgl. Kap. 6.3, 6.4). Dies hat forschungsmethodische Konsequenzen: Es zeugt zum einen davon, dass Fokussierungen allein keinen Aufschluss über die Tragfähigkeit von inferentiellen Netzen zulassen. Um einen detaillierten Einblick in die Herangehensweisen, die Tragfähigkeit, insbesondere in Verständnisschwierigkeiten zu erlangen, reicht die Betrachtung von Fokussierungen und Fokussierungsebenen allein nicht aus – hierzu ist eine Analyse der Urteile und der inferentiellen Relationen (s. o.) erforderlich. Zum anderen zeigt es auf, dass ein Gleichbleiben von Fokussierungen über eine Unterrichtsreihe hinweg nicht den vorschnellen Schluss zulässt, dass damit unveränderte Festlegungen, Urteile und Inferenzen einhergehen. Um Schwierigkeiten von Schülerinnen präzise ermitteln und eingrenzen zu können und die inferentiellen Netze auf ihre Entwicklung, insbesondere auf ihre Tragfähigkeit hin zu betrachten, ist neben der Analyse der Fokussierungen der Schülerinnen auch eine Detailanalyse von Festlegungen, Urteilen und Inferenzen – und somit des inferentiellen Netzes sowie der Klassen von Situationen – erforderlich.

7.2.4 Einblicke in die geteilte Ordnungsrelation

Die Analyse der Wechselbeziehungen zwischen Situationsklassen, Fokussierungen und Urteilen ermöglicht es, detaillierte Erkenntnisse zur ‚geteilten Ordnungsrelation' zu erlangen.

Die Ergebnisse der Feinanalysen spiegeln wider, dass es – sowohl zum Zeitpunkt vor der Einführung negativer Zahlen als auch danach – Schülerinnen gibt, die von einer geteilten Ordnungsrelation ausgehen (vgl. Kap. 6.2, 6.3). Bereits andere Studien zeigten auf, dass für viele Schülerinnen neben einer mathematisch ‚richtigen' einheitlichen Ordnungsrelation für ganze Zahlen – dem ‚continous number line model' (Peled et al 1989, Mukhopadhyay 1997) – eine geteilte Ordnungsrelation im Sinne eines ‚divided number line model' (ebd.) bedeutsam ist, die in lebensweltlichen Kontexten durchaus tragfähig und adäquat ist (vgl. Kap. 3.1.4). Die Analyse mit dem Analyseschema liefert neben dem Aufzeigen einer geteilten Ordnungsrelation Einblicke, die es ermöglichen, verstehende Theorieelemente im Hinblick auf die geteilte Ordnungsrelation zu generieren.

Die Analyse individueller Situationsklassen und inferentieller Netze zeigt – vor dem Hintergrund der aus fachlicher Perspektive unterscheidbaren Situationsklassen (s. o.) – auf, dass eine *geteilte Ordnungsrelation* mit je spezifischen Urteilen zur Ordnungsrelation in diesen Klassen einhergeht (vgl. Kap. 6.3.4) – wohingegen Urteile zu einer einheitlichen Ordnungsrelation der Form „Je höher die Zahl liegt, desto größer ist sie" über die Klassen von Situationen hinweg bestehen (6.4.3). Das Verstehen dieser Urteile zur Ordnungsrelation – sowie der damit zusammenhängenden zentralen Fokussierungen – trägt dazu bei, eine fachliche Restrukturierung sowie die Gestaltung von adäquaten Lehr-Lern-Arrangements zu ermöglichen. Es sind vor allem die Situationsklassen, bei zwei positiven, bei zwei negativen Zahlen sowie bei einer positiven und einer negativen Zahl die größere Zahl zu bestimmen, deren Unterscheidung mit einer geteilten Ordnung einhergeht (vgl. Kap. 6.3):

Für die Situationsklasse, einen Vergleich einer *positiven und einer negativen Zahl* vorzunehmen, kann die Ordnungsrelation mit dem zentralen Urteil „Jede Pluszahl ist größer als jede Minuszahl" umschrieben werden. Dieses erweist sich – trotz der geteilten Ordnungsrelation – als tragfähig.

Für die Situationsklasse, *zwei positiven Zahlen* zu vergleichen, kann als zentrales und charakterisierendes Urteil „Je höher die Zahl an der Zahlengeraden, desto größer ist sie" festgehalten werden, welches ebenfalls tragfähig ist.

Für die Situationsklasse, bei *zwei negativen Zahlen* die größere zu bestimmen, ist ein Urteil der Form „Je höher die Minuszahl an der Zahlengeraden, desto kleiner ist sie" charakteristisch. Dieses erweist sich aus fachlicher Perspektive als nicht tragfähig. Es stellte sich heraus, dass ein Urteil dieser Form für negative Zahlen mit einer Fokussierung auf den Absolutwert der negativen Zahlen (Kap. 6.3) bzw. einer Fokussierung auf die Entfernung von der Null (Kap. 6.2) einherzugehen scheint. Die Schülerinnen betrachten die Zahlen ungeachtet ihres Vorzeichens. Dies ist an Festlegungen der Form „Bei –27 und –31 ist -31 größer, <u>weil</u> die Zahl 31 schon alleine größer ist, auch wenn sie ohne Minus wäre" *(SU-Tvor19)* bzw. „Bei -8 und -12 ist -12 am Zahlenstrahl größer, weil sie weiter weg von der Null ist" *(SU-Nnach12)* erkennbar.

Die Kenntnis dieser drei Situationsklassen sowie der zentralen Urteile ist aus diagnostischer Perspektive von Bedeutung. Die Kenntnis und Bewusstheit darüber, dass Urteile der Form „Pluszahlen sind größer als Minuszahlen" und eine ggf. damit einhergehende Orientierung an der Lage der Zahlen an der Zahlengerade nicht zwangsläufig und nicht ausschließlich auf eine einheitliche Ordnungsrelation hindeuten müssen, sondern *eine* der Klassen von Situationen, die mit einer geteilten Ordnungsrelation einhergehen, widerspiegeln können, ist hilfreich, um Lernvoraussetzungen einschätzen und Lernprozesse optimal begleiten zu können. Die Kenntnis dieser drei Klassen von Situationen und der entsprechenden Urteile zur Ordnungsrelation trägt daher unter diagnostischen Gesichtspunkten zur Restrukturierung des Gegenstandsbereichs bei.

Um verstehende und präskriptive Theorieelemente für das Vorliegen einer geteilten Ordnung und den Aufbau einer einheitlichen Ordnungsrelation zu generieren, erweist sich die Betrachtung der Klasse von Situationen, bei *zwei negativen Zahlen* die größere zu bestimmen, sowie ihre Wechselwirkung mit den anderen Situationsklassen als besonders aussagekräftig und spannend.

Es stellte sich zudem heraus, dass eine tragfähige Anordnung v. a. der nicht-positiven ganzen Zahlen an der Zahlengeraden eine Basis für eine einheitliche Ordnungsrelation darstellt (vgl. Kap. 6.2, 6.3). Es scheint hierfür zuträglich, wenn Schülerinnen auf die Lage der Zahlen an der Zahlengeraden fokussieren, da dies vielfach mit einer einheitlichen Ordnungsrelation einhergeht. Ein entsprechendes tragfähiges Urteil wäre „Je näher eine negative Zahl an der Null ist, desto größer ist sie". Inferentielle Netze, die sich maßgeblich auf die Lage der Zahlen beziehen, scheinen oftmals mit einer einheitlichen Ordnung einherzugehen (vgl. Kap. 6.2, 6.4, 6.5.2) – es konnte jedoch beobachtet werden, dass Fokussierungen wie jene auf die Entfernung von der Null ebenso mit einer geteilten Ordnung und Urteilen der Form „Je näher eine negative Zahl an der Null ist, desto kleiner ist sie" einhergehen können (vgl. Kap. 6.2). Inferentielle Netze, für die eine ordinale Fokussierungsebene und die Betrachtung der Lage der Zahlen an der Zahlengeraden bedeutsam ist, scheinen zwar teilweise mit einer einheitlichen Ordnung einherzugehen; die ordinale Fokussierungsebene ist jedoch offenbar nicht hinreichend dafür, dass Schülerinnen von einer einheitlichen Ordnungsrelationen ausgehen und entsprechende Urteile eingehen.

Um Urteile aufzubauen, die eine einheitliche Ordnungsrelation widerspiegeln, muss darüber hinaus eine der fortlaufenden Anordnung entsprechende Zuordnung der Lage der Zahlen zu der Größe der Zahlen erfolgen. Ein entsprechendes Urteil wäre: „Je weiter rechts an der Zahlengeraden, desto größer ist die Zahl".

Es konnte in einer Einzelfallanalyse (des Schülers Tom, vgl. Kap. 6.3) beobachtet werden, dass eine Fokussierung auf den Absolutwert der Zahlen, mit der eine geteilte Ordnungsrelation einhergeht, eine Diskontinuität birgt, die bei der Betrachtung ganzer Zahlen auf der Zahlengerade zwischen den Zahlen -1 und 0 liegt: Während 0 größer ist als alle negativen Zahlen, ist -1 kleiner als alle anderen negativen ganzen Zahlen. Diese Diskontinuität entsteht, da von dem Schüler eine Unterscheidung der Situationsklassen, zwei negative Zahlen oder eine negative Zahl mit null zu vergleichen, vorgenommen wird, in denen *unterschiedliche Urteile* bezüglich der Größe der Zahlen eingegangen werden. Für eine Entwicklung einer einheitlichen Ordnungsrelation scheint das Erkennen dieser Diskontinuität eine mögliche Gelenkstelle darzustellen. Es ist denkbar, dass das Wahrnehmen der entstehenden Diskontinuität die Schülerinnen dazu anregt, die inferentielle Gliederung zwischen den Urteilen zur Lage der Zahlen und zu ihrer Größe in der Situationsklasse, zwei negative Zahlen zu vergleichen, zu hinterfragen. In der vorliegenden Untersuchung wurde diese Diskontinuität jedoch von Tom nicht erkannt bzw. sie führte nicht zu einer Modifizierung der Urteile. Dies scheint darauf hinzudeuten, dass das Erkennen der Diskontinuität sowie deren Thematisierung im Mathematikunterricht gezielt angeregt werden sollte, um eine einheitliche Ordnungsrelation zu fördern.

Es gab zudem Hinweise darauf, dass eine solche Umstrukturierung durch die Fokussierung auf *positive Zahlen* an der Zahlengerade angeregt werden kann, die mit einer Modifikation der Urteile zur Ordnung der Zahlen einhergeht. Es stellte sich in einer Einzelfallanalyse (der Schülerin Nicole, vgl. Kap. 6.2) heraus, dass sich der Entwicklungsmoment, in welchem die Urteile zur Ordnung umstrukturiert werden, im Anschluss an die Situation vollzieht, in der die Schülerin bei -11 und 14 die größere Zahl bestimmt und die Festlegung eingeht, dass 14 größer sei und dass die Zahl 14, welche sie in den positiven Bereich an der Zahlengeraden einzeichnet und mit einem positiven Vorzeichen versieht, im Plusbereich sei. An dieser Stelle äußert sie, bezogen auf die Situation, bei den Zahlen -8 und -12 die größere Zahl zu bestimmen: „Aber ich möchte mich nochmal verbessern" (Turn 13). Aus der Fokussierung auf positive Zahlen entsteht eine Fokussierung auf das *Gehen bis zum Plusbereich* – einhergehend mit einer Festlegung der Form *„Wenn rechts von der Null (am Zahlenstrahl) Plus ist, dann ist bei -8 und -12 die -8 doch größer als -12, weil man bei der Größe der Zahlen im Minusbereich das Gehen bis zum Plusbereich (am Zahlenstrahl) betrachten muss" (SU-Nnach22)*. Für die Schülerin wird die Fokussierung auf das *Gehen bis zum Plusbereich* maßgeblich, das sie zu einer Fokussierung auf die *Entfernung vom Plusbereich* bzw. *von der Null* weiter zu entwickeln scheint. Die rekonstruierten Urteile spiegeln eine Ordnungsrelation der Form *„Je näher am Plusbereich bzw. je näher an der Null, desto größer ist die Zahl"* wider. Damit geht eine Entwicklung der Ordnungsrelation von einem ‚divided number line model' zu einem ‚continuous number line model' einher (vgl. Peled et al. 1989, Mukhopadhyay 1997). Auf struktureller Ebene bedeutet dies eine inferentielle Neugliederung zwischen den Urteilen bezüglich der Lage der Zahlen an der Zahlengerade und der Größe der Zahlen. Die Erkenntnisse aus der Einzelfallanalyse deuten an, dass die Fokussierung auf ein *Gehen bis zum Plusbereich* und damit eine dynamische Sichtweise förderlich scheint, um lokale Entwicklungsmomente zugunsten einer einheitlichen Ordnungsrelation anzustoßen. Für die Gestaltung von Lernprozessen, in denen der Aufbau einer einheitlichen Ordnungsrelation für ganze Zahlen angestrebt wird, scheint die Kenntnis der Kette der Fokussierungen *Plusbereich*, *Gehen bis zum Plusbereich* und *Entfernung vom Plusbereich bzw. Entfernung von der Null* hilfreich.

7.2.5 Zusammenfassung der Ergebnisse der Feinanalyse

Es konnte aufgezeigt werden, wie die Analyse von inferentiellen Netzen und von Klassen von Situationen zur Strukturierung von fachlichen Inhalten und individuellen Begriffsbildungsprozessen beiträgt.

Zentral für diese Analysen sind die Elemente der Situationsklassen, der Fokussierungen und der Urteile, die wechselseitigen Einfluss aufeinander haben. Über die Analyse dieser Elemente und ihres Wechselspiels konnten die vorhandenen deskriptiven Theorieelemente zur Ordnungsrelation durch verschiedene verstehende und präskriptive Theorieelemente (Prediger 2013) ergänzt werden. So konnte z. B. über die Analyse von Klassen von Situationen und zentralen Urteilen beobachtet werden, welche individuellen Sinnkonstruktionen mit einer geteilten Ordnungsrelation einhergehen können, und welche individuellen Situationsklassen für die Analyse einer geteilten Ordnungsrelation diagnostisch relevant ist. Es können zudem auf der Basis der Erkenntnisse präskriptive Annahmen dazu gemacht werden, welche Fokussierungsebenen und Fokussierungen, sowie welche Situationen dazu beitragen können, eine einheitliche Ordnungsrelation anzuregen. Diese Ergebnisse tragen zur Restrukturierung des mathematikdidaktischen Gegenstandsbereichs bei, sie können zudem für die Gestaltung von Lehr-Lern-Arrangements – bspw. für die Gestaltung von Lernumgebungen oder das Setzen gezielter Impulse – herangezogen werden.

7.3 Ergebnisse der Breitenanalyse

Im Folgenden wird ein Überblick über die Lernstände der acht untersuchten Schülerinnen vor und nach einer Unterrichtsreihe gegeben. Mit dem Vergleich der Lernstände zu diesen zwei Zeitpunkten werden die Veränderungen der Herangehensweisen der Schülerinnen in den Blick genommen. Damit wird quer zu den vorangehenden Darstellungen, mit denen – ausgehend von dem Wechselspiel von Situationsklassen, Fokussierungen und Urteilen – beobachtete Phänomene erläutert wurden, eine Gesamtschau über die Herangehensweisen der Schülerinnen sowie über deren Entwicklungen über eine Unterrichtsreihe hinweg gegeben. Hierzu werden die Hauptergebnisse der Breitenanalyse genutzt, die durch die Ergebnisse der Feinanalyse ergänzt werden, da hiermit die Herangehensweisen geeignet detailliert und erläutert werden können. Da mit der Breitenanalyse der Herangehensweisen die Lernstände vor und nach einer unterrichtlichen Einführung negativer Zahlen erfasst wurden, konzentrieren sich die im Folgenden dargestellten Ergebnisse auf Beschreibungen von *Lernständen* und von *Veränderungen* zwischen den zwei Untersuchungszeitpunkten vor und nach der Unterrichtsreihe. Entwicklungen als *Prozesse* werden bei dieser Form der Analyse nicht gezielt erfasst.

7.3.1 Heterogenität des Vorwissens

Es konnte eine große Heterogenität des Vorwissens beobachtet werden, über das Schülerinnen zum Begriff der negativen Zahl vor einer unterrichtlichen Einführung verfügen. Hierauf verweisen sowohl die Analysen der Vorgehensweisen (vgl. Kap. 6.5.1) als auch die Analysen der inferentiellen Netze (vgl. Kap. 6.1, 6.3). Die Spannbreite der Schülerinnen ist enorm: Einige Schülerinnen verfügen bereits über ein reichhaltiges Begriffsnetz im Zusammenhang mit negativen Zahlen und teilweise über eine tragfähige einheitliche, teilweise eine geteilte Ordnungsrelation. Andere Schülerinnen können bspw. Zahlzeichen noch nicht als Vorzeichen deuten. Im Folgenden wird die Bandbreite des Vorwissens erläutert.

Im Rahmen der Analysen konnte beobachtet werden, dass es Schülerinnen zu Beginn der 6. Klasse gibt, bei denen sich das inferentielle Netz, das im Zusammenhang mit dem Größenvergleich formal-symbolisch dargestellter ganzer Zahlen aktiviert wird, auf *natürliche* Zahlen konzentriert (vgl. Kap. 6.1, 6.5.1). Diese Schülerinnen deuten das Minuszeichen – unter der Fokussierung der *Subtraktion*, der *schriftlichen Subtraktion*, der *Matheaufgabe* oder des *Rechnens* – als Operationszeichen und subtrahieren in der Folge die zu vergleichenden Zahlen; oder sie berücksichtigen die Vorzeichen nicht und vergleichen die Zahlen – unter Fokussierung ihrer *Reihenfolge* oder der durch sie repräsentierten *Menge* – unabhängig von den Zeichen als natürliche Zahlen und orientieren sich somit an der Ordnung der natürlichen Zahlen (vgl. Kap. 6.1, 6.5.1). Das Minuszeichen wird als *Operationszeichen* und noch nicht als *Zahlzeichen* gedeutet (vgl. Vlassis 2004, 2008, Kap. 3.1.6). Diese Erkenntnis erweitert das mathematikdidaktische Wissen zum Lernen des Begriffs der negativen Zahl, da auf der Basis bisheriger Untersuchungsergebnisse (Malle 1988, Borba 1995) davon auszugehen war, dass die symbolische Schreibweise negativer Zahlen Schülerinnen i.d.R. vor einer Einführung der symbolischen Darstellung negativer Zahlen bekannt ist. Einige Schülerinnen scheinen bei der Betrachtung von Zahlen der Form -4 oder -27 noch kein Vorwissen zu negativen Zahlen aktivieren zu können. Insbesondere gebrauchten diese Schülerinnen kein Wissen aus lebensweltlichen Kontexten, um rein symbolisch dargestellte Zahlen zu vergleichen (vgl. Kap. 6.1, 6.5.1). Ob sie jedoch bei lebensweltlich formulierten Aufgaben zu tragfähigen Ergebnissen gekommen wären, kann mit dem gewählten Interviewdesign nicht gesagt werden. Vieles deutet zudem darauf hin, dass Schülerinnen teilweise noch nicht zu wissen scheinen oder sich nicht daran erinnern, dass es vor der Null negative Zahlen gibt. (vgl. Kap. 6.1, 6.5.1). Dies bestätigt die Aussage Brunos (2001, 415), dass Schülerinnen bei einem Beginn mit negativen Zahlen zunächst fest verwurzelte Ideen der Primarstufe überwinden müssen – insbesondere auch die Annahme, dass es vor der Null keine Zahlen gebe. Es ist selbstredend, dass Schülerinnen an dieser Stelle im Lernprozess noch nicht über ein Wissen über negative Zahlen verfügen *müssen*, das sie bei der Betrachtung symbolisch dargestellter Zahlen aktivieren können – jedoch ist es aus mathematikdidaktischer Perspektive interessant und wichtig, diese Lernstände zu kennen und zu verstehen, um Lernprozesse optimal gestalten zu können.

Im Rahmen der Analysen konnte daneben festgestellt werden, dass es Schülerinnen gibt, die vor einer unterrichtlichen Einführung negativer Zahlen bereits über ein recht stabiles inferentielles Netz in Zusammenhang mit dem Begriff der negativen Zahl zu verfügen scheinen, die negative Zahlen bereits als ‚Minuszahlen' benennen können und aus ihrem inferentiellen Netz Urteile schöpfen können, mit denen sie einen Größenvergleich von ganzen Zahlen vornehmen (vgl. Kap. 6.3). Diese Schülerinnen scheinen sich häufig an der Lage der Zahlen über oder unter der Null bzw. an ihrer Entfernung von der Null als Bezugspunkt zu orientieren (vgl. Kap. 6.5.1). Dies bestätigt Malles (1988, 267ff.) Ergebnisse, dass Schülerinnen teilweise bereits über Richtungsschemata verfügen (vgl. Kap. 3.1.6). In Bezug auf den zugrundliegenden theoretischen Rahmen dieser Arbeit zeigt sich dies in einem bereits reichhaltigen und über weite Teile tragfähigen Netz von Fokussierungen, Urteilen, Festlegungen und Inferenzen im Zusammenhang mit negativen Zahlen (vgl. Kap. 6.5.3). Es bestätigen sich damit jene Forschungsergebnisse, nach denen Schülerinnen häufig über breite Vorkenntnisse zu negativen Zahlen verfügen: „The results of these interviews support the view that the concept of negative number is probably not alien to the experience of many young students and that some of these students are able to construct simple and effective strategies (algorithms) for coping with at least some computational cases involving directed numbers" (Murray 1985, 164). Im Rahmen der vorliegenden Untersuchung konnte beobachtet werden, dass dabei teilweise eine geteilte Ordnungsrelation zugrundeliegt, die beim Größenvergleich zweier negativer Zahlen dann nicht tragfähig ist, wenn Schülerinnen diese als einzige Möglichkeit der Ordnung erachten (vgl. Kap. 5.3). Dies bestätigt die Feststellung Malles (2007a), der festhält: „In den empirischen Untersuchungen und Unterrichtsversuchen zeigte sich, dass ziemlich viele Schülerinnen und Schüler die spiegelbildliche Anordnung bevorzugen und trotz Unterricht relativ lange an dieser festhalten. Es fällt ihnen schwer, die alten Vorstellungen von negativen Zahlen aufzugeben" (ebd., 54). Es stellte sich daneben heraus, dass manche Schülerinnen – ebenso wie bei Peled et al. (1989) – bereits vor der Einführung negativer Zahlen im Mathematikunterricht über eine einheitliche Ordnungsrelation zu verfügen scheinen (vgl. Kap. 6.5.1).

Der einzige lebensweltliche Kontext, der von diesen Schülerinnen gebraucht wurde, ist der Kontext Temperaturen. Dies ist vor dem Hintergrund interessant, dass es Forschungsergebnisse gibt, die aufzeigen, dass Schülerinnen den Kontext Temperaturen eher weniger für Begründungen gebrauchen (Human & Murray 1987, 441). Es stellte sich zudem heraus, dass es Schülerinnen gibt, die bereits vor einer Einführung negativer Zahlen durchaus dazu fähig sein können, Erfahrungen aus dem Kontext – bspw. zur Lage der Gradzahlen am Thermometer – im Hinblick auf die Lage der Zahlen an der Zahlengerade zu *dekontextualisieren* und dabei überdies die Raumlage der Zahlengerade (waagerecht, senkrecht, schräg) flexibel zu wechseln (vgl. Kap. 6.3). Dies ist vor dem Hintergrund interessant, dass es in einer Untersuchung von Malle (1988, 265) den Schülerinnen kaum gelang, sich insbesondere bei Begründungen vom Kontext Temperaturen zu lösen und es zeigt, zu welchen Leistungen Schülerinnen mitunter bei der Begriffsbildung in der Lage sind.

Die Erkenntnisse zur Heterogenität des Vorwissens haben Auswirkung auf die Gestaltung von Lehr- und Lernprozessen im Zusammenhang mit der Einführung negativer Zahlen. Es ist im Hinblick auf eine *Einführung negativer Zahlen* anzunehmen, dass Schülerinnen, die Zahlen der Form -8 oder -12 noch nicht als negative Zahlen deuten, bei einer rein formalen Einführung, die *nicht* an lebensweltlichen Kontexten anknüpft, die o. g. Deutungen – insbesondere des Minuszeichens als Operationszeichen – vornehmen. Dabei können u. U. Fehlvorstellungen entstehen, die für den weiteren Lernprozess hinderlich sein können. Die Erkenntnisse, die aufzeigen, dass durchaus nicht alle Schülerinnen negative Zahlen in ihrer formal-symbolischen Darstellungsform bereits *vor* einer unterrichtlichen Einführung als negative Zahlen deuten können, bestätigen, dass ein Anknüpfen an lebensweltlichen Erfahrungen bei der Einführung negativer Zahlen hilfreich zu sein scheint (vgl. Kap. 3.2.1) – denn auf diese Weise können die genannten Hürden für den Lernprozess vermieden werden. Darüber hinaus scheinen *‚geöffnete' Lernarrangements*, die eine natürliche Differenzierung ermöglichen, geeignet, um die Heterogenität der Schülerinnen aufzugreifen. Eine Einführung negativer Zahlen bspw. über ein Spiel, in welchem Schülerinnen an lebensweltliche Erfahrungen anknüpfen können und in welchem ein Lernen auf unterschiedlichem Niveau ermöglicht wird, scheint für die Einführung negativer Zahlen geeignet. Dies bekräftigt die Gestaltung der Lernumgebung, die der vorliegenden Untersuchung zugrunde lag (vgl. Kap. 3.2.3).

7.3.2 Fortbestehen von Unsicherheiten und die Koexistenz von beiden Ordnungsrelationen

Im Rahmen der vorliegenden Arbeit konnte beobachtet werden, dass es Schülerinnen gibt, die auch nach einer Unterrichtsreihe zu negativen Zahlen noch Unsicherheiten bzgl. der Ordnungsrelation für ganze Zahlen aufweisen (vgl. Kap. 6.2, 6.5.2). Dies bestätigt die Ergebnisse von Thomaidis und Tzanakis (2007), die bei 16jährigen Schülerinnen häufig eine geteilte Ordnungsrelation fanden.

Auch wenn Schülerinnen nach einer Unterrichtsreihe über ein inferentielles Netz zum Begriff der negativen Zahl verfügen, kann dieses im Hinblick auf die Ordnungsrelation noch instabil sein. Es stellte sich heraus, dass es Schülerinnen gibt, die im Nachinterview unterscheiden, ob ein Zahlvergleich am Zahlenstrahl oder ohne Zahlenstrahl erfolgt (vgl. Kap. 6.2.). Damit können unterschiedliche Ordnungsrelationen einhergehen. Es zeigte sich zudem, dass einer Ordnungsrelation gemäß der Beträge durchaus eine höhere Signifikanz beigemessen wird als einer einheitlichen Ordnung für ganze Zahlen. Daneben stellte sich heraus, dass es Schülerinnen gibt, die sich für den Vergleich zweier negativer Zahlen auch nach einer Unterrichtsreihe zur Einführung negativer Zahlen konsequent an der Ordnung der natürlichen Zahlen orientieren (vgl. Kap. 6.5.2) und damit ausschließlich von einer geteilten Ordnungsrelation ausgehen.

Diese Ergebnisse, die aufzeigen, dass nicht alle Schülerinnen nach einer Einführung negativer Zahlen auf eine tragfähige einheitliche Ordnungsrelation zurückgreifen können, verdeutlichen, dass der Aufbau einer einheitlichen Ordnungsrelation – neben einer geteilten Ordnungsrelation – besondere didaktische Aufmerksamkeit und Unterstützung erfordert. Es scheint notwendig, diese noch expliziter zu thematisieren und zu reflektieren. Hierbei sollte nicht eine Ablösung einer geteilten Ordnungsrelation zugunsten einer einheitlichen Ordnung angestrebt werden. Im Rahmen der Analysen zeigte sich, dass es sinnvoll und erstrebenswert ist, dass Schülerinnen *beide* Ordnungsrelationen gebrauchen, voneinander abgrenzen und flexibel und situationsadäquat gebrauchen können (vgl. Kap. 6.4). Das vorrangige Lernziel bezüglich einer Ordnungsrelation für ganze Zahlen sollte weniger darin bestehen, dass eine *Ablösung* einer Ordnung gemäß der Beträge zugunsten einer einheitlichen Ordnung erfolgt – Schülerinnen sollten vielmehr dazu in der Lage sein, flexibel und situationsangemessen eine der beiden Ordnungen zu wählen: Für einen Schuldenvergleich ist tatsächlich eine Ordnung, die sich an den Beträgen der Zahlen orientiert, hilfreich und passend, während für einen Vergleich der Höhe der Kontostände eine einheitliche Ordnungsrelation viabel ist. Eine Ablösung einer geteilten Ordnungsrelation zugunsten einer einheitlichen sollte zudem vermieden werden, da der Versuch einer Ablösung zu einem unverbundenen und unreflektierten Nebeneinander der beiden Ordnungsrelationen führen kann. Dies entspricht einer Entwicklung im Sinne einer *horizontalen* Perspektive des *Conceptual Change* (Prediger 2008): „The horizontal view starts from the empirical observation that the far reaching aim of conceptual *change*, i.e. of overcoming individual (mis-)conceptions by mathematics classrooms is often not reached. Many empirical studies show that individual conceptions often continue to exist next to the new conceptions and that they are activated situatively" (Prediger 2008, 6, Hervorh. im Orig.). Es sollte *angestrebt* werden, dass Schülerinnen eine Flexibilität in der Wahl der Ordnungsrelation – auch innerhalb eines Kontexts – erlangen, die mit der Wahl je unterschiedlicher Fokussierungen einhergeht. Eine Ordnungsrelation gemäß der Beträge kann beibehalten werden, muss jedoch hinsichtlich ihres Gültigkeitsbereichs deutlich eingeschränkt werden. Darüber hinaus müssen vor allem solche Aspekte eines inferentiellen Netzes ausgebildet werden, die eine einheitliche Ordnungsrelation betreffen – und diese müssen eine zentrale Signifikanz erlangen.

Bei der Gestaltung von Lehr- und Lernprozessen im Zusammenhang mit der Ordnungsrelation sollte eine solche Flexibilität stets angestrebt werden. Die Schülerinnen sollten im Mathematikunterricht Erfahrungen mit den beiden möglichen, unterschiedlichen Ordnungsrelationen sammeln können. Die beiden möglichen Ordnungsrelationen sollten thematisiert und reflektiert werden, die Gültigkeitsbereiche besprochen werden.

7.3.3 Rückschlüsse zum Modell der Zahlengeraden und zum Kontext Guthaben-und-Schulden

Aus den Ergebnissen der Analysen können Rückschlüsse in Bezug auf das gewählte Modell der Zahlengeraden (vgl. Kap. 3.2.2) und den gewählten Kontext (Kap. 3.2.1) gezogen werden. Die Ergebnisse deuten darauf hin, dass sowohl das gewählte Modell als auch der gewählte Kontext Einfluss auf die Herangehensweisen der Schülerinnen zum Zahlvergleich zu haben scheinen.

Zum einen zeigte sich im Vergleich der Vor- und Nachinterviews ein zunehmender Gebrauch der *Zahlengeraden* (vgl. Kap. 6.2, 6.4, 6.5.2). Dies ist vor dem Hintergrund bedeutsam, dass in der Lernumgebung der Kontext Guthaben und Schulden essentiell war. Während an anderer Stelle gezeigt wurde, dass im Kontext Guthaben und Schulden die Zahlengerade eher weniger gebraucht wird als in anderen Kontexten (vgl. Bruno 2001, Bruno 1997), kann dies für Analysen im Rahmen dieser Arbeit unter Verwendung der genutzten Lernumgebung nicht bestätigt werden (s. u.): Es ist möglich, dass der konsequente Gebrauch der Zahlengerade in der Lernumgebung dazu beigetragen hat, dass die Schülerinnen dieses Modell tragfähig nutzen können. Der sichere Umgang der Schülerinnen mit der Zahlengerade scheint die Befunde zu bestätigen, welche die Zahlengerade als „succesful model" zur Einführung negativer Zahlen herausstellen (vgl. Beatty 2010, 219f.).

Im Hinblick auf den Einfluss des Kontextes Guthaben-und-Schulden stellte sich heraus, dass es Schülerinnen gibt, die nach der Unterrichtreihe beim Vergleich zweier ganzer Zahlen Bezug auf den Kontext Guthaben-und-Schulden nehmen (vgl. Kap. 6.5.2). Dabei gibt es Schülerinnen, die nur vereinzelt auf den Kontext verweisen (vgl. Kap. 6.4), während andere diesen durchweg gebrauchen und ihre Herangehensweisen nicht vom Kontext lösen (vgl. Kap. 6.5.2). Dass der Gebrauch des Kontextes Guthaben-und-Schulden im Nachinterview in den untersuchten Einzelfällen mit einer einheitlichen Ordnungsrelation einhergeht, ist bedeutend: Während z. B. Mukhopadyhay et al. (1990, 281) feststellen: „The debts and assets analogue appeared to encourage the use of a Divided Number Line model", konnte in der vorliegenden Untersuchung beobachtet werden, dass der Kontext Guthaben-und-Schulden durchaus nicht zu einer geteilten Ordnungsrelation führen muss: Dies bekräftigt die Gestaltung der Lernumgebung, bei der die Entwicklung einer einheitlichen Ordnungsrelation durch die Verknüpfung von Kontext und Modell intendiert worden war (vgl. Kap. 3.2).

Dass es Schülerinnen gibt, die auch im Nachinterview beim Zahlvergleich teilweise *keinen Kontext* nutzen, ist ebenfalls interessant vor dem Hintergrund, dass die Unterrichtsreihe sich stark am Kontext Guthaben-und-Schulden orientierte (vgl. Kap. 3.2.3): Der Gebrauch eines Kontextes scheint nicht zwangsläufig eine Dominanz desselbigen für das inferentielle Netz der Schülerinnen zu implizieren. Es ist darüber hinaus interessant, dass die Schülerinnen, die im Nachinterview an keiner Stelle auf den Kontext verweisen, genau die drei Schülerinnen sind, welche im Nachinterview noch Unsicherheiten haben (vgl. Kap. 6.5.2). Dies scheint einen Hinweis dafür darzustellen, dass eine Sicherheit im Nachinterview und der Gebrauch des Kontexts der Lernumgebung in Zusammenhang zu stehen scheinen. *Ob* dieser Zusammenhang tatsächlich besteht und *welche Art* des Zusammenhangs vorliegt, müsste breiter untersucht werden, um hierzu dezidierte Aussagen treffen zu können.

7.4 Ergebnisse in Bezug auf den theoretischen Rahmen

Im Folgenden werden die Implikationen dargestellt, die sich aus den empirischen Ergebnissen für den Theorierahmen der inferentiellen Netze, im Speziellen für das Konzept der Situationsklassen, wie auch – in geringerem Umfang – der Inferenzen ergeben.

Mit den Ergebnissen der empirischen Untersuchung konnte illustriert werden, dass eine tragfähige Bearbeitung von mehreren, verschiedenen Aufgaben mit dem Verfügen über ein situationsübergreifendes inferentielles Netz einhergeht (vgl. Kap. 2.3.2), welches als Basis für die im Rahmen der Aufgabenbearbeitungen gebrauchten Fokussierungen, Festlegungen und Urteile fungiert: Die Schülerinnen scheinen darüber hinausgehend über ein inferentielles Netz zu verfügen, aus dem verschiedene Urteile über Situations*klassen* hinweg Gültigkeit haben. Sie wählen situationsangemessen Urteile aus und gebrauchen diese – ggf. kombiniert – als Berechtigung für weitere, in der Situation relevante Urteile.

Aus der Gegebenheit, dass inferentielle Netze auch über Situationsklassen hinweg bestehen, ergibt sich in *forschungsmethodischer Perspektive,* dass ein Nachweis von Kompatibilitäten allein *nicht* genügt, um Klassen von Situationen aufzufinden und voneinander abzugrenzen, da Kompatibilitäten oftmals auch über Situationsklassen hinweg bestehen. Im Rahmen der Analysen konnten zwei weitere Kriterien eruiert werden, die helfen, Situationsklassen aufzufinden:

Zum einen bestätigte sich, dass Schülerinnen explizit ***auf die Analogie von Situationen verweisen*** (vgl. Kap. 5.5.5). Hierzu gebrauchen die Schülerinnen Worte wie *„wieder"* und *„auch"* (bspw. Nicole Vorinterview Turn 36, Turn 73) oder sagen bspw. *„Das ist wieder wie grade ebend"* (vgl. Tom Vorinterview,

Turn 15) oder *„ich hab ja grade gesagt"* (vgl. Tom Nachinterview ,Turn 14). Im Gegenzug grenzen sie Situationen voneinander ab, indem sie bspw. äußern *„Und beim anderen ist das genau andersherum dass die, Zahlen wenn sie wärmer werden, sinken"* (vgl. Tom Vorinterview, Turn 69). Darüber hinaus wurde an verschiedener Stelle (Kap. 6.2, 6.3, 6.4) deutlich, dass das Auffinden von Klassen von Situationen, welche die Schülerinnen vornehmen, maßgeblich über eine Analyse der individuellen ***inferentiellen Strukturen*** in den Situationen erfolgen kann. Dieser Fokus auf die Inferenzen ergänzt die theoretischen Annahmen, dass inferentielle Netze Aufschluss über Klassen von Situationen geben (vgl. Kap. 5.5.5). Während Fokussierungen und Urteile vielfach über verschiedene Klassen von Situationen hinweg gebraucht werden, lässt der unterschiedliche *Gebrauch* bzw. die unterschiedliche Kombination der Urteile als Prämissen für die Konklusion, welche der beiden Zahlen die größere ist, darauf schließen, inwiefern Situationen zu einer Klasse von Situationen gehören: Wird auf ähnliche Weise begründet, so weist dies auf eine Zusammengehörigkeit der Situationen zu einer Klasse von Situationen: Für Tom kann bspw. in der Situation, bei -27 und -31 die größere Zahl zu bestimmen, das Urteil *„Bei –27 und –31 ist -31 größer, weil die Zahl 31 schon alleine größer ist, auch wenn sie ohne Minus wäre" (SU-Tvor19)* rekonstruiert werden und in der Situation, bei -7 und -11 die größere Zahl zu bestimmen, kann für ihn das Urteil *„Bei –7 und –11 ist -11 größer, weil 11 größer ist als 7, auch wenn sie ohne Minus wäre" (SU-Tvor19a)* rekonstruiert werden. Die ähnlichen Inferenzen verweisen – ebenso wie das explizite Benennen der Analogie der Situationen (vgl. Tom Vorinterview, Turn 25) – darauf, dass der Schüler die Situationen – bewusst oder unbewusst – *einer* Situationsklasse zuordnet. Werden hingegen verschiedene Urteile in inferentiellen Relationen gebraucht oder Urteile mit anderen Urteilen kombiniert, so stellt dies einen Hinweis darauf dar, dass es sich um Situationen handelt, welche die Schülerin – nicht notwendig bewusst – *verschiedenen* Klassen von Situationen zuordnet.

Eine Rekonstruktion von individuell wahrgenommenen ***Klassen von Situationen*** kann folglich in einem Zusammenspiel erfolgen aus...

- der Analyse von Kompatibilitäten zwischen den Urteilen der inferentiellen Netze,
- der Betrachtung expliziter Verweise der Schülerinnen auf die Analogie oder eine Abgrenzung von Situationen voneinander sowie vor allem
- der Analyse inferentieller Relationen.

Auch für das Konzept der ***Inferenzen*** selbst konnten im Rahmen dieser Arbeit insofern Erkenntnisse erlangt werden, als unterschiedliche Strukturen *berechtigender inferentieller Relationen* aufgezeigt werden konnten. Neben den ‚einfachen' inferentiellen Relationen der Form, dass eine Festlegung A eine Festlegung B berechtigt, zeigten sich an vielen Stellen inferentielle Relationen, bei denen mehrere Urteile als Prämissen kombiniert wurden (vgl. z. B. *SU-Tnach13* in Kap. 6.4) und bei denen teilweise einzelne Prämissen zusätzlich gestützt wurden (vgl. z. B. *SU-Nvor89* bis *SU-Nnach92* in Kap. 6.2). Es zeigte sich auch, dass einzelne Urteile auf verschiedene Weise praktisch begründet wurden und somit mehrfach inferentiell gegliedert waren (vgl. *SU-Nvor60* in Kap. 6.1), wobei die Begründungen unterschiedliche Fokussierungsebenen betrafen. Hinsichtlich des Konzepts der *Inkompatibilitäten* erwies sich eine Unterscheidung einer individuellen und einer fachlichen Perspektive als sinnvoll. Es konnte mehrfach beobachtet werden, dass Inkompatibilitäten darin bestehen, dass die Gehalte von Urteilen aus *fachlicher Perspektive material nicht kompatibel* zueinander sind (vgl. Kap. 5.5.5, z. B. Kap. 6.1). Daneben zeigte sich mehrfach eine Inkompatibilität in *individueller Perspektive:* Die Schülerinnen scheinen dabei Inkompatibilitäten bewusst wahrzunehmen und teilweise auch bewusst zwischen unterschiedlichen Klassen von Situationen mit ihren unterschiedlichen Gegebenheiten zu unterscheiden (vgl. Kap. 6.4, 6.3).

Resümee und Perspektiven

Die vorliegende Arbeit leistet einen Beitrag dazu, individuelle Begriffsbildung im Wechselspiel mit Lernsituationen zu verstehen und sie liefert Erkenntnisse, die für eine Restrukturierung des mathematikdidaktischen Gegenstandsbereichs der negativen Zahlen herangezogen werden können. Diese Erkenntnisse ermöglichen Rückschlüsse für die Gestaltung von Lehr- und Lernprozessen, welche letztlich dazu beitragen können, das Lehren und Lernen des Begriffs der negativen Zahl zu optimieren.

Dem zentralen Erkenntnisinteresse dieser Arbeit, individuelle Begriffsbildung in ihrem Wechselspiel mit gegebenen Lernsituationen zu verstehen, wurde in drei Forschungsinteressen nachgegangen, die darin bestanden, zum einen die Lernvoraussetzungen von Schülerinnen zum Begriff der negativen Zahl vor einer unterrichtlichen Einführung zu erheben, zum anderen die Entwicklungen der individuellen Begriffe in kurz- und mittelfristiger Perspektive zu betrachten, und darüber hinaus Konsequenzen für das mathematikdidaktische Wissen zum Gegenstandsbereich der negativen Zahlen zu ziehen. Dabei wurde vor dem Hintergrund fachlicher Strukturierungen im Detail betrachtet, welche Strukturierungen auf Seite des Individuums vorgenommen werden und wie diese sich entwickeln.

Mit der gewählten Hintergrundtheorie, die in Anlehnung an Hußmann und Schacht (2009) und Schacht (2012) wesentlich durch den semantischen Inferentialismus Robert Brandoms (2000a, 2001a), die Theorie der begrifflichen Felder Gérard Vergnauds (1996a, 1996b) sowie verschiedene philosophische und psychologische Anleihen gespeist wird, wurde ein theoretischer Rahmen sowie ein Schema zur Analyse individueller Begriffe und ihrer Entwicklung entwickelt, mit welchem detaillierte Einblicke in die individuellen Begriffe der Schülerinnen erlangt werden konnten. Der theoretische Rahmen und das Analyseschema ermöglichten es, die individuellen Erläuterungen und insbesondere die Begründungen der Schülerinnen in den Fokus zu nehmen, um auf diese Weise u. a. detaillierte Einblicke in die Gründe der Schülerinnen für ihre Annahmen, in die Ursachen von Schwierigkeiten und das beteiligte Vorwissen zu erhalten.

Während eine Breitenanalyse aller untersuchten Schülerinnen einen Überblick über mögliche Lernstände zum Begriff der negativen Zahl *vor* und *nach* einer unterrichtlichen Behandlung ermöglichte, halfen die tiefenanalytischen Feinanalysen zweier Fallbeispiele, die individuellen Strukturierungen und Herangehensweisen der Schülerinnen nachzuvollziehen und zu verstehen, sie gaben unter facettenreichen Blickwinkeln einen Einblick in die individuellen Herangehensweisen und das aktivierte Vorwissen. Eine Triangulation der Ergebnisse der Fein- und Breitenanalyse ermöglichte es, die Ergebnisse der Feinanalyse einzubetten.

Im Hinblick auf das *erste Forschungsinteresse* zu den Lernvoraussetzungen der Schülerinnen vor einer Unterrichtsreihe konnten mit dem entwickelten Analyseinstrument detaillierte Einblicke erlangt werden.

Die große Heterogenität des individuellen Vorwissens, über welches Schülerinnen im Zusammenhang mit negativen Zahlen verfügen, konnte durch die Analyse ergründet werden, indem die individuellen Gründe für die Wahl von Herangehensweisen und das aktivierte Vorwissen untersucht wurden. So konnte bspw. im Detail aufgezeigt werden, was es bedeutet, wenn Schülerinnen für negative Zahlen eine Ordnungsrelation, die sich an den Beträgen der Zahlen orientiert, vornehmen: welche Annahmen damit einhergehen, welches Vorwissen relevant ist und vor allem, was dies für das Begriffsnetz der Schülerinnen bedeutet.

In Bezug auf das Spektrum der möglichen Lernstände vor einer Unterrichtsreihe bestätigte sich, dass es Schülerinnen gibt, die bereits vor der Einführung negativer Zahlen im Mathematikunterricht über einen Begriff der negativen Zahl verfügen, der zu weiten Teilen tragfähig ist (vgl. bspw. Murray 1985, Borba 1995). Dies zeigte sich in der Feinanalyse im Verfügen über ein bereits reichhaltiges Begriffsnetz im Zusammenhang mit negativen Zahlen, welches flexibel genutzt werden kann. Auch in der Breitenanalyse zeigte sich dies in Herangehensweisen der Schülerinnen, die sich oftmals an der Lage der Zahlen orientierten und die auf bereits vorhandenes, schnell abrufbares Wissen zurück griffen.

Es konnte zudem beobachtet werden, dass es daneben Schülerinnen gibt, die bei der Betrachtung von Zahlen der Form „-12" noch keinen tragfähigen Begriff der negativen Zahl aktivieren können und u. U. davon ausgehen, dass es „vor der Null" keine Zahlen gebe. Dies zeigte sich im Rahmen der Breitenanalysen in Herangehensweisen, in denen die Schülerinnen – der Deutung des Minuszeichens als Operationszeichen folgend – subtrahierten, oder in Herangehensweisen, in denen sie die Vorzeichen ‚ausblendeten'.

Im Hinblick auf das *zweite Forschungsinteresse* zu den *Entwicklungen* der individuellen Begriffe konnten über die Betrachtung lokaler Entwicklungsmomente Möglichkeiten der Überwindung von Schwierigkeiten ausgemacht werden. Es konnten beispielsweise Anhaltspunkte dazu erlangt werden, wie eine Entwicklung einer einheitlichen Ordnungsrelation angestoßen werden kann und was diese Entwicklung im Detail für Konsequenzen für das Begriffsnetz der Schülerinnen nach sich zieht. Hierfür scheint zum einen der Gebrauch der Zahlengerade, sowie darüber hinaus das Fokussieren auf ein Gehen bis zum Plusbereich hilfreich (vgl. Kap. 7.2.4). Auch für Begriffsentwicklungen in *mittelfristiger Perspektive* über eine Unterrichtsreihe hinweg konnten verschiede Erkenntnisse erlangt werden. Die Ergebnisse deuten bspw. darauf hin, dass das Modell der Zahlengerade, das für die Lernumgebung der Schülerinnen in der Unterrichtsreihe essentiell war, geeignet scheint, um die Entwicklung einer einheitlichen Ordnungsrelation für ganze Zahlen zu begünstigen. Einige Schülerinnen scheinen diesen Bezug zur Zahlengerade aufzugreifen und sich auch nach der Unterrichtsreihe für den Größenvergleich zweier Zahlen an der Lage der Zahlen zu orientieren. Jedoch scheint eine Orientierung an der Lage der Zahlen allein – ohne entsprechende Anstöße – nicht notwendigerweise eine einheitliche Ordnungsrelation zu initiieren. Dies zeigt sich u. a. im Nachinterview, in dem eine Schülerin bei der Betrachtung der Zahlengerade teilweise an einer Ordnungsrelation, welche sich an den Beträgen der Zahlen orientiert, festhält. Die Erkenntnisse weisen darauf hin, dass Schülerinnen offenbar teilweise auch nach einer Unterrichtsreihe zur Einführung negativer Zahlen noch Schwierigkeiten mit der Ordnungsrelation zu haben scheinen.

Die Analyse der verwendeten individuellen Begriffe vor der Unterrichtsreihe sowie die Analyse von deren kurz- und mittelfristiger Entwicklung tragen zur Restrukturierung des mathematikdidaktischen Gegenstandsbereichs als *drittem Forschungsinteresse* dieser Arbeit bei (vgl. Kap. 7). Die Ergebnisse hinsichtlich dieses Forschungsinteresses gliedern sich in drei Aspekte:

Es konnte, erstens, aufgezeigt werden, welche Chancen die Arbeit mit dem entwickelten Analyseschema für die Analyse individueller Begriffe der negativen Zahl, hier der Ordnungsrelation bietet: Die Analyse individueller Klassen von Situationen, individueller inferentieller Netze sowie von Fokussierungen und Fokussierungsebenen u. v. m. ermöglichen es, individuelle Herangehensweisen zu verstehen und zu ergründen und damit u. a. verstehende und präskriptive Theorieelemente zu erzeugen, die zu einer Ausdifferenzierung und Restrukturierung das mathematikdidaktischen Gegenstandsbereich der negativen Zahl beitragen können.

Daneben wurde, zweitens, mithilfe des Analyseschemas ein detaillierter Einblick in individuelle Begriffe, speziell im Zusammenhang mit der Ordnungsrelation für ganze Zahlen ermöglicht. So stellte sich heraus, welche individuellen Annahmen mit einer ‚geteilten' Ordnungsrelationen, die sich an den Beträgen der Zahlen orientiert, einhergehen, welche diagnostischen Aspekte für die Gestaltung von Lehr- und Lernprozessen, und insbesondere welche Impulse für den Aufbau einer einheitlichen Ordnungsrelation hilfreich sein können.

Es konnten, drittens, Erkenntnisse erlangt werden, die das mathematikdidaktische Wissen zum Gegenstandsbereich der negativen Zahl ergänzen. Hier sei die große Heterogenität des Vorwissens, die teilweise beständigen Unsicherheiten in Bezug auf eine Ordnungsrelation für ganze Zahlen, sowie die Rückschlüsse für das Modell der Zahlengeraden sowie den Kontext Guthaben-und-Schulden genannt (vgl. Kap. 7.3). Es zeigte sich insbesondere, dass die Befürchtung, der Kontext Guthaben und Schulden fördere eine geteilte Ordnungsrelation und behindere eine einheitliche Ordnungsrelation (vgl. Kap. 3.2.1), sich im Rahmen dieser Arbeit im Wesentlichen nicht bestätigt hat: Die Schülerinnen gebrauchten im Nachinterview vielmehr vielfach die Zahlengerade, um eine einheitliche Ordnungsrelation zu erklären und zu begründen. Die Erkenntnisse zum Kontext Guthaben und Schulden sowie zum Gebrauch der Zahlengeraden in den Nachinterviews weisen darauf hin, dass die entwickelte Lernumgebung – in welcher eine konsequente Verknüpfung des Kontextes Guthaben und Schulden mit dem Modell der Zahlengeraden essentiell war (vgl. Kap. 3.2.3) – eine einheitliche Ordnungsrelation nicht zu behindern, sondern zu fördern scheint. Es zeigte sich zudem, dass der Kontext Guthaben und Schulden darüber hinaus offenbar die Chance bietet, beide möglichen Ordnungsrelationen für negative Zahlen zu thematisieren: die einheitliche Ordnungsrelation als die Höhe des Kontostandes und die geteilte Ordnungsrelation als die Höhe des Guthabens und der Schulden. Denn Ziel in Bezug auf die Ordnungsrelation sollte nicht sein, dass Schülerinnen eine Ordnung gemäß der Beträge für negative Zahlen ‚überwinden', sondern dazu in die Lage versetzt werden, auf beide möglichen Ordnungsrelationen je nach Fragestellung situationsangemessen und flexibel zurück zu greifen. Ebenso wie für den Arithmetikunterricht der Primarstufe besteht auch das Ziel von Lehr- und Lernprozessen im Zusammenhang mit negativen Zahlen „in der Ausbildung von Verständnis, Sicherheit und Flexibilität im Umgang mit Zahlen und Rechenoperationen. Hierzu sollten die Schülerinnen und Schüler tragfähige und vielfältige Zahl- und Operationsvorstellungen erwerben" (Selter 2004, 22f.).

Natürlich unterliegt die vorliegende Arbeit mit dem gewählten Zugang und Untersuchungsdesign forschungsmethodischen Grenzen, aus welchen sich Perspektiven für mögliche Anschlussuntersuchungen ergeben.

Eine der Perspektiven für eine mögliche eingehendere Analyse betrifft die Validierung bzw. Ergänzung der erzielten Ergebnisse in einer größeren Stichprobe. In der vorliegenden Untersuchung wurde mit dem Ziel einer Tiefenanalyse der inferentiellen Netze eine Fokussierung auf die Analyse zweier Fallbeispiele vorgenommen. Auch die Ergebnisse der Breitenanalyse liefern aufgrund der Stichprobenauswahl und -größe von acht Schülerinnen keine statistischen Belege; sie können allenfalls dazu herangezogen werden, die in den Feinanalysen erlangten Erkenntnisse ansatzweise und vorsichtig für die Theoriebildung zu verallgemeinern. Mit den Erkenntnissen, die diesen Einzelfallanalysen entspringen, konnte bereits ein großes Spektrum von unterschiedlichen Fokussetzungen und Annahmen sowie Entwicklungen von Begriffsnetzen aufgezeigt werden. Darüber hinaus scheint es lohnenswert, für weitere Schülerinnen und insbesondere auch für eine größere Stichprobe zu erheben, welche Fokussierungen die Schülerinnen wählen, welche Fokussierungsebenen relevant sind u. v. m. Es sind auch quantitative Anschlussuntersuchungen denkbar, mit denen bspw. die Häufigkeiten gewählter Zugänge in den Blick genommen werden, um hieraus Konsequenzen für die Gestaltung von mathematischen Lehr- und Lernprozessen und Unterrichtsmaterialien ziehen zu können.

Eine zweite Perspektive betrifft die lokalen Entwicklungsmomente von Begriffsnetzen und die relevanten Impulse. Im Rahmen dieser Arbeit wurde das Ziel verfolgt, zu erheben, über welche individuellen Begriffe Schülerinnen *vor* und *nach* einer Unterrichtsreihe im Zusammenhang mit negativen Zahlen verfügen. Dabei ergab sich bspw., dass es Schülerinnen gibt, die auch nach der Unterrichtsreihe noch Unsicherheiten hinsichtlich der Ordnungsrelation zeigen (vgl. Kap. 6.2.1, 6.2.3). Daneben wurden Entwicklungen der Begriffsnetze während der Interviews in den Blick genommen. Über die Ergebnisse der Feinanalysen konnten bereits Hinweise dazu erlangt werden, welche Impulse bzw. Einsichten für Schülerinnen u. U. dabei hilfreich sein könnten, Hürden im Lernprozess zu überwinden. Es wäre darüber hinaus erstrebenswert, mögliche Impulse bei vorliegenden Schwierigkeiten in weiterführenden Studien *gezielt zum Untersuchungsgegenstand* zu machen. Dies konnte in der vorliegenden Untersuchung nicht realisiert werden, da das Geben von Impulsen die Schülerinnen in ihrem Lernprozess stärker beeinflusst hätte und vermutlich Einfluss auf das Begriffsnetz nach der Unterrichtsreihe genommen hätte: Auf diese Weise wäre bspw. das Ergebnis, dass Schülerinnen teilweise auch nach einer Unterrichtsreihe noch Unsicherheiten im Hinblick auf die Ordnungsrelation aufweisen, womöglich nicht erlangt worden. Um solche Impulse bei Schwierigkeiten und ihre Wirkungen zu untersuchen, müsste ein anderes Untersuchungsdesign gewählt werden. Design Experimente, mit welchen Lernprozesse gleichermaßen gesteuert und systematisch untersucht werden können, würden für dieses Ziel z. B. eine geeignete Untersuchungsmethode darstellen (vgl. Cobb, Confrey, diSessa, Lehrer & Schauble 2003).

Eine dritte Perspektive für mögliche weitergehende Untersuchungen betrifft die Anbindung der aktivierten Begriffe an lebensweltliche Kontexte: Während es offenbar Schülerinnen gibt, die ein reichhaltiges Vorwissen (hier aus dem Kontext Temperaturen) aktivieren, anwenden und dekontextualisieren können, um es für den Vergleich ganzer Zahlen zu gebrauchen, beziehen sich andere Schülerinnen an keiner Stelle auf lebensweltliche Kontexte. Dies sollte in Anschlussuntersuchungen spezifisch analysiert werden: Es scheint lohnenswert, bei Schülerinnen, die nicht aus sich heraus auf lebensweltliche Kontexte zurückgreifen, gezielt zu untersuchen, inwiefern diese über kontextuelles (Vor-) Wissen im Zusammenhang mit negativen Zahlen verfügen. In der vorliegenden Untersuchung wurde aufgrund der Zielsetzung der Arbeit nicht der Frage nachgegangen, inwiefern die Schülerinnen negative Zahlen in lebensweltlichen Kontexten hätten deuten können. In weiteren Untersuchungen könnte über eine gezielte Konfrontation der Schülerinnen mit negativen Zahlen in lebensweltlichen Kontexten jedoch untersucht werden, ob und inwiefern sie mit diesen umgehen können, und welche Kontexte sich als fruchtbar erweisen, um an das Vorwissen jener Schülerinnen anzuknüpfen, denen es offenbar von allein nicht gelingt, das Wissen aus lebensweltlichen Kontexten in ihre Betrachtungen mit einzubeziehen. Das Wissen über geeignete Kontexte könnte für die Gestaltung von Lehr- und Lernprozessen und von Lernumgebungen zur Einführung negativer Zahlen genutzt werden.

Die Gegebenheit, dass manche Schülerinnen bei der Betrachtung von Zahlen der Form -8 oder -12 keine Erfahrungen aus lebensweltlichen Erfahrungsbereichen aktivieren, ist zudem für die Theoriebildung von Begriffsbildungsprozessen von Bedeutung. Die Beobachtungen im Rahmen dieser Arbeit deuten darauf hin, dass es manchen Schülerinnen in *Zugängen zu negativen Zahlen*, die *keinen* kontextuellen Bezug haben, vermutlich nicht ohne Weiteres gelingen würde, aus sich heraus kontextuelle Vorerfahrungen zu aktivieren. Im Rahmen dieser Arbeit konnte mithilfe der Analyse der inferentiellen Netze jedoch aufgezeigt werden, welches Potential dem Aktivieren und dem Gebrauch individuellen Vorwissens aus lebensweltlichen Erfahrungsbereichen innewohnt. Es scheint für Begriffsbildungsprozesse lohnenswert, dieses Vorwissen aufzugreifen, um die individuellen Ressourcen der Schülerinnen optimal zu nutzen. Die Analysen im Rahmen dieser Arbeit deuten darauf hin, dass es aus diesem Grunde für die Gestaltung von Lernprozessen im Hinblick auf *individuelle Begriffsbildungsprozesse* günstig ist, wenn diese von (für die Schülerinnen) *sinnstiftenden Kontexten* ausgehen (vgl. Leuders et al. 2011).

Abschließend kann festgehalten werden, dass über die im Rahmen dieser Arbeit erfolgenden Analysen die vorhandenen deskriptiven Theorieelemente zur Ordnungsrelation für ganze Zahlen durch verschiedene verstehende und präskriptive Theorieelemente ergänzt werden konnten. Es konnte bspw. beobachtet werden, welche individuellen Sinnkonstruktionen erfolgen, wenn Schülerinnen Zahlzeichen noch nicht als Operationszeichen deuten können, und welche individuellen Sinnkonstruktionen mit einer geteilten Ordnungsrelation einhergehen. Weiterhin tragen die Analysen dazu bei, präskriptive Annahmen über mögliche Impulse für die Entwicklung einer einheitlichen Ordnungsrelation zu machen. Die vorliegende Arbeit gibt mit den zugrundeliegenden Forschungsinteressen und den gewählten Fokussen zudem einen Einblick in das Spektrum, welches in Bezug auf das mögliche Vorwissen von Schülerinnen zum Begriff der negativen Zahl und in Bezug auf seine Entwicklung besteht und sie zeigt auf, inwiefern sich dieses (Vor-)Wissen über eine Unterrichtsreihe hinweg verändert. Dabei sensibilisiert sie insbesondere für mögliche Lernvoraussetzungen, Lernstände und Entwicklungen von Schülerinnen. Die vorliegende Arbeit leistet damit einen Beitrag zu mathematikdidaktischer Theoriebildung zum Begriff der negativen Zahl in seinen Anfängen.

Wie interessant und aufschlussreich eine im Rahmen dieser Arbeit erfolgte Betrachtung der individuellen Erläuterungen und Begründungen der Schülerinnen und ein Einblick in ihre komplexen Gedankengänge sein können, zeigt abschließend das Zitat von Linus (6. Klasse), der bereits über eine tragfähige Ordnungsrelation für negative Zahlen verfügt und im vorliegenden Interviewausschnitt der Interviewerin erklärt, warum bei -31 und -27 die letztere Zahl größer ist.

(begründend, warum -27 größer ist als -31)

„Weil die Minuszahl muss ja bis zu Plus gehen' und dann muss das halt so sein dass die, kleinere Zahl von Minus äh also wenn die größere Zahl von Minus (deutet auf -31) und ne kleinere (deutet auf -27) ist die Kleinere größer. (...) Ähm weil bis zu Plus ist ja immer .. Minus. Und äh die Pluszahl ist größer und dann muss man halt, die Minuszahl wenn man beide Minuszahlen hat und dann 31 u zum Beispiel 31 und 27 und dann bei denen Minus vorsteht muss man, die kleinere Zahl nehmen weil die Pluszahl ist ja auch größer als die m Minus"

(Linus, 6. Klasse)

Literatur

Battista, Michael T. (1983): A Complete Model for Operations on Integers. In: Arithmetic Teacher 30(9), 26-31.

Bayer, Klaus (1999): Argument und Argumentation. Logische Grundlagen zur Argumentationsanalyse. Göttingen (Dandenhoeck & Ruprecht).

Beatty, Ruth (2010): Behind and Below Zero: Sixth Grade Students Use Linear Graphs to Explore Negative Numbers. In: Brosnan, P., Erchick, D B. & Flevares, L. (Hrsg.): Proceedings of the 32nd annual meeting of the North American Chapter of the International Group for the Psychology of Mathematics Education. Columbus, OH (The Ohio State University), 219-226.

Beck, Christian & Maier, Hermann (1994a): Mathematikdidaktik als Textwissenschaft. Zum Status von Texten als Grundlage empirischer mathematikdidaktischer Forschung. In: Journal für Mathematik-Didaktik 15(1/2), 35-78.

Beck, Christian & Maier, Hermann (1994b): Zu Methoden der Textinterpretation in der empirischen mathematikdidaktischen Forschung. In: Maier, H. & Voigt, J. (Hrsg.): Verstehen und Verständigung. Arbeiten zur interpretativen Unterrichtsforschung. Köln (Aulis Verlag Deubner & CO KG), 43-76.

Beck, Christian & Maier, Hermann (1993): Das Interview in der mathematikdidaktischen Forschung. In: Journal für Mathematik-Didaktik 14(2), 147-179.

Bell, Alan (1993): Principles for the design of teaching. In: Educational Studies in Mathematics 24(1), 5-34.

Bell, Alan (1986): Enseñanza por diagnostico. Algunas problemas sobre números enteros. In: Enseñanza de las ciencias 4(3), 199-208.

Bertram, Georg W. (2011): Sprachphilosophie zur Einführung. Hamburg (Junius).

Bikner-Ahsbahs, Angelika & Prediger, Susanne (2010): Networking of Theories – An Approach for Exploiting the Diversity of Theoretical Approaches. In: Sriraman, B. & English, L. (Hrsg.): Theories of mathematics education: Seeking New Frontiers, Series Advances in Mathematics Education. Heidelberg (Springer), 483-506.

Blum, Werner (1985): Anwendungsorientierter Mathematikunterricht in der didaktischen Diskussion. In: Mathematische Semesterberichte 32(2), 195-232.

Boero, Paolo: Abstraction: What theory do we need in mathematics education? In: Boero, P., Dreyfus, T., Gravemeijer, K., Gray, E., Hershkowitz, R., Schwarz, B., Sierpinska, A. & Tall, D. (2002): Abstraction: Theories about the Emergence of Knowledge Structures. In: Cockburn, A. D. & Nardi, E. (Hrsg.): Proceedings of the Annual Meeting of the International Group for the Psychology of Mathematics Education (26th, Norwich, England, July 21-26, 2002), 113-138.

Bofferding, Laura (2010): Addition and Subtraction with Negatives: Acknowledging the Multiple Meanings of the Minus Sign. In: Brosnan, P., Erchick, D. B. & Flevares L. (Hrsg.): Proceedings of the 32nd annual meeting of the North American Chapter of the International Group for the Psychology of Mathematics Education. Columbus, OH: The Ohio State University, 703-710.

Borba, Rute Elizabete (1995): Understanding and Operating with Integers: Difficulties and Obstacles. In: Meira, L. & Carraher, D. (Hrsg.): Proceedings of the Annual Conference of the International Group for the Psychology of Mathematics Education (19th, Recife, Brazil, July, 22-27, 1995), Volume 2, 226-231.

Brandom, Robert B. (2002): Tales of the Mighty Dead: Historical Essays in the Metaphysics of Intentionality. Harvard (Harvard Universtiy Press).

Brandom, Robert B. (2001a): Begründen und Begreifen. Eine Einführung in den Inferentialismus. Frankfurt am Main (Suhrkamp).

Brandom, Robert B. (2001b): Der Mensch, das normative Wesen. Über die Grundlagen unseres Sprechens. Eine Einführung. In: Die ZEIT 29, 12.07.2001.

Brandom, Robert (2000a): Expressive Vernunft. Frankfurt am Main (Suhrkamp Verlag).

Brandom, Robert (2000b): Die zentrale Funktion von Sellars‘ Zwei- Komponenten- Konzeption für die Argumente in „Empiricism and the Philosophy of Mind“. In: Deutsche Zeitschrift für Philosophie 48 (4), 599-613.

Bringuier, Jean-Claude (2004): Jean Piaget – ein Selbstporträt in Gesprächen. Weinheim (Beltz).

Brown, John Seely, Collins, Allan & Duguid, Paul (1989): Situated Cognition and the Culture of Learning. In: Educational Researcher 18(4), 32-42.

Bruner, Jêrome (1974): Entwurf einer Unterrichtslehre. Berlin und Düsseldorf (Schwann).

Bruner, Jêrome (1970): Der Prozeß der Erziehung. Berlin und Düsseldorf (Schwann).

Bruno, Alicia (2009): Metodología de una Investigación sobre Métodos de Enseñanza de Problemas aditivos con Números negativos. In: PNA: Revista de investigación en Didáctica de la Matemática 3(2), 87-103.

Bruno, Alicia (2001): La enseñanza de los números negativos: formalismo y significado. In: La Gaceta de la Real Sociedad Matemática Española 4(1), 415-427.

Bruno, Alicia (1997): La enseñanza de los números negativos: aportaciones de una investigación. In: Revista de didáctica de las matemáticas H. 29, 5-18.

Bruno, Alicia, Martinón, Antonio & Velázquez, Fidela (2001): Algunas dificultades en los problemas aditivos. In: Suma. Revista para la enseñanza y aprendizaje de las matemáticas H. 37, 83-94.

Bruno, Alicia & Cabrera, Noemie (2006): La recta numérica en los libros de texto en España. In: Educación Matematica 18(3), 125-148.

Bruno, Alicia & Cabrera, Noemie (2005): Una experiencia sobre la representación en la recta de números negativos. In: Quadrante: revista teórica e de investigação XIV(2), 25-41.

Bruno, Alicia & Martinón, Antonio (1999): The Teaching of Numerical Extensions: The Case of Negative Numbers. In: International Journal of Mathematical Education in Science and Technology 30(6), 789-809.

Bruno, Alicia & Martinón, Antonio (1997): Procedimientos de resolución de problemas aditivos con números negativos. In: Enseñanza de las Ciencias 15(2), 249-258.

Bruno, Alicia & Martinón, Antonio (1996): Números negativos: una revisión de investigaciones. In: Revista de Didáctica de las Matemáticas H. 9, 98-108.

Bruno Castañeda, Alicia & Martinón Cejas, Antonio (1994): Contextos y estructuras en el aprendizaje de los números negativos. In: Suma. Revista para la enseñanza y aprendizaje de las matemáticas H. 16, 9-18.

Carrera de Souza, Antonio C., Mometti, Antonio L., Scavazza, Helena A. & Ribeiro Baldino, Roberto (1995): Games for Integers: Conceptual or Semantic Fields? In: Meira, L. & Carraher, D. (Hrsg.): Proceedings of the Annual Conference of the International Group for the Psychology of Mathematics Education (19th, Recife, Brazil, July, 22- 27, 1995), Volume 2, 232-239.

Christensen, Carleton B. (2007): What are the Categories in *Sein und Zeit*? Brandom on Heidegger in *Zuhandenheit*. In: European Journal of Philosophy 15(2), 159-185.

Cobb, Paul, Confrey, Jere, diSessa, Andrea, Lehrer, Richard & Schauble, Leona (2003): Design Experiments in Educational Research. In: Educational Researcher 32 (1), 9-13.

Confrey, Jere & Costa, Shelley (1996): A Critique of the Selection of „Mathematical Objects“ as a Central Metaphor for Advanced Mathematical

Thinking. In: International Journal of Computers for Mathematical Learning 1(2), 139-168.

Davidson, Philip M. (1987): How Should Non-Positive Integers be Introduced in Elementary Mathematics? In: Bergeron, J. C., Herscovics, N. & Kieran, C. (Hrsg.): Proceedings of the International Conference on the Psychology of Mathematics Education (PME) (11th, Montreal Canada, July 19-25, 1987), Volume 2, 430-436.

Deines, Stefan & Liptow, Jasper (2007): Explizit-Machen explizit gemacht. Über einen zentralen Begriff in der Sprachphilosophie Robert Brandoms. In: Deutsche Zeitschrift für Philosophie 55 (1), 59-78.

Deppermann, Arnulf (2007): Linguistik. Impulse und Tendenzen. Grammatik und Semantik aus gesprächsanalytischer Sicht. Berlin (de Gruyter).

Detterman, Douglas K. (1993): The Case of Prosecution: Transfer as an Epiphenomenon. In: Detterman, D. K. & Sternberg, R. J. (Hrsg.): Transfer on Trial: Intelligence, Cognition, and Instruction. Norwood, NJ (Ablex Publishing Corporation), 1-24.

DIN Deutsches Institut für Normung e.V. (Hrsg.) (2009): DIN-Taschenbuch 202. Formelzeichen, Formelsatz, mathematische Zeichen und Begriffe. 3. Auflage. Berlin (Beuth Verlag GmbH).

Dirks, Michael K. (1984): The Integer Abacus. In: Arithmetic Teacher 31(7), 50-54.

Drooyan, Irving & Hadel, Walter (1973): A Programmed Introduction to Number Systems. New York (John Wiley & Sons, Inc.).

Duval, Raymond (2006): A cognitive analysis of problems of comrehension in a learning of mathematics. In: Educational Studies in Mathematics 61(1/2), 103-131.

Duval, Raymond (2000): Basis Issues for Research in Mathematics Education. In: Nakahara, T. & Koyama, M. (Hrsg.): Proceedings of the 24th Conference of the International Group for the Psychology of Mathematics Education (PME) (24th, Hiroshima, Japan, July 23-27, 2000), Volume 1, 55-69.

Eschweiler, Marcel & Barzel, Bärbel (2006): Negative Zahlen – positiv erleben! Eine Lernwerkstatt zur Einführung der negativen Zahlen. In: Praxis der Mathematik H. 11, 13-21.

Escudero, Consuelo, Moreira, Marco A. & Caballero, Concesa (2009): A Research on Undergraduate Students' Conceptualizations of Physics Notions Related to Non-Sliding Rotational Motion. In: Latin-American Journal of Physics Education 3 (1), 1-8.

Farshim, Alexander (2002): Universalismus, Relativismus und Repräsentation. Eine Kritik des modernen Wissensbegriffs. Inaugural-Dissertation zur Erlangung des Doktorgrades der Philosophie am Zentrum für Philosophie und Grundlagen der Wissenschaften der Justus-Liebig-Universität Gießen. Im Internet unter: http://geb.uni-giessen.de/geb/volltexte/2006/2696/pdf/FarshimAlexander-2003-02-18.pdf[22.02.2013]

Fischbein, Efraim (1987): Intuition in Science and Mathematic. An Educational Approach. Dordrecht (D. Reidel Publishing/Kluwer Academic Publishers).

Fischer, Paul B. (1958): Arithmetik. 3. Auflage. Berlin (Walter de Gruyter & Co.).

Flick, Uwe (2009): Qualitative Sozialforschung. Eine Einführung. Reinbek bei Hamburg (Rowohlt Taschenbuch Verlag).

Flick, Uwe, von Kardorff, Ernst & Steinke, Ines (Hrsg.) (2010): Qualitative Forschung. Ein Handbuch. 8. Auflage. Reinbek bei Hamburg (Rowohlt Taschenbuch Verlag).

Flores, Alfinio (2008): Subtraction of Positive and Negative Numbers: The Difference and Completion Approaches with Chips. In: Mathematics Teaching in the Middle School 14(1), 21-23.

Flores, Julia, Caballero, Concesa & Moreira, Marco A. (2008): Una interpretación aproximativa del concepto de Hidrólisis en estructuras peptídicas en un Curso de Bioquímica del IPC en el contexto de la Teoría de los Campos Conceptuales de Vergnaud. In: Revista de Investigación H. 64, 135-159.

Frade, Christina, Winbourne, Peter & Braga, Selma M. (2009): A Mathematics-Science Community of Practice: Reconceptualising Transfer in Terms of Crossing Boundaries. In: For the Learning of Mathematics 29(2), 14-22.

Fraenkel, Abraham A. (1955): Integers and Theory of Numbers. New York (Skripta Mathematica).

Frege, Gottlob (1966): Logische Untersuchungen. Göttingen (Vandenhoeck & Ruprecht).

Freudenthal, Hans (1991): Revisiting Mathematics Education: China lectures. Dordrecht (Kluwer Academic Publishers).

Freudenthal, Hans (1983): Didactical Phenomenology of Mathematical Structures. Dordrecht (D. Reidel Publishing).

Freudenthal, Hans (1973): Mathematics as an Educational Task. Dordrecht (D. Reidel Publishing).

Freudenthal, Hans (1968): Why to teach mathematics so as to be useful. In: Educational Studies in Mathematics 1(1/2), 3-8.

Froschauer, Ulrike & Lueger, Manfred (2003): Das qualitative Interview: Zur Praxis interpretativer Analyse sozialer Systeme. Stuttgart (UTB).

Gallardo, Aurora (2003): "It is possible to die before being born". Negative Integers Subtraction: A Case Study. In: Pateman, N. A., Dougherty, B. J. & Zilliox J. T. (Hrsg.): Proceedings of the 27th Conference of the International Group for the Psychology of Mathematics Education held jointly with the 25th Conference of PME- NA. (13-18 July, 2003, Honolulu, HI). Volume 2, 405-411.

Gallardo, Aurora (2002): The Extension of the Natural-Number Domain to the Integers in the Transition from Arithmetic to Algebra. In: Educational Studies in Mathematics 49(2), 171-192.

Gallardo, Aurora & Hernández, Abraham (2007): Zero and Negativity on the Number Line. In: Woo, J. H., Lew, H. C., Park, K. S. & Seo, D. Y. (Hrsg.): Proceedings of the 31nd Conference of the International Group for the Psychology of Mathematics Education. Seoul: PME, Volume 1, 220.

Gallin, Peter & Ruf, Urs (1994): Ein Unterricht mit Kernideen und Reisetagebuch. In: mathematik lehren H. 64, 51-57.

Gerlach, Stefan (2011): Immanuel Kant. Tübingen (A. Francke Verlag).

Gravemeijer, Koeno & Bakker, Arthur (2006): Design research and design heuristics in statistics education. Paper presented at the International Conference on Teaching Statistics ICOTS 7, Salvador, Bahia, Brazil. Im Internet unter: www.stat.auckland.ac.nz/~iase/publications/17/6F3_GRAV.pdf [12. 05.2013]

Gravemeijer, Koeno & Cobb, Paul (2006): Design research from a learning design perspective. In: Van den Akker, J., Gravemeijer, K., McKenney, S. & Nieveen, N. (Hrsg.): Educational design research. New York (Routledge), 45-85.

Gravemeijer, Koeno & Doorman, Michiel (1999): Context problems in realistic mathematics education: A calculus course as an example. In: Educational Studies in Mathematics, 39(1/3), 111-129.

Greeno, James G., Moore, Joyce L. & Smith, David R. (1993): Transfer of Situated Learning. In: Detterman, D. K. & Sternberg, R. J. (Hrsg.): Transfer on Trial: Intelligence, Cognition, and Instruction. Norwood NJ (Ablex Publishing Corporation), 99-167.

Hativa, Nira & Cohen, Dorit (1995): Self learning of negative number concepts by lower division elementary students through solving computer-provided numerical problems. In: Educational Studies in Mathematics 28(4), 401-431.

Heidegger, Martin (1967): Sein und Zeit. Tübingen (Niemeyer).

Hefendehl-Hebeker, Lisa (1989): Die negativen Zahlen zwischen anschaulicher Deutung und gedanklicher Konstruktion – geistige Hindernisse in ihrer Geschichte. In: mathematik lehren H. 35, 6-12.

Hefendehl-Hebeker, Lisa & Prediger, Susanne (2006): Unzählig viele Zahlen: Zahlbereiche erweitern – Zahlvorstellungen wandeln. In: Praxis der Mathematik H. 11, 1-7.

Hershkowitz, Rina, Schwarz, Baruch B. & Dreyfus, Tommy (2001): Abstraction in context: Epistemic actions. In: Journal for Research in Mathematics Education 32 (2), 195-222.

Hugener, Isabelle, Rakoczy, Katrin, Pauli, Christine & Reusser, Kurt (2006): Videobasierte Unterrichtsforschung: Integration verschiedener Methoden der Videoanalyse für eine differenzierte Sicht auf Lehr- Lernprozesse. In: Rahm, S., Mammes, J, & Schratz, M. (Hrsg.): Band 1: Schulpädagogische Forschung. Organisations- und Bildungsprozessforschung. Perspektiven innovativer Ansätze. Innsbruck (Studien Verlag), 41-53.

Human, Piet & Murray Hanli (1987): Non-Concrete Approaches to Integer Arithmetic. In: Bergeron, J. C., Herscovics, N. & Kieran, C. (Hrsg.): Proceedings of the International Conference on the Psychology of Mathematics Education (PME) (11th, Montreal Canada, July 19- 25, 1987), Volume 2, 437-443.

Hußmann, Stephan (2009): Mathematik selbst erfinden. In: Leuders, T., Hefendehl-Hebeker, L. & Weigand, H.-G. (Hrsg.): Mathemagische Momente. Berlin (Cornelsen), 62-73.

Hußmann, Stephan, Leuders, Timo, Barzel, Bärbel & Prediger, Susanne (2011): Kontexte für sinnstiftendes Mathematiklernen (KOSIMA) – ein fachdidaktisches Forschungs- und Entwicklungsprojekt. In: Beiträge zum Mathematikunterricht, 419-422.

Hußmann, Stephan & Schacht, Florian (2009): Toward an Inferential Approach Analyzing Concept Formation and Language Process. In: Durand-Guerrier, V., Soury-Lavergne, S. & Arzarello, F. (Hrsg.): Proceedings of the Sixth Congress of the European Society for Research in Mathematics Education 6, January 28th- February 1st 2009, Lyon France, 842-851.

Hußmann, Stephan & Schindler, Maike (2013): „Raus aus den Schulden" – Ganze Zahlen. Erscheint in: Barzel, B., Hußmann, S., Leuders, T. & Prediger, S. (Hrsg.) Mathewerkstatt. Klasse 7. Berlin (Cornelsen).

Janvier, Claude (1985): Comparison of Models Aimed at Teaching Signed Integers. In: Streefland, L. (Hrsg.): Proceedings of the Annual Conference of the International Group for the Psychology of Mathematics Education (9th, Noordwijkerhout, The Netherlands, July 22-29, 1985), Volume 1, 135-140.

Jungwirth, Helga (2003): Interpretative Forschung in der Mathematikdidaktik – ein Überblick für Irrgäste, Teilzieher und Standvögel. In: Zentralblatt für Didaktik der Mathematik 35(5), 189-200.

Kant, Immanuel (1999): Kritik der reinen Vernunft. Köln (Parkland).

Kesselring, Thomas (1999): Jean Piaget. 2. Auflage. München (Beek'sche Verlagsbuchhandlung).

Kishimoto, Tadayuki (2005): Students‘ Misconception of Negative Numbers: Understanding of Concrete, Number Line, and Formal Model. In: Chick, H. L. & Vincent, J. L. (Hrsg.): Proceedings of the Conference of the International Group for the Psychology of Mathematics Education (29th, Melbourne, Australia, July 10-15, 2005), Volume 1, 317.

Krauthausen, Günter & Scherer, Petra (2007): Einführung in die Mathematikdidaktik. Nachdruck der 3. Auflage. Heidelberg (Spektrum Akademischer Verlag).

Krey, Isabel & Moreira, Marco A. (2009): Implementación y evaluación de una propuesta de enseñanza para el tópico física de partículas en una disciplina de estructura de la materia basada en la teoría de los campos conceptuales de Vergnaud. In: Revista Electrónica de Enseñanza de las Ciencias 8 (3), 812-833.

Koullen, Reinhold & Wennekers, Udo (Hrsg.) (2009): Zahlen und Größen 6. Gesamtschule Nordrhein-Westfalen. Berlin (Cornelsen).

Laakmann, Heinz (2013): Darstellungen und Darstellungswechsel als Mittel zur Begriffsbildung: Eine Untersuchung in rechnerunterstützten Lernumgebungen. Heidelberg (Springer Spektrum).

Leiss, Elisabeth (2009): Sprachphilosophie. Berlin (Walter de Gruyter).

Leuders, Timo, Hußmann, Stephan, Barzel, Bärbel & Prediger, Susanne (2011): „Das macht Sinn!" Sinnstiftung mit Kontexten und Kernideen. In: Praxis der Mathematik H. 37, 2-9.

Liebeck, P. (1990): Scores and forfeits: An intuitive model for integer arithmetic. In: Educational Studies in Mathematics 21(3), 221-239.

Lin, Fou- Lai & Yang, Kai- Lin (2002): Defining a Rectangle under al Social and Practical Setting by two Seventh Graders. In: Zentralblatt für Didaktik der Mathematik 34 (1), 17-28.

Linchevski, Liora & Williams, Julian (1999): Using Intuition from Everyday Life in 'Filling' the Gap in Children's Extension of their Number Concept to Include the Negative Numbers. In: Educational Studies in Mathematics 39(1-3), 131-147.

Malle, Günther (2007a): Die Entstehung negativer Zahlen. Der Weg vom ersten Kennenlernen bis zu eigenständigen Denkobjekten. In: mathematik lehren H. 142, 52-57.

Malle, Günther (2007b): Zahlen fallen nicht vom Himmel. Ein Blick in die Geschichte der Mathematik. In: mathematik lehren H. 142, 4-11.

Malle, Günther (1989): Die Entstehung negativer Zahlen als eigene Denkgegenstände. In: mathematik lehren H. 35, 14-17.

Malle, Günther (1988): Die Entstehung neuer Denkgegenstände – untersucht am Beispiel der negativen Zahlen. In: Dörfler, W. (Hrsg.): Kognitive Aspekte mathematischer Begriffsentwicklung. Schriftenreihe Didaktik der Mathematik. Universität für Bildungswissenschaften in Klagenfurt. Band 16. Wien (Hölder-Pichler-Tempsky) und Stuttgart (B.G. Teubner), 259-319.

Merker, Barbara (2009): Verstehen und Klassifizieren: Drei Probleme mit Brandom-Heidegger. In: Merker, B. (Hrsg.): Verstehen. Nach Heidegger und Brandom. Hamburg (Meiner), 129-145.

Messerle, Gerhard (1975): Zahlbereichserweiterungen. Stuttgart (B.G. Teubner).

Meyer, Michael (2010): Wörter und ihr Gebrauch. Analyse von Begriffsbildungsprozessen im Mathematikunterricht. In: Kudunz, G. (Hrsg.): Sprache und Zeichen. Die Verwendung von Linguistik und Semiotik in der Mathematikdidaktik. Hildesheim (Franzbecker), 49-82.

Meyer, Michael (2007): Entdecken und Begründen im Mathematikunterricht. Von der Abduktion zum Argument. Hildesheim (Franzbecker).

Ministerium für Schule, Jugend und Kinder des Landes Nordrhein-Westfalen (2008): Lehrplan Mathematik. In: Ministerium für Schule, Jugend und Kinder des Landes Nordrhein-Westfalen (Hrsg.): Richtlinien und Lehrpläne für die Grundschule in Nordrhein-Westfalen. Frechen (Ritterbach), 53-68.

Ministerium für Schule, Jugend und Kinder des Landes Nordrhein-Westfalen (Hrsg.) (2004): Kernlehrplan für die Gesamtschule – Sekundarstufe I in Nordrhein-Westfalen. Mathematik. Frechen (Ritterbach).

Minnameier, Gerhard (2000): Strukturgenese moralischen Denkens: eine Rekonstruktion der Piagetschen Entwicklungslogik und ihre moraltheoretischen Folgen. Münster (Waxmann).

Mitchelmore, Michael & White, Paul (2007): Abstraction in Mathematics Learning. In: Mathematics Education Research Journal 19(2), 1-9.

Mitchelmore, Michael & White, Paul (2004): Abstraction in mathematics and mathematics learning. In: Johnsen-Høines, M. & Fuglestad, A. B. (Hrsg.): Proceedings of the Annual Meeting of the International Group for the Psychology of Mathematics Education (PME) (28th, Bergen, Norway, July 14-18, 2004), Volume 3, 329-336.

Moormann, Marianne (2009): Begriffliches Wissen als Grundlage mathematischer Kompetenzentwicklung – Eine empirische Studie zu konzeptuellen und prozeduralen Aspekten des Wissens von Schülerinnen und Schülern zum Ableitungsbegriff. Im Internet unter: http://edoc.ub.uni-muenchen.de/10887/ 1/moormann_marianne.pdf[22.02.2013]

Moreira, Marco A. (2009): La teoría de los campos conceptuales. In: Moreira, M. A., Caballero, C. & V., Gérard (2009): La teoría de los campos conceptuales y la enseñanza/aprendizaje de las ciencias. Burgos (Universidad de Burgos, Servicio de publucaciones e imagen institutional), 25-54.

Moreira, Marco A, (2002): La teoría de los campos conceptuales de Vergnaud, la enseñanza de las ciencias y la investigación en el área. Im Internet unter: www.if.ufrgs.br/~moreira/vergnaudespanhol.pdf [23.11.12].

Mukhopadhyay, Swapna (1997): Story Telling as Sense-Making: Children's Ideas about Negative Numbers. In: Hiroshima Journal of Mathematics Education H. 5, 35-50.

Mukhopadhyay, Swapna, Resnick, Lauren B. & Schauble, Leona (1990): Social Sense-Making in Mathematics: Children's Ideas of Negative Numbers. In: Booker G., Cobb, P. & De Mendicuti, T. (Hrsg.): Proceedings of the Annual Conference of the International Group for the Psychology of Mathematics Education with the North American Chapter 12th PME-NA Conference (14th, Mexico, July 15-20, 1990), Volume 3, 281-288.

Müller, Günter (1972): Reelle Zahlen. Anschaulicher Aufbau des Zahlensystems. Düsseldorf (Schwann).

Murray, John C. (1985): Children‘s Informal Conceptions of Integer Arithmetic. In: Streefland, L. (Hrsg.): Proceedings of the Annual Conference of the International Group for the Psychology of Mathematics Education (9th, Noordwijkerhout, The Netherlands, July 22- 29, 1985), Volume 1. Culemborg (Technipress Culemborg), 147-153.

Newen, Albert & Schrenk, Markus A. (2008): Einführung in die Sprachphilosophie. Darmstadt (Wissenschaftliche Buchgesellschaft).

Noss, Richard & Hoyles, Celia (1996): Windows on mathematical meanings: learning cultures and computers. Dordrecht (Kluwer) 1996.

Oberschelp, Arnold (1972): Aufbau des Zahlensystems. 2. Auflage. Göttingen (Vandenhoeck & Ruprecht).

Padberg, Friedhelm & Benz, Christiane (2011): Didaktik der Arithmetik. Für Lehrerausbildung und Lehrerfortbildung. 4. Auflage. Heidelberg (Spektrum Akademischer Verlag).

Padberg, Friedhelm, Danckwerts, Rainer & Stein, Martin (2010): Zahlbereiche. Eine elementare Einführung. 2. Nachdruck. Heidelberg (Springer).

Peled, Irit (1991): Levels of Knowledge about Signed Numbers: Effects of Age and Ability. In: Furinghetti, F. (Hrsg.): Proceedings of the Conference of the International Group for the Psychology of Mathematics Education (PME) (15th, Assisi, Italy, June 29-July 4, 1991), Volume 3, 145-152.

Peled, Irit, Mukhopadhyay, Swapna & Resnick, Lauren B. (1989): Formal and informal sources of mental models for negative numbers. In: Vergnaud, G., Rogalski, J. & Artigue, M. (Hrsg.): Proceedings of the Annual Conference of the International Group for the Psychology of Mathematics Education (13th, Paris, France, July 9-13, 1989), Volume 3, 106-110.

Piaget, Jean (1977): Recherches sur l'abstraction réfléchissante. 1. L'abstraction des relations logico-arithmétiques. Paris (Presses Universitaires de France).

Piaget, Jean (1976): Die Äquilibration der kognitiven Strukturen. Stuttgart (Klett).

Piaget, Jean (1975): Biologische Anpassung und Psychologie der Intelligenz. Stuttgart (Klett).

Piaget, Jean (1973): Einführung in die genetische Erkenntnistheorie. 1. Aufl. Frankfurt a.M. (Suhrkamp).

Piaget, Jean (1972): Psychologie der Intelligenz. 5. Aufl. Olten (Walter).

Pierson Bishop, Jessica, Lamb, Lisa, Philipp, Randolph, Schappelle, Bonnie & Whitacre, Ian (2010): A Developing Framework for Children's Reasoning about Integers. In: Brosnan, P., Erchick, D B. & Flevares, L. (Hrsg.): Proceedings of the 32nd annual meeting of the North American Chapter of the International Group for the Psychology of Mathematics Education. Columbus, OH (The Ohio State University), 695-702.

Prado, Carlos G. (2003): A Conversation with Richard Rorty. In: Symposium: Journal of the Canadian Society for Hermeneutics and Postmodern Thought 7(2), 227-231.

Prediger, Susanne (2013): Theorien und Theoriebildung in didiaktischer Forschung und Entwicklung. Erscheint in: Bruder, R., Hefendehl-Hebeker, L., Schmidt-Thieme, B. & Weigand, H.-G. (Hrsg.): Handbuch Mathematikdidkatik. Heidelberg (Springer Spektrum).

Prediger, Susanne (2008): Do you want me to do it with probability or with my normal thinking? Horizontal and vertical views on the formation of stochastic conceptions. In: International Electronic Journal of Mathematics Education 3 (3), 126-154.

Prediger, Susanne & Link, Michael (2012): Fachdidaktische Entwicklungsforschung – ein lernprozessfokussierendes Forschungsprogramm mit Verschränkung fachdidaktischer Arbeitsbereiche. In: Bayrhuber, H., Harms, U., Muszynski, B., Ralle, B., Rothgangel, M., Schön, L.-M., Vollmer, H., Weigand, H.-G. (Hrsg.): Formate Fachdidaktischer Forschung. Empirische Projekte – historische Analysen – theoretische Grundlegungen. Fachdidaktische Forschungen, Band 2. Münster (Waxmann), 29-46.

Prediger, Susanne, Link, Michael, Hinz, Renate, Hußmann, Stephan, Thiele, Jörg & Ralle, Bernd (2012): Lehr-Lernprozesse initiieren und erforschen – fachdidaktische Entwicklungsforschung im Dortmunder Modell. In: Mathematischer und Naturwissenschaftlicher Unterricht 65(8), 452–457.

Reinmann-Rothmeier, Gabi & Mandl, Heinz (2001): Unterrichten und Lernumgebungen gestalten. In: Weidenmann, B., Krapp, A., Huber, G. L., Hofer, M. & Mandl, H. (Hrsg): Pädagogische Psychologie. Weinheim (Psychologie Verlags Union), 603-648.

Rezat, Sebatian (2012): Von der Propädeutik zum algebraischen Denken: Überlegungen zur Zahlbegriffsentwicklung der negativen Zahlen von der Primar- zur Sekundarstufe. In: Beiträge zum Mathematikunterricht, 697-700.

Römpp, Georg (2010): Ludwig Wittgenstein. Köln (Böhlau).

Rojano, Teresa (2002): Mathematics Learning in the Junior Secondary School: Students' Access to Significant Mathematical Ideas. In: English, L. D. (Hrsg): Handbook of International Research in Mathematics Education. Mahwah, NJ (Lawrence Erlbaum), 143-163.

Rojano, Teresa & Martinez, Minerva (2009): From Concrete Modeling to Algebraic Syntax: Learning to Solve Linear Equations with a Virtual Balance. In: Swars, S. L., Stinson, D. W. & Lemons- Smith, S. (Hrsg.): Proceedings of the 31th annual meeting of the North American Chapter of the International Group for the Psychology of Mathematics Education. Atlanta, GA: Georgia State University, 235-243.

Rorty, Richard (1994): Hoffnung statt Erkenntnis: eine Einführung in die pragmatische Philosophie. Wien (Passagen).

Rorty, Richard M. (1987): Der Spiegel der Natur: Eine Kritik der Philosophie. Frankfurt am Main (Suhrkamp).

Russell, Gale & Chernoff, Egan J. (2010): Beyond Nothing: Teachers' Conceptions of Zero. In: Brosnan, P., Erchick, D. B. & Flevares, L. (Hrsg.): Proceedings of the 32nd annual meeting of the North American Chapter of the International Group for the Psychology of Mathematics Education. Columbus, OH (The Ohio State University), 1039-1046.

Schacht, F. (2012). Mathematische Begriffsbildung zwischen Implizitem und Explizitem. Individuelle Begriffsbildungsprozesse zum Muster- und Variablenbegriff. Wiesbaden (Vieweg+Teubner).

Schindler, Maike & Hußmann, Stephan (2012): „Plus ist gut, minus ist schlecht" – Eine Lernprozessstudie zur Rolle des Kontextes und des Transfers im Bereich der negativen Zahlen. In: Beiträge zum Mathematikunterricht, 745-748.

Schwarz, Baruch B., Kohn, Amy S. & Resnick, Lauren B. (1993/1994): Positive about Negatives: A Case Study of an Intermediate Model for Signed Numbers. In: The journal of the learning science 3(1), 37-92.

Seibt, Johanna (2000): Schwerpunkt: Wilfrid Sellars' Nominalistischer Naturalismus. In: Deutsche Zeitschrift für Philosophie 48 (4), 595-597.

Sellars, Wilfrid (1999): Der Empirismus und die Philosophie des Geistes. Paderborn (Mentis).

Selter, Christoph (2004): Mathematikunterricht zwischen Offenheit und Struktur. In: Mika, C. (Hrsg.): Bausteine der Schuleingangsphase: 2. Fachtagung des Modellvorhabens FiLiS – Förderung innovativer Lernkultur in der Schuleingangsphase. Dortmund 2004, 22-30.

Selter, Christoph & Spiegel, Hartmut (1997): Wie Kinder rechnen. Leipzig (Klett- Grundschulverlag).

Sfard, Anna (1991): On the dual nature of mathematical conceptions: Reflections on processes and objects as different sides of the same coin. In: Educational Studies in Mathematics 22(1), 1-36.

Sfard, Anna & Linchevski, Liora (1994): The Gains and the Pitfalls of Reification – the Case of Algebra. In: Educational Studies in Mathematics 26(2), 191-228.

Siebert, Horst (2004): Sozialkonstruktivismus: Gesellschaft als Konstruktion. In: Journal of Social Science Education 2-2004, erscheint online unter: http://www.jsse.org/.

Skemp, Richard R. (1986): The Psychology of Learning Mathematics. 2. Auflage. Harmondsworth, England (Penguin).

Smith, Jeffrey P. (1995): The effects of a computer microworld on middle school students' use and understanding of integers. Im Internet unter: http://etd.ohiolink.edu/view.cgi?acc_num=osu1248798217 [22.02.2013]

Sosa, David (2000): Sellars' „Linguistizismus". Ein Kommentar zu Brandom. In: Deutsche Zeitschrift für Philosophie 48(4), 615-619.

Stephan, Michelle & Akyuz, Didem (2012): A Proposed Instructional Theory for Integer Addition and Subtraction. In: Journal for Research in Mathematics Education 43(4), 428-464.

Streefland, Leen (1996): Negative Numbers: Reflections of a Learning Researcher. In: Journal of Mathematical Behavior 15(1), 57-77.

Streefland, Leen (1993): Negative Numbers: Concrete and Formal in Conflict? In: Contexts in mathematics education: Proceedings of the Sixteenth Annual Conference of the Mathematics Education Research Group of Australasia, Brisbane, July, 9- 14, 1993, 531-536.

Tall, David (2004): Thinking Through Three Worlds of Mathematics. In: Johnsen-Høines, M. & Fuglestad, A.B. (Hrsg.): Proceedings of the 28th Conference of the International Group for the Psychology of Mathematics Education (Bergen, Norway, 14-18 July), Volume 4, 281-288.

Tatsuoka, Kikumi K. (1983): Rule Space: An Approach for Dealing with Misconceptions Based on Item Response Theory. In: Journal of Educational Measurement 20(4), 345-354.

Testa, Italo (2003): Hegelian Pragmatism and Social Emancipation: An Interview with Robert Brandom. In: Constellations 10(4), 554-570.

Thomaidis, Yannis & Tzanakis, Constantinos (2007): The notion of historical "parallelism" revisted: Historical evolution and students' conception of the order relation on the number line. In: Educational Studies in Mathematics 66(2), 165-183.

Toulmin, Stephen E. (1996): Der Gebrauch von Argumenten. 2. Auflage. Weihmein (Beltz).

Tuomi-Gröhn, Terttu & Engeström, Yrjö (2003): Conceptualizing Transfer: From Standard Nations to Developmental Perspectives. In: Tuomi-Gröhn, T. & Engeström, Y. (Hrsg.): Between School and Work: New Perspectives on Transfer and Boundary-crossing. United Kingdom (Emerald), 19-38.

van den Heuvel-Panhuizen, Marja (2005): The role of contexts in assessment problems in mathematics. In: For the Learning of Mathematics 25(2), 2-9.

van Oers, Bert (2001): Contextualization for Abstraction. In: Cognitive Science Quarterly (2001)1, 279-305.

van Oers, Bert (1998): The Fallacy of Decontextualization. In: Mind, culture, and activity 5(2), 135-142.

von Glasersfeld, Ernst (1985): Konstruktion der Wirklichkeit und des Begriffs der Objektivität. In: von Foerster, H., von Glasersfeld, E., Hejl, P. M., Schmidt, S. J. & Watzlawick, P. (Hrsg.): Einführung in den Konstruktivismus. Schriften der Carl-Friedrich-von-Siemens-Stiftung. München (Oldenbourg), 1-26.

Vergnaud, Gérard (2009a): A modo de prefacio. In: Moreira, M. A., Caballero, C. & V., Gérard (2009): La teoría de los campos conceptuales y la enseñanza/ aprendizaje de las ciencias. Burgos (Universidad de Burgos, Servicio de publucaciones e imagen institutional), 13-23.

Vergnaud, Gérard (2009b): The Theory of Conceptual Fields. In: Human Development 52 (2009) 83-94.

Vergnaud, Gérard (2007): Répresentation et activité: deux concepts étroitement associés. In: Recherches en Education H.4, 9-22.

Vergnaud, Gérard (1998a): A Comprehensive Theory of Representation for Mathematics Education. In: Journal of Mathematical Behavior 17(2), 167-181.

Vergnaud, Gérard (1998b): Towards a Cognitive Theory of Practice. In: Sierpinska, A. & Kilpatrick, J. (Hrsg.): Mathematics Education as a Research Domain: A Search for Identity. An ICMI Study. Book I. Dordrecht (Kluwer Academic Publisher), 227-240.

Vergnaud, Gérard (1997): The Nature of Mathematical Concepts. In: Nunes, T. & Bryant, P. (Hrsg.): Learning and Teaching Mathematics: An International Perspective. Hove, UK (Psychology Press), 5-28.

Vergnaud, Gérard (1996a): The Theory of Conceptual Fields. In: Steffe, L. P. & Nesher P. (Hrsg.): Theories of Mathematical Learning. Mahwah, New Jersey (Lawrence Erlbaum), 219-239.

Vergnaud, Gérard (1996b): La théorie des champs conceptuels. In: Brun, J. (Hrsg.): Didactique des mathématiques. Lusanne (Delachaux et Nistle), 197-242.

Vergnaud, Gérard (1996c): Education, the best portion of Piaget's heritage. In: Swiss Journal of Psychology 55 (2/3), 112-118.

Vergnaud, Gérard (1992): Conceptual Fields, Problem Solving and Intelligent Computer Tools. In: de Corte, E., Linn, M. C., Mandl, H. & Verschaffel, L. (Hrsg.): Computer-Based Learning Enviroments and Problem Solving. Berlin (Springer- Verlag), 287-308.

Vergnaud, Gérard (1988): Multiplicative Structures. In: Hiebert J. & Behr M. (Hrsg.): Number Concepts and Operations in the Middle Grades. Reston, VA (National Council of Teachers of Mathematics), 141-161.

Vergnaud, Gérard (1987): About constructivism. In: Bergeron, J.C., Herscovics, N. & Kieran, C. (Hrsg.): Proceedings of the 11th PME International Conference, Volume 1, 42-54.

Vergnaud, Gérard (1985): Concepts et schèmes dans une théorie opératoire de la représentation. In: Psychologie française 30 (3-4), 245-252.

Vergnaud, Gérard (1983): Pourquoi une perspective épistémologique est-elle nécessaire pour la recherche sur l'enseignement des mathématiques. In: Bergeron, J. C. & Hercovics, N. (Hrsg.): Proceedings of the Annual Meeting of the North American Chapter of the International Group for the Psychology of Mathematics Education (5th, Montreal, Quebec, Canada, September 29-October 1, 1983), Volumes 1 and 2, 21-40.

Vergnaud, Gérard (1982a): Cognitive and Developmental Psychology and Research in Mathematics Education: Some Theoretical and Methodological Issues. In: For the Learning of Mathematics 3 (2), 31-41.

Vergnaud, Gérard (1982b): A Classification of Cognitive Tasks and Operations of Thought Involved in Addition and Subtraction Problems. In: Carpenter, T. P., Moser, J. & Romberg, T. A. (Hrsg.): Addition and Subtraction: A Cognitive Perspective. Hillsdale, NJ (Lawrence Erlbaum Associates, Publishers), 39-59.

Vlassis, Joëlle (2008): The Role of Mathematical Symbols in the Development of Number Conceptualization: The Case of the Minus Sign. In: Philosophical Psychology 21(4), 555-570.

Vlassis, Joëlle (2004): Making Sense of the Minus Sign or Becoming Flexible in 'Negativity'. In: Learning and Instruction H. 14, 469-484.

Vollrath, Hans-Joachim (1987): Begriffsbildung als schöpferisches Tun im Mathematikunterricht. In: Zentralblatt für Didaktik der Mathematik 19(4), 123-127.

Vollrath, Hans-Joachim & Roth, Jürgen (2012): Grundlagen des Mathematikunterrichts in der Sekundarstufe. 2. Auflage. Heidelberg (Spektrum).

Wagenschein, Martin (1968): Verstehen lehren. Genetisch – Sokratisch – Exemplarisch. Weinheim (Beltz).

Watson, Anna & Tall, David (2002): Embodied action, effect and symbol in mathematical growth. In: Cockburn, A. D. & Nardi, E. (Hrsg.): Proceedings of the Annual Meeting of the International Group for the Psychology of Mathematics Education (26th, Norwich, England, July 21-26, 2002), Volume 4, 369-376.

Wedege, Tina (1999): To know or not to know – Mathematics, that is a question of context. In: Educational Studies in Mathematics 39(1/3), 205-227.

Wernet, Andreas (2006): Einführung in die Interpretationstechnik der Objektiven Hermeneutik. 2. Auflage. Wiesbaden (VS Verlag für Sozialwissenschaften),

Widjaja, Wanty, Stacey, Kaye & Steinle, Vicki (2011): Locating Negative Decimals in the Number Line: Insights into the Thinking of Pre-Service Primary Teachers. In: Journal of Mathematical Behavior 30, 80-91.

Wilson, Thomas P. (1981): Theorien der Interaktion und Modelle soziologischer Erklärung. In: Arbeitsgruppe Bielefelder Soziologen (Hrsg.): Alltagswissen, Interaktion und gesellschaftliche Wirklichkeit. 5. Auflage. Opladen (Westdeutscher Verlag GmbH), 54-79.

Winter, Heinrich (1989): Da ist weniger mehr – die verdrehte Welt der negativen Zahlen. In: mathematik lehren H. 35, 22-25.

Winter, Heinrich (1983a): Über den Wert begrifflichen Denkens im Mathematikunterricht der Primarstufe. In: Sachunterricht und Mathematik in der Primarstufe 11(3), 95-102.

Winter, Heinrich (1983b): Über die Entfaltung begrifflichen Denkens im Mathematikunterricht. In: Journal für Mathematik-Didaktik 3, 175-204.

Wittenberg, Alexander Israel (1963): Bildung und Mathematik. Stuttgart (Klett).

Wittgenstein, Ludwig (1967): Philosophische Untersuchungen. Frankfurt am Main (Suhrkamp). Wittmann 1998

Woo, Jeong- Ho (2007): School Mathematics and Cultivation of Mind. In: Woo, J.-H., Lew, H.-C., Park, K.-S. & Seo, D.-Y. (Hrsg.): Proceedings of the 31st Conference of the International Group for the Psychology of Mathematics Education, (Seoul, Korea, July, 8-13, 2007), Volume 1, 81-84.

Zazkis, Rina & Liljedahl, Peter (2002): Arithmetic Sequence as a Bridge between Conceptual Fields. In: Canadian Journal of Science, Mathematics and Technology Education 2(1), 93-120.

Printed by Printforce, the Netherlands